石油化工设备
基础操作与维护手册

梁利君　编著

中国石化出版社

内容简介

本书采用表单形式，介绍石油化工企业典型设备结构、原理、性能、用途，以及操作、维护保养、故障处理的基础性知识。本书图文并茂，操作与维护要点鲜明，内容贴近生产一线，易于阅读和消化。

本书可供石油化工企业一线操作人员学习，也可以供相关技术管理人员参考。

图书在版编目（CIP）数据

石油化工设备基础操作与维护手册 / 梁利君编著 .
—北京：中国石化出版社，2020.6（2025.12 重印）
ISBN 978-7-5114-5720-2

Ⅰ. ①石…　Ⅱ. ①梁…　Ⅲ. ①石油化工设备 - 操作 - 手册②石油化工设备 - 维修 - 手册　Ⅳ. ① TE960.7-62

中国版本图书馆 CIP 数据核字（2020）第 083057 号

中国石化出版社出版发行
地址：北京市东城区安定门外大街 58 号
邮编：100011　电话：(010) 57512500
发行部电话：(010) 57512575
http://www.sinopec-press.com
E-mail：press@sinopec.com
北京艾普海德印刷有限公司印刷
全国各地新华书店经销
*
787 × 1092 毫米 16 开本 21 印张 567 千字
2020 年 6 月第 1 版　2025 年 12 月第 3 次印刷
定价：128.00 元

序

设备是生产操作运行最基本的物质基础。俗话说，“基础不牢，地动山摇”。现代化的石油化工企业自动化水平高，生产连续性强，且具有高温、高压、易燃、易爆、易腐蚀、易中毒的特点，设备一旦发生问题，直接影响着生产的正常进行，往往会造成污染环境，损害人体，增加损耗，甚至导致火灾、爆炸、人身伤亡等重大事故的发生。运用先进的科学技术和管理方法，对设备进行综合管理，不断强化这个基础，使其安全、稳定、长周期运行，为企业获得较大的经济效益，则是石油化工企业常抓不懈的一项永恒的主题。

改革开放以来，随着石油化工新工艺、新技术、新设备的开发应用，大大提高了我国石油化工企业设备的现代化水平。石油化工企业在进行生产中，除专业人员需要掌握设备必要的运行、维护、检修技能外，一线的生产操作人员作为操作设备的主人，对所操作的设备，也必须掌握“四懂三会”知识，即懂原理、结构、性能、用途，会操作、会维护、会排除故障，以确保生产安全、稳定、长周期运行。生产操作工人上岗前，必须通过“四懂三会”培训，合格后方能顶岗操作。在日常生产操作中，也要经常进行“岗位练兵”，不断提高其“四懂三会”的水平。

多年来，针对设备专业维护检修人员出版的书籍不少，但针对生产操作人员出版的设备操作维护的书籍不多。十分高兴地看到，中国石化出版社将要安排出版一本针对石化企业一线操人员设备“四懂三会”的读本。本书由镇海炼化原高级工程师梁利君编著，文稿通篇300多页，内容重点在于设备的操作与维护，我给本书取名为《石化设备基础操作与维护手册》。冠以石化设备手册之名，既是出于本书所列出的设备集中代表了石化企业的设备典型，也是由于本书又似工具书，以手册名便于翻页阅读。

本书格式清新，设备类别相对比较齐全，设备结构介绍比较详尽，图文并茂，操作与维护要点鲜明，内容贴近基层一线，且易于阅读与消化，具有导引学习和利于培训的功效。中国石化出版社出版这本书，相信会对石化企业管理与技术人员和基层一线员工有所帮助，定会受到读者的欢迎。

中国化工学会检维修专业委员会荣誉主任委员　胡安定

前　　言

石油化工设备是石化企业重要的物质资产、创造财富的物质基础、资产保值增值的重要对象，是安全环保工作的重要抓手和落脚点，也是企业竞争力的重要体现之一，搞好企业设备工作重要性不言而喻。

石油化工企业与其它行业一样，快速发展过程中，都面临着日益增强的市场竞争压力，为此，设备管理和设备技术工作面临同样新的挑战与考验，尤其是如何快速培训和提高基层员工的技能水平，扎实一线基础，是公司高层和设备管理职能部门思考的夯实企业根基的重要工作之一。

如何提高石油化工企业员工的设备操作维护能力，站在一线员工的需求角度提供学习资料，让员工从进入岗位开始就能身临其境地迅速学习到设备知识，快速适应岗位设备操作技能基本要求是一个好办法。为此编者根据自己的工作经验累积，着手相对系统地围绕“四懂三会”内容要求，编辑汇集出这本石油化工行业常见典型设备的基础性操作维护手册，希望能提供一些助益。

本手册形式简洁，格式统一，员工能方便学习到设备基本原理、结构、性能、用途知识，较快地掌握设备操作、维护保养、故障处置能力。手册本身在系统性、普及性上还可无形地成了员工学习知识上的好导师，这种形式也不失为公司教育培训方式上的一种创新探索。相信员工接触到本手册后，有助于更好、更快地了解身边的石油化工设备，不断提高对操作设备的掌控能力和操作技能水平，提升企业生产、安全、环保、质量上对设备的基础保障能力要求。

本书参考了部分设计制造类书籍，同时结合了一些操作法、操作规程实践知识。

本书着重就罗列出设备通用性内容介绍，在系统性、全面性、特殊性上，具体设备尚有待具体分析。

本书的出版，得到了德高望重的中国石化设备管理老领导、老专家胡安定教授级高工的热情指导，胡老还专门为本书题写了序言；得到了中国石化出版社的大力支持。本书的编写也得到了很多同行朋友的大力帮助，在此谨表感谢！

由于水平有限、时间仓促，难免会存在错误和不足，敬请读者指正和谅解。

目　　录

离心式压缩机

<table>
<tr><th>设备名称</th><th>离心式压缩机</th></tr>
<tr><td>结构</td><td>

离心压缩机的实物图、结构示意图

机组实物图

叶轮、扩压器、弯道、回流器图

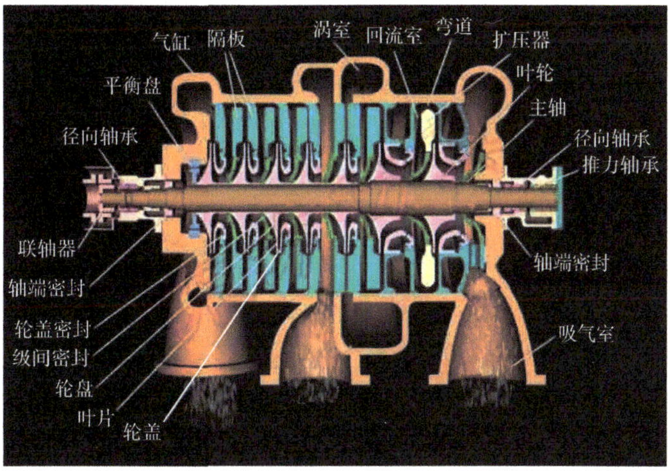

结构示意图

离心压缩机整体结构：

主要由转子和定子两部分组成，转子包括叶轮和轴，叶轮上有叶片、平衡盘和一部分轴封；定子的主体是气缸，还有扩压器、弯道、回流器、进气管、排气管等装置。

只有一个叶轮的离心压缩机称为单级离心压缩机，有两个以上叶轮的称为多级离心压缩机。

在整个压缩过程中，气体的体积减小，温度升高。温度升高后，压缩气体需要消耗更多的能量。为了节省功率，多级离心压缩机在压力比大于 3 时常采用中间冷却。被中间冷却隔开的级组称为段。气体由上一段进入中间冷却器，经冷却降低温度以后再进入下一段继续压缩。中间冷却器一般采用水冷。每个机壳所包含的部分称为缸。

压缩机主要部件简述如下：

转子图

</td></tr>
</table>

续表

<table>
<tr><th>设备名称</th><th>离心式压缩机</th></tr>
<tr><td>结构</td><td>
转子主要起支持旋转零件及传递扭矩作用。
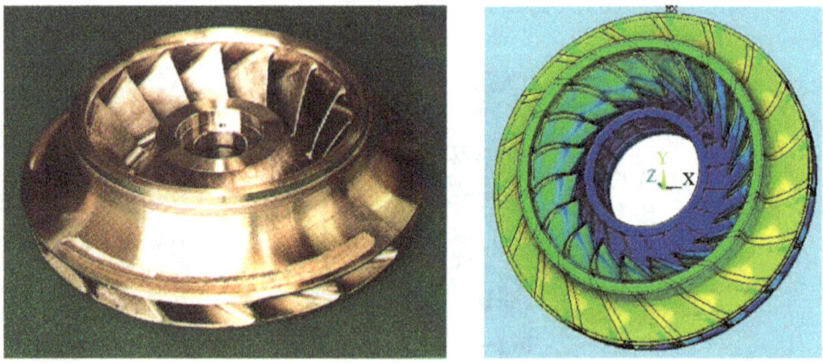
叶轮图
叶轮是离心式压缩机中唯一的做功部件。气体进入叶轮后，在叶片的推动下跟着叶轮旋转，由于叶轮对气流做功，增加了气流的能量，因此气体流出叶轮时的压力和速度均有所增加。
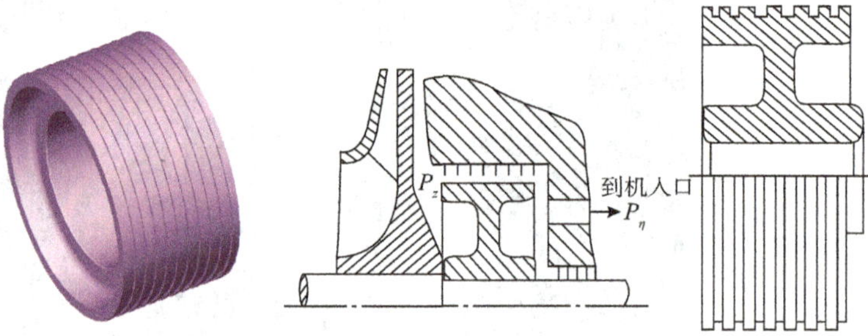

平衡盘图示（最后一级叶轮后面）
平衡盘用来平衡转子所受的轴向力，离心压缩机转子产生轴向力的原理与离心泵相同，其方向也是叶轮背面指向入口，常用的平衡措施是平衡盘结构，这种结构与离心泵中的平衡鼓类似，也称平衡活塞。
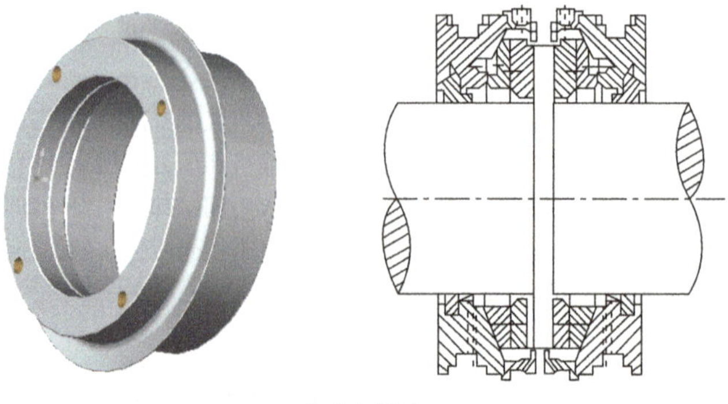
推力盘图示
平衡盘只平衡掉部分轴向力，其余轴向力由推力轴承来承担。部分残余轴向力是通过推力盘传给推力轴承的。通常推力盘与轴采用过盈配合并用键固定。
</td></tr>
</table>

续表

<table>
<tr><th>设备名称</th><th>离心式压缩机</th></tr>
<tr><td>结构</td><td>

支承轴承图　　止推轴承图

支承轴承采用可倾瓦轴承。这种轴承有数个活动瓦块，瓦块可绕其支点摆动，以保证运转时处于最佳位置，不会产生油膜振荡，运转平稳可靠。
止推轴承采用可倾瓦式轴承。轴承体水平剖分为上、下两半，有两组止推元件置于旋转推力盘两侧。推力瓦块能绕其支点倾斜，使推力瓦块能够承受轴上变化的轴向推力。
压缩机中，常采用干气密封、浮环油膜密封、机械接触式密封、迷宫型密封。分述如下：

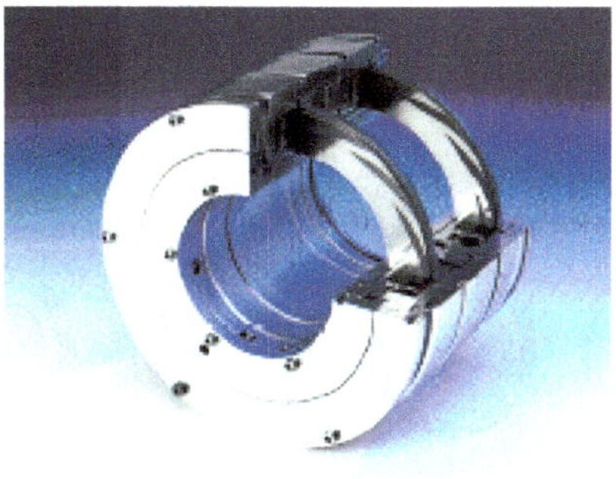
干气密封图示，（带弹簧）静环和（带螺旋沟槽）动环组成

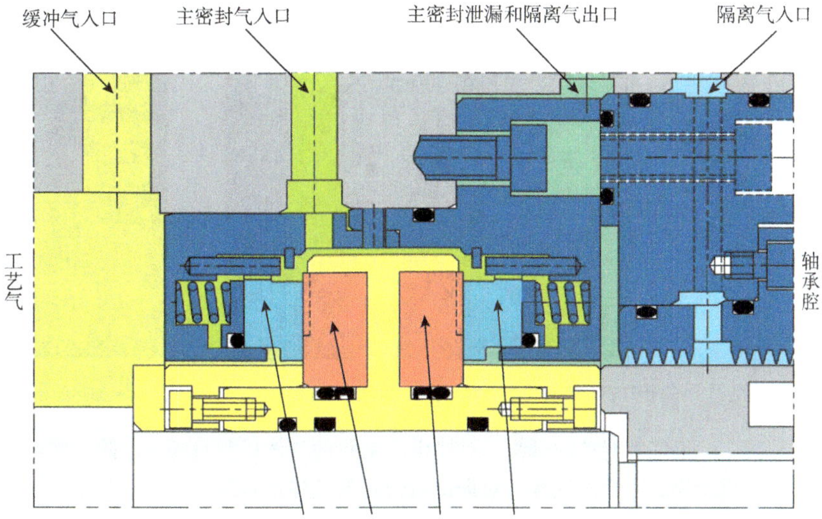

双端面干气密封图
</td></tr>
</table>

续表

<table>
<tr><th>设备名称</th><th>离心式压缩机</th></tr>
<tr><td>结构</td><td>
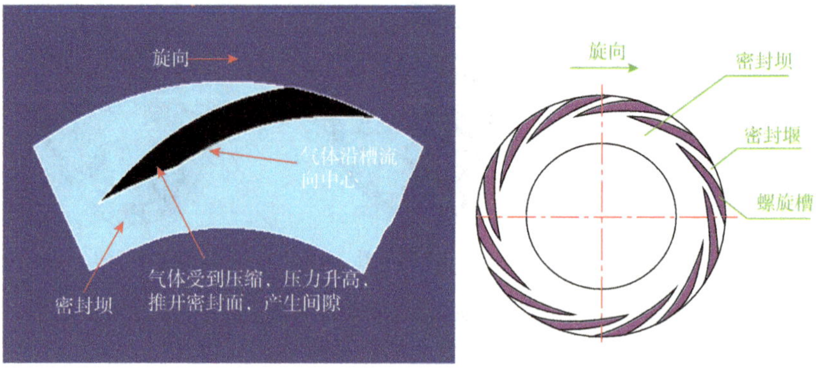

干气密封构造原理图

干气密封：当转子旋转起来后，流体被吸入密封沟槽底部，由于离心力的作用，气体进入密封中心处压力升高，螺旋槽底部最高，它沿径向形成环形密封墙，该密封墙对气流产生阻力，气体被压缩，压力增高，产生的压力使静环从动环表面被推开，这样，密封面间始终保持一层极薄的气膜，使动环和静环之间存在间隙，密封始终工作在非接触状态，起密封作用。
干气密封槽型分单向槽式和双向槽式：
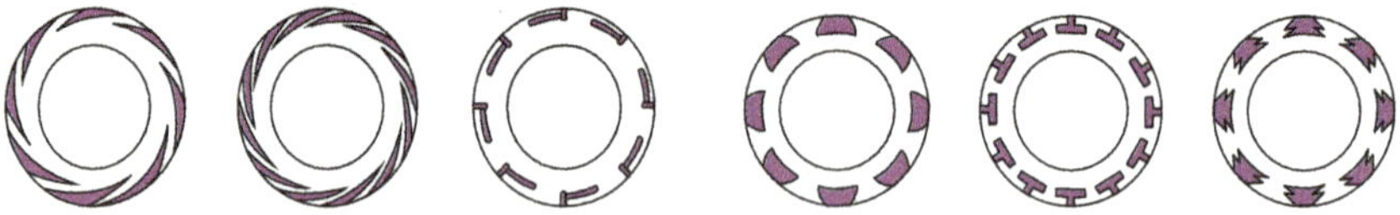

单向槽式　双向槽式

注意：单向槽干气密封是禁止反转的。

干气密封带有除湿、增压装置的控制盘现场照片与冷却 + 除湿 + 加热的预处理系统照片

干气密封控制系统：对提供给密封的气体进行过滤，以除去颗粒和液体，为密封提供干燥、干净的气源。对提供给密封的气体进行控制，以满足密封对气体压力、流量和温度的要求。通过对密封气或密封泄漏气的压力、流量等参数的测量来监测密封运行状况。
</td></tr>
</table>

续表

<table>
<tr><th>设备名称</th><th>离心式压缩机</th></tr>
<tr><td>结构</td><td>

浮环图
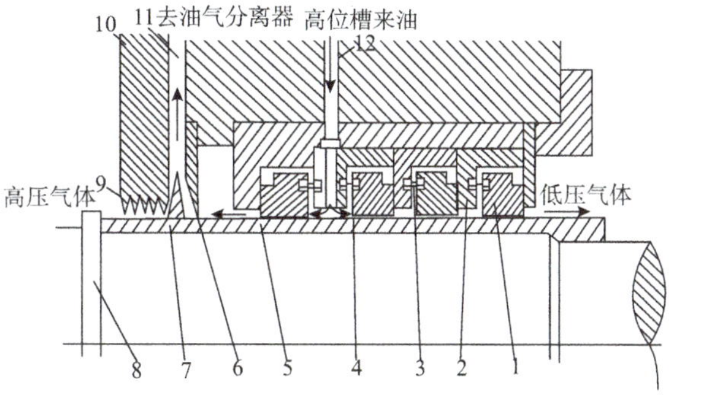

浮环密封
1—浮环；2—固定环；3—销钉；4—弹簧；5—轴套；6—挡油环；7—甩油环；8—轴；9—迷宫密封；10—密封；11—回油孔；12—进油孔

浮环密封主要是高压油在浮环与轴套之间形成油膜而产生节流降压阻止机内与机外的气体相通。由于是油膜起主要作用，所以又称为油膜密封。

机械密封实物图
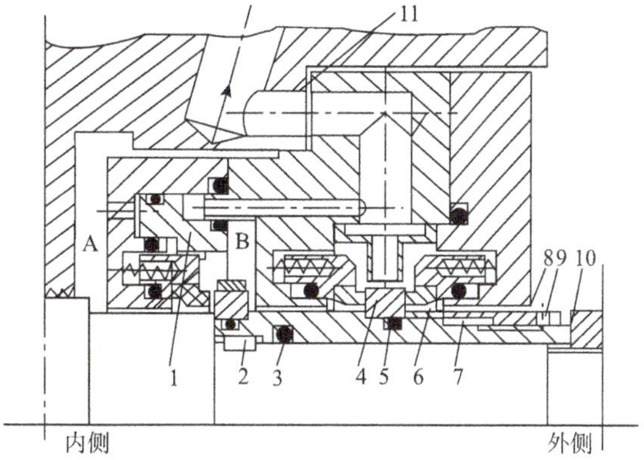

机械密封结构
1—灯笼环；2—键；3，5—O形圈；4—动环；6—定位套；7—轴套；8—锁紧套；9—防松螺钉；10—锁紧套；11—石墨垫

机械密封主要依靠密封面之间的液膜产生的刚度和稳定性来实现密封目的。

迷宫密封实物图
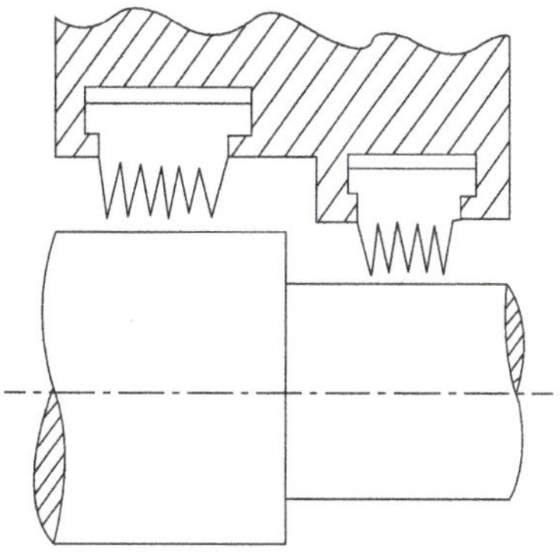
迷宫密封结构图
</td></tr>
</table>

续表

<table>
<tr><th>设备名称</th><th>离心式压缩机</th></tr>
<tr><td>结构</td><td>
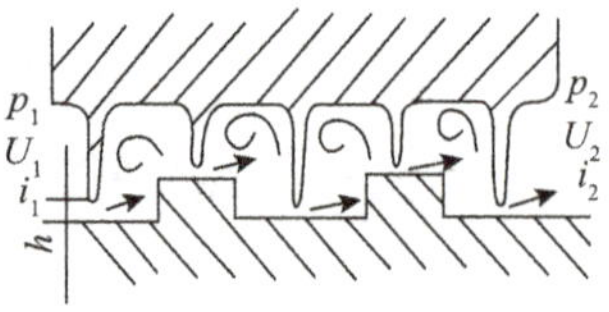

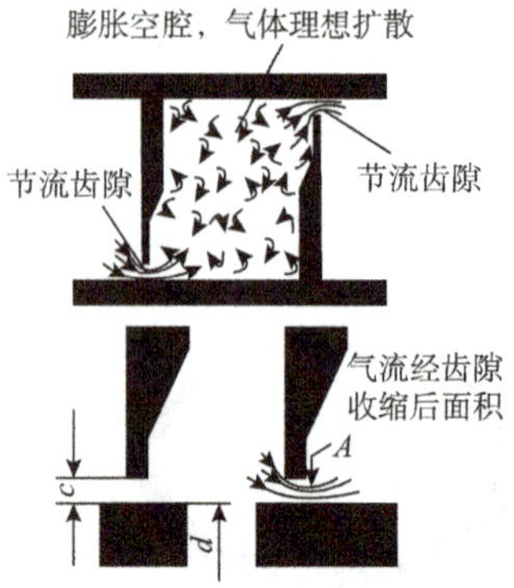

迷宫密封作用原理

迷宫密封是在转轴周围设若干个依次排列的环行密封齿，齿与齿之间形成一系列截流间隙与膨胀空腔，被密封介质在通过曲折迷宫的间隙时产生节流效应而达到阻漏的目的。

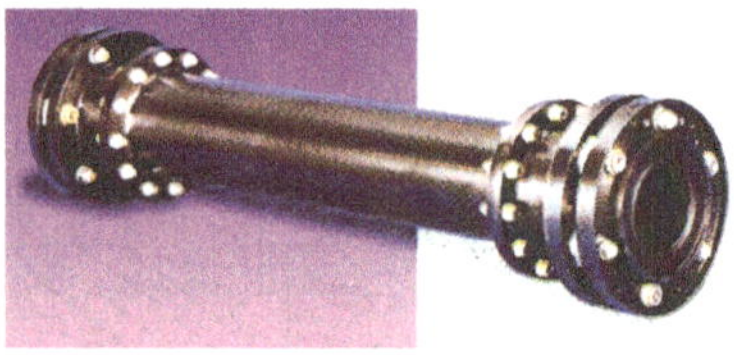

联轴器图

离心压缩机是通过联轴器传递扭矩的。联轴器种类有很多，目前离心压缩机普遍使用膜片联轴器，具有无油润滑、无磨损、自动对中性好及重量轻等特点。

变速机图

变速机采用齿轮啮合结构，靠大小齿轮的齿数比达到变速的目的。

压缩机通常带有油路润滑系统，其油路系统设备简述如下：

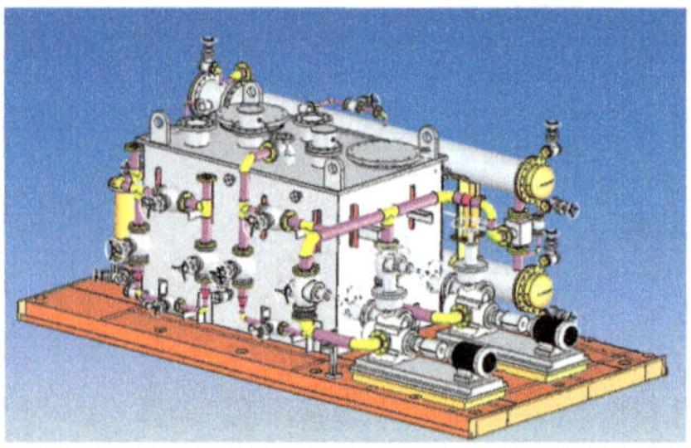

油站图
</td></tr>
</table>

续表

<table>
<tr><th>设备名称</th><th>离心式压缩机</th></tr>
<tr><td>结构</td><td>
油站的组成：主要包括油箱、油泵、油冷却器、油过滤器、调节阀组及油输送管路，另外还包括高位油箱。主要为压缩机组轴承部分提供润滑油；为汽轮机提供控制油。

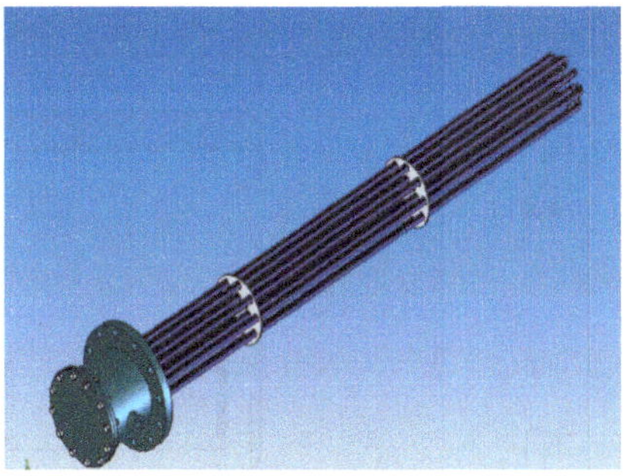

油加热器

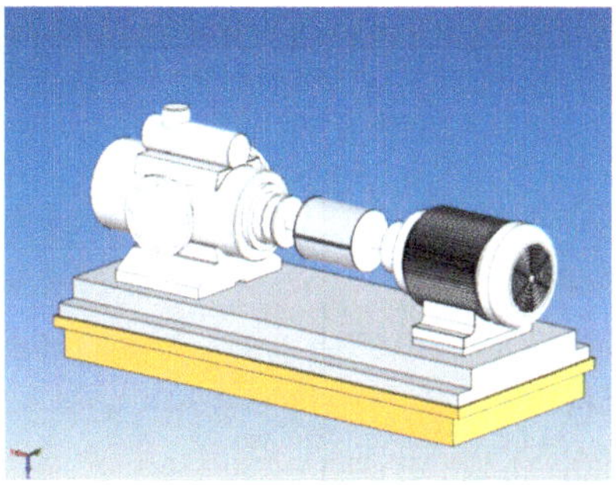

油泵（通常一开一备）

由于润滑油的特性通常在 42℃时最佳，因此油箱都配备油加热器，目前普遍使用的是电加热器。电加热器具备自动断电的功能，可以在油温达到设定值时自动停止加热。

油站靠油泵将油液增压至系统所需要的值。油泵为 1 组，共 2 台，2 台油泵互为主备。每台泵都具备单独供油的能力，当系统油压低于设定值——通常该值为 0.15MPa 时，控制系统将自动切换备泵工作，主泵停止后可对其进行拆卸维修。油泵通常使用电动机驱动，少数对用电有严格要求的现场才使用汽轮机驱动。

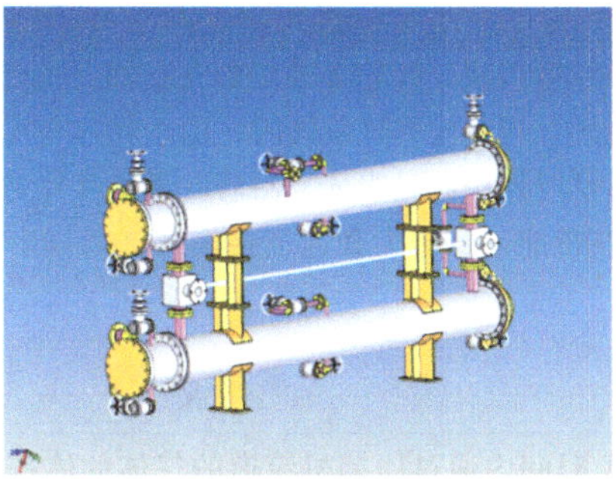

油冷器

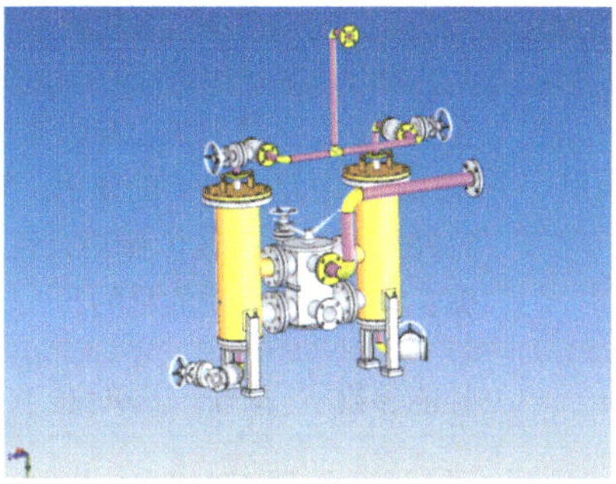

油过滤器

油经过轴承带走大量的热，这使油温度升高，正常的回油温度在 60~65℃之间。高温油流回油箱之后需要被冷却才能再次使用，这就需要用到油冷却器。油冷却器也为 1 组，共 2 台互为主备使用。油冷却器组配备有三通切换阀，用于冷却器主备之间的切换。

润滑油需要经过过滤，去除其中含有的杂质，使油循环使用的时间更久，这就是油过滤器的作用。油过滤器仍为主备互相可以切换的一组。油过滤器内部是一套可更换的石棉纤维滤芯，过滤精度可达到 10μm（1250 目），更换滤芯及切换主备过滤器的方法与冷却器切换方法相同。油过滤器前后有差压表用于检测滤芯的过滤能力，当差压达到 0.15MPa 时将有报警指示，说明过滤能力下降，需要更换过滤器滤芯。

高位油箱的作用是在润滑油站遇到故障引起联锁停车时，压缩机组的高速旋转需要一定时间才能完全停下来，这段时间称为惰转时间。高位油箱在惰转时间内将持续为机组供油，以保证机组联锁停车过程中轴承部件不会因无油润滑而磨损。
</td></tr>
</table>

续表

<table>
<tr><th>设备名称</th><th colspan="4">离心式压缩机</th></tr>
<tr><td>结构</td><td colspan="4">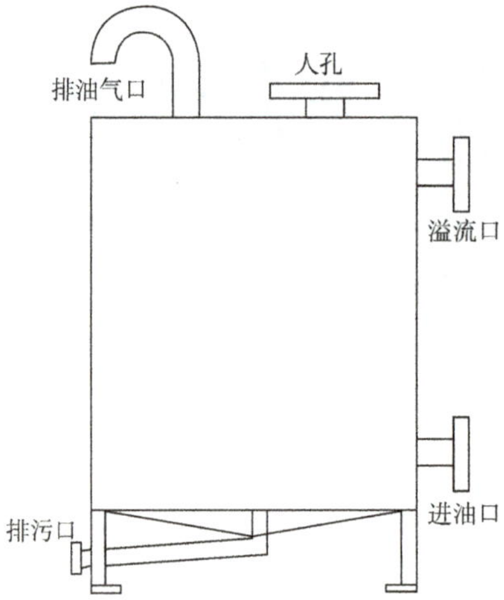

高位油箱图
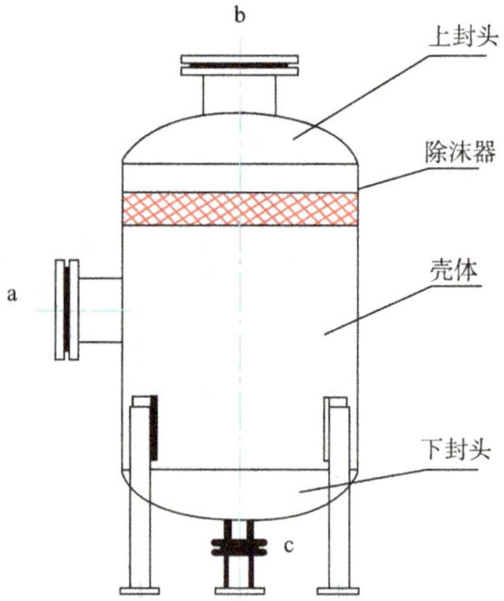

气液分离器图
气液分离器是为了减少或消除气体中的油、水及其它冷凝液故而使用分离器装置。
离心压缩机的结构复杂，零部件众多，是一个复杂的系统设备，其它部件和组成系统不再赘述。</td></tr>
<tr><td>原理</td><td colspan="4">离心压缩机由转子、定子和轴承等组成。叶轮等零件套在主轴上组成转子，转子支承在轴承上，由动力机驱动而高速旋转。当叶轮高速旋转时，由于叶片与气体之间力的相互作用，主要是离心力的作用，气体从叶轮中心处吸入，沿着叶道（叶片之间通道）流向叶轮外缘。叶轮对气体做功，气体获得能量，压力和速度提高，之后排出压缩机，达到压缩、输送气体介质的目的。</td></tr>
<tr><td rowspan="6">性能参数</td><td>性能参数</td><td>符号</td><td>单位</td><td>定义</td></tr>
<tr><td>容积流量</td><td>Q</td><td>m^3/h</td><td>单位时间内通过压缩机流道的气体的体积流量。有吸入状态和标准状态两种表示方式。与介质的密度相乘可得质量流量。</td></tr>
<tr><td>能量头</td><td>h</td><td>J/kg</td><td>单位体积的气体从旋转叶轮中获得的能量称为能量头，转变为气体的内能，与离心泵中的扬程类似。</td></tr>
<tr><td>压缩比</td><td>ε</td><td>-</td><td>压缩机的排出压力与吸入压力的之比。</td></tr>
<tr><td>轴功率</td><td>N</td><td>kW</td><td>压缩机单位时间内消耗的能量就是其轴功率，实际生产中与蒸汽的消耗或者电机的电流有关。</td></tr>
<tr><td>效率</td><td>η</td><td>-</td><td>效率表征离心式压缩机传给气体能量的利用程度，利用的程度越高，压缩机的效率也就越高。</td></tr>
<tr><td>用途</td><td colspan="4">气体介质经离心式压缩机后，能达到压缩和输送的目的。离心压缩机广泛用于各种工艺流程中，用来输送空气、各种工艺气体或混合气体，并提高其压力。</td></tr>
</table>

续表

设备名称	离心式压缩机
操作	（以干气密封压缩机为例） 1. 干气密封投运 （1）引入一次密封气（中压氮气），脱水，打通一次气注入和放火炬流程并投用相关过滤、测量、控制设施，调整压差和注入量至要求范围内； （2）引入二次密封气（低压氮气），脱水，打通二次气和隔离氮气的流程并投用管线过滤、测量和控制设施，调整压力和注入量至要求范围内； （3）投用隔离氮气，调整压力至要求范围； （4）投用自增压系统。 2. 润滑油系统投用 （1）控制油和润滑油蓄能器皮囊冲压至要求值；在润滑油箱内加入合格的 L-TSA46 汽轮机油，打通润滑油流程，投用润滑油过滤器、冷却器和各压控阀门； （2）冷却器、过滤器充油放气，蓄能器和高位油箱充油；开机前对润滑油进行分析，合格后才可开机；润滑油系统联联锁调试正常； （3）按正常程序启动润滑油泵，正常后备用机泵投自动状态；调整控制油、润滑油总管和各支管压力至正常值。 3. 驱动设施系统备（汽轮机） （1）调速系统静态调试合格，超速试验合格；保证速关阀全关； （2）蒸汽品质和管线洁净度合格，开始暖管、暖机，逐步暖至速关阀前，开各路疏水阀；开始暖机的同时进行盘车； （3）待温度正常后，打开速关阀，暖机至调节气阀前； （4）空冷凝气系统启动运行正常。 4. 盘车 （1）润滑油和干气密封系统正常后，根据需求投用盘车系统； （2）内操允许盘车按钮确认；现场盘车油路阀门打开；现场盘车油路电机启动，开始盘车； （3）现场确认压缩机轴系转动情况； （4）启机前停止盘车。 5. 启动 / 运行 （1）停止盘车，待机体压力与出口压力平衡后（略高于），缓慢打开出口阀，待压力稳定后，缓慢打开入口阀； （2）汽轮机各项准备工作就位； （3）启动汽轮机，按既定程序升速、暖机，过程中密切关注轴系振动情况和干气密封注入量； （4）机组运行正常后，根据系统压力，切换一次气至介质气。
维护保养	1. 润滑系统 （1）油箱油位在红线以上，润滑油型号为 L-TSA46，无泄漏点； （2）监测润滑油泵运行情况，轴承振动小于 1.8mm/s，轴承温度小于 82℃；密封无泄漏；备用泵投自动； （3）润滑油温度控制在 40℃左右，过滤器压差小于 0.15MPa；控制油压力为 1.0MPa，润滑油压力为 0.28~0.4MPa；各支路油压符合要求；

续表

<table>
<tr><th>设备名称</th><th colspan="3">离心式压缩机</th></tr>
<tr><td>维护保养</td><td colspan="3">（4）每周一对油箱进行脱水检查，检查结果记录在润滑油的交接记录本中；
（5）蓄能器正常投用，各路回油通畅，温度正常。
2. 干气密封
（1）一次气流量在设计值之间，一次气平衡管的压差大于 0.1MPa，过滤器压差小于 0.08MPa，调整以流程为准；
（2）密封气放火炬的压力、流量在设计值范围，报警和联锁判断以压力为准；
（3）氮气过滤器压差、二次气的注入量、隔离氮的压力按设计值控制。
3. 机组
（1）机组入口分液罐的液位及脱液的频次正常；
（2）机组的出入口压力、温度正常，循环氢的纯度正常，无过高或者过低的情况；
（3）机组转速在允许范围内，运行点在喘振线的右侧；
（4）机组轴承振动值远离报警值且基本稳定，各轴承温度正常且稳定，机组状态监测系统中无异常情况。</td></tr>
<tr><td rowspan="9">故障排除</td><td>故障现象</td><td>故障原因</td><td>处理方法</td></tr>
<tr><td rowspan="8">压缩机的异常振动和噪声</td><td>机组的硬件上存在缺陷，例如不对中、不平衡、转子有裂纹、流道损坏或有裂纹、轴承轴颈不正常、联轴器故障等</td><td>停机检修，查找硬件上存在的缺陷并处理</td></tr>
<tr><td>吸气量不足</td><td>增加吸气量</td></tr>
<tr><td>喘振</td><td>检查压缩机运行时是否远离喘振点，防喘振的裕度是否正确，防喘振的装置是否设置正确并正常工作</td></tr>
<tr><td>油压、油温不正常</td><td>检查各注油点油压、油温及油系统的工作情况，发现异常，设法调整消除油膜涡动</td></tr>
<tr><td>油中有污垢、水等，不清洁，使轴承磨损</td><td>查明污垢来源，检查油质，加强过滤，定期换油，检查轴承调整间隙；检查油冷器并排除漏水故障或者更换新油</td></tr>
<tr><td>介质带液</td><td>检查压缩机如果分液罐液位和气液分离效果</td></tr>
<tr><td>有异物进入机体</td><td>紧急停机，并检查清理异物</td></tr>
<tr><td>压缩机附近有机器工作</td><td>将对机组有影响设备与机组隔离，不要相互影响</td></tr>
</table>

续表

设备名称	离心式压缩机		
故障排除	故障现象	故障原因	处理方法
	压缩机喘振	运行点落入喘振区或距喘振线边界太近	调整工况，消除喘振
		吸入量不足	可能进气阀门开度不够，滤芯太脏或者结冰，进气通道阻塞，入口气源减少或切断等。应打开回流阀或者放空阀或降低转速运行，查出原因并解决
		压缩机出口气体系统压力超高	压缩机减速或者停机时气体未放空或者回流，出口止回阀失灵或者不严，气体倒灌
		工况变化时放空阀或者回流阀未及时打开	进口流量减少或转速下降，或转速急速升高时应查明原因；及时打开防喘振的放空或回流阀门
		防喘振装置或者机构工作失准、失灵	定期检查防喘振装置的工作情况
		升速或者升压过快	操作要平缓
		压缩介质温度太高，气体介质的性质改变，状态改变严重	调整工艺参数
	干气密封故障	一次气流量下降	一次气控制阀开大；现场手动调节阀开大；检查一次过滤器压差是否上升，如上升则切换过滤器
		二次气流量或压力下降	调整现场减压阀的开度，保证二次气的流量和压力，检查氮气过滤器的压差情况
		隔离氮气流量或压力下降	调整现场减压阀的开度，保证隔离氮气的流量和压力，检查氮气过滤器的压差情况
		一次气放火炬流量和压力异常上升	检查一次气和二次气注入量是否正常，核对放火炬压力，检查一次气脱液情况是否完好，如超报警值，做好停机准备

续表

设备名称	离心式压缩机		
故障排除	故障现象	故障原因	处理方法
	油压异常降低	油箱的油量不足	添加润滑油至规定的油位
		油泵出口返回油箱的阀门损坏	关闭上下游手阀，调整旁路阀，联系维修
		油泵的吸入管线漏气	检查漏气点，排除
		油泵安全阀失灵	检查安全阀，重新定压
		辅助油泵出口的单向阀内漏	修复或者更换辅助油泵出口的单项阀
		油压调节阀的设定值过低或者卡涩	调整、修理油压调节阀
		油管破裂或者连接法兰泄漏	油管堵漏或者拧紧法兰的螺栓，消除漏点
		油冷却器管束泄漏	检修油冷却器
		油过滤器堵塞	切换、清洗过滤器滤芯
		油泵故障	切换机泵，对故障机泵进行维修
		轴承间隙过大	更换轴承
		压力表失灵或者压力表引压管线堵塞	检查排除
	润滑油箱液位异常下降	润滑油带入系统	检查气封和油封
		润滑油漏入冷却水中	检查润滑油冷却器
		润滑油系统管线油漏点	消除漏点
	润滑油箱液位异常下降	机组的压比增加	降低压比
		中分面串气	检修修理中分面
		隔板密封间隙过大	调整密封间隙
	压缩机排气温度高	机组的压比增加	降低压比
		中分面串气	检修修理中分面
		隔板密封间隙过大	调整密封间隙

往复式压缩机

<table>
<tr><th>设备名称</th><th>往复式压缩机</th></tr>
<tr><td>结构</td><td>
往复式压缩机的实物图、结构示意图

机组实物图

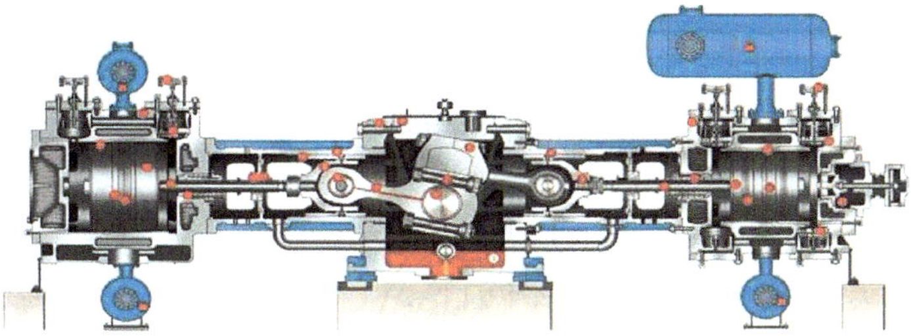

机组剖面图

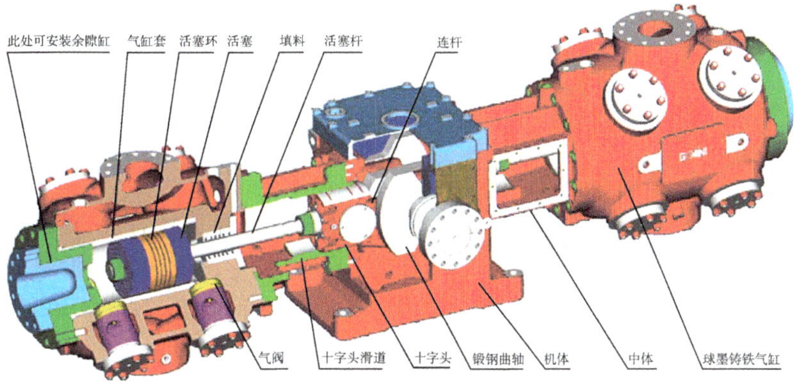

结构示意图

往复式压缩机总体结构：

由机体、基座、曲轴、连杆、气缸、活塞、气阀、十字头、轴瓦、飞轮、电动机、测量控制系统、润滑油路系统、冷却系统等组成。

气缸主要由缸座、缸体、缸盖三部分组成，低压级多为铸铁气缸，设有冷却水夹层；高压级气缸采用钢件锻制，由缸体两侧中空盖板及缸体上的孔道形成冷却水腔。吸气阀孔盖上设置压开吸气阀调节装置和固定余隙阀，用于实现排气量的分级调节。气缸设有支承，用于支承气缸重量和调整气缸水平。
</td></tr>
</table>

续表

<table>
<tr><th>设备名称</th><th>往复式压缩机</th></tr>
<tr><td>结构</td><td>

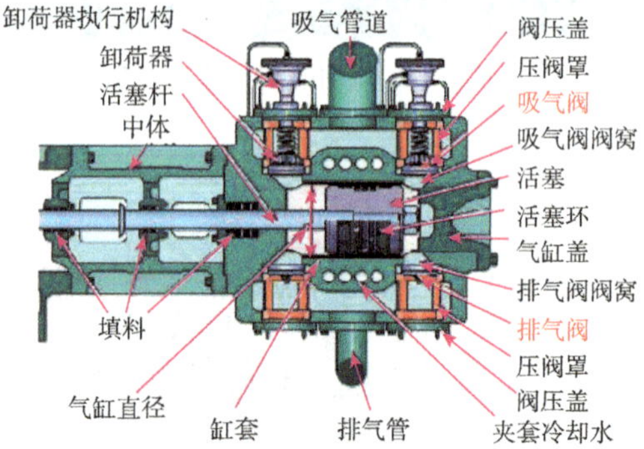

气缸结构图

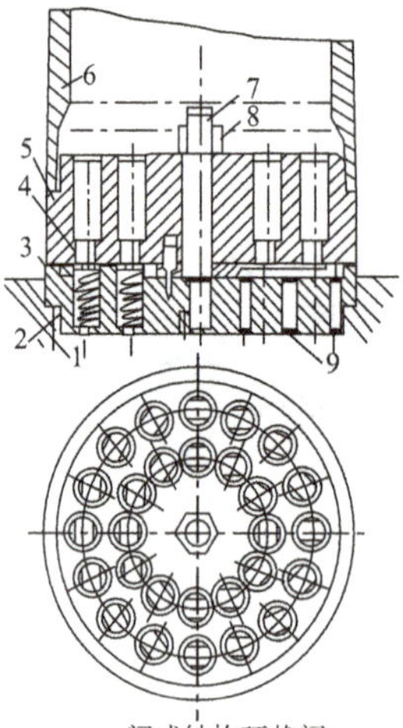

闭式结构环状阀
1—气缸；2—阀座；3—弹簧；4—阀片；5—升程限制器；
6—压阀罩；7—螺栓；8—螺母；9—垫片

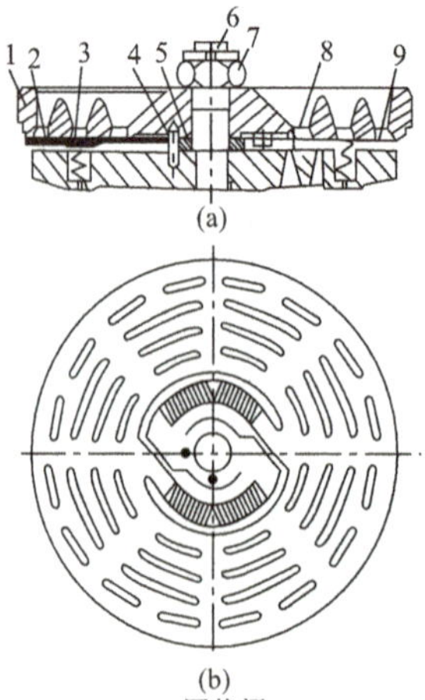

网状阀
1—阀座；2—阀片；3—弹簧；4—销子；5—阀片垫；
6—螺栓；7—螺母；8—缓冲片；9—导片

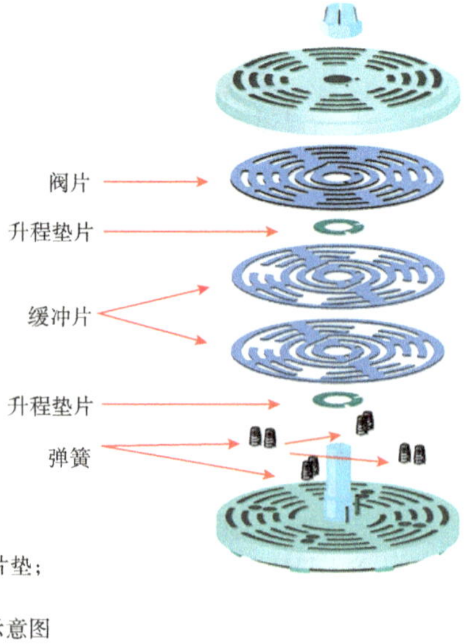

气阀示意图
</td></tr>
</table>

续表

<table>
<tr><th>设备名称</th><th>往复式压缩机</th></tr>
<tr><td>结构</td><td>

气阀片图

气阀阀盖、气阀阀座图

网状阀在结构上与环状阀的区别在于阀片各环连在一起，呈网状，阀片与生成限制器之间设有一个或几个与阀片形状基本相同的缓冲片。上图为网状阀的组合图。

气阀是压缩机的一个重要部件，属于易损件。它的质量及工作的好坏直接影响压缩机的输气量、功率损耗和运转的可靠性。气阀包括吸气阀和排气阀，活塞每上下往复运动一次，吸、排气阀各启闭一次，从而控制压缩机并使其完成吸气、压缩、排气等工作过程。

气阀主要由阀座、阀片、弹簧、升程限制器和将它们组为一体的螺栓、螺母等组成。排气阀的结构与吸气阀基本相同，两者仅是阀座与升程限制器的位置互换，吸气阀升程限制器靠近气缸里侧，排气阀则是阀座靠近气缸里侧。环状阀因其阀片为薄圆环而得名，阀座与升程限制器上都有环形或孔形通道，供气体通过。阀片与阀座上的密封口贴合形成密封。升程限制器上有导向凸台，对阀片升降起导向作用。

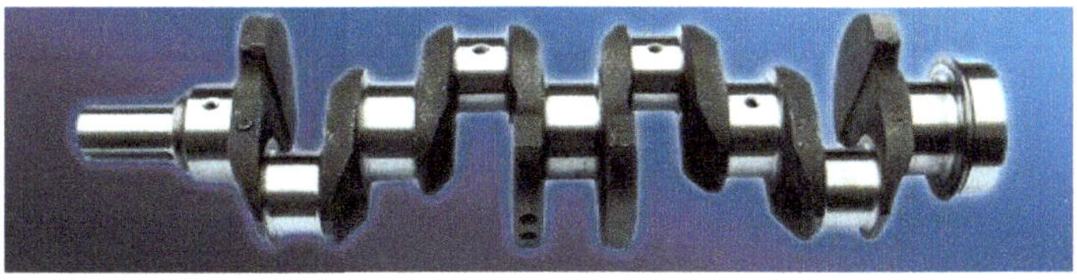
曲轴图

曲轴是往复式压缩机的主要部件之一，传递着压缩机的全部功率。其主要作用是将电动机的旋转运动通过连杆改变为活塞的往复直线运动。曲轴在运动时，承受拉、压、剪切、弯曲和扭转的交变复合负载，工作条件恶劣，要求具有足够的强度和刚度以及主轴颈与曲轴销的耐磨性。故曲轴一般采用锻造。曲轴一般由主轴颈、连杆轴颈、曲柄、平衡块、前端和后端等组成。曲轴的支承方式一般有两种，一种是全支承曲轴，另一种是非全支承曲轴。全支承曲轴的主轴颈数比气缸数目多一个，即每一个连杆轴颈两边都有一个主轴颈。

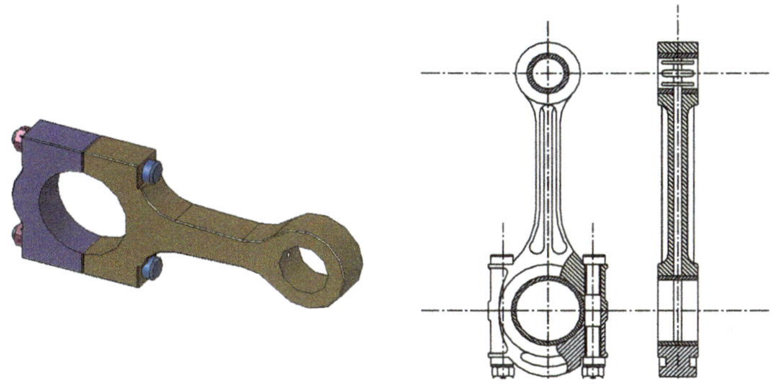
连杆图
</td></tr>
</table>

续表

<table>
<tr><th>设备名称</th><th>往复式压缩机</th></tr>
<tr><td>结构</td><td>
连杆是曲轴与活塞间的连接件，它将曲轴的回转运动转化为活塞的往复运动，并把动力传递给活塞对气体做功。连杆包括连杆体、连杆小头衬套、连杆大头轴瓦和连杆螺栓。
连杆分为连杆体和连杆大头瓦盖两部分，由两根抗拉螺栓将其连接成一体，连杆大头瓦为剖分式，瓦背材料为碳钢，瓦面为轴承合金，两端翻边做轴向定位，大头孔内侧表面镶有圆柱销，用于大头瓦径向定位，防止轴瓦转动；连杆小头及小头衬套为整体式，衬套材料为锡青铜。
连杆体沿杆体轴向钻有油孔，并与大小头瓦背环槽连通，润滑油可经环形槽并通过轴瓦上的径向油孔实现对十字头销和曲柄销的润滑。
为确保连杆安全可靠地传递交变载荷，连杆螺栓必须有足够预紧力，其预紧力的大小是通过连杆螺栓紧固的力矩来保证的，力矩的数值各系列不同。
连杆是连接曲轴与十字头（活塞）的部件，它将曲轴的旋转运动转换成活塞的往复运动。其一端与曲轴相连，称为连杆大头，做旋转运动；另一端与十字头销（或活塞销）相连，称为连杆小头，作往复运动；中间部分称为连杆体，作摆动。
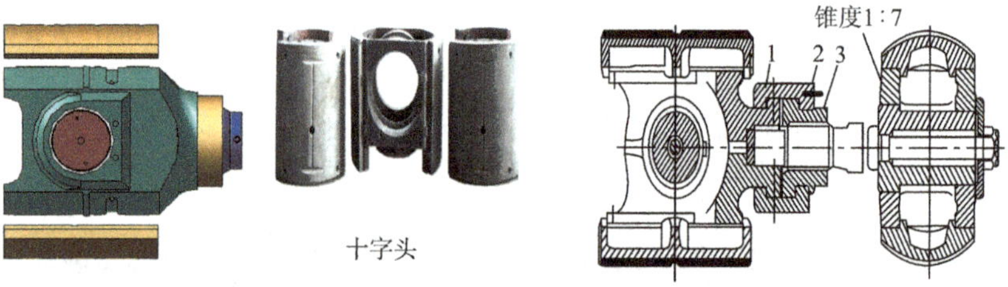

十字头
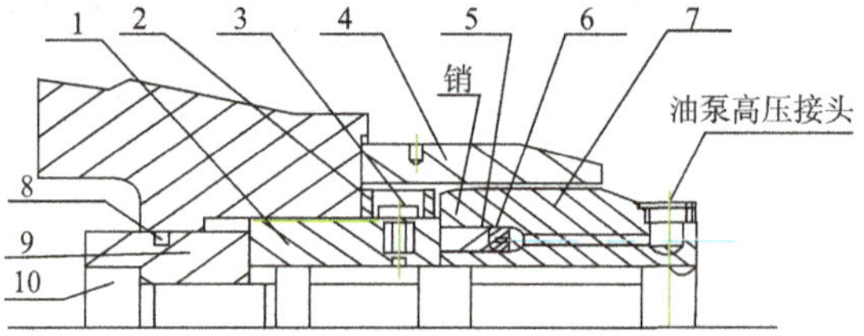

1—定位环；2—调整环；
3—螺钉；4—锁紧螺母；
5—压力活塞；6—密封圈；
7—压力体；8—连接弹簧；
9—止推环(两半)；10—活塞杆
十字头液压连接紧固装置
十字头是连接活塞与连杆的零件，具有导向作用。十字头与活塞杆的连接形式分为螺纹连接、连接器连接、法兰连接等。螺纹连接结构简单，易调节气缸中的止点间隙。但是调整时需转动活塞，且在十字头体上切削螺纹时，经多次拆装后极易磨损，不易保证精度要求。故这种结构常用于中、小型压缩机上。不在十字头体上切削螺纹，而采用两螺母夹持固定的结构，可用于大、中型压缩机。连接器和法兰连接结构，使用可靠，调整方便，使活塞杆与十字头容易对中。但结构复杂笨重，多用在大型压缩机上。
十字头液压连接紧固装置是用于活塞杆与十字头体的连接，主要由连接装置和紧固装置两部分组成。原理：通过连接紧固装置，将活塞杆与十字头进行连接后，用手动超高压油泵，将约 150MPa 压力的油注入紧固装置中的序号 7 压力体中，利用液体不可压缩的性质，推动活塞 5，迫使活塞杆尾部产生弹性拉伸变形，再将锁紧螺母 4 锁定后，将油泄压，即可达到连接所需的预紧力。
十字头是连接活塞杆与连杆的部件，在中体导轨里作往复运动，并将连杆的动力传给活塞部件，对十字头的基本要求是重量轻、耐磨，并具有足够的强度。
</td></tr>
</table>

续表

设备名称	往复式压缩机
结构	 活塞图 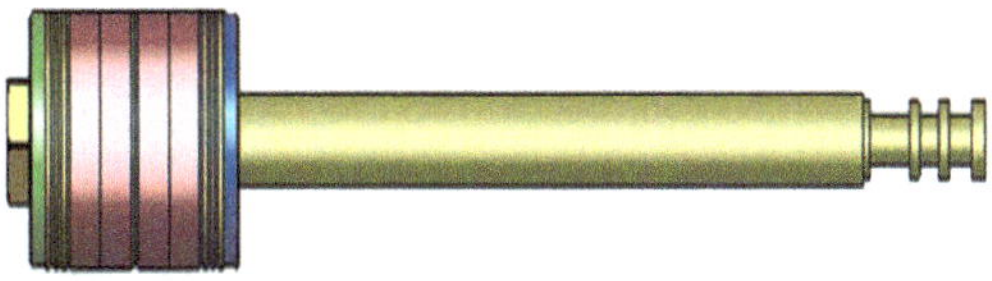 活塞杆组件图 活塞部件是由活塞体、活塞杆、活塞螺母、活塞环、支承环等零件组成，每级活塞体上装有不同数量的活塞环和支承环，用于密封压缩介质和支承活塞重量。气缸注油润滑时，活塞环采用铸铁环或填充聚四氟乙烯塑料环；当压力较高时采用铜合金活塞环；支承环采用塑料环或直接在活塞体上浇铸轴承合金。气缸无油润滑时，活塞环支承环均为填充聚四氟乙烯塑料环，支承环结构形式为 1200 单片式，采用安装在环槽中的定位块，实现支承环的径向定位，当活塞直径较小时，采用整圈开口支承环。 活塞与活塞杆采用螺纹连接，紧固方式为加热活塞杆尾部，使其热胀产生弹性伸长变形，将紧固螺母旋转一定角度拧至规定的刻线标记位置后停止加热，待杆冷却后恢复变形，即实现紧固所需的预紧力。活塞杆为钢件锻制成，经调质处理及摩擦表面进行硬化处理，有较高的综合机械性能和耐磨性。活塞体的材料一般为铝合金或铸铁。 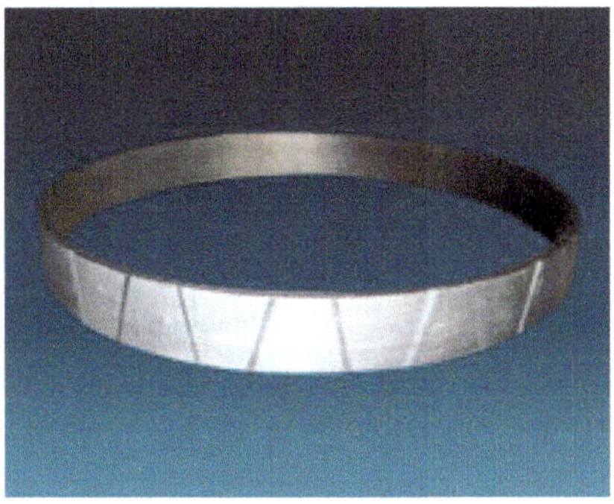 活塞支承环（托瓦）图 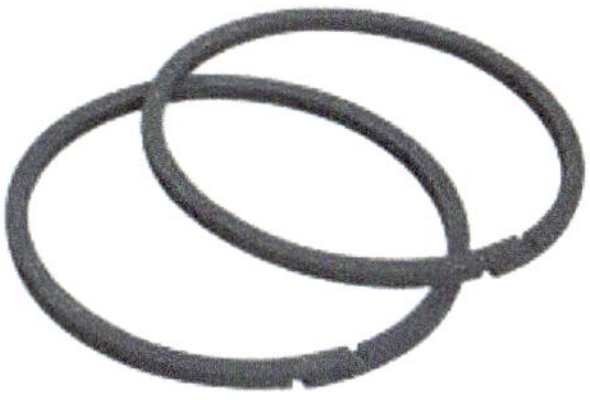 活塞环 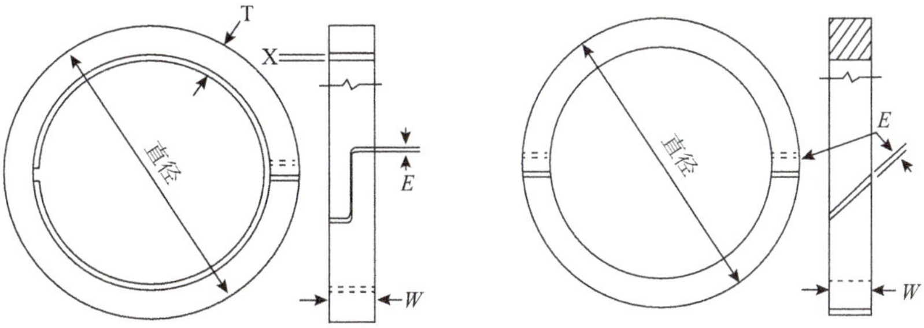 活塞环图

续表

设备名称	往复式压缩机
结构	活塞环为一圆环，环周上有一处切口，切口形式有直口、斜口与搭口。斜口斜度为45°。是由聚四氟乙烯等高分子为基材，以碳纤维、玻璃纤维等为填料组成的一种复合材料。它具有良好的自润滑性、摩擦系数小、耐高温、优异的化学稳定性、突出的不粘性。 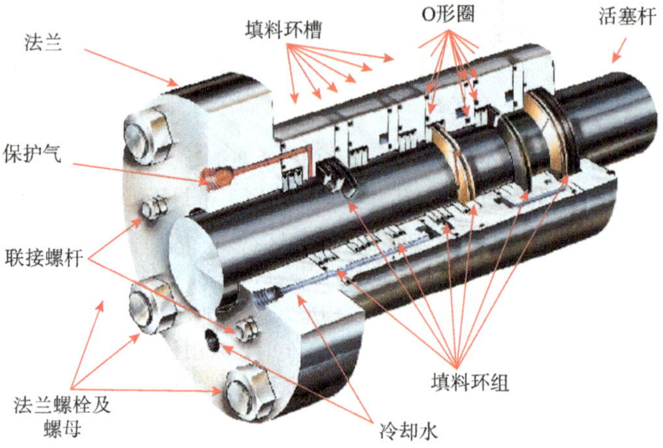 填料函组件图 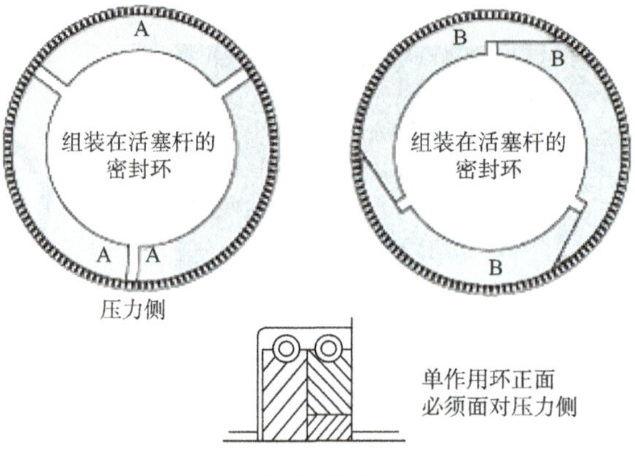 填料结构图 填料是由数组密封元件构成，每组密封元件主要由径向密封环、切向密封环、阻流环和拉伸弹簧组成。为减轻各组密封元件的工作负担，当密封压力较高时，在靠近气缸侧处设有节流环。当密封气体属易燃易爆性质时，在密封填料中设有漏气回收孔，用于收集泄漏的气体并引至处理系统。在前置填料中设置氮气室并充入低压氮气，用来阻止和隔离易燃易爆气体向接筒内泄漏。氮气室中的氮气则允许经前置密封环向接筒气缸侧隔腔中泄漏，经顶部放空口排至处理系统或放空。有油润滑时，密封填料中设有注油孔，可注入压缩机油进行润滑，无油润滑时，不设注油孔。密封填料分通水冷却和不通水冷却两种结构形式，通水冷却时，在填料盒外部设有冷却水腔，当密封填料安装在带有冷却水腔的缸座上时，也可采用不通水冷却结构形式。

续表

设备名称	往复式压缩机
结构	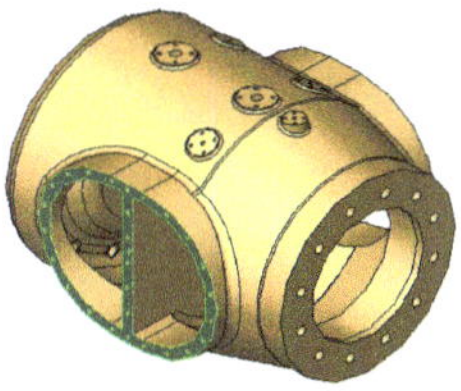 接筒图 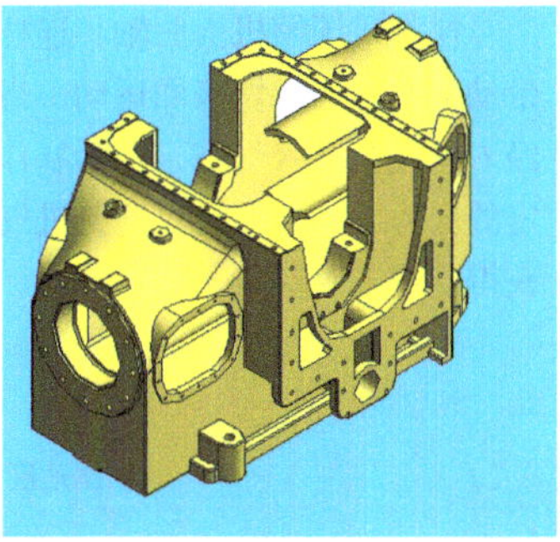 机身外形图 接筒为铸铁制成的筒形结构，分有单隔室和双隔室，对于压缩易燃易爆或有毒介质时，采用双隔室，中间隔腔处安装中间密封填料，用以阻止气缸中泄漏气体进入机身。 活塞压缩机中，有重要的一个系统，也就是润滑系统。在零件相互滑动的部件，如活塞环与气缸、填料与活塞杆、主轴承、连杆大头瓦、连接小头衬套以及十字头滑道等处，要注入润滑剂进行润滑，以达到如下目的： ①减小摩擦功率，降低压缩机功率消耗；②减少滑动部位的磨损，延长零件寿命；③润滑剂有冷却作用，可导致摩擦热，使零件工作温度过高，从而保证滑动部位必要的运转间隙，防止滑动部位咬死或烧伤；④用油作润滑剂时，还有防止零件生锈的作用。 在大、中型带十字头的压缩机中，一般采用压力润滑。这种润滑方式往往分为两个独立系统，即气缸填料部分的润滑、活塞环与气缸的润滑靠注油器供油；而运动部件的润滑，则由油泵连续供油。主油泵为曲轴驱动，辅油泵为电机带动。 通常的润滑油走向：机身→油泵→油冷却器→油过滤器→主轴瓦→大头瓦→小头瓦→十字头→回滑道到机身。 节能原理：活塞压缩机可以分成 *BC*（吸气）、*CD*（压缩）、*DA*（排气）、*AB*（膨胀）四个阶段，而 *ABCD* 的所围成的 *pV* 面积表示一个压缩过程压缩机所做的功。如图所示，50% 负荷时在 C–$C_{r,\ 50}$ 阶段吸气阀被迫顶开，从而进入气缸中的气体部分重新返回进气管路，形成了 B–C–$C_{r,\ 50}$（吸气）、$C_{r,\ 50}$–$D_{r,\ 50}$（压缩）、$D_{r,\ 50}$–A（排气）、*AB*（膨胀）四个阶段，C、$C_{r,\ 50}$、$D_{r,\ 50}$、D 所围成的面积就是 50% 负荷时所节省的功。 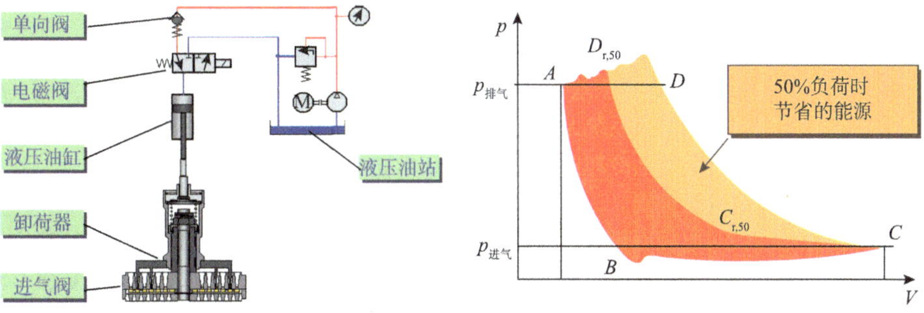 往复压缩机的无级调量结构、原理与技术图 压缩机的结构还包括飞轮、盘车系统、冷却系统、测量控制系统、电机等，在此不再赘述。

续表

<table>
<tr><th>设备名称</th><th colspan="4">往复式压缩机</th></tr>
<tr><td>原理</td><td colspan="4">往复式压缩机由曲轴、连杆、气缸、活塞、气阀、壳体等组成，曲轴带动连杆，连杆带动活塞，活塞做来回运动。当体积膨胀、压力降低时，进气阀打开，排气阀关闭，气体经入口气阀进入气缸，在活塞作用下通过压缩气体的体积实现压力的提升，当气体达到一定的压力后，出气阀打开，进气阀关闭，经排气阀将气体排出，完成压缩过程，压缩气体获得能量。
往复式压缩机原理
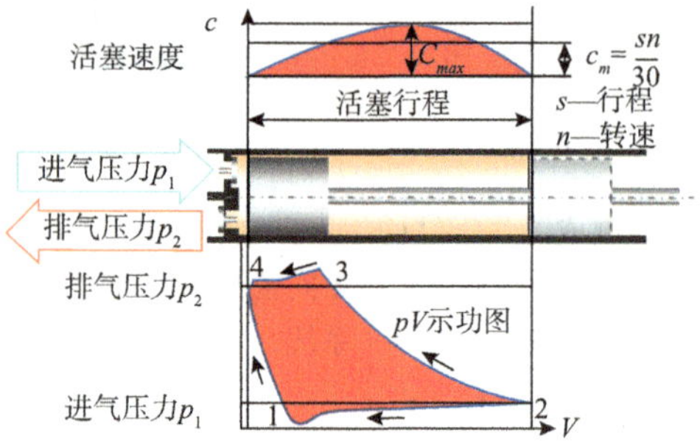
</td></tr>
<tr><td rowspan="4">性能参数</td><td>性能参数</td><td>符号</td><td>单位</td><td>定义</td></tr>
<tr><td>排气量</td><td>V</td><td>m^3/min</td><td>排气量是指在压缩机末级测得的单位时间内排出的气体，换算成第一级进气状态的压力和温度下的气体体积。压缩机的额定排气量及压缩机铭牌上的排气量是指特定进气状态下的排气量。</td></tr>
<tr><td>压比</td><td>ε</td><td>1</td><td>压缩机每一级或者整机的出入后压力之比成为该级或该机的压力比，简称压比。$\varepsilon=p_2/p_1$</td></tr>
<tr><td>功率</td><td>N</td><td>kW</td><td>每小时内压缩机所消耗的功，与电机电流成正比，电流越高功率越大，压缩机的流量越大、压比越高功率越高。</td></tr>
<tr><td>用途</td><td colspan="4">主要用于给气体增压，起到输送的效果，适用于压比较大、流量适中的场合。</td></tr>
<tr><td>操作</td><td colspan="4">（具体需以当地实际设备操作法为准）
1. 润滑油系统检查投用
（1）曲轴箱油位正常；
（2）润滑油泵正常运行，备用泵已送电，投自动。润滑油系统油压 >0.3MPa，油温 >20℃，油过滤器压差 <0.1MPa；
（3）润滑油系统无异常泄漏点，安全阀无内漏；
（4）润滑油冷却器循环水投用正常。
2. 其它检查
（1）电机冷却水、各级间冷却器循环水投用正常；机组水站的水箱液位、机泵、过滤器运行正常；各级填料、气缸和缸盖的冷却水畅通，循环水和软化水系统无异常泄漏点；
（2）启动盘车器，正反向各盘车 3min 左右。
3. 气体流程检查准备
（1）引气体前要求氮气置换合格；各级出口安全阀全部投用正常，前后手阀全开，副线阀全关，并有铅封；</td></tr>
</table>

续表

<table>
<tr><th>设备名称</th><th colspan="3">往复式压缩机</th></tr>
<tr><td>操作</td><td colspan="3">（2）各级间返回流程正常，控制阀前后手阀全开，副线阀全关，阀位核对正常；填料和中间隔离填料氮气压力正常；
（3）缓慢引气体进入机组，待压力平衡后全开入口阀，稍开出口阀，检查确认出口单向阀无内漏后全开出口阀。
4. 启动升压
（1）停止盘车后，确保盘车器与飞轮脱开；
（2）人员和联系汇报全部到位后，在空负荷下启动电动机；
（3）检查曲轴、各级十字头、活塞、气阀运行声音正常，联系内操升压；
（4）在缓慢升压的过程中，对机组流程进行气密；
（5）升压到位后，机组正常运行，进行全流程气密检查，24h 内特护升级。</td></tr>
<tr><td>维护保养</td><td colspan="3">1. 润滑系统
（1）曲轴箱油位正常，油型号为 L-DAB150；
（2）监测润滑油泵运行情况，轴承振动小于 1.8mm/s，轴承温度小于 82℃；密封无泄漏；备用泵投自动；
（3）润滑油压力在 0.4MPa 左右，润滑油温度控制在 25~40℃，过滤器压差小于 0.1MPa；
（4）检查确认安全阀无内漏；
（5）油冷却器循环水压力、回水温度正常。
2. 水系统
（1）电机和级间冷却器的循环水压力和回水温度正常；
（2）软化水站水箱的液位正常；
（3）软化水站水泵运行正常，轴承振动小于 1.8mm/s，轴承温度小于 82℃；密封无泄漏；备用泵投自动；
（4）软化水泵出口压力约 0.4MPa，过滤器压差小于 0.1MPa，水温控制在 35~40℃；
（5）气缸、填料和缸盖冷却水视镜清洗，水路畅通，各路回水温度正常。
3. 机组 + 流程
（1）电机前后轴承油位正常，温度正常，运行无异响，漏水保护器无动作或报警；
（2）气缸、气阀、填料、十字头和曲轴箱位置无异响；
（3）各级入口气阀温度正常；隔爆箱顶放空管线温度正常，无异常油气排放；
（4）出口罐液位正常；机组流程无异常泄漏
（5）各级分液罐液位正常；机组和管线无异常振动。</td></tr>
<tr><td rowspan="6">故障排除</td><td>故障现象</td><td>故障原因</td><td>处理方法</td></tr>
<tr><td rowspan="4">轴承温度高</td><td>润滑油量供应不足或者中断</td><td>检查润滑油泵、润滑油压力、管线和油过滤器</td></tr>
<tr><td>油变质</td><td>更换润滑油</td></tr>
<tr><td>进油温度过高</td><td>调节油冷却器的进水量</td></tr>
<tr><td>轴承部位进油或出油不畅</td><td>检修使油路畅通</td></tr>
<tr><td>气缸温度偏高</td><td>冷却水供给不足，冷却水管线堵塞</td><td>加大供水量，调整供水压力，疏通管线</td></tr>
</table>

续表

设备名称	往复式压缩机		
故障排除	故障现象	故障原因	处理方法
	填料函发热	填料冷却水供应不足，水管线堵塞或冷却水压力不足	提高供水压力，加大供水量，疏通供水管线
	排气温度高	排气阀内漏	拆检、清洗或者更换排气阀
		吸气阀内漏	拆检、清洗或者更换吸气阀
		气缸或冷却效果表差	检查冷却水系统、清洗冷却器
		吸入气体的温度超过设计值	检查工艺流程和冷却器的冷却效果
		入口过滤器堵塞造成压比增加	拆检、清理或者更换入口过滤器
	压缩机排气压力降低 气缸内有异响	活塞环漏气	检查更换活塞环
		气阀漏气	检修更换气阀
		阀片、缓冲片断裂或弹簧断裂	更换气阀
		阀体压筒破裂或松动	重新压紧或者更换压筒
		气缸中集聚液体	做好入口分液罐的排凝工作，查明原因
		气缸内有异物	检查处理
		活塞环或者拖瓦磨损严重	检修更换
		其它机械部件松动	检修处理
	管路发生不正常的振动	管卡太松或者断裂，支承的刚性不够，管架或者吊架不够牢固	加固处理
		管路系统产生气柱共振或管路机械共振	重新配置管路系统，调增压缩机整机或者级的负荷
	油泵出口压力低或者无	入口管法兰或者接头漏气	查堵漏点
		油泵壳体或者轴封有泄漏	检查并消除漏点
		吸入阀有故障或者有管路堵塞	检查并疏通油管路
		油箱内的油位太低	添加润滑油
		油过滤器堵塞	清洗过滤器
		油泵的驱动机转速下降	查明原因并恢复到正常转速
		安全阀故障	重新调校安全阀
	油温升高	油冷却器的冷却能力不足	加大油冷却器的循环水供应量
		油冷却器结垢	检查、清洗油冷却器
		润滑油变质	更换润滑油

续表

设备名称	往复式压缩机		
故障排除	故障现象	故障原因	处理方法
	设计排气量达不到要求	气阀漏气	检查更换气阀
		活塞环严重磨损甚至断裂	检查更换活塞环
		填料漏气	检查更换填料
		卸荷器故障	检查处理卸荷装置
		气缸的余隙容积过大	调整气缸的余隙
	主机振动加大	地脚螺栓松动，基础倾斜或有裂纹	检查检修
		电机与压缩机对中变坏	
		管道振动对主机造成影响	

汽轮机

<table>
<tr><th>设备名称</th><th>汽轮机</th></tr>
<tr><td>结构</td><td>
汽轮机的实物图、结构示意图

机组实物图
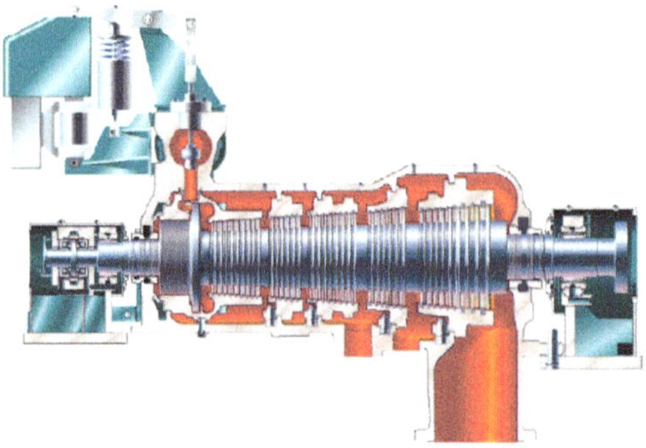
汽轮机剖面图
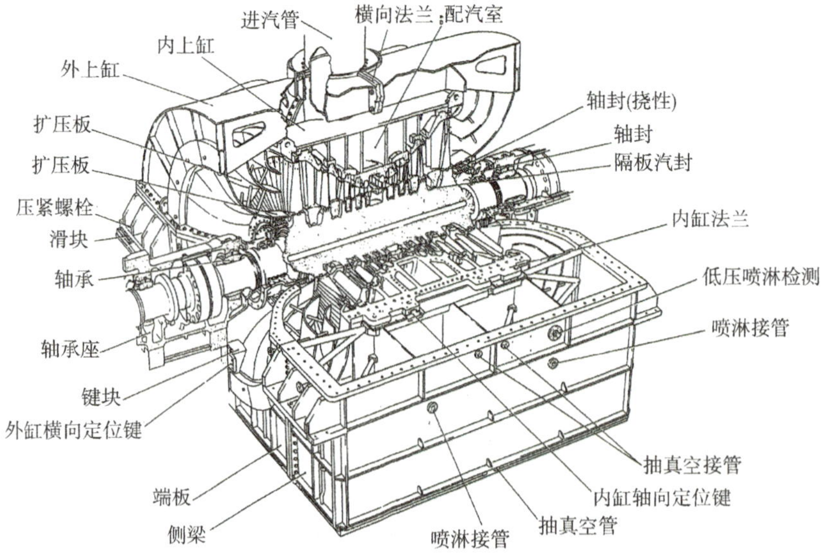

结构示意图 1
</td></tr>
</table>

续表

设备名称	汽轮机
结构	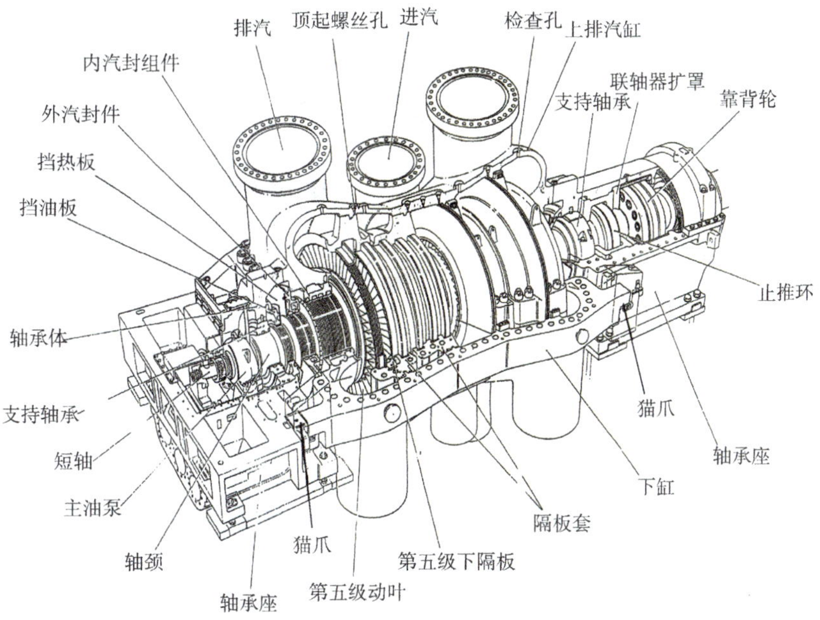 结构示意图 2 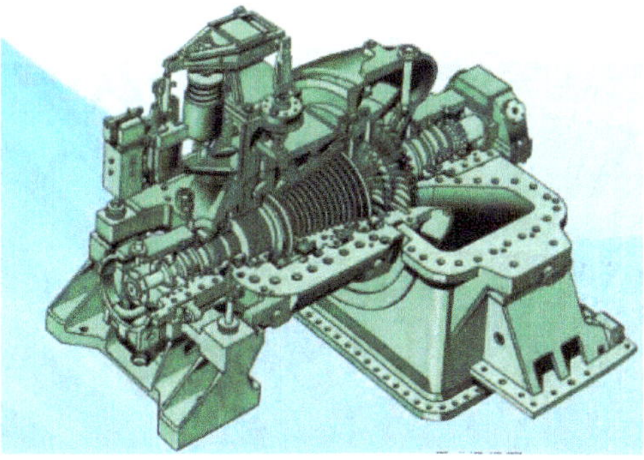 凝汽式汽轮机外形图 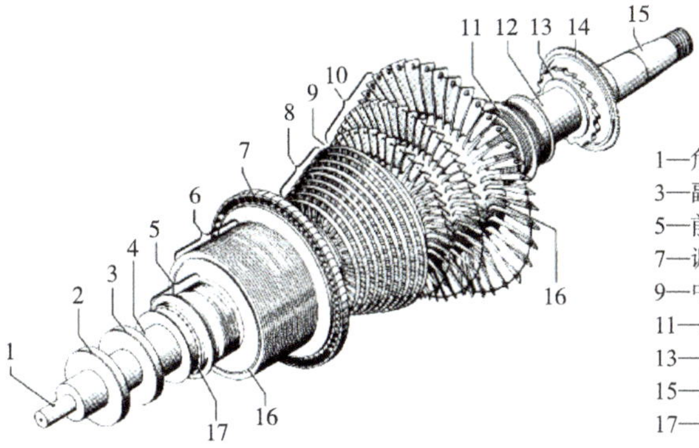 1—危急保安器；2—主推力盘； 3—副推力盘；4—前轴承轴颈； 5—前汽封；6—平衡活塞汽封； 7—调节级；8—压力级； 9—中间汽封；10—低压级； 11—后汽封；12—后轴承轴颈； 13—盘车棘轮；14—油涡轮动轮； 15—联轴器轴段；16—主平衡面； 17—辅助平衡面 转子图

续表

设备名称	汽轮机
结构	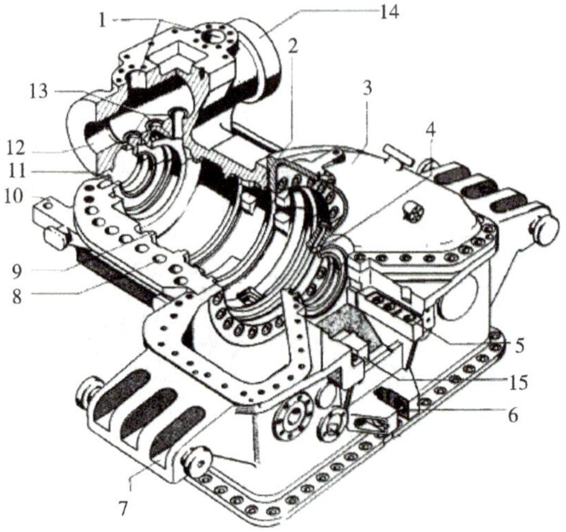 1—调节汽阀阀杆装配孔；2—导叶持环支承搭子；3—排缸；4—后汽封装配凸环；5—后轴承座安装面；6—横向中以调整件搭子；7—后猫爪；8—中分面螺栓孔；9—导叶持环装配凸环；10—前猫爪；11—前汽封装配凸环；12—进汽室；13—调节汽阀阀座装配孔；14—速关阀阀壳；15—后轴承座导向键 汽缸图  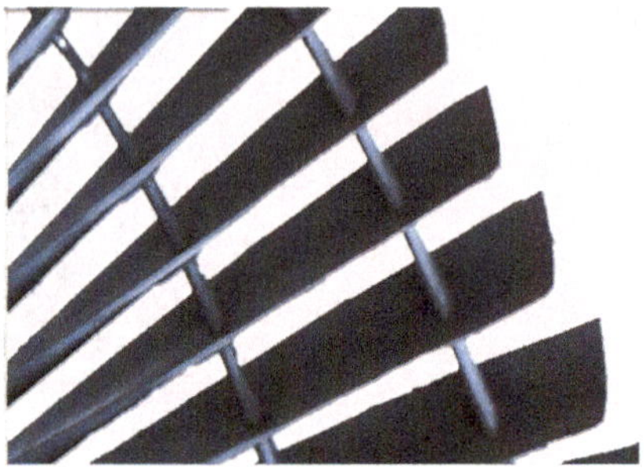  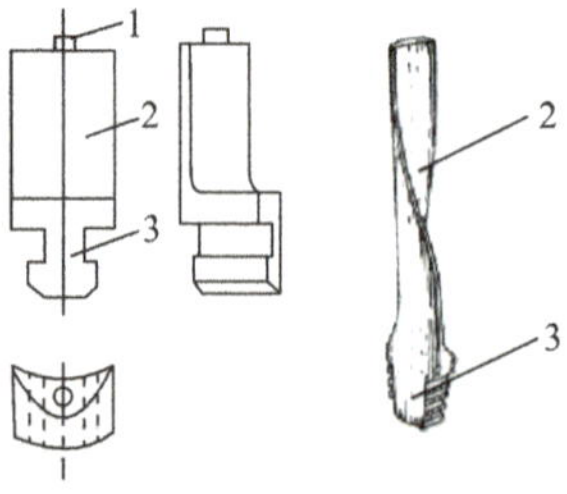 (a)等截面直叶片　(b)变截面扭曲叶片 1—叶顶；2—叶型；3—叶根 叶片图

续表

<table>
<tr><th>设备名称</th><th>汽轮机</th></tr>
<tr><td>结构</td><td>

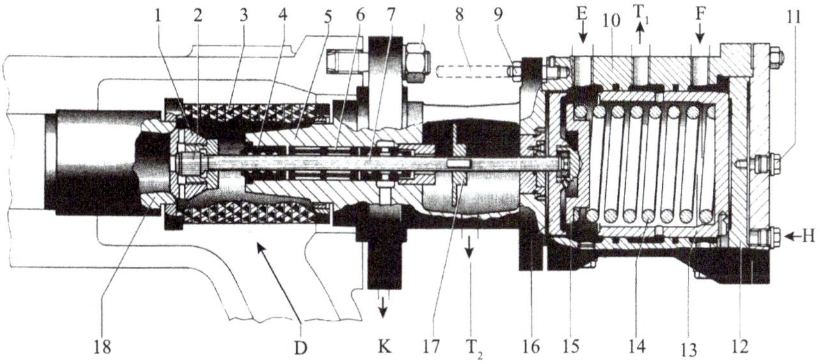

1—主阀碟；2—卸载阀；3—蒸汽滤网；4—导向套筒；5—阀盖；6—汽封套筒；7—阀杆；8—专用螺栓；9—螺母；10—油缸；11—压力表接口；12—试验活塞；13—活塞；14—弹簧；15—弹簧座；16—活塞盘；17—挡盘；18—阀座；D—蒸汽入口；E—速关油；F—启动油；H—试验油；K—漏汽；T_1—回油；T_2—漏油

速关阀图

速关阀：启动油 F 通至活塞（13）右端，活塞在油压作用下克服弹簧（14）力被压向活塞盘（16），使活塞与活塞盘的密封面相接触，之后速关油 E 通入活塞盘左侧，随着活塞盘后速关油压的建立，启动油开始有控制的泄放，于是活塞盘和活塞如同一个整体构件在两侧油压差作用下，持续向右移动直至被试验活塞（12）限位，由于阀杆右端是与活塞盘连接在一起，所以在活塞盘移动的同时速关阀也就随之开启。

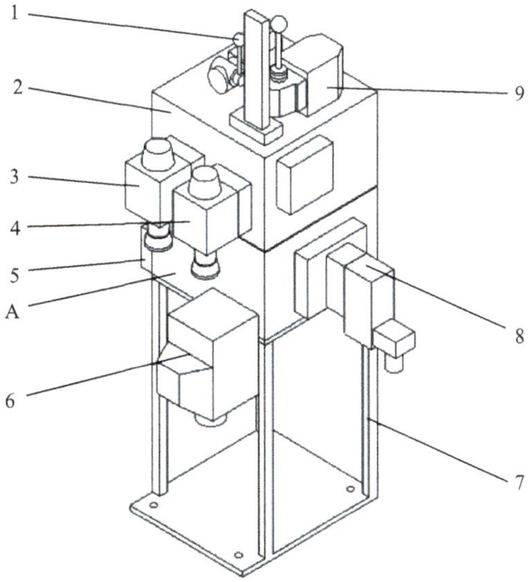

1—试验阀；2—本体；3—启动油换向阀；4—速关油换向阀；5—停机电磁阀；6—电液转换器；7—支座；8—停机电磁阀；9—手动停机阀；A—操作侧

速关组合件图

</td></tr>
</table>

续表

设备名称	汽轮机
结构	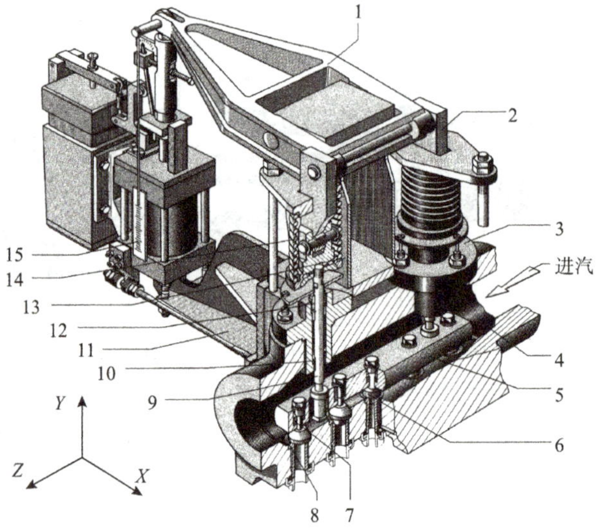 1—杠杆；2—连接板；3—阀盖；4—汽缸进汽室；5—阀梁；6—阀碟；7—衬套；8—阀座；9—阀杆；10—下导向套筒；11—托架；12—上导向套筒；13—支架；14—弹簧组件；15—油动机 调节汽阀图 调节汽阀主要由调节阀、传动机构和油动机三部分组成。调节阀包括阀杆、阀梁、阀碟及阀座等。传动机构由支架和杠杆组成。 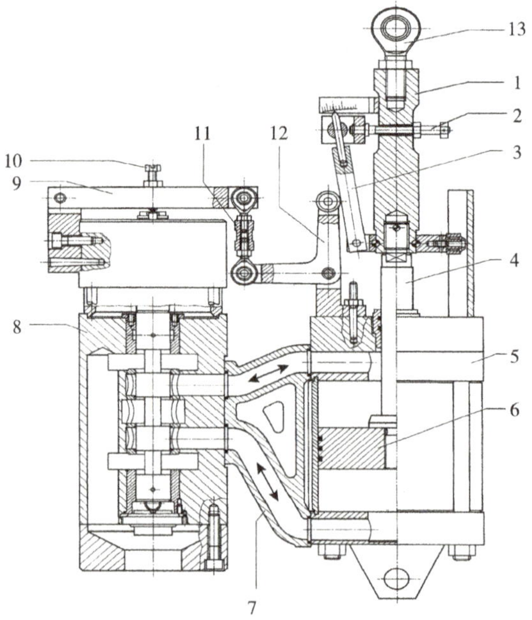 1—拉杆；2—调节螺栓；3—反馈板；4—活塞杆；5—油缸（缸盖）；6—活塞；7—连接体；8—错油门（错油门壳体）；9—反馈杠杆；10—调节螺钉；11—调节螺母；12—弯角杠杆；13—杆端关节轴承 油动机图

续表

设备名称	汽轮机
结构	油动机是调节汽阀的执行机构，它将由放大器或电液转换器输入的二次油信号转换为有足够作功能力的行程输出以操纵调节阀，控制汽轮机进汽。油动机主要由油缸、错油门、连接体和反馈机构组成。 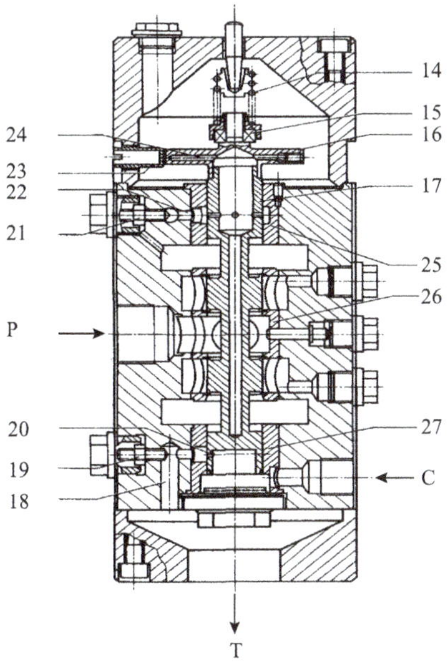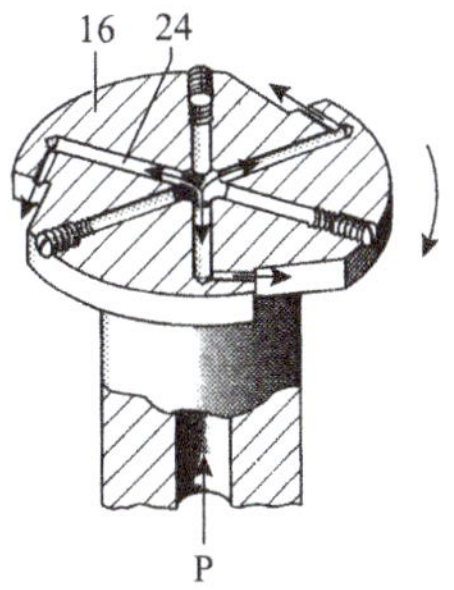 14—错油门弹簧；15—推力球轴承；16—转动盘；17—滑阀体；18—泄油孔； 19—节阀；20—放油孔；21—调节阀；22—喷油进油孔；23—测速套筒；24—喷油孔； 25—上套筒；26—中间套筒；27—下套筒；C—二次油；P—动力油；T—回油 错油门图　　转动盘工作示意图 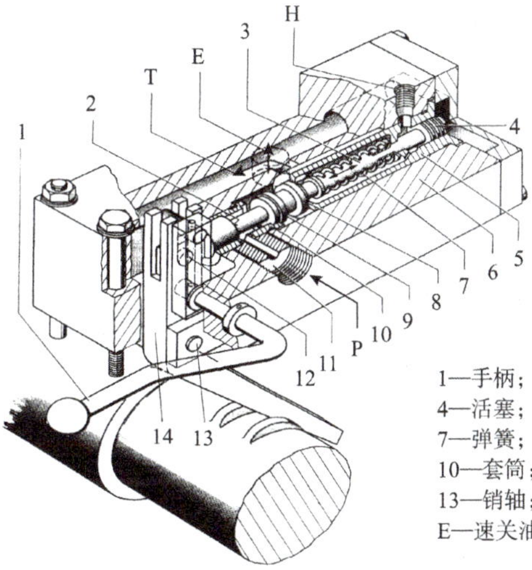 1—手柄；2—滑阀凸肩；3—滑阀； 4—活塞；5—套筒；6—壳体； 7—弹簧；8—滑阀凸肩；9—滑阀凸肩； 10—套筒；11—节流孔板；12—销； 13—销轴；14—挂钩；P—压力油； E—速关油；H—试验油或复位油；T—回油 危急遮断油门图

续表

设备名称	汽轮机
结构	危急遮断油门作用： 当汽轮机在运行过程中出现故障时，危急遮断油门泄放速关油引发速关阀和调节汽阀快速关闭而迫使机组紧急停机。 作用原理： 油门在正常工作状态下（如图所示已复位），压力油由接口 P 经节流孔板（11）进入油门的速关油控制腔，由于凸肩（2）的油压作用面积小于凸肩（8）的油压作用面积，使滑阀上的油压力克服弹簧（7）力，将凸肩（8）压在套筒（5）的密封面上，因此建立正常油压的速关油经接口 E 供至速关油路。 如果危急保安装置前的油压下降，滑阀将被弹簧推向衬套的端面，切断进油，同时将速关油与回油口接通，泄去速关油，使速关阀迅速关闭。 动作途径： 当发生下述情况或操作时，滑阀产生位移而泄放速关油： 1. 危急保安器动作。当机组转速超过危急保安器跳闸转速设定值时，危急保安器飞锤击出，撞击挂钩（14）的爪，使挂钩绕销轴（13）逆时针方向偏转，拉动滑阀左移，凸肩（8）的密封盘与套筒（5）的密封面脱开同时凸肩（9）的密封盘在弹簧力作用下压在套筒（10）的密封面上，于是 P 与 E 的通路被切断而 E 与 T 接通，将速关油泄放至轴承座。 2. 轴位移保护动作。当汽轮机转子轴向位移≥ 1mm 时，转子上的轴位移凸肩撞击挂钩的爪引发与上述相同的动作。若汽轮机转子上没有轴位移凸肩，则无此项作用。 3. 手动停机。揿下手柄（1），拨动挂钩逆时针方向偏转，拉动滑阀左移，油路切换过程同前。 4. 速关油失压。当速关油压力≤0.28MPa 时，滑阀上的油压不足以克服弹簧作用力，于是滑阀被推向左端而泄放速关油。 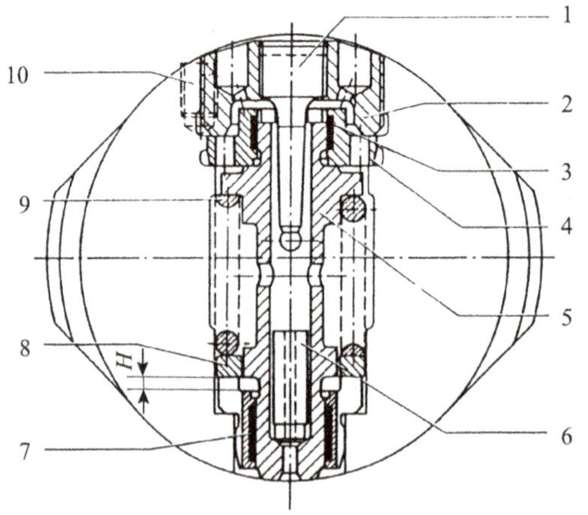 1—限位栓；2—压紧螺母； 3—导向片；4—导向环； 5—飞锤；6—配重销； 7—导向片；8—导向套筒； 9—弹簧；10—螺钉 危急保安器图 作用原理：飞锤和配重销的质心与转子中心之间存在偏心距，因此当转子旋转时，飞锤便产生离心力，由于在运行转速范围内，弹簧力始终大于飞锤离心力，所以飞锤也就在它的装配位置保持不动，但当汽轮机转速超出设定的脱扣转速时，由于飞锤离心力大于弹簧力，飞锤在离心力作用下产生位移并随着偏心距的增加离心力阶跃增大，飞锤从子中击出（行程为 H）撞击遮断油门的拉钩，使油门脱扣关闭速关阀和调节汽阀。

续表

<table>
<tr><th>设备名称</th><th colspan="4">汽轮机</th></tr>
<tr><td>结构</td><td colspan="4">汽轮机本体是汽轮机设备的主要组成部分，它由转子和静子组成。转子包括动叶、叶轮、主轴、联轴节及紧固件等旋转部件。静子包括汽缸、蒸汽室、喷嘴室、隔板、隔板套、汽封、轴承、轴承座、轴承座座架、底盘、滑销系统及有关紧固零件等。其辅助系统有调节系统、安保系统、供油系统等组成。
按热力特性，汽轮机分：凝汽式汽轮机—蒸汽在高度真空状态下进入凝汽器凝结成水，有些小汽轮机没有回热系统，成为纯凝汽式汽轮机。背压式汽轮机—排汽直接用于供热，没有凝汽器。当排汽作为其它中低压汽轮机的工作蒸汽时，称为前制式汽轮机。调节抽汽式汽轮机—从汽轮机某级后抽出一定压力的部分蒸汽对外供热，其余排汽仍进入凝汽器。由于热用户对供热压力有一定的要求，需要对抽汽压力进行自动调节，故称为调节抽汽。根据用户需要，有一次调节抽汽和两次调节抽汽。
主蒸汽在汽轮机内部喷嘴流出后推动动叶片膨胀做功，推动汽轮机转子高速旋转，汽轮机的蒸汽从进口膨胀到排汽口，单位质量蒸汽的容积增大几百倍，甚至上千倍，因此各级叶片高度必须逐级加长。大功率凝汽式汽轮机所需的排汽面积很大，末级叶片须做得很长。</td></tr>
<tr><td>原理</td><td colspan="4">汽轮机是利用蒸汽做功的一种旋转式动力机械，它可将蒸汽的热能转换为汽轮机轴的回转机械能。凝汽式汽轮机，是指蒸汽在汽轮内膨胀做功以后，除小部分轴封漏气之外，全部进入凝汽器凝结成水的汽轮机。
在汽轮机中，蒸汽在喷嘴中发生膨胀，因而汽压、汽温降低，速度增加，蒸汽的热能转变为动能。然后蒸汽流从喷嘴流出，以高速度喷射到叶片上，高速汽流依次经过一系列环形配置的喷嘴和动叶，流经动叶片组时，由于汽流方向改变，产生了对叶片的冲动力，推动叶轮旋转做功，叶轮带动汽轮机轴转动，从而完成了蒸汽的热能到轴旋转的机械能的转变。</td></tr>
<tr><td rowspan="5">性能参数</td><td>性能参数</td><td>符号</td><td>单位</td><td>定义</td></tr>
<tr><td>额定功率</td><td>N</td><td>kW</td><td>汽轮机在规定的额定参数下，能安全、连续地输出的功率。</td></tr>
<tr><td>额定转速</td><td>S</td><td>r/min</td><td>设计规定的运行转速。</td></tr>
<tr><td>蒸汽参数</td><td></td><td></td><td>确定汽轮机进汽的蒸汽热力状态的参数，通常包括蒸汽的压力、温度。</td></tr>
<tr><td>耗汽量</td><td>Q</td><td>t/h</td><td>正常工作时每小时的蒸汽耗量。</td></tr>
<tr><td>用途</td><td colspan="4">汽轮机主要用作发电用的原动机，也可直接驱动各种泵、风机、压缩机和船舶螺旋桨等。还可以利用汽轮机的排汽或中间抽汽满足生产和生活上的供热需要。</td></tr>
<tr><td>操作</td><td colspan="4">以凝汽式汽轮机为例：（具体需以当地实际设备操作法为准）
1. 润滑油系统投用
（1）控制油和润滑油蓄能器皮囊冲压至要求值；在润滑油箱内加入合格的 L-TSA46 汽轮机油，打通润滑油流程，投用润滑油过滤器、冷却器和各压控阀门；
（2）按正常程序启动润滑油泵，正常后备用机泵投自动状态；调整控制油、润滑油总管和各支管压力至正常值；
（3）冷却器、过滤器充油放气，蓄能器和高位油箱充油；开机前对润滑油进行分析，合格后方可开机；
（4）润滑油系统联锁调试正常。</td></tr>
</table>

续表

设备名称	汽轮机
操作	2. 调速系统 （1）检查危急遮断油门挂钩，手动停机阀、停机电磁阀、抽汽控制电磁阀均处于正常运行状态； （2）开启速关阀，分别进行手动和遥控速关试验，要求速关阀关闭时间小于 1s； （3）在速关阀开启后，改变调节器输出，最小输出信号与电液转换器输出的 0.15MPa 二次油压相对应，最大输出信号与 0.45MPa 二次油压对应，并调试调节汽阀开度与二次油压的变化相对应； 3. 蒸汽系统暖管 （1）将速关油压泄至 0，保证速关阀全关； （2）蒸汽品质和管线洁净度合格，开始暖管，暖机，逐步暖至速关阀前，开各路疏水阀，控制暖管升温速度 5~10℃ /min；投用汽封汽与轴承间的隔离气； （3）打开汽封汽控制阀，轴承两端信号管中有微量蒸汽溢出； （4）开始暖机的同时进行盘车； （5）待温度正常后，打开速关阀，暖机至调节汽阀前。 4. 空气凝气系统投用 （1）集液箱及热井补水至 50%，调试集液箱水泵及热井泵联锁；确认一台集液箱泵投“自动”，一台投“手动”；投用热井泵，开热井泵循环，主泵投“手动”，辅泵投“自动”； （2）对安全阀补水，建立水封，保持就地导淋少量溢流； （3）打开蒸汽到抽汽器的蒸汽总阀，投用疏水阀，冷却水；逐步打开启动抽汽器进汽阀，检查性能良好后再打开抽汽器与直接空冷凝汽器之间的不凝气阀门，建立真空； （4）在汽轮机升速过程中，一般在空冷出口温度 >50℃开启凝气空冷，注意投用时先开逆流管束的风机，再开顺流管束的风机。 5. 启动 / 运行 （1）停止盘车，确认汽轮机蒸汽入口压力和温度在最低要求之上；检查凝气系统真空度不低于正常值； （2）启动汽轮机，按既定程序升速、暖机，过程中密切关注轴系振动情况和真空度变化； （3）机组运行正常后，将启动抽汽器切换至两级抽汽器，注意投用时先投用第二级抽汽器，再投用第一级抽汽器，待确认真空度无下降后，关闭启动抽汽器； （4）根据汽轮机负荷控制直接空冷风机变频开度，控制汽轮机出口温度和真空度。 注意以下情况机组严禁启动： 1. 危急保安器动作不正常，高压主汽门、调速器门、抽汽逆止门卡涩或不能关闭； 2. 汽轮发电机转动部分有明显摩擦声； 3. 辅助油泵、盘车装置失灵； 4. 汽缸调节级上下缸温差超过 50℃； 5. 主要仪表（轴位移、胀差、转速、主汽温度、压力等）失灵； 6. 汽轮机真空不能维持 66661Pa（500mmHg）。润滑油、EH 油油质不合格或油位处于低油位； 7. 调速系统不能维持机组空负荷运行或机组甩负荷后不能维持转速在危急保安器动作转速下； 8. 大轴晃度值大于 0.07mm（转子温度均匀状态允许的原始晃动值不大于 0.05mm）； 9. 机组保温不完善。

续表

设备名称	汽轮机		
维护保养	以凝汽式汽轮机为例：（具体需以当地实际设备要求为准） 1. 润滑系统 （1）油箱油位在两红线之间，油型号为 L-TSA46，无泄漏点； （2）监测润滑油泵运行情况，轴承振动小于 1.8mm/s，轴承温度小于 82℃；密封无泄漏；备用泵投自动； （3）润滑油温度控制在 40℃左右，过滤器压差小于 0.15MPa；控制油压力 1.0MPa，润滑油压力 0.28MPa；各支路油压符合要求； （4）每周一对油箱进行脱水检查，检查结果记录在润滑油的交接记录本中；蓄能器正常投用，各路回油通畅，温度正常。 2. 蒸汽及凝气系统 （1）蒸汽入口温度及压力在规定值以上；现场各疏水阀正常投用； （2）凝气系统真空度和温度符合要求，检查凝器系统各部位无漏点，抽汽器运行正常，冷却水及疏水阀正常投用； （3）热井及集液箱液位在 50% 左右；水泵运行平稳无泄漏； （4）直接空冷运行正常，无偏流；风机运行无异常振动或异响，轴承箱油位在上线红线之间； （5）轴封供汽正常，现场信号管微量冒汽。 3. 机组 （1）汽轮机转速稳定，二次油压及现场进汽阀开度无波动；检查油动机及电液转换器无漏点； （2）进汽阀拉杆填料处无泄漏； （3）机组轴承振动值远离报警值且基本稳定，各轴承温度正常且稳定，状态监测系统中无异常情况。		
故障排除	故障现象	故障原因	处理方法
故障排除（汽轮机）	低润滑油压	润滑油压力表或开关不合格	校正或更换
		润滑油少	添加润滑油
		油泵吸入口阻塞	清理吸入口
		油过滤器堵塞	清理过滤器，更换滤芯
		油泵故障	修理油泵
		安全阀设定不正确或安置在打开位置	重新调整安全阀，必要时更换
		压力控制阀不正确的设定或动作	重新调节压力控制阀
		润滑油泄漏	检查原因并修理
		轴承油孔故障或阻塞	检查油孔情况
		油冷却器阻塞	清理或更换油冷器

续表

设备名称	汽轮机		
故障排除（汽轮机）	故障现象	故障原因	处理方法
	轴承温度高或磨损	温度表故障	更换温度表
		轴承润滑不充分	检查润滑油量
		润滑油变质	检查润滑油，必要时更换
		轴承处有堆积物	检查并清理过滤器
		油冷器的冷却水不充分	检查冷却水的温度和流量
		油冷器阻塞	清洁或更换油冷器
		润滑油黏性过大	检查润滑油的品牌
		振动	见“过度振动”的处理方法
	过度振动	各部件安装不正确	检查并重新安装
		螺栓连接松动或断开	检查连接处并紧固
		管线应力过大	检查管线支架及膨胀接头并正确安装
		共振	进行测试并校正
		轴不对中	在操作温度下检查找正，修正偏差
		联轴器干连接	润滑联轴器
		联轴器磨损或连接损坏	更换联轴器
		各部件的温度不均匀导致转子弯曲	检查原因
		在接近临界转速工况下操作	改变操作工况
		转子表面有沉积物	清洗沉积物
		转子不平衡	重新平衡
		转子损坏	更换或修理转子
		轴承间隙过大	更换轴承
		机体内积液	检查积液原因，予以解决并排液
		转子部件松动	更换松动部件
	轴不对中	管线应力过大	检查管线支架及膨胀接头的安装
		地基或底座不平	检查地基或底座
	润滑油混入水	润滑油冷却管线泄漏	检查冷却管线
		油箱冷凝	保证油箱的温度

续表

设备名称	汽轮机		
故障排除（汽轮机）	故障现象	故障原因	处理方法
	涡轮无法启动	在蒸汽进口处没有蒸汽压力	检查蒸汽管线上的阀门和过滤器的情况
		在蒸汽室内无蒸汽压力	检查蒸汽室调节器阀
		润滑油压低	检查润滑油系统
		转子装配不正确	手动盘车，如有摩擦则重新装配转子
		蒸汽喷嘴阻塞	清洗喷嘴
		调节器油液位低	适当补充油
	蜗轮转速低或不承载	调节器故障	检查调节器
		蒸汽过滤器堵塞	清理过滤器
		蒸汽喷嘴堵塞	清洗喷嘴
		蒸汽控制阀开度小	检查控制阀
		蒸汽压力低和 / 或温度低	提高蒸汽压力、温度
		蒸汽排放压力高	降低排放压力
		负载过大	检查原因，降低负载
	汽封处蒸汽泄漏严重	密封磨损	更换密封
		密封安装不正确	检查密封情况，重新安装密封或更换
		密封环有划伤、腐蚀	更换密封环，并检查原因
		真空度小	检查抽空器情况
	汽封处蒸汽泄漏严重	喷嘴和 / 或蜗轮过度磨损	检查转子和喷嘴，修理或更换损坏的零件
		轴封损坏	更换轴封
		阀门定位不正确	正确定位
	停车后蜗轮不冷却	蒸汽泄漏入蜗轮	检查泄漏原因，予以排除
	调节器蜗轮快速磨损	蜗杆或蜗轮损坏	更换损坏部件
		蜗轮和蜗杆传动有偏差	重新定位调节器
	速度随负荷减小而增加	调节器阀泄漏	修理或更换阀
		部件磨损	更换磨损部件
	切断阀不能正常动作	阀门定位不好	正确定位
		阀故障	检查并更换部件

续表

设备名称	汽轮机		
	故障现象	故障原因	处理方法
故障排除（汽轮机）	凝气器冷却水管积垢、堵塞	冷却水质不良	改善水质，严格控制水质指标；如真空度下降过大，应对凝气器进行清洗
	凝气器热井水位不断升高或凝结水含盐量增加	冷却水管泄漏	更换泄漏的管子
		冷却水管与管板结合处密封损坏	重新密封
	凝汽器真空度下降	冷却水供应不足或中断	检查冷却水供应情况，保证冷却水供应量
		抽气器工作失常	检查工作蒸汽的压力和汽量及品质，检查喷嘴的安装情况和磨损情况
故障排除（压缩机）	润滑油压降低	润滑油压力仪表故障	校准或更换
		油位低	添加润滑油
		油泵入口过滤器堵塞	清理过滤器
		油泵入口管堵塞或泄漏	检查入口管，清理或堵漏
		油泵故障	修理油泵
		排气阀不规则安装	调整排气阀
		管线各连接处泄漏	紧固连接件
		轴承油孔堵塞	检查油孔
		油冷器阻塞	清洗或更换油冷器
	轴承温度过高或轴承磨损	仪表故障	校准或更换
		润滑油供油不足	检查原因，予以处理
		润滑油变质或轴承处有沉积物	检查过滤器和轴承
		油冷器冷却水供应不足	检查冷却水温度和流量
		油冷器阻塞	清洗油冷器
		润滑油黏度过大	检查油的品牌
		振动大	见“振动过大”的处理方法
		转子止推轴承表面粗糙	修复或更换轴或轴承

续表

设备名称	汽轮机		
故障排除（压缩机）	故障现象	故障原因	处理方法
	振动过大	转子不平衡	重新装配转子
		螺栓松动	紧固或更换螺栓
		管线变形	检查管线情况，作相应处理
		共振	这种情况可能会发生在机器启动或停车过程，应进行必要的测量和调整
		轴不对中	在操作温度下检查轴的对中情况，进行必要的调整
		联轴器磨损	更换联轴器
		转子弯曲	修正或更换轴
		运行在临界转速附近	调整转速
		转子上有沉积物	清洗转子并检查平衡
		转子不平衡	重新调整转子平衡
		轴承间隙过大	更换轴承
		机体内积液	排液，清除液体来源
		转子部件松动	修理或更换部件
	轴不对中	管线变形	检查管线情况，做必要处理
		底座变形	检查底座支架，必要时进行校正
	润滑油中有水	油冷器管板泄漏	检查油冷器，必要时修理
		油箱冷凝	调整油温
	喘振	压缩机流量不足	检查原因，提高流量
		系统阻力增加	清除阻塞
		转子上有沉积物	清洗转子
	出口压力下降	转速低	提高运行转速
		压缩机入口温度高	检查原因
		出口管泄漏	修理泄漏处
		系统消耗过大	降低系统消耗，直至出口压力正常

液力透平

<table>
<tr><th>设备名称</th><th>液力透平</th></tr>
<tr><td>结构</td><td>
液力透平的实物图、结构示意图

透平实物图

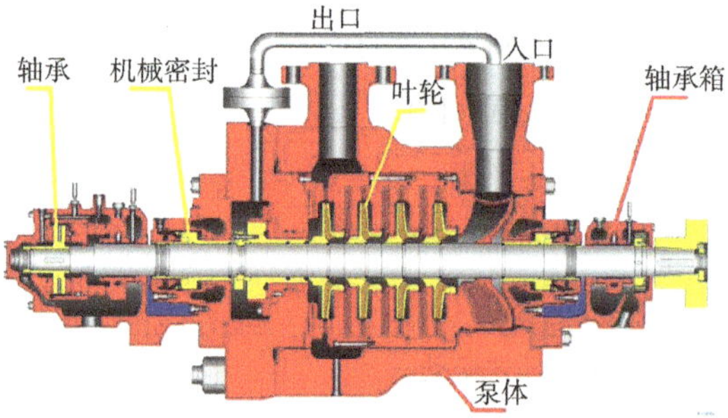

透平剖面图

透平、电机、泵一体式实物图

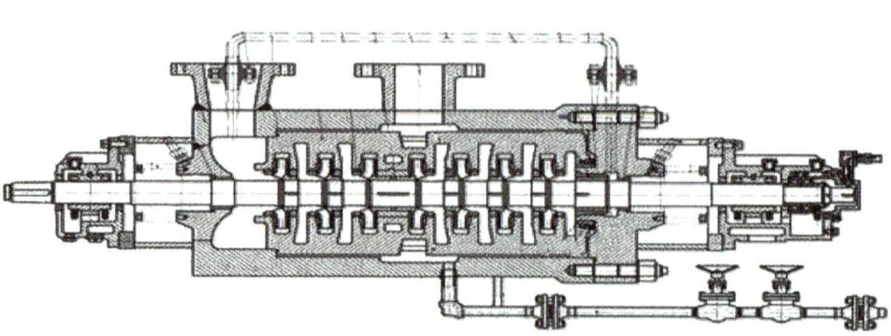

液力透平结构示意图
</td></tr>
</table>

续表

<table>
<tr><th>设备名称</th><th colspan="4">液力透平</th></tr>
<tr><td>结构</td><td colspan="4">透平内壳为径向剖分多级节段式时，采用集装式结构，由吸入函体、中段、导叶、泵盖、叶轮、轴、平衡鼓盘、平衡套、轴承、密封等零件组成。
液力透平的结构型式主要是离心泵，根据回收介质的流量、压力，各种形式的泵都可以充当液力透平，如 OH2 型、BB1 型、BB2 型、BB4 型、BB5 型等。泵的出口是透平入口，泵的入口是透平的出口。一般认为液力透平单级泵功率在 22kW 以上，多级泵在 75kW 以上是经济合理的。</td></tr>
<tr><td>原理</td><td colspan="4">液力透平是以高压的反应产物作为介质，从透平的吸入口流向，从透平排出口流出，通过多级叶轮，将介质的压力能转变为动能，带动转子旋转。</td></tr>
<tr><td rowspan="4">性能参数</td><td>性能参数</td><td>符号</td><td>单位</td><td>定义</td></tr>
<tr><td>流量</td><td>Q</td><td>m^3/h</td><td>透平每小时内所排出液体的体积流量；透平流量太低，透平转速很难满足生产要求。</td></tr>
<tr><td>扬程</td><td>H</td><td>m</td><td>液体通过透平所获得的有效压力能；泵入出口压差（MPa）乘以介质相对密度（介质与水的密度比）再乘以 9.8。泵流量越大扬程越高。</td></tr>
<tr><td>功率</td><td>N</td><td>kW</td><td>透平所发出的轴功率，流量越大，轴功率越大，扬程越高，轴功率越大。</td></tr>
<tr><td>用途</td><td colspan="4">液力透平可以对工艺流程中产生的高压液体进行再利用，是一种能量回收装置，目前广泛应用于石油化工加氢裂化及加氢装置等。
液力透平是将流体工质中蕴有的能量转换成机械能的机器，又称涡轮机。透平的工作条件和所用工质不同，所以它的结构形式多种多样，但基本工作原理相似。透平的最主要的部件是一个旋转元件，即转子，或称叶轮，它安装在透平轴上，具有沿圆周均匀排列的叶片。流体所具有的能量在流动中，经过喷管时转换成动能，流过叶轮时流体冲击叶片，推动叶轮转动，从而驱动透平轴旋转。透平轴直接或经传动机构带动其它机械，输出机械功。透平机械的工质可以是液体、蒸汽、燃气、空气和其它气体或混合气体。以液体为工质的透平称为液力透平。

水力透平直接驱动泵
作为一个节能的装置，液力透平是近几年才兴起来的。在使用上，常常以反转离心泵作液力透平，这样更经济。作为能量回收的液力透平属于泵系统节能的范畴，只是因为液力透平本身就是一台泵，并且其动力输出端往往驱动的是另一台泵。液力透平和泵正好性能相反，液力透平不适合在比选型点大的流量下操作，这会导致入口容器液位的不稳定，带来操作的不稳定性。</td></tr>
</table>

续表

<table>
<tr><th>设备名称</th><th colspan="3">液力透平</th></tr>
<tr><td>操作</td><td colspan="3">（具体需以当地实际设备操作法为准）
1. 润滑油检查
润滑油压正常，各点回油视镜畅通。
2. 灌泵
缓慢开启出口手阀，防止倒转。
3. 暖泵
打开 DN25 暖泵阀对透平进行暖泵。
4. 冲转
缓慢打开入口手阀，检查透平运行正常。
5. 正常投用
测振测温，检查机械密封、平衡管压力。高分液位稳定。
注意：液力透平冲转前，离合器上手柄要打到“Free”位，冲转时间必须满足 30min，确保入口管线死区冷油逐步置换以避免系统操作大波动。</td></tr>
<tr><td>维护保养</td><td colspan="3">（具体需以当地实际设备要求为准）
1. 测振测温
（1）定时监测：如 8:00–15:00；
（2）监测工具：笔式测振仪、红外线测温仪；
（3）监测标准：
a）振动值应≤4.5mm/s；
b）润滑油温升≤28℃，轴承出口油温≤71℃，轴承金属温度应 <93℃。
2. 机泵润滑
（1）润滑油：L–TSA46 汽轮机油；
（2）换油周期：根据化验分析；
（3）加换油要求：
a）严格执行三级过滤要求；
b）加换完油后及时在 EM 系统登记；
3. 机械密封
（1）泄漏标准：<10 滴 /min；
（2）检查要求：
a. 机械密封正常；
b. 分液罐清晰且在上下红线之间；
c. 密封冲洗压力正常，辅助管路畅通。
注意：切透平停用后出口阀及时关闭，若透平不检修，需及时投用暖泵线。</td></tr>
<tr><td rowspan="5">故障排除</td><td>故障现象</td><td>故障原因</td><td>处理方法</td></tr>
<tr><td rowspan="4">透平轴承振动增大</td><td>轴承磨损严重，间隙过大</td><td>及时停透平联系检修</td></tr>
<tr><td>支架不牢引起管线振动</td><td>管线支架加固</td></tr>
<tr><td>泵内部摩擦</td><td>联系检修消除摩擦</td></tr>
<tr><td>检查振动探头是否松动</td><td>若松动则紧固，如振动报警再次发生则停泵</td></tr>
</table>

续表

设备名称	液力透平		
故障排除	故障现象	故障原因	处理方法
	透平轴承振动增大	振动高高报	泵应联锁自停，解体泵检查中心线，如需要做动平衡转动轴如有卡涩，解体泵或透平检查内件
		找正不好	检查找正
		转子不平衡	检查转子动平衡
		联轴器不平衡	检查半联轴器和加长段
		动静部分接触	检查并测量间隙
		轴承磨损、间隙加大	更换
		轴变形	修理
	透平密封泄漏	密封易损件老化	停透平检修
		泵振动大	停透平检修
	轴承温度过高	轴承磨损或松动	及时联系检修
		润滑油压力低	调整润滑油油压至正常
		轴承冷却效果不好	开大润滑油冷却器水阀
		供油不充分孔板小或油压不够	加大开孔或提高油压
		供油温度高	检查冷却水的流量和温度
		油品质变差	更换新油
		进入杂物	检查油滤器
	电动机温度高	电动机超载	检查电动机运转条件
	泵的性能下降	泵内部腐蚀	更换耐磨部件
		密封垫损伤	更换新的
		流道积炭	解体并检查
		吸入压力下降	检查并清洗入口过滤器

双螺杆挤压造粒机

<table>
<tr><th>设备名称</th><th>双螺杆挤压造粒机</th></tr>
<tr><td>结构</td><td>
挤压造粒机实物图

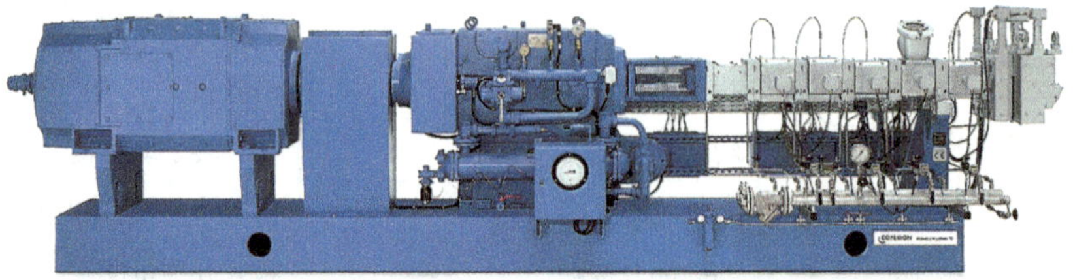

挤压造粒机结构示意图

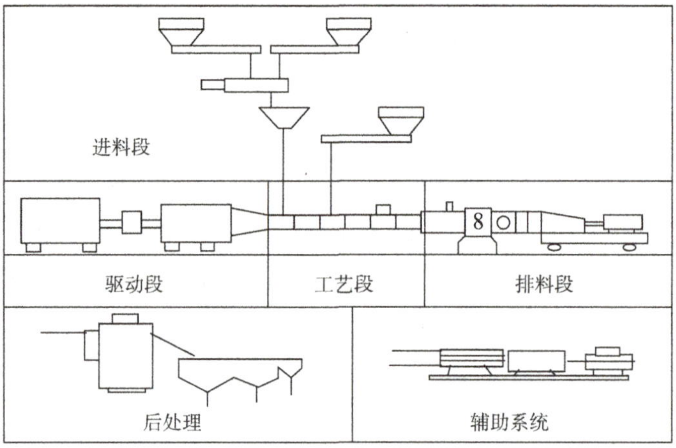

挤压造粒机主体部分示意图

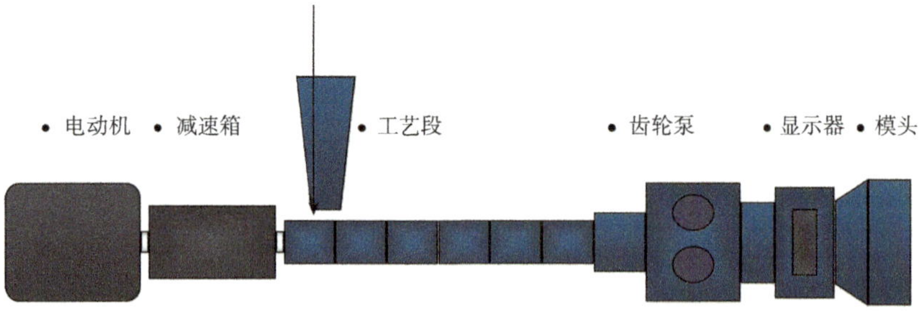

挤压造粒机的结构组成
驱动段：主电动机、摩擦离合器、主减速箱、开车电动机、齿轮离合器。
工艺段：螺杆、筒体、节流阀、开车阀、熔融泵、融指分析仪、换网器。
排料段：模头、切粒机、切粒水系统。
后处理段：大块去除器、离心干燥器、振动筛、抽湿风机。
辅助系统：主电动机润滑油单元、主减速箱润滑油单元、熔融泵减速箱润滑油单元、导热油油加热单元、导热油油冷却单元、液压油单元、冷却水系统。
</td></tr>
</table>

续表

<table>
<tr><th>设备名称</th><th>双螺杆挤压造粒机</th></tr>
<tr><td>结构</td><td>
挤压机主电动机
作用：主电动机是挤压机的主要动力源，它通过减速器带动两根螺杆同向旋转 。当开车电动机达到额定转速或额定转矩后，主电动机自动启动，一般也可手动启动。大型电动机轴承为滑动轴承，带有电动机定子温度监控、轴承振动监测、轴承位移监测，所有监测数据及报警全部上传至 PLC 及 机组监测系统。
电机轴承采用强制润滑，配有专门的润滑油系统。主电动机润滑油系统由 2 台齿轮润滑油泵（其中一台备用）及油冷器、过滤器、油箱组成。
摩擦离合器
主电动机与减速器之间一般都装有离合器。摩擦离合器又叫滑擦离合器，保护离合器。依靠气压调整传递扭矩大小，速度差大于设计值，机组将自动停车。它有 2 块金属摩擦盘，每块摩擦盘两边固定安装摩擦片，摩擦片由螺栓固定，一般用石墨或聚四氟质润滑材质。工作时，压缩空气将压板轴向压紧，靠摩擦片和压板之间的摩擦力传递扭矩。
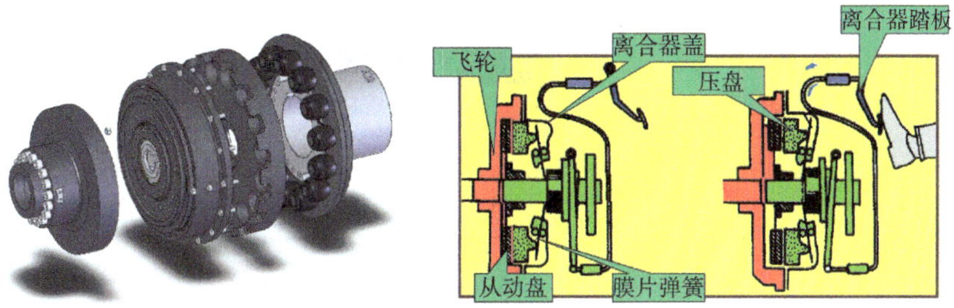

摩擦离合器图
主减速箱
作用：减速（螺杆转速比电机低）、分速（两根螺杆转速相同）、变速（螺杆要能高、低速运转）和传递转矩（两组串联组合的止推轴承），以保证两螺杆同向、同步转动。
结构特点：主减速箱配有专门的润滑油系统、振动监测、温度监测系统，配有隔音保护罩。 润滑油系统采用强制润滑，防止轴承和齿轮的磨损。 润滑油系统由 2 台齿轮润滑油泵（其中一台备用）及油冷器、2 组过滤器、油路分配管组成。
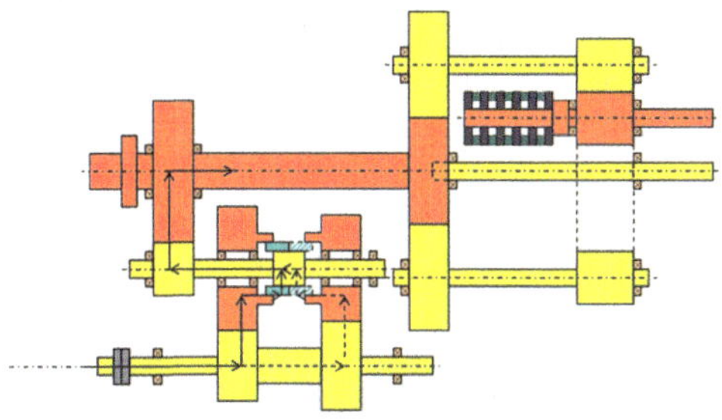
开车电动机及减速箱
开车电动机也称盘车电动机、辅助启动电动机或保护电动机。
作用：（1）主机开车之前，由其盘车，使筒体内部充满聚合物；
（2）由开车电动机驱动，清理筒体内部的杂物；
</td></tr>
</table>

续表

<table>
<tr><th>设备名称</th><th>双螺杆挤压造粒机</th></tr>
<tr><td>结构</td><td>

（3）使主机系统具有一定的初速度，克服静启动摩擦阻力

（4）主机停车后，用其倒空筒体内的物料，以避免主机带动螺杆干转。

工作原理：主电动机运转后，开车电动机就要停止运转。当开车电动机带动螺杆挤压部分达到一定负荷时（一般为正常负荷的 20%~40%），在一定时间（一般为 30s）内，主电动机自动启动。当主电动机正常运转一定时间（一般为 30s）后，靠离心力的作用使两电动机之间的联轴器脱开，开车电动机停车。

减速箱的作用是将开车电动机的转速降低，在同功率的条件下，转速低则扭矩大，再有就是在开车电动机和主电动机之间造成一转速差，以便在主机运转后，使开车电动机通过齿轮离合器与之脱开。

齿轮离合器

工作原理：又叫超越离合器，其原理是当其输入侧转速大于输出侧时，则输出侧随输入侧同步的转动，而当输入侧转速低于输出侧转速时，则输出侧转，而输入侧不转，从而达到分离的效果。

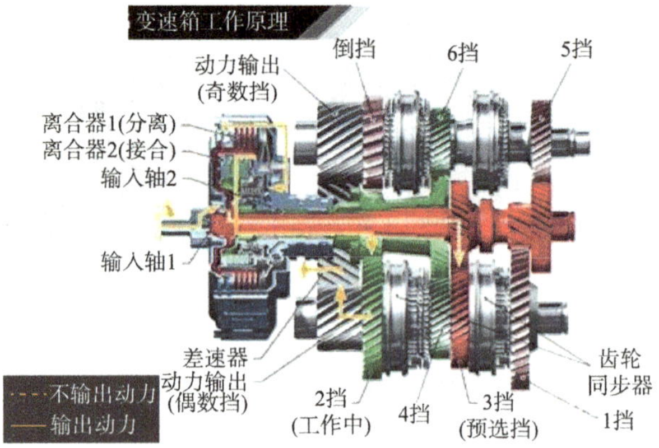

螺杆

结构特点：螺杆与减速箱输出轴采用套筒花键联接。

混炼机筒体由基座进行支承，允许因为加热、冷却引起的轴向膨胀或给料引起的振动。混炼机螺杆表面进行了渗氮处理（增加钢件的耐磨性、表面硬度、疲劳极限和抗蚀能力），螺杆采用的是同向啮合型、自清理式双螺杆，是挤压机的主要做功元件。根据各段功能的不同，螺杆大体可以分为三段：加料段、混炼段和出料段。

加料段的螺齿及螺槽形状一般为等深不等距近似圆柱形断面结构，主要作用是有利于粉料加入，并部分熔融；混炼段一般为椭圆形啮合盘，主要作用是强制物料剪切变形、混合、熔融；出料段一般为等深、等距形断面结构，主要作用是使物料压实，向模头输送 。

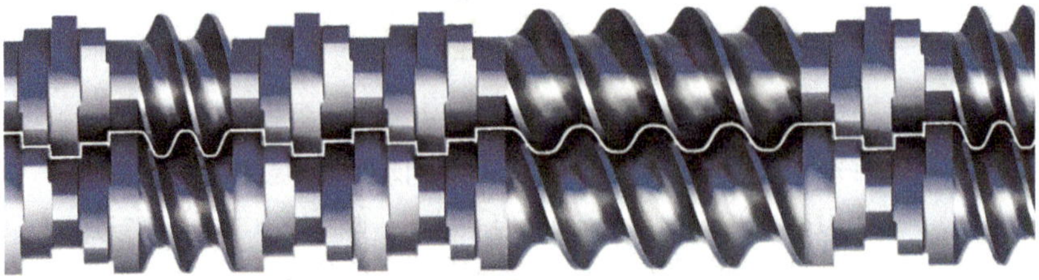

</td></tr>
</table>

续表

<table>
<tr><th>设备名称</th><th>双螺杆挤压造粒机</th></tr>
<tr><td>结构</td><td>筒体
共分数段，分别为输送区、塑化区、混炼剪切区、脱气区、均化区、加压区 。
筒体和螺杆共同组成了挤压机的挤压系统，完成对聚丙烯粉料的加料、混炼和输送等过程。筒体的结构形式关系到热量传递的稳定性和均匀性，筒体的操作正常与否也会影响整台机组的正常运行和产品质量。筒体是挤压系统中仅次于螺杆的重要部件。筒体的内孔为“∞”字形，配有油加热、油冷却系统 ，脱盐水冷却系统（仅用于一段筒体冷却），脱气系统（带有三个脱气罐和特殊设计的脱气口）。螺杆和支座之间的间隙采用 WOODEX 密封，用氮气吹扫。
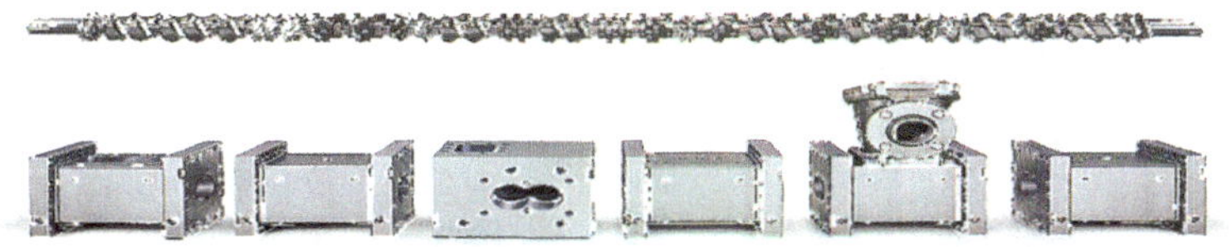
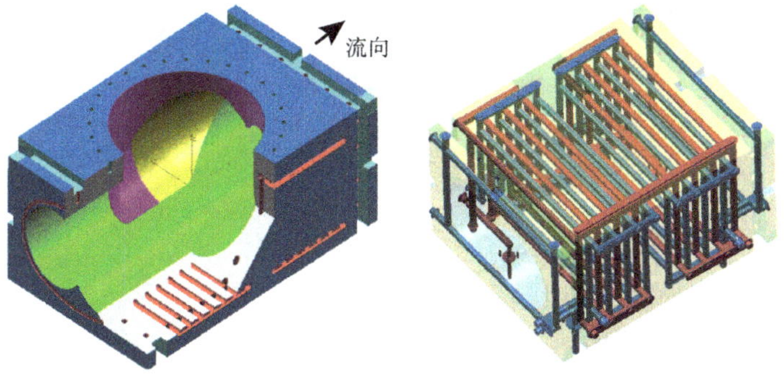
筒体结构示意图
截流开车阀
位于挤压机组的螺杆的末端，由一个阀体和驱动机构组成，通过调节驱动机构来调整阀体的阀板开度，来控制筒体的压力来达到改变筒体的塑化，混炼的目的。
开车料切断和移除设备：在机组开车时，部分高温物料会排放到地面，机组配有一套落地物料处理系统，通过气动驱动剪刀将开车落地料切断，然后物料落入水里，一边冷却，一边随水流流动，最后进入水池。
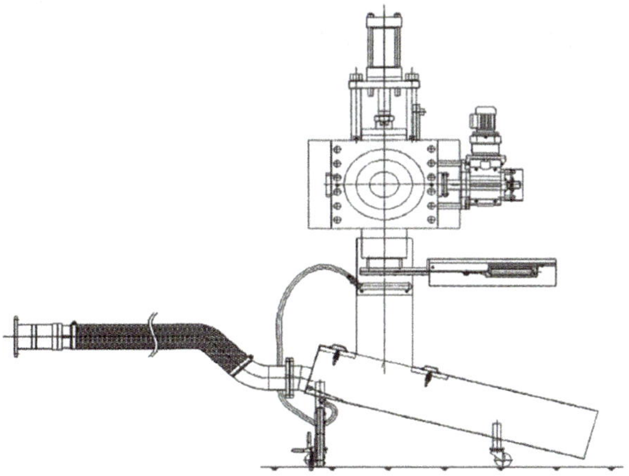</td></tr>
</table>

续表

<table>
<tr><th>设备名称</th><th>双螺杆挤压造粒机</th></tr>
<tr><td>结构</td><td>
熔融泵
包括变频电动机、齿轮箱、齿轮泵，带有震动监测系统和润滑油系统。
熔融泵位于开车阀后，其作用是增加物料压力满足换网器和切粒机的压力要求，润滑油系统带有 2 台油泵，1 个油冷器，2 个互为备用的油过滤器 。
撬装的油温控制系统 ，温度控制系统有油加热（140~300℃）和冷却两个系统，用于泵体加热和密封冷却。
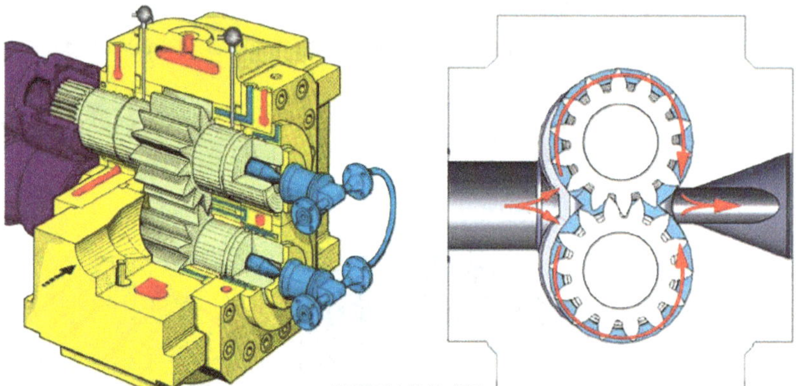
熔融泵结构示意图
换网器
通过换网器，物料中的微粒将被过滤并且分离，不同的产品牌号使用不同的滤网精度，详细要求可参考技术手册。换网过程将通过一个专用的液压单元来实现。换网系统安装在连接板和造粒模头机腔之间。它的作用是过滤出混入熔融树脂内的杂质，以便在造粒时不至于“打刀或垫刀”，同时也提高了产品的质量。换网系统一般由滤网、滑板及液压驱动系统组成。
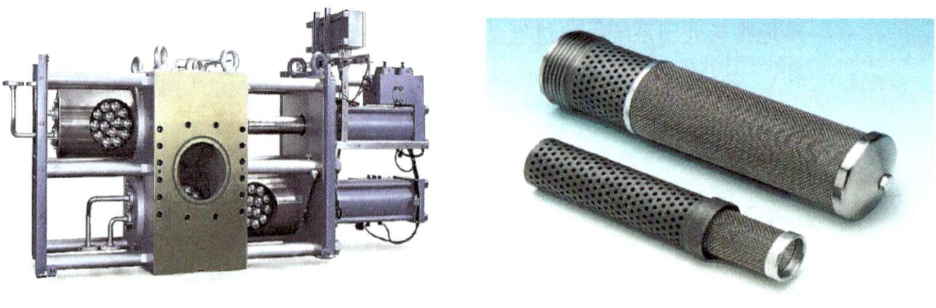
换网器与滤网
在线融脂分析仪
熔体流动速率是由在规定温度（293℃）和负荷条件下，在规定时间（10min）树脂通过一个规定模孔（2.0955 mm）的质量，单位：g/10min。
</td></tr>
</table>

续表

<table>
<tr><th>设备名称</th><th>双螺杆挤压造粒机</th></tr>
<tr><td>结构</td><td>
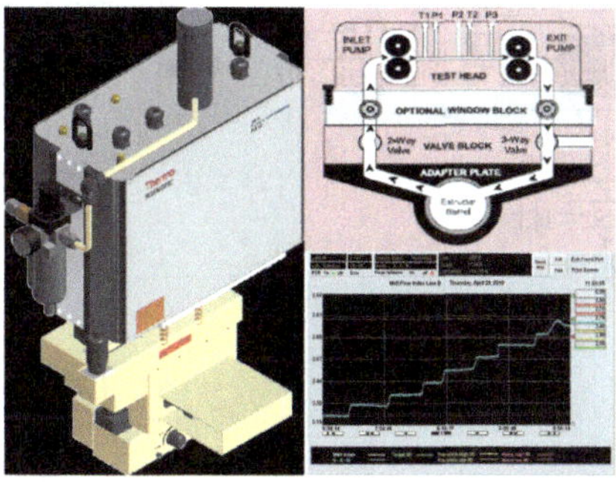
分析仪

模板

模板

模板为热通道型，模板由多个供热油循环的入口和出口。热油分配到模板内侧的每个加热通道，从而达到均匀有效的加热效果。要求出入口温差小于 4℃。

切粒机

作用：聚丙烯熔融物料从换网器流入到模板，通过旋转切刀，模板孔流出的物料在模板表面被切成均一的颗粒，切粒水从下部流入到切粒水室，颗粒被切粒水冷却后随同切粒水流到下一道工序。

结构：由切粒电动机、切粒水室、切刀及其切刀轴和安装在小车上驱动装置组成。切粒机刀具固定在刀架上，在刀具边缘磨损超过 2 mm 之前，进行切刀更换。切刀与模板的间隙为 ±0.03 mm。

切刀沿轴向调节机构简称调刀机构。目的是使切刀与模板之间有一合适的接触应力；同时，切刀磨损后，要轴向进刀，以补偿切刀的磨损量。

切粒机
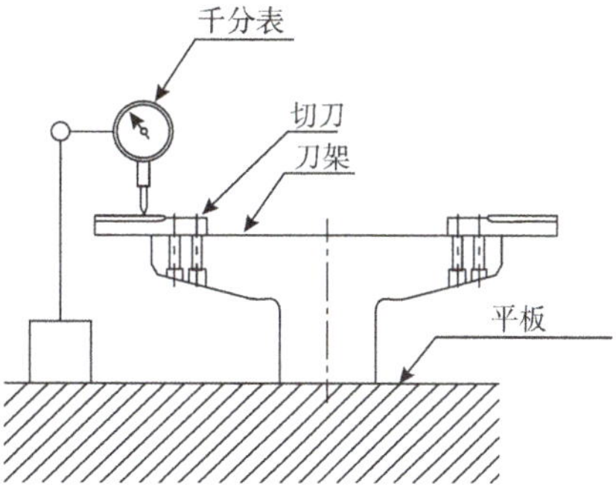

切粒水系统

切粒水系统由切粒水箱、水箱滤网、两台切粒水泵、过滤器、板式换热器、三通阀组成的一个循环水系统。水箱利用蒸汽进行加热。
</td></tr>
</table>

续表

<table>
<tr><th>设备名称</th><th>双螺杆挤压造粒机</th></tr>
<tr><td>结构</td><td>
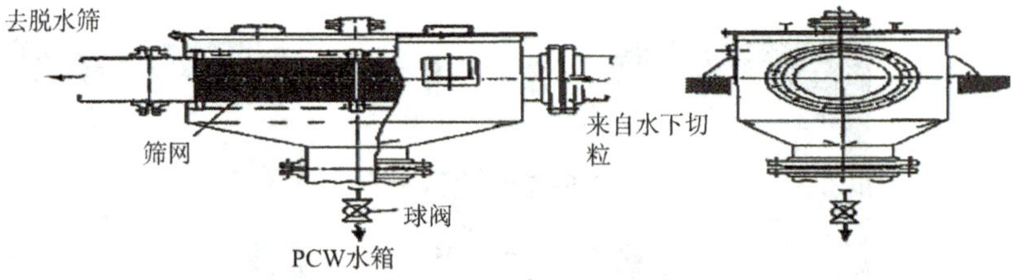

预脱水筛

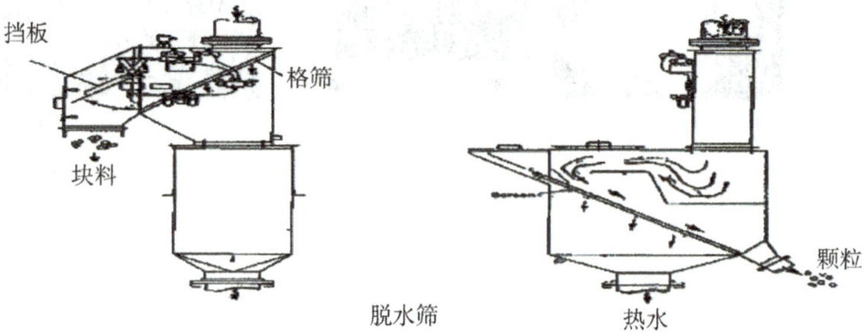

脱水筛

大块去除器

带水的颗粒从预脱水筛流入到大块去除器中。此处，大块和大团（成团的颗粒或是颗粒条）被倾斜状的格栅从颗粒和热水中分离出来。当成团物料在分离格栅上累积触发探头时，挡板会打开，所附大团排到外部。

颗粒和热水落入到斜筛板上。在此处，大部分的水在筛网的作用下从颗粒中分离出来，带有部分水的颗粒落入到离心干燥机中。脱水筛通过一个短接将过量热水排掉，如果出现液泛通过一个挡板阀进行调节。

离心干燥器

脱水通过在干燥机中心处的转子来完成，此装置具有一个垂直系列的不锈钢叶轮片将干燥器底部物料送到顶部。脱水是在离心作用下将颗粒中的水脱离。周围转子组件为不锈钢固定多孔式网罩。当颗粒撞击网罩时，该网罩会将颗粒留下，水在惯性作用下穿过网罩。旋转叶轮继续将颗粒提升到卸料出口，在此处，颗粒通过干燥机顶部的管道送走。旋转叶轮加剧了空气通过干燥机。空气在干燥器顶部、侧部和底部的空气过滤器进入。

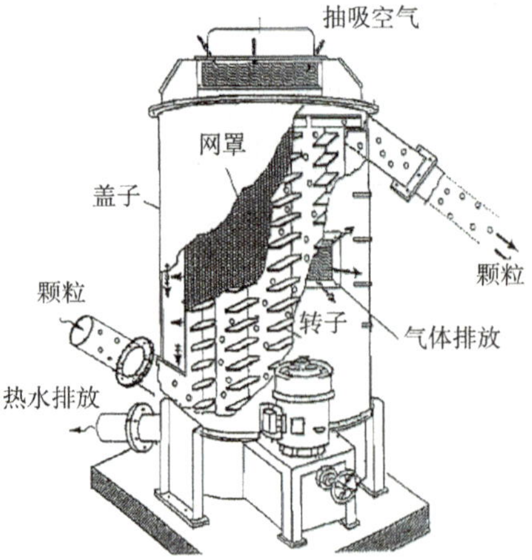

离心干燥器
</td></tr>
</table>

续表

<table>
<tr><th>设备名称</th><th colspan="4">双螺杆挤压造粒机</th></tr>
<tr><td>结构</td><td colspan="4">振动筛
离心干燥器出口连接在振动筛上。颗粒进入振动筛之前安装一个换向阀，用来排放挤压机开车是产生的不合格料，避免进入振动筛。振动筛分为上下两层滤网，上部过滤过大颗粒，下部过滤较小颗粒及粉末，不合格的颗粒分别排至地面。符合要求的颗粒从振动筛进入到产品缓冲罐内。
抽湿风机
在离心干燥器的侧壁上有一个空气出口，出口连接在一个排风扇入口上，通过排风扇排放富含蒸汽的气体，避免含有液滴或是水分的气体进入到振动分级器中。
 </td></tr>
<tr><td>原理</td><td colspan="4">脱气后的粉料树脂和添加剂按一定比例混合后，经挤压机进料斗送至工艺段，工艺段筒体通过热油加热，并由双螺杆对树脂进行机械剪切、捏合、混炼，使物料变成熔融流体后送至开车阀，经熔融泵加压后通过换网器滤出杂质，再经模板的模孔挤出，由切粒机水下切粒，切出的粒子由切粒水带至除块器除去大块物料，并对物料和水进行分离，再经颗粒干燥器干燥后送至颗粒振动筛，除去不合格颗粒后经风送系统送至掺混系统。经除块器和干燥器分离的切粒水经过过滤后回到切粒水箱循环使用。</td></tr>
<tr><td rowspan="5">性能参数</td><td>性能参数</td><td>符号</td><td>单位</td><td>定义</td></tr>
<tr><td>螺杆直径</td><td>ϕ</td><td>mm</td><td>挤压螺杆的外径尺寸。</td></tr>
<tr><td>螺杆速度</td><td>n</td><td>r/min</td><td>螺杆每分钟的转数。</td></tr>
<tr><td>功率</td><td>N_e、N</td><td>kW</td><td>单位时间内泵所消耗的功，分为有效功率（N_e）和轴功率（N）两种。</td></tr>
<tr><td>设计能力</td><td></td><td>t/h</td><td>螺杆挤压机每小时的产能。</td></tr>
<tr><td>用途</td><td colspan="4">双螺杆挤压机主要应用于聚丙烯、聚乙烯以及其它高分子材料的粉状树脂的熔融、混炼、挤出、水下切粒为粒料的整套机组。</td></tr>
<tr><td>操作</td><td colspan="4">以各自装置机组操作法为准。</td></tr>
<tr><td>维护保养</td><td colspan="4">与一般大型压缩机一样，做好：
1. 日常巡检、特检；严格按工艺参数控制与操作；
2. 做好机组的润滑管理；
3. 仔细巡查机组加热、冷却、润滑、密封部位的异常情况；
4. 严格按说明书做好小修、中修、大修保养。</td></tr>
</table>

续表

设备名称	双螺杆挤压造粒机		
故障排除	故障现象	产生原因	处理方法
	主电动机电流不稳	喂料不均匀	检查喂料机，排除故障
		主电机轴承损坏或润滑不良	检修主电机，必要时更换轴承
		某段加热器失灵，不加热	检查各加热器是否正常工作，必要时更换加热器
		机筒进料不均匀，料量忽大忽小	改善进料均匀度
		机筒恒温加热时间短，料塑化温度偏低	检查各加热器是否正常工作
		机筒加热温度控制不稳定，温度有波动	
	主电动机启动电流过高	加热时间不足，扭矩大	开车时应用手盘车，如不轻松，延长加热时间
		某段加热器不工作	检查各段加热器是否正常工作
	主电动机不能启动	开车程序有误	检查程序，按正确开车顺序重新开车
		主电动机电路有问题，熔断丝是否被烧坏；线路中有断线或接头处松动。	检查主电动机电路
		与主电动机相关的联锁装置起作用（润滑油泵与主电动机联锁，油泵电动机没有启动）	查润滑油泵是否启动，检查与主电动机相关的联锁装置的状态
		伺服电动机控制旋钮没有调回零位	将伺服电动机控制旋钮调回零位
	主电动机发出异常声音	主电动机轴承损坏	更换主电动机轴承
		主电动机可控硅整流线路中某一可控硅损坏	检查可控硅整流电路，必要时更换可控硅元件
	主电动机轴承温升过高	轴承润滑不良	检查并加润滑剂
		轴承磨损严重	检查电动机轴承，必要时更换
	机头出料不畅或堵塞	加热器中某段不工作，物料塑化不良	检查加热器，必要时更换
		操作温度设定偏低，或塑料的相对分子质量分布宽，不稳定	核实各段设定温度，必要时与工艺员协商，提高温度设定值
		可能有不易熔化的异物	
		动系统中的安全销折断	清理检查挤压系统及机头
		传动零件中有传动键脱落	
		机筒内原料中有金属异物卡住螺杆，使其无法转动	
		传动齿轮齿折断	更换传动齿轮
		机筒加热恒温时间短，机筒内料温度低	等待加热

续表

设备名称	双螺杆挤压造粒机		
故障排除	故障现象	产生原因	处理方法
	机头压力、螺杆工作转速不平稳	主电机转速不均匀	检查主电机控制系统及轴承
		喂料电机转速不均匀，喂料量有波动	检查喂料系统电机及控制系统
		电动机的调速控制装置故障，控制失灵	检查修复调速系统
		机筒内原料塑化温度不稳定	控制温度原料塑化温度
		机筒加热温度控制不稳定，温度波动大	温度控制好机筒温度
	润滑油压偏低	润滑油系统调压阀压力设定值过低	检查并调整润滑油系统压力调节阀
		油泵故障或吸油管堵塞	检查油泵、吸油管
	自动换网装置速度慢或不灵	气压或油压低	检查换网装置的动力系统
		气缸（或液压缸）漏气（或漏油）	检查气缸或液压缸的密封情况
	安全销或安全键被切断	挤压系统扭矩过大	检查挤压系统是否有金属等物进入卡住螺杆
			在刚开始发生时，检查预热升温时间或升温值是否符合要求
	螺杆工作转速稳定，挤出量突然明显下降	喂料系统发生故障或料斗中没料	检查喂料系统或料斗的料位
		挤压系统进入坚硬物卡住螺杆，使物料不能通过	检查清理挤压系统
		料斗中原料“架桥”，机筒进料不连续	破除“架桥”
		分流板处杂物堵塞，挤出熔料流不通畅	清理分流板
		螺杆加料段冷却降温不足，料温偏高，粘在螺纹面上，随螺杆转动，使机筒无法进料	检修矫正
		机筒加热温度控制不稳定，原料温度忽高忽低，影响熔料流动的稳定性	控制好机筒加热温度
	螺杆工作转动声音不正常	螺杆变形弯曲，与机筒有摩擦现象	检修矫正或更换
		机筒内螺杆塑化物料中有金属异物	停机处理
		塑化原料温度低，螺杆承受扭矩力大，超负荷工作	提高塑化温度至指标值
		机筒与机座连接螺栓被拉伸变形，机筒工作中出现错位	检修矫正
		分流板变形或杂质过多，此处出现堵塞现象	清理掉杂质

续表

设备名称	双螺杆挤压造粒机		
故障排除	故障现象	产生原因	处理方法
	机筒温度波动大，难以控制	热电偶与测温部位接触不良	检修热电荷接触
		电加热铝套与机筒接触不全面，有间隙	检修调整电加热铝套与机筒的接触
		电加热器中电阻丝接线处不牢固	更换电阻丝或固定牢固电阻丝
		温度控制仪表工作失灵	更换控制温度仪表
	传动轴承部位温度高	轴承内缺少润滑油	添加润滑油
		传动轴变形弯曲	检修校正或更换
		滚珠轴承严重磨损或滚珠架损坏。	检修更换轴承
	挤出机工作噪声大	电动机风扇滚键，风叶刮机罩	检修处理
		齿轮啮合传动润滑油不足，造成齿面啮合干摩擦	加润滑油，必要时检修齿轮
		传动轴出现弯曲	检修校正或更换
		滚动轴承严重磨损	检修更换轴承
		螺杆与机筒有摩擦现象	检修消缺

冷冻机

<table>
<tr><th>设备名称</th><th colspan="2">冷冻机</th></tr>
<tr><td rowspan="5">结构</td><td colspan="2">冷冻机实物图、结构原理示意图

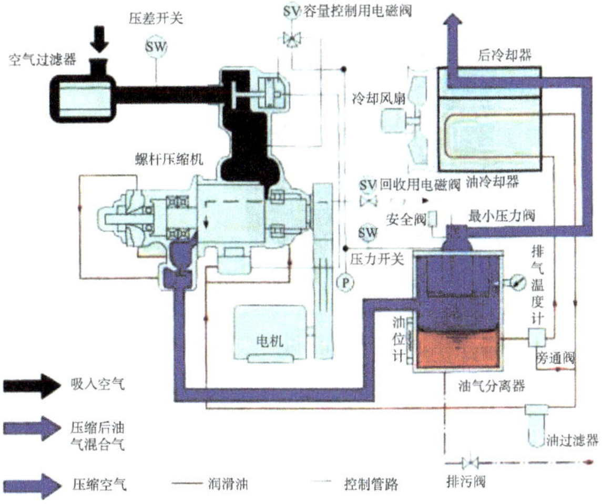

螺杆压缩机与螺杆泵的结构相像，但螺杆压缩机的转子扭角不超过 360°（超过 360°进排气口就连通，就不能起到压缩的作用），而螺杆泵的转子扭角超过 360°。这是由于压缩机和泵的工作原理不同而决定的两者的主要区别，至于轴承、密封等的区别主要是由于两者设计结构的不同而确定。</td></tr>
<tr><td>开启式活塞式压缩机</td><td>开启式螺杆式压缩机</td></tr>
<tr><td></td><td></td></tr>
<tr><td>半封闭式螺杆式压缩机</td><td>离心式压缩机</td></tr>
<tr><td></td><td></td></tr>
</table>

续表

<table>
<tr><th>设备名称</th><th colspan="4">冷冻机</th></tr>
<tr><td rowspan="4">结构</td><td colspan="3">螺杆式制冷压缩机</td><td>离心式制冷压缩机</td></tr>
<tr><td colspan="3"></td><td></td></tr>
<tr><td colspan="3">速度型制冷压缩机</td><td>容积型制冷压缩机</td></tr>
<tr><td colspan="3"></td><td></td></tr>
<tr><td>原理</td><td colspan="4">以螺杆式制冷压缩机进行说明：
螺杆式制冷压缩机的工作是依靠啮合运动着的一个阳转子与一个阴转子，并借助于包围这一对转子四周的机壳内壁的空间完成的。当转子转动时，转子的齿、齿槽与机壳内壁所构成的呈“V”字形的一对齿间容积称为基元容积，其容积大小会发生周期性的变化，同时它还会沿着转子的轴向由吸气口侧向排气口侧移动，将制冷剂气体吸入并压缩至一定的压力后排出。
1. 吸气过程
当转子转动时，齿槽容积随转子旋转而逐渐扩大，并和吸入口相连通，由蒸发系统来的气体通过孔口进入齿槽容积进行气体的吸入过程。在转子旋转到一定角度以后，齿间容积越过吸入孔口位置与吸入孔口断开，吸入过程结束。
2. 压缩过程
当转子继续转动时，被机体、吸气端座和排气端座所封闭的齿槽内的气体，由于阴、阳转子的相互啮合和齿的相互填塞而被压向排气端，同时压力逐步升高进行压缩过程。
3. 排气过程
当转子转动到使齿槽空间与排气端座上的排气孔口相通时，气体被压出并自排气法兰口排出，完成排气过程。</td></tr>
<tr><td rowspan="4">性能参数</td><td>性能参数</td><td>符号</td><td>单位</td><td>定义</td></tr>
<tr><td>制冷量</td><td>Q</td><td>kW</td><td>压缩机在单位时间内所排出的液体量，通常是指体积流量。</td></tr>
<tr><td>排气量</td><td>L</td><td>m^3/h</td><td>在单位时间内所排出的气体量。</td></tr>
<tr><td>转速</td><td>n</td><td>r/min</td><td>轴每分钟的转数。</td></tr>
</table>

续表

<table>
<tr><th>设备名称</th><th colspan="4">冷冻机</th></tr>
<tr><td rowspan="2">性能参数</td><td>功率</td><td>N_e
N</td><td>W
kW</td><td>单位时间内压缩机所消耗的功，分为有效功率（N_e）和轴功率（N）两种。</td></tr>
<tr><td>效率</td><td>η</td><td>%</td><td>有效功率和轴功率的比值。</td></tr>
<tr><td>用途</td><td colspan="4">制冷压缩机是制冷系统中最主要的部件，是制冷系统中的主机。制冷剂蒸气从低压提高为高压以及气体的不断流动、输送，都是借助于制冷压缩机的工作来完成的，也就是说，制冷压缩机的作用是：
1. 从蒸发器中吸取制冷剂蒸气，以保证蒸发器内一定的蒸发压力；
2. 提高压力，将低压低温的制冷剂蒸气压缩成为高压高温的过热蒸气，以创造在较高温度（如夏季 35℃左右的气温）下冷凝的条件；
3. 输送并推动制冷剂在系统内流动，完成制冷循环。
冷冻机广泛应用于塑胶业的模具冷却、电镀业的电镀池冷却、电子工业各种冷却、化工业各种冷却、制药业各种冷却、食品工业的冷却、保鲜业的冷却恒温、各种空调设备激光技术、焊接、机械切削加工、非切削加工、铸造、表面处理、医疗设备、电子行业、电路板生产、电子芯片制造、化工、造纸、制药业、食品加工业、铝型材、铝合金、钢化玻璃、镀膜玻璃生产、超声波清洗、首饰加工、皮草加工、油墨生产等。</td></tr>
<tr><td>操作</td><td colspan="4">1. 确认机组中各有关阀门所处的状态是否符合开机要求。
2. 向机组电气控制装置供电，并打开电源开关，使电源控制指示灯亮。
3. 启动冷却水泵、冷却塔风机和冷媒水泵，应能看到三者的运行指示灯亮。
4. 检测润滑油油温是否达到 30℃。若不到 30℃，就应打开电加热器进行加热，同时可启动油泵，使润滑油循环温度均匀升高。
5. 油泵启动运行后，将能量调节控制阀处于减载位置，并确定滑阀处于零位。
6. 调节油压调节阀，使油压达到 0.5~0.6MPa。
7. 闭合压缩机电源，启动控制开关，打开压缩机吸气阀，经延时后压缩机启动运行，在压缩机运行以后进行润滑油压力的调整，使其高于排气压力 0.15~0.3MPa。
8. 闭合供液管路中的电磁阀控制电路，启动电磁阀，向蒸发器供液态制冷剂，将能量调节装置置于加载位置，并随着时间的推移，逐级增载。同时观察吸气压力，通过调节膨胀阀，使吸气压力稳定在 0.36~0.56MPa 。
9. 压缩机运行以后，当润滑油温度达到 45℃时断开电加热器的电源，同时打开油冷却器的冷却水的进、出口阀，使压缩机运行过程中，油温控制在 40~55℃范围内。
10. 若冷却水温较低，可暂时将冷却塔的风机关闭。
11. 将喷油阀开启 1/2 ~1 圈，同时应使吸气阀和机组的出液阀处于全开位置。
12. 将能量调节装置调节至 100% 的位置，同时调节膨胀阀使吸气过热度保持在 6℃以上。
13. 机组启动运行中的检查。机组启动完毕投入运行后，应注意对下述内容的检查，确保机组安全运行：
a）冷冻水泵、冷却水泵、冷却塔风机运行时的声音、振动情况，水泵的出口压力、水温等各项指标是否在正常工作参数范围内；
b）润滑油的油温是否在 60℃以下，油压是否高于排气压力 0.15~0.3MPa ，油位是否正常；</td></tr>
</table>

续表

设备名称	冷冻机		
操作	c）压缩机处于满负荷运行时，吸气压力值是否在0.36~0. 56MPa； d）压缩机的排气压力是否在1.55MPa以下，排气温度是否在100℃以下； e）压缩机运行过程中，电机的运行电流是否在规定范围内。若电流过大，就应调节至减载运行，防止电动机由于运行电流过大而烧毁； f）压缩机运行时的声音、振动情况是否正常。 上述各项中，若发现有不正常情况时，就应立即停机，查明原因、排除故障后，再重新启动机组。切不可带着问题让机组运行，以免造成重大事故。		
维护保养	1. 机组的正常开、停机必须严格按照厂方提供的操作说明书的步骤进行操作。 2. 机组在运行过程中应及时、正确地做好参数的记录工作。 3. 机组运行中如出现报警停机应及时通知相关人员对机组进行检查也可以直接与厂方联系。 4. 机组在运行过程中严禁将水流开关短接以免冻坏水管。 5. 机房应有专门的工作人员负责严禁闲杂人员进入机房操作机组。 6. 机房应配备相应的安全防护设备和维修检测工具如压力表、温度计等工具并应存放在固定的位置。		
故障排除	故障现象	故障原因	处理方法
	启动负荷大，不能启动或启动后立即停车	能量调节未至零位	减载至零位
		压缩机与电机同轴度偏差过大	重新找正
		压缩机内磨损烧伤	拆卸检修
		电源断电或电压过低（低于额定值10%以上）	排除电路故障，按产品要求供电
		压力控制器或温度传感器调节不当，使触头常开	按要求调整触头位置
		压差控制器或继电器断开没复位	按下复位键
		电机绕组烧毁或断路	检修
		接触器、中间继电器线圈烧毁或触头接触不良	拆检、修复
		温度控制器调整不当或有故障；	调整温度控制器的调定值或更换温控器
		控制电路故障	检查、改正
	压缩机	联轴节的键松动	紧固螺栓或更换键
		压缩机与电机不对中	重新找正
		吸入过量的液体制冷剂	调整供液量
		压缩机内有异物	检修压缩机及吸气过滤网
		轴承过度磨损或损坏	更换

续表

设备名称	冷冻机		
故障排除	故障现象	故障原因	处理方法
	排气温度过高	压缩机喷油量或喷液量不足	调整喷油量或喷液量
		油温过高	见油温过高的故障分析
		吸气过热度过大	适当开大供液阀，增加供液量
	压缩机机体温度过高	吸气过热度过高	适当调大节流阀
		部件磨损造成摩擦部位发热	停车检查
		排气压力过高	检查高压系统及冷却水系统
		油温过高	见油温过高的故障分析
		喷油量或喷液量不足	增加喷油量或喷液量
		由于杂质等原因造成压缩机烧伤	停车检查
	蒸发压力过低	制冷剂不足	添加制冷剂到规定量
		节流阀开启过小	适当调节
		节流阀出现脏堵或冰堵	清洗、修理
		干燥过滤器堵塞	清洗、更换
		电磁阀未打开或失灵	开启、更换
		蒸发器结霜太厚	融霜处理
	预润滑油泵不能产生足够的油压	油路管道或油过滤器堵塞	更换滤芯，清洗滤网
		油量不足（未达到规定油位）	添加冷冻机油到规定值
		油泵故障	检查、修理
		油泵转子磨损	检查、更换
		压力传感器失准	调校、更换
	预润滑油泵有噪声	联轴器损坏	更换
		螺栓松动	重新紧固
		油泵损坏	检修油泵
	油温过高	对于水冷油冷却器 （1）冷却水温过高 （2）水量不足 （3）换热管结垢	对于水冷油冷却器 （1）降低冷却水温 （2）增大水量 （3）清洗换热管
		对喷液油冷却系统 （1）喷液量不足 （2）对应一定高压的蒸发压力太高 （3）吸气过热度过大 （4）喷液管路中过滤器阻塞 （5）伺服电磁阀未动作	对喷液油冷却系统 （1）检查贮油器或冷凝器的液位和喷嘴前压力 （2）降低蒸发压力 （3）调整系统 （4）清洗 （5）调整、维修

续表

设备名称	冷冻机		
故障排除	故障现象	故障原因	处理方法
	油温过低	油冷却器冷却水温过低	调节水量
		吸气带液	减小供液
		伺服阀控制器设置过低	重新调整设定值
	油温波动	系统运行工况波动过大	稳定工况
	冷凝压力过高	冷凝器冷却水量不足	加大冷却水量
		冷凝器传热面结垢	清洗换热管
		系统中空气含量过多	排放空气
		冷却水温过高	检修冷却水系统
		制冷剂充灌量过多	适量放出制冷剂
	油分离器中油位逐渐下降	吸气过热度太小，压缩机带液，排气温度过低	关小节流阀
		油分离器中滤芯没固定好或损坏	检查
	停车时油分离器中油位急剧下降	吸气止回截止阀止回动作不到位	检修
		压缩机补气口和经济器之间的单向阀损坏	检修
	油位上升	制冷剂溶于油内	关小节流阀，提高油温
	吸气压力过高	节流阀开启过大	关小节流阀
		感温包未扎紧	正确捆扎
	制冷量不足	吸气过滤器阻塞	清洗
		压缩机轴承磨损后间隙过大	检修更换轴承
		冷却水量不足或水温过高	调整水量，开启冷却塔
		蒸发器配用过小	更换蒸发器
		蒸发器结霜过厚	定期融霜
		膨胀阀开得过小	按工况要求调整阀门开启度
		干燥过滤器阻塞	清洗
		节流阀脏堵或冰堵	清洗
		系统内有较多空气	排放空气
		制冷剂充灌量不足	添加至规定值
		蒸发器内有大量润滑油	回收冷冻机油
		电磁阀损坏	修复或更换
		膨胀阀感温包内充灌剂泄漏	修复或更换
		冷凝器或贮液器的出液阀开启过小	调节出液阀
		制冷剂泄漏过多	查出漏处，检修后添加制冷剂
		能量调节指示不正确	检修

续表

设备名称	冷冻机		
故障排除	故障现象	故障原因	处理方法
	压缩机结霜严重或机体温度过低	热力膨胀阀开启过大	适当关小阀门
		热负荷过小	减小供液或压缩机减载
		热力膨胀阀感温包未扎紧或捆扎位置不正确	按要求重新捆扎
	压缩机能量调节及内容积比调节机构不动作	电磁换向阀在不通电的情况下，可以推动电磁换向阀上的故障检查按钮，检查 滑阀是否工作，如果工作，则原因在电磁换向阀； （1）电磁线圈烧毁 （2）推杆卡住或复位弹簧断裂 （3）检查出口和保险丝 （4）阀内部太脏	电磁换向阀 （1）更换 （2）修理、更换 （3）更换 （4）清洗
		油活塞上密封环过度磨损或破损	更换
		滑阀或油活塞卡住	拆卸、检修
		电位器与传动机构脱离	检查、调整
	压缩机轴封漏油	轴封磨损过量	更换
		动环、静环平面度误差过大或擦伤	研磨、更换
		密封圈、O 形环过松、过紧或变形	更换
		弹簧座、推环销钉装配不当	重新装配
		弹簧弹力不足	更换
		压缩机和电机同轴度偏差过大因引起较大振动	重新找正
	停机时压缩机反转时间太长	吸气止回截止阀故障	检修或更换

螺杆式空压机

<table>
<tr><th>设备名称</th><th>螺杆式空压机</th></tr>
<tr><td>结构</td><td>螺杆式空压机实物图、结构原理示意图

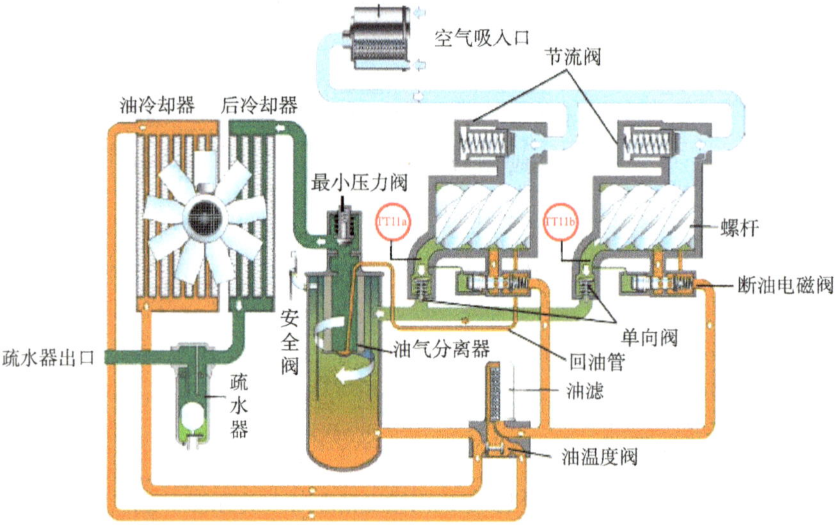

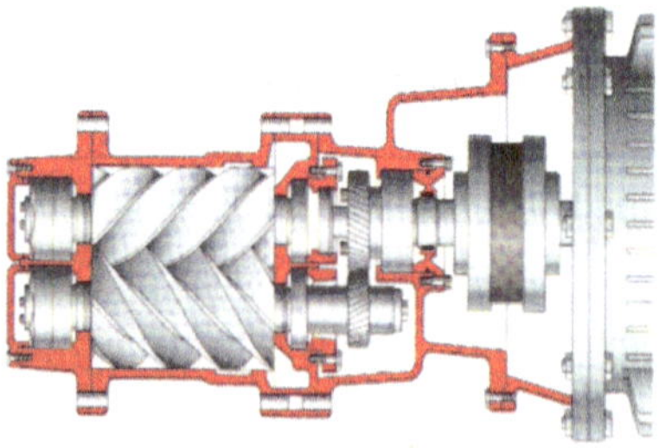
压缩机的机体中，平行地配置着一对相互啮合的螺旋形转子。通常将齿形厚者称为阳转子或阳螺杆；将齿形薄者称为阴转子或阴螺杆。一般阳转子与原动机连接，由阳转子带动阴转子转动。转子排气端上的球轴承使转子实现轴向定位，并承受压缩机中的轴向力。在压缩机机体的两端，分别开设一定形状和大小的孔口。一个供吸气用，称为吸气孔口；另一个供排气用，称为排气孔口（一般从上进气，从下排气）。</td></tr>
</table>

续表

<table>
<tr><th>设备名称</th><th colspan="4">螺杆式空压机</th></tr>
<tr><td>原理</td><td colspan="4">空压机是指压缩介质为空气的压缩机。
螺杆式空压机是回转容积式空压机，在其中两个带有螺旋形齿轮的转子相互啮合，从而将气体压缩并排出。空气被吸进空压机时，首先经过吸气过滤器，接着进入压缩腔被压缩，达到一定压力的压缩空气进入油气分离器（此时，压缩空气的温度为100℃左右），压缩空气中的润滑油被回收利用，分离后的压缩空气进入后部冷却器被冷却水或风冷却至40℃左右，凝结液通过自动排水器排出。
在压缩空气的同时，润滑油被喷注入压缩腔以润滑和冷却螺杆，这些润滑油与压缩空气一起进入油气分离器，被分离的润滑油排入油冷却器，被冷却后再次被注入压缩腔内，循环使用。</td></tr>
<tr><td rowspan="6">性能参数</td><td>性能参数</td><td>符号</td><td>单位</td><td>定义</td></tr>
<tr><td>排气量</td><td>Q</td><td>m^3/h
m^3/s</td><td>压缩机在单位时间内所排出的气体量，通常是指体积流量。</td></tr>
<tr><td>出口压力</td><td>p</td><td>bar</td><td></td></tr>
<tr><td>转速</td><td>n</td><td>r/min</td><td>压缩机轴每分钟的转数。</td></tr>
<tr><td>功率</td><td>N_e
N</td><td>W
kW</td><td>单位时间内所消耗的功，分为有效功率（N_e）和轴功率（N）两种。</td></tr>
<tr><td>效率</td><td>η</td><td>%</td><td>有效功率和轴功率的比值。</td></tr>
<tr><td>用途</td><td colspan="4">采矿业、冶金业、机械制造业、土木工程、石油化学工业、制冷与气体分离工程以及国防工业中，压缩机是必不可少的关键设备之一。压缩机压缩空气作为动力，供驱动各种风动机械、风动工具、控制仪表及其自动化装置；车辆制动、门窗启闭；制药业、酿造业中的搅拌；喷气织机中纬砂吹送；大、中型柴油机的启动；高压爆破采煤；国防工业中某些武器的发射，潜水艇的沉浮、鱼雷的射出及驱动以及沉船打捞等。</td></tr>
<tr><td>操作</td><td colspan="4">1. 看交接班记录，各空压机是否有异常记录。
2. 检查压缩机油位是否指示在绿色区域中。
3. 关闭冷却水排污阀，打开冷却水进、出水阀，调节冷却水量。
4. 接通电源，电源指示灯亮。
5. 打空气出口阀门。
6. 点动压缩机电机（即启动压缩机后立即关闭，时间尽可能短），检查电动机的转动方向是否正确，如果不对请调换三相电源线的位置。
7. 转向正确后，启动压缩机，使电机达到额定转速，如果有异常响声，立即停机，必须消除后开机。
8. 需要停机时，按下停机按钮，则自动完成停机，或者手动停机，先按下卸载按钮，此时压缩机卸载，待油压下降至0.4MPa以下时，按下停机按钮。停机后减荷阀内的放气孔和油分离器上的放气电磁阀应立即放气，待放气完毕后拉下供电电源开关。</td></tr>
</table>

续表

设备名称	螺杆式空压机		
维护保养	1. 严格执行润滑管理制度。 2. 定期清洁设备及附属管线的卫生，确保无油污、灰尘。 3. 定时检查出口压力、振动、密封泄漏、轴承温度等情况，发现问题应及时处理。 4. 定期检查空压机附属管线是否畅通。 5. 定期检查各部螺栓是否松动。 6. 停车后每周开车运行一次，备用机应定期盘车。		
故障排除	故障现象	故障原因	处理方法
	转子出口口温度过高	油位过低	补加润滑油
		冷却器堵死	清洗冷却器
		油过滤器堵塞	更换油过滤器
		恒温阀卡死	更换恒温阀保养包
		空气过滤器堵塞	更换空滤
		冷却水进口温度过高	降低循环水温度
		断油阀卡死	拆下维修
	压缩机不加载	气管路上压力超过额定负荷压力，压力调节器断开	不必采取措施，气管路上的压力低于压力调节器加载（位）压力时，压缩机会自动加载
		电磁阀失灵	拆下检查，必要时更换
	跑油	油气分离器与卸荷阀间的控制管路上有泄漏	检查管路及连接处，若有泄漏则需修补
		油分芯的损坏，破裂	更换
		机组有漏油现象	拆下维修
		油品不正确，产生很多泡沫	更换润滑油
		油位太高，注入的机油过量	排出适量机油
		回油管堵死	拆下回油管，疏通
		油变质或者超期使用	更换机油
		机组如有回油单向阀，单向阀失控会导致机组停机后油倒流回油分，再次启动就会跑油	单向阀拆下维修
		外置旋装的油分，如果芯管 O 形环不密封也会跑油	更换 O 形环

离心式风机

<table>
<tr><th>设备名称</th><th colspan="4">离心式风机</th></tr>
<tr><td>结构</td><td colspan="4">离心风机的实物图、结构示意图

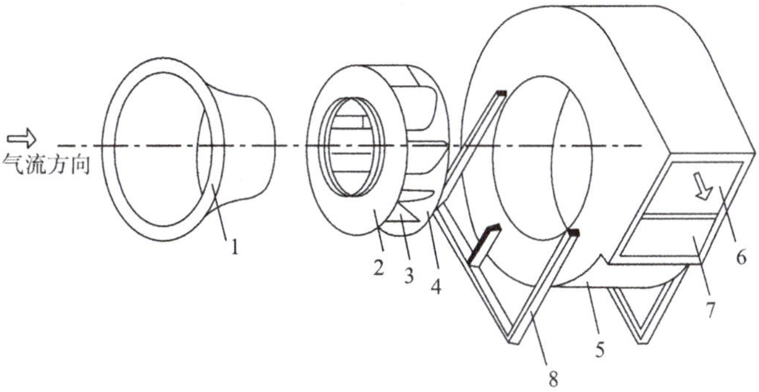

离心式风机
1—吸气口；2—叶轮前盘；3—叶片；4—叶轮后盘；5—机壳；
6—排气口；7—截流板(风舌)；8—支架
离心式风机由底座、带轮、轴承座、主轴、轴盘、前盘、后盘、叶片、蜗壳、集流器、出风口等组成。</td></tr>
<tr><td>原理</td><td colspan="4">离心风机的工作原理与透平压缩机基本相同，是根据动能转换为势能的原理，利用高速旋转的叶轮将气体加速，然后减速、改变流向，使动能转换成势能（压力）。</td></tr>
<tr><td rowspan="4">性能参数</td><td>性能参数</td><td>符号</td><td>单位</td><td>定义</td></tr>
<tr><td>流量</td><td>Q</td><td>m^3/h</td><td>流量是指单位时间风机输出流体的数量。</td></tr>
<tr><td>全压</td><td>p</td><td>Pa</td><td>风机提供的能量通常用压头表示，称为全压，指单位体积气体通过风机后的能量增加值，有静压、动压和全压。</td></tr>
<tr><td>功率</td><td>N</td><td>kW</td><td>功率可分为有效功率和轴功率。有效功率指单位时间通过风机的流体获得的功，即风机的输出功率。</td></tr>
<tr><td>用途</td><td colspan="4">广泛用于工厂、矿井、隧道、冷却塔、车辆、船舶和建筑物的通风、排尘和冷却；锅炉和工业炉窑的通风和引风。</td></tr>
<tr><td>操作</td><td colspan="4">1. 冷却系统检查
如果有外部冷却，应投用进 / 出冷却水。
2. 加注润滑油
（1）轴承箱添加 L-TSA46 号润滑油；
（2）油位要求油标上下红线中间。</td></tr>
</table>

续表

<table>
<tr><th>设备名称</th><th colspan="3">离心式风机</th></tr>
<tr><td>操作</td><td colspan="3">3. 阀门调试
对于工频风机，运行前需调试出入口阀，避免阀门卡涩。
4. 运转
运行中要定期检查并记录风机轴承箱的振动和温度情况。
5. 停机
分为正常和非正常停机，注意两种停机方式均不得关闭调节阀。
注意：
风机开机前确认入口调节阀处于小开度或关闭状态，保证风机低负荷启动。</td></tr>
<tr><td>维护保养</td><td colspan="3">1. 松动
运行期间每周要检查各部螺栓是否松动，所有轴承座的螺钉是否有松动，有无噪声。
2. 冷却
对于轴承箱有冷却水线的，要检查管线是否通水。
3. 润滑
（1）在设备运行期间要始终保持油位不低于油标中线；
（2）换油周期：每三个月换一次油；
（3）换油期间要视油质情况决定轴承箱是否需要开盖清理。</td></tr>
<tr><td rowspan="15">故障排除</td><td>故障现象</td><td>故障原因</td><td>处理方法</td></tr>
<tr><td rowspan="5">轴承箱剧烈振动</td><td>风机主轴与电动机不同心，联轴器歪斜超标准</td><td>重新找正</td></tr>
<tr><td>进风口与叶轮摩擦</td><td>检查调整间隙</td></tr>
<tr><td>轮毂与叶轮及联轴器螺栓松动</td><td>检查紧固螺栓</td></tr>
<tr><td>轴承箱与底座螺栓松动</td><td>检查紧固螺栓</td></tr>
<tr><td>转子不平衡</td><td>确认是否由积垢或磨损产生，必要时重新对转子动平衡</td></tr>
<tr><td rowspan="4">轴承温升过高</td><td>轴承箱剧烈振动</td><td>见轴承箱剧烈振动的故障分析</td></tr>
<tr><td>润滑油质量不量变质，或填充过多和含有灰尘、污垢等杂质</td><td>检查油质，注油，增加水量</td></tr>
<tr><td>转子不平衡</td><td>确认是否由积垢或磨损产生，必要时重新对转子动平衡</td></tr>
<tr><td>两联轴器或联轴器找正不好</td><td>重新找正</td></tr>
<tr><td rowspan="5">电动机电流过大和温升过高</td><td>轴承箱剧烈振动</td><td>见轴承箱剧烈振动的故障分析</td></tr>
<tr><td>润滑油质量不量变质，或填充过多和含有灰尘、污垢等杂质</td><td>检查油质，注油，增加水量</td></tr>
<tr><td>转子不平衡</td><td>确认是否由积垢或磨损产生，必要时重新对转子动平衡</td></tr>
<tr><td>两联轴器或联轴器找正不好</td><td>重新找正</td></tr>
<tr><td>轴承箱剧烈振动</td><td>见轴承箱剧烈振动的故障分析</td></tr>
</table>

罗茨鼓风机

<table>
<tr><th>设备名称</th><th colspan="4">罗茨鼓风机</th></tr>
<tr><td>结构</td><td colspan="4">

罗茨鼓风机实物图、结构示意图

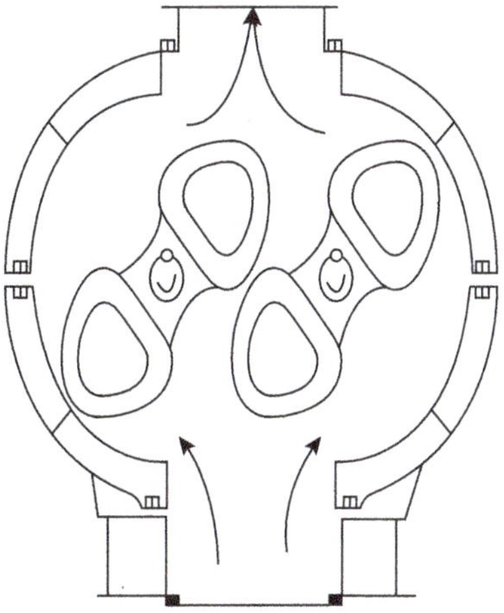

内部结构

齿轮

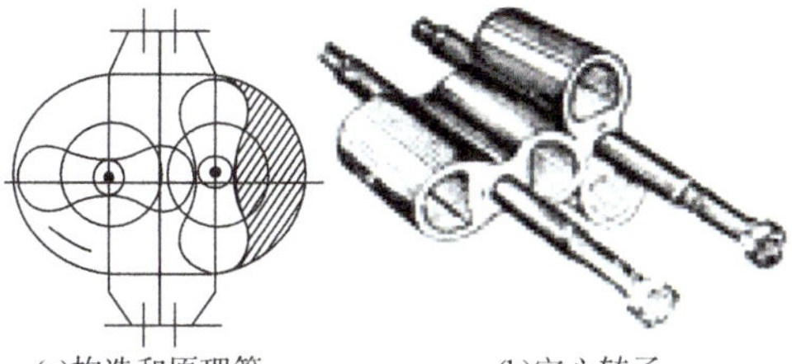

罗茨鼓风机的构造和原理

罗茨鼓风机，也称作罗茨风机，系属容积回转鼓风机，结构类似罗茨泵。利用两个或者三个叶形转子在气缸内做相对运动来压缩和输送气体的回转压缩机。适用于低压力场合的气体输送和加压，也可用作真空泵。

</td></tr>
<tr><td>原理</td><td colspan="4">罗茨鼓风机属容积回转鼓风机，利用两个叶形转子在气缸内做相对运动来压缩和输送气体的回转压缩机。这种压缩机靠转子轴端的同步齿轮使两转子保持啮合。转子上每一凹入的曲面部分与气缸内壁组成工作容积，在转子回转过程中从吸气口带走气体，当移到排气口附近与排气口相连通的瞬时，因有较高压力的气体回流，这时工作容积中的压力突然升高，然后将气体输送到排气通道。两转子依次交替工作。两转子互不接触，它们之间靠严密控制的间隙实现密封，故排出的气体不受润滑油污染。</td></tr>
<tr><td rowspan="3">性能参数</td><td>性能参数</td><td>符号</td><td>单位</td><td>定义</td></tr>
<tr><td>流量</td><td>Q</td><td>m^3/h</td><td>单位时间内流经风机的气体体积。</td></tr>
<tr><td>压力</td><td>p</td><td>Pa</td><td>气体进出的压力差。</td></tr>
</table>

续表

<table>
<tr><th>设备名称</th><th colspan="4">罗茨鼓风机</th></tr>
<tr><td rowspan="3">性能参数</td><td>功率</td><td>N</td><td>kW</td><td>风机的功耗，即电动机轴功率。</td></tr>
<tr><td>效率</td><td>η</td><td>%</td><td>有效功率和轴功率的比值。</td></tr>
<tr><td>转速</td><td>n</td><td>r/min</td><td>转子每分钟的转数。</td></tr>
<tr><td>用途</td><td colspan="4">污水处理、水产养殖、气力输送、水泥、化工、铸造、面粉等行业。</td></tr>
<tr><td>操作</td><td colspan="4">1. 启动
罗茨鼓风机在启动开机前应做好以下各项准备工作；
（1）完全打开进气调节阀、出气调节阀以及旁通管；
（2）检查进风口空气滤清器是否畅通，滤清器进口是否完全打开；
（3）检查管道、阀门、消声器、空气滤清器支承是否稳固，不得有负荷力加在机壳上；
（4）检查润滑油是否良好，型号是否合适，润滑油层深度应达到规定油线以上3~5cm，冷却水系统是否畅通；
（5）拨动联轴器检查叶轮转运是否灵活，有无摩擦碰撞；
（6）检查各部位联接是否良好，有无松动；
（7）清除周围杂物，保持风机 2m 范围内无杂物；
（8）检查电气部分以及降压启动设备是否完好；
（9）检查检修工具是否齐备，消防灭火器材是否充足完备。
在以上各项工作做完后，即可开机。罗茨鼓风机开机应首先空车运转 20~30min，观察鼓风机有无不正常的现象，如发现有撞击或摩擦声，应立即停车检查，并排除故障。待空机运转正常后，即可进行负载开机。待风机正常运转后，逐渐调节出口阀门（或逐渐关闭放空阀），逐渐加载到额定压强，但不得超载运行。在开机时绝对禁止将进、出风口闸阀全部关闭，也不能在满载时突然停车。
2. 运转
当罗茨鼓风机正常运转后，操作工应密切注视所有部件运行状况，随时观察机器各部件的温度、机器的振动以及消声器的噪声，如有异常应立即停机。
3. 停机
罗茨鼓风机的正常停机是首先打开旁通管，进行“放风”，待风压降下来后（基本为零），才能切断电源，然后关闭进气阀、冷却水系统。非正常停机也应首先考虑打开旁通管，进行“放风”。</td></tr>
<tr><td>维护保养</td><td colspan="4">1. 正常运转中，每隔 1~2h 检查一下轴承、油箱内润滑油、电机等的温度，不得高于规定值
2. 罗茨鼓风机的润滑油 3~6 个月更换一次或用孔径小于 50μm 的铜丝网过滤一次。第一次启动后工作时间最多 200h 就应换油。消声器也宜半年左右检修一次，更换部分或全部吸声材料。空气滤清器应经常检修，进出口阀门、旁通管应保持正常良好状态，有问题立即修理。</td></tr>
</table>

续表

设备名称	罗茨鼓风机		
故障排除	故障现象	故障原因	处理方法
	鼓风机振动	转子平衡精度过低或被破坏	重新校正平衡
		地脚螺栓松动	紧固地脚螺栓
		轴承磨损	更换轴承
		紧固件松动	重新拧紧
		机组承受进气管道的重力或拉力	清楚管道的重力或拉力，增加支承
	风量不足风压降低	叶片间隙增大	分析磨损原因，调整叶片间隙
		密封或机壳漏气	修理密封，机壳中分面更换密封
		管线法兰漏气	更换法兰垫片
		传送带松动达不到额定转速	调整或更换皮带
	转子互相碰撞	传动齿轮磨损，其啮合间隙过大	调整间隙，重新绞销孔，磨损严重时更换齿轮
		齿轮定位销或键槽与键配合松动	更换定位销或键并予以紧固
		转子与轴连接处的键松动	配换键
		气体夹杂有硬性颗粒杂质，使转子受过载冲击而变形	检修转子，并予以检查进气管过滤器
		轴承磨损	更换轴承
	转子与机壳摩擦	组装不良使转子与机壳体有接触点	调整转子位置，检测各部分间隙
		长期停车，开车前未校机件各部分间隙	在使用之前将内部清理干净，并调整间隙
		轴承磨损，径向间隙大	更换轴承
		主、从动轴弯曲变形	矫正或更换轴
		进出管重量引起的变形	增设管路托架
	轴承发热	润滑系统失灵，油不清洁，黏度过大或过小	检修润滑油系统，更换油
		轴与轴承偏斜，风机与电机不同轴	重新找正组装
		轴瓦刮研质量不良，接触角太小	检查研磨轴瓦
		轴瓦表面产生裂纹或磨损	检修更换轴瓦
		滚动轴承有麻点脱皮等缺陷	更换轴承
		轴承卡住，轴承压盖压得太紧	调整轴承与压盖之间的间隙

续表

设备名称	罗茨鼓风机		
故障排除	故障现象	故障原因	处理方法
	密封装置漏气或泄漏	密封部分断油	疏通油路或更换新油
		胀圈折断	更换或刮研修理
		密封孔径不圆或轴向部分面结合不良	刮研修理
		煤焦油过多，将密封圈卡死	清洗密封装置
		填料过松或过紧或歪斜	调整填料压盖，重装或更换填料
	齿轮磨损过快或发热	齿轮间隙过小或油膜破坏	调整间隙
		润滑油选用不当，变质，油量过多或过少	更换油，调整油量
		油泵或油路系统发生故障或漏油	消除漏点，确保油压油量
	壳体发热	检修后，间隙调整不当	重新调整间隙至要求
		轴承磨损后不能保持间隙	更换轴承
	运转中不正常的声音	联轴器中橡胶圈磨损发出摩擦声	调整联轴器，更换橡胶圈
		轴承或紧固件松动，转子键发出敲击声	修理或更换并上紧紧固件
		轴承损坏	更换轴承
	鼓风机卡死，盘不动车	焦油或粉尘附在转子上，使转子卡住	检修清理
		轴承磨损或轴承内有东西卡住	检修

空冷风机

<table>
<tr><th>设备名称</th><th colspan="4">空冷风机</th></tr>
<tr><td>结构</td><td colspan="4">空冷风机的实物图、结构示意图

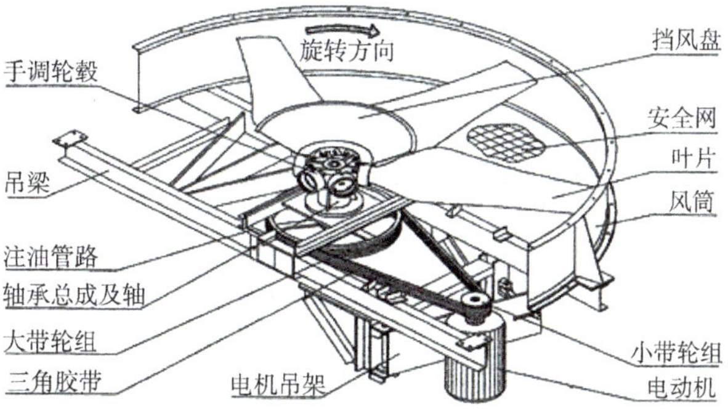

风机由风筒、吊梁、电机、电机吊架、吊梁、手调轮毂、叶片、带轮组、皮带、轴承总成及轴、安全网、挡风盘、注油管路等组成。</td></tr>
<tr><td>原理</td><td colspan="4">空冷风机是一种工业性冷却通风设备，是空冷器三大部件之一，它的风筒与构架的风箱底板连接，并与空气冷却器管束配套使用。
空冷风机的叶轮由电机通过带、齿等传递动力并旋转，从叶轮下端吸入空气，再经由叶轮垂直向上吹送空气，并作为冷却介质管束流过，使管内介质得到冷却。</td></tr>
<tr><td rowspan="4">性能参数</td><td>性能参数</td><td>符号</td><td>单位</td><td>定义</td></tr>
<tr><td>流量</td><td>Q</td><td>m^3/h</td><td>流量是指单位时间风机输出流体的数量。</td></tr>
<tr><td>全压</td><td>p</td><td>Pa</td><td>风机提供的能量通常用压头表示，称为全压，指单位体积气体通过风机后的能量增加值，有静压、动压和全压。</td></tr>
<tr><td>功率</td><td>N</td><td>kW</td><td>功率可分为有效功率和轴功率。有效功率指单位时间通过风机的流体获得的功，即风机的输出功率。</td></tr>
<tr><td>用途</td><td colspan="4">通常用于 60~150℃介质通风冷却或加强散热场合。</td></tr>
<tr><td>操作</td><td colspan="4">1. 叶片轮毂
不论何时开机，均要检查叶片与轮毂是否固定牢靠，确认后方可开机运行。
2. 转向
电机接线应保证风机叶轮俯视按顺时针方向旋转，尤其是电机拆装后。</td></tr>
</table>

续表

<table>
<tr><th>设备名称</th><th colspan="3">空冷风机</th></tr>
<tr><td>操作</td><td colspan="3">3. 皮带及皮带轮
主 / 从动皮带轮的皮带是否有错边，必要时检查皮带的水平度，防止皮带跑偏。
4. 试运行
可以多次试运，目的在于检查各部件是否有异常（晃动、异响等）
5. 运行
检查风机轴承箱及电机温度，运行电流。
注意：
对于叶片为半圆挡环固定的情况，运行前必须检查卡环是否到位。
风机皮带轮槽必须装满皮带，有两根以上未装将严重影响风机效率。</td></tr>
<tr><td>维护保养</td><td colspan="3">1. 皮带
“V”形带定期调整皮带的松紧度，并检查皮带的磨损程度，磨损严重的应及时予更换。发现皮带跑出皮带轮的及时联系处理。
同步带定期检查同步带与皮带轮挡圈是否有磨损。
2. 叶片
叶片安装角一般为 8°~12°，不得超过规定的调角范围以防电机过载。风筒与叶轮的径向间隙检查应一年一次；叶片角度及叶片沿风机轴向跳动应每年检查、调整一次。
3. 轮毂
（1）每 3 个月通过注油嘴加注锂基润滑油；
（2）叶片与轮毂固定用的螺栓每年检查一次。
4. 使用要求
（1）风机使用角度不得超过规定的调角范围，以防电机过载；
（2）加注黄油不应超过油腔的 2/3，以免轴承过热；
（3）每次检修和更换电机时，必须注意接线相应，应保证风机叶轮俯视顺时针方向旋转。
注意：
（1）现场发现风机运行整体晃动较大，大多说明叶片松动或风机轴承有磨损，必须检查；
（2）现场巡检发现风机皮带有两根及以上跑出或断裂，必须处理更换。</td></tr>
<tr><td rowspan="12">故障排除</td><td>故障现象</td><td>故障原因</td><td>处理方法</td></tr>
<tr><td rowspan="3">电流表指示异常</td><td>叶片角度有异常变化</td><td>校正安装角后紧固</td></tr>
<tr><td>风机轮毂平衡破坏</td><td>补校平衡</td></tr>
<tr><td>皮带松动跳槽</td><td>调整皮带张紧力</td></tr>
<tr><td rowspan="3">电机电流过大或温度升高</td><td>叶片角度有异常变化</td><td>校正安装角后紧固</td></tr>
<tr><td>轴承座剧烈振动</td><td>重新调整</td></tr>
<tr><td>电机本身原因</td><td>联系电气查明原因</td></tr>
<tr><td rowspan="2">运转部件有异常声音</td><td>轴承磨损</td><td>更换轴承</td></tr>
<tr><td>紧固螺钉松动</td><td>拧紧螺钉</td></tr>
<tr><td rowspan="3">现场风机振动过大</td><td>轴承磨损</td><td>更换轴承</td></tr>
<tr><td>叶片紧固螺钉松动</td><td>拧紧螺钉</td></tr>
<tr><td>各部件松动</td><td>紧固</td></tr>
</table>

卧式单级离心泵

设备名称	卧式单级离心泵

结构

卧式单级离心泵的实物图、结构示意图

机泵实物图

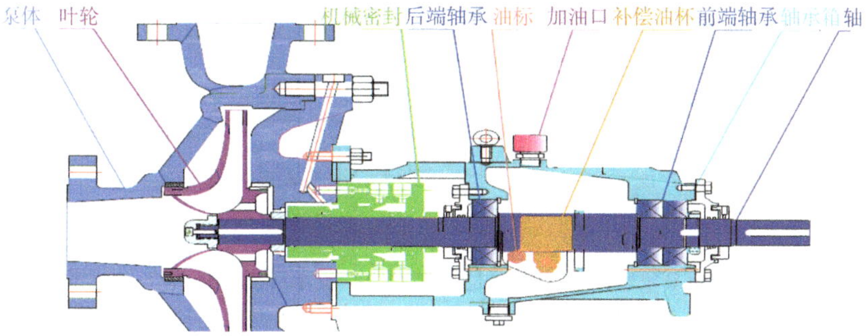

泵体结构图

由泵壳、大盖、密封、主轴、叶轮、轴承与轴承箱、密封冲洗系统、支座、联轴器等组成。

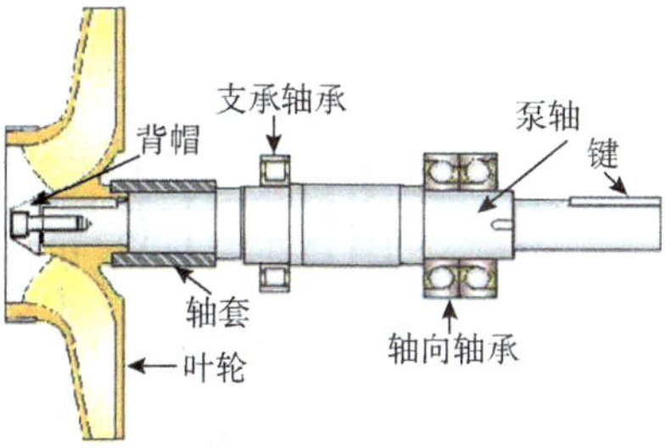

离心泵转子图

转子是指离心泵的转动部分，包括叶轮、泵轴、轴套、轴承等零件。

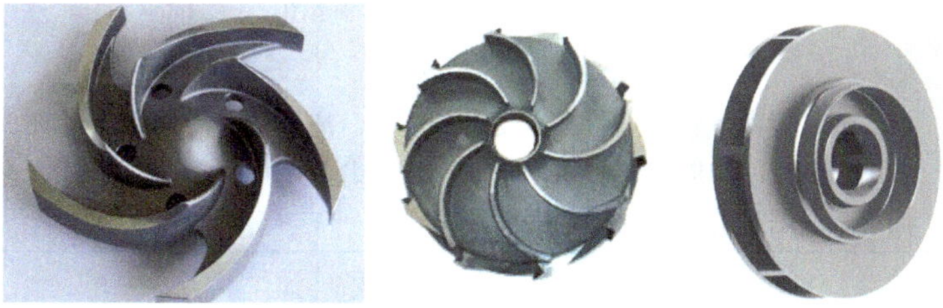

叶轮实物图

续表

<table>
<tr><th>设备名称</th><th>卧式单级离心泵</th></tr>
<tr><td>结构</td><td>
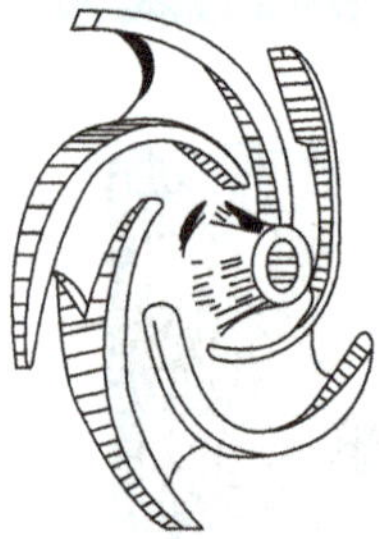
开式叶轮

半开式叶轮
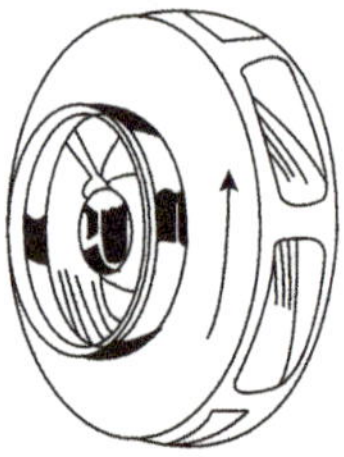
闭式叶轮

通常澄清液体微小颗粒可用闭式叶轮。泥浆、废渣、大颗粒黏稠介质用开式叶轮。介于两种情况之间的可用半开式。叶轮的叶片一般为后弯式叶片。叶片有圆柱形和扭曲形两种，应用扭曲叶片可减少叶片的负荷，并可改善离心泵的吸入性能，提高抗汽蚀能力。

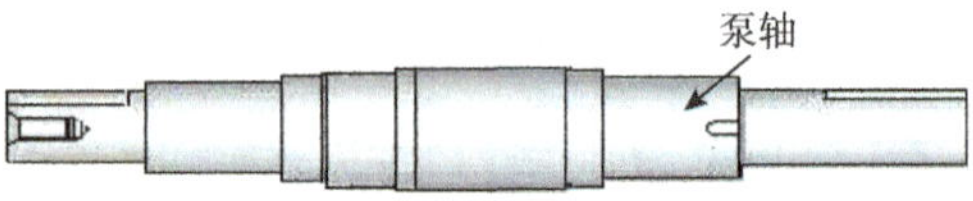

泵轴图

离心泵泵轴的作用主要是传递动力，支承叶轮保持在工作位置正常运转。它一端通过联轴器与电动机轴相连，另一端支承着叶轮做旋转运动，轴上装有轴承、轴向密封等零部件。

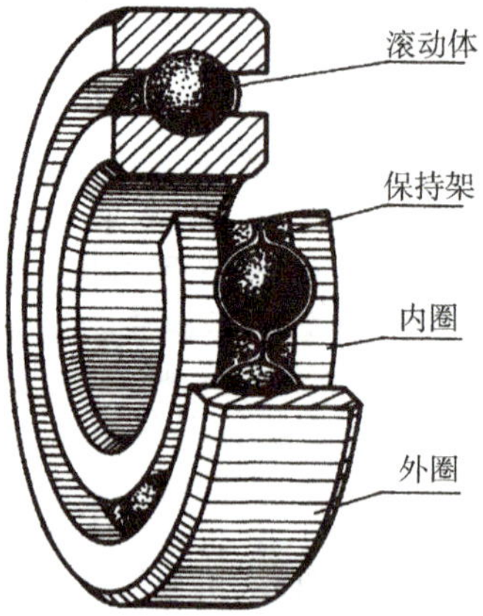

轴承图

轴承起支承转子重量和承受力的作用。离心泵上多使用滚动轴承，其外圈与轴承座孔采用基轴制，内圈与转轴采用基孔制，配合类别国家标准有推荐值，可按具体情况选用。轴承一般用润滑脂和润滑油润滑。
</td></tr>
</table>

续表

<table>
<tr><th>设备名称</th><th>卧式单级离心泵</th></tr>
<tr><td>结构</td><td>

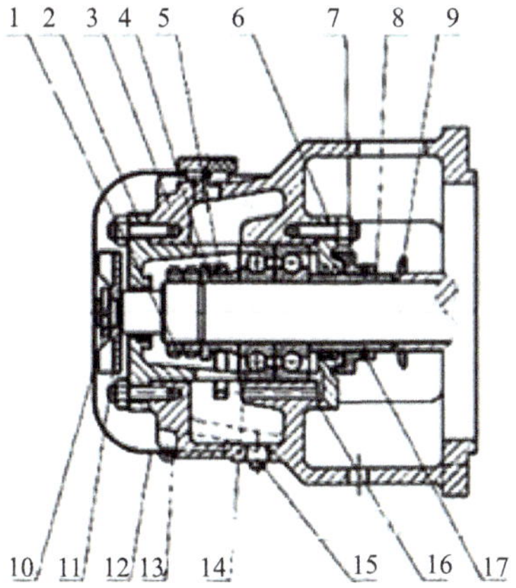

轴承部件

1—圆螺母；2—轴承压盖柄；3—轴承体；4—护套；5—甩油环；6—轴承压盖丁；7—挡油盘；8—调整轴套乙；9—挡水阀；10—小圆螺母；11—风扇；12—风扇罩；13—螺钉；14—角接触球轴承；15—1/4堵丝；16—纸垫；17—螺钉

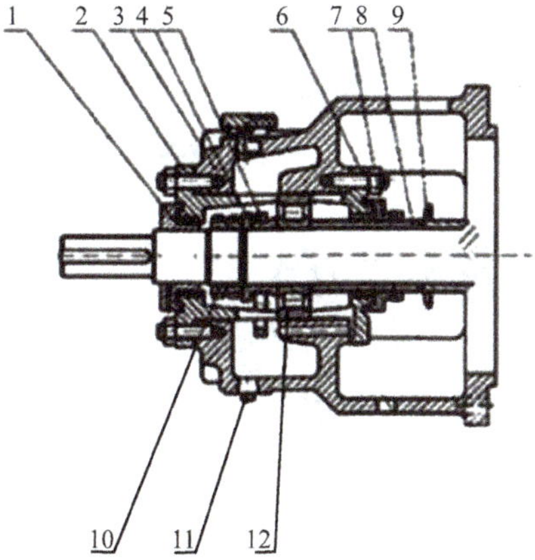

轴承部件

1—挡油盘；2—轴承压盖甲；3—轴承体；4—护套；5—甩油环；6—轴承压盖乙；7—挡油盘；8—调整轴套甲；9—挡水阀；10—圆螺母；11—1/4丝堵；12—圆柱滚子轴承

离心泵的联轴器结构类型很多，常见联轴器类型如下：

弹性套柱销联轴器

梅花形弹性联轴器

齿式联轴器

膜片联轴器

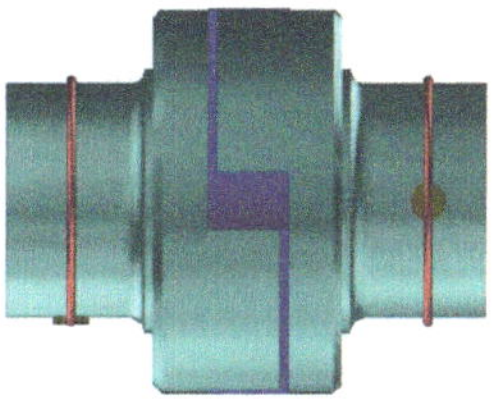

星形弹性联轴器

十字滑块联轴器

</td></tr>
</table>

续表

<table>
<tr><th>设备名称</th><th>卧式单级离心泵</th></tr>
<tr><td>结构</td><td>

套筒式联轴器

蛇形弹簧联轴器

轮胎式联轴器

联轴器主要用于将两根轴联接在一起，使它们一起旋转，并传递扭矩，也可用作安全装置。

机械密封实物图示

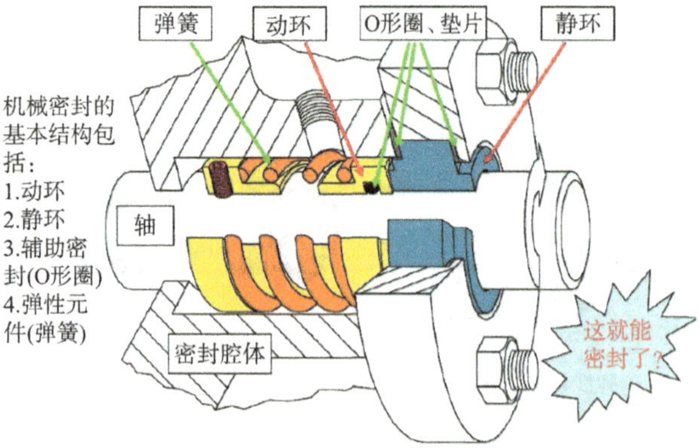

机械密封基本结构

常见的机械密封结构形式如下：
</td></tr>
</table>

续表

<table>
<tr><th>设备名称</th><th>卧式单级离心泵</th></tr>
<tr><td>结构</td><td>
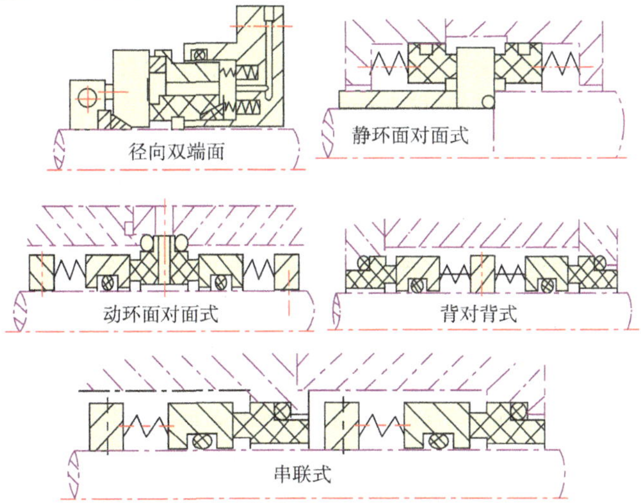

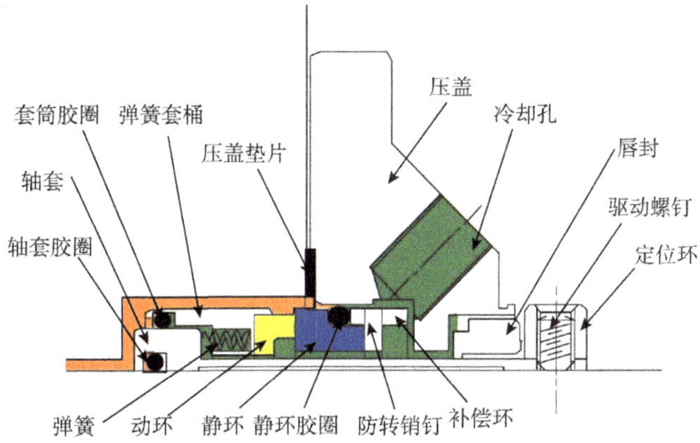

单端面，弹簧内置式密封结构示例

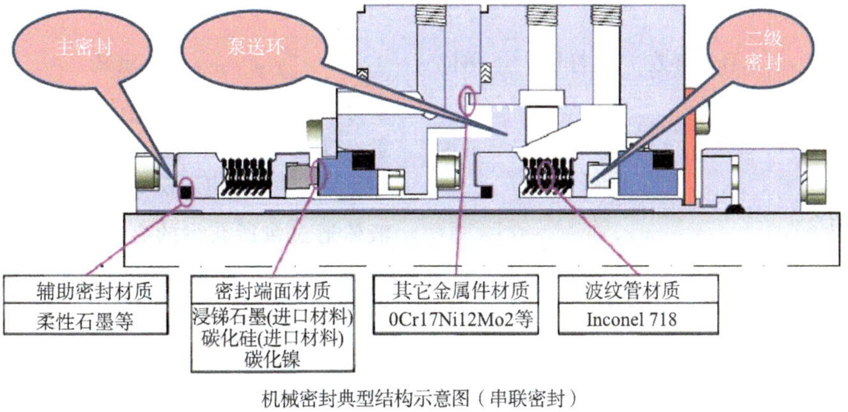

机械密封典型结构示意图（串联密封）

机械密封按结构形式非常多，其基本类型有：（1）平衡式和非平衡式机械密封；（2）内置式和外置式机械密封；（3）内流式和外流式机械密封；（4）静止式和旋转式机械密封；（5）单弹簧式和多弹簧式机械密封；（6）单端面式和双端面式机械密封；（7）接触式和非接触式机械密封；（8）单级式和双级式机械密封；（9）波纹管型机械密封。
</td></tr>
</table>

续表

<table>
<tr><th>设备名称</th><th colspan="4">卧式单级离心泵</th></tr>
<tr><td>结构</td><td colspan="4">单端面密封结构简单，制造、安装容易，一般于介质本身润滑性好和允许微量泄漏的条件，是常用的密封形式，当介质有毒、易燃、易爆以及对泄漏量有严格要求时，不宜使用。双端面密封有轴向双端面密封和径向双端面密封。沿径向布置的双端面密封结构较轴向双端面密封紧凑。双端面密封适用于介质本身润滑性差、有毒、易燃、易爆、易挥发、含磨粒及气体等。
离心泵总体结构：
单级单吸卧式悬臂离心泵主要由泵体、泵盖、叶轮、轴、轴套、密封件、轴承箱、联轴器、对轮罩、电机、底座和悬架等部分组成。密封系统另有冷却、冲洗结构件，是世界通用泵型，结构、性能全面超越传统 IS 泵，是最理想的替代产品。适用于工厂、矿山、城市给排水以及空调消防和农业排灌等。
符合 API 标准的离心泵，水力性能优，抗汽蚀性能好：采用 CFD 计算流体动力学，分析计算出泵内压力分布和速度分布关系、优化泵的流道设计，确保泵有高效的水力形线，提高了泵的效率。
另外，该型泵整机性能好、使用寿命长：轴径尺寸比传统 IS 泵普遍加大一挡，承载能力显著增强，有效提高了运行的可靠性和稳定性；采用树脂砂铸造工艺，流道更加细腻光洁，外表流畅光滑；高质量的配套件（知名品牌机封、轴承），提升产品整体档次；轴承部件采用脂润滑和油润滑通用化设计，同时配置双列轴承，轴承箱配置本安型可调液位自动加油杯，充分满足高转速泵的可靠运行。
密封：机械密封或填料密封任意选择，满足不同用户的要求。
Y2 系列节能电机，防护等级和绝缘等级高。</td></tr>
<tr><td>原理</td><td colspan="4">1. 当离心泵启动后，泵轴带动叶轮一起作高速旋转产生离心力，液体在离心力作用下排出，向四周甩出至蜗壳，再沿排出管流出。
2. 当液体自叶轮中心甩向外周的同时，叶轮中心形成低压区，液体被吸进叶轮中心。
3. 依靠叶轮的不断运转，液体便连续地被吸入和排出。</td></tr>
<tr><td rowspan="4">性能参数</td><td>性能参数</td><td>符号</td><td>单位</td><td>定义</td></tr>
<tr><td>流量</td><td>Q</td><td>m^3/h</td><td>泵每小时内所排出液体的体积流量；泵必须在最小流量点以上运行，否则会造成泵振动、噪声、汽蚀，从而使泵的零部件遭到破坏。</td></tr>
<tr><td>扬程</td><td>H</td><td>m</td><td>液体通过泵所获得的有效压力能；泵出入口压差（MPa）乘以介质相对密度（介质与水的密度比）再乘以 9.8。泵流量越小扬程越高。</td></tr>
<tr><td>功率</td><td>N</td><td>kW</td><td>每小时内泵所消耗的功，与电机电流成正比，电流越高功率越大，泵流量越大电流越高。</td></tr>
<tr><td>用途</td><td colspan="4">液体经过离心泵后，压能和动能都有增加，依靠这种能量将液体沿管路输送到高位储槽或直接输送到需要的地方，从而达到输送液体的目的。</td></tr>
</table>

续表

设备名称	卧式单级离心泵
操作	1. 润滑油检查 油位上下红线之间，油质无乳化不带水。 2. 灌泵 缓慢开泵入口阀，并排气。 3. 盘车 盘车无异常声音无摩擦。 4. 启动电机 泵机械运转情况及泵出口压力正常。 5. 开泵出口阀 测振测温，检查密封、电流及出口压力等。 注意： （1）需及时投用热油或高温泵备泵的“预热线”。 （2）带“自启动”功能备泵投“自动”，出口阀处于“开”位置。
维护保养	1. 测振测温 （1）监测时间：8:00－15:00（企业自行规定，下同）； （2）监测标准： a）电动机功率 <15kW 的泵，振动值应≤1.8mm/s；电动机功率 15~300kW 的泵，振动值应≤2.8mm/s；电动机功率 >300kW 泵，振动值应≤4.5mm/s。 b）油池温度应低于 82℃ 2. 盘车（企业自行规定，下同） （1）盘车分类：介质设计温度≤250℃备用泵每周盘车一次，设计温度 >250℃每天盘车一次； （2）盘车时间：12:00－17:00； （3）盘车状态：单日 / 单周白线朝上，双日 / 双周红线朝上。 3. 润滑 （1）润滑油：L-TSA46 汽轮机油 （2）换油周期：一般不大于 180d； （3）加换油要求： a）严格执行三级过滤要求； b）加换完油后及时在 EM 系统登记； c）机泵油位在上下红线之间，油质无乳化不带水。 4. 机械密封 （1）泄漏标准：<10 滴 /min； （2）检查要求： a）机械密封正常； b）封液罐液位清晰且在上下红线之间； c）密封冲洗压力正常，辅助管路畅通。 注意： （1）热油泵停车后每半小时盘车一次，直到泵体温度降到 80℃以下为止。 （2）切泵后若不检修，需在 1h 内校正盘车线位置，使之与日期相对应。

续表

设备名称	卧式单级离心泵		
故障排除	故障现象	故障原因	处理方法
	流量出口压力降低、不排液	泵内或吸入管内存有气体	重新灌泵，排除气体
		泵内或管路有杂物堵塞	清洗泵入口过滤器
		转向不对	调整电动机转向
		转速降低	提高转速
		吸上高度太高，或吸液槽出现真空	减低吸上高度，检查吸液槽压力
		吸入介质汽化	增加入口压头，减低入口液温度
	泵轴承振动增大	轴承磨损严重，间隙过大	及时切泵联系检修
		泵抽空或流量过小	进行工艺调整
		支架不牢引起管线振动	管线支架加固
		泵内部摩擦	检修消除摩擦
	泵密封泄漏	密封液压力不当	调整比密封腔前压力大 0.05~0.15MPa
		泵振动大	停泵检修
		密封冷却效果差	停泵处理机封冷却系统
	轴承温度过高	轴承箱内油过少、过多或太脏变质	按规定添放油或更换油
		轴承磨损或松动	及时联系检修
		轴承质量差	检修更换轴承
		轴承跑外圈	检修调整或更换轴承
		轴承冷却效果不好	开大冷却水阀门或停泵清洗冷却水管路
	不能启动或启动负荷大	电动机或电源不正常	检查电源和电动机
		泵卡住	盘车检查，必要时检修消除故障
		填料压得过紧	放松填料
		出口阀为关	关闭出口阀，重启
	运行功耗大	转子与壳体有摩擦	检修摩擦部件
		流量大	减少流量
		液体密度增加	检查流体密度
		转速过高	检查驱动器和电源
		轴承磨损	检查修理或更换
		联轴器对中不良	找正
	气缚	入口压头不足	增加压头
		入口介质温度增高、介质汽化	降低入口温度
		入口管理漏气	检查排除漏气点
		入口局部堵塞	检查疏通堵塞物
	发生水击	突然停电造成液柱压力波动	对泵的不合理排除系统管道、附件布置进行改造
		出口管路阀门关闭过速	缓慢关闭出口阀

S 型单级双吸中开泵

<table>
<tr><th>设备名称</th><th colspan="4">S 型单级双吸中开泵</th></tr>
<tr><td>结构</td><td colspan="4">S 型单级双吸中开泵的实物图、结构示意图

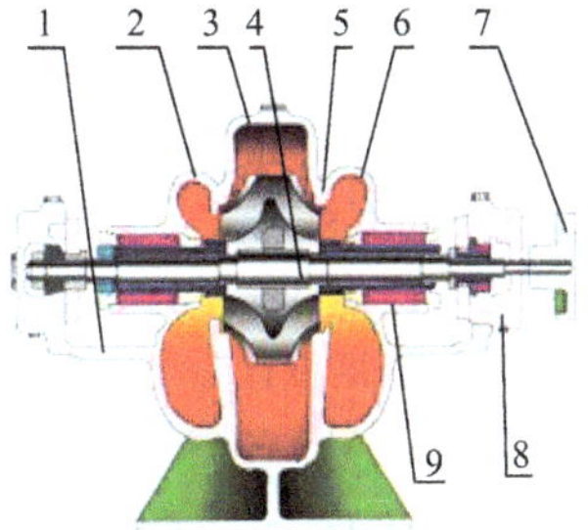

1—泵体；2—泵盖；
3—叶轮；4—轴；
5—双吸密封环；
6—轴套；7—联轴器；
8—轴承体；9—密封部件
由泵壳、大盖、密封、主轴、叶轮、轴承与轴承箱、密封冲洗系统、支座等组成。双吸叶轮，具有流量大、效率高，轴向力平衡等特点；泵共性结构和有关零部件类同前述卧式悬臂离心泵。</td></tr>
<tr><td>原理</td><td colspan="4">1. 当离心泵启动后，泵轴带动叶轮一起作高速旋转产生离心力，液体在离心力作用下排出，向四周甩出至蜗壳，再沿排出管流出。
2. 当液体自叶轮中心甩向外周的同时，叶轮中心形成低压区，液体被吸进叶轮中心。
3. 依靠叶轮的不断运转，液体便连续地被吸入和排出。</td></tr>
<tr><td rowspan="4">性能参数</td><td>性能参数</td><td>符号</td><td>单位</td><td>定义</td></tr>
<tr><td>流量</td><td>Q</td><td>m^3/h</td><td>泵每小时内所排出液体的体积流量；泵必须在最小流量点以上运行，否则会造成泵振动、噪声、汽蚀，从而使泵的零部件遭到破坏。</td></tr>
<tr><td>扬程</td><td>H</td><td>m</td><td>液体通过泵所获得的有效压力能；泵出入口压差（MPa）乘以介质相对密度（介质与水的密度比）再乘以 9.8。泵流量越小扬程越高。</td></tr>
<tr><td>功率</td><td>N</td><td>kW</td><td>每小时内泵所消耗的功，与电机电流成正比，电流越高功率越大，泵流量越大电流越高。</td></tr>
<tr><td>用途</td><td colspan="4">主要用于输送不含固体颗粒的清水或物理化学性质类似水的其它液体。也适用于工业和城市给排水、农田排灌。</td></tr>
<tr><td>操作</td><td colspan="4">1. 润滑油检查
油位上下红线之间，油质无乳化不带水。
2. 灌泵
缓慢开泵入口阀，并排气。
3. 盘车
盘车无异常声音无摩擦。
4. 启动电机
泵机械运转情况及泵出口压力正常。
5. 开泵出口阀
测振测温，检查密封、电流及出口压力等。
注意：
需及时投用热油或高温泵备泵的“预热线”。</td></tr>
</table>

续表

设备名称	S 型单级双吸中开泵		
维护保养	1. 测振测温 （1）监测时间：如 8:00–15:00（企业自定） （2）监测标准： a）电动机功率 < 15kW 的泵，振动值应≤1.8mm/s；电动机功率 15~300kW 的泵，振动值应≤2.8mm/s；电动机功率 >300kW 的泵，振动值应≤4.5mm/s。 b）油池温度应低于 82℃。 2. 盘车 （1）盘车分类：介质设计温度≤250℃备用泵每周盘车一次，设计温度 >250℃每天盘车一次； （2）盘车时间：如 12:00 –17:00（企业自定）； （3）盘车状态：单日 / 单周白线朝上，双日 / 双周红线朝上。 3. 润滑 （1）润滑油：L–TSA46 汽轮机油； （2）换油周期：一般不大于 180d； （3）加换油要求： a）严格执行三级过滤要求； b）加换完油后及时在 EM 系统登记； c）机泵油位在上下红线之间，油质无乳化不带水。 4. 机械密封 （1）泄漏标准：<10 滴 /min； （2）检查要求： a）机械密封正常； b）封液罐液位清晰且在上下红线之间； c）密封冲洗压力正常，辅助管路畅通。 注意： （1）热油泵停车后每半小时盘车一次，直到泵体温度降到 80℃以下为止。 （2）切泵后若不检修，需在 1h 内校正盘车线位置，使之与日期相对应。		
故障排除	故障现象	故障原因	处理方法
	流量出口压力降低、不排液	泵内或吸入管内存有气体	重新灌泵，排除气体
		泵内或管路有杂物堵塞	清洗泵入口过滤器
		转向不对	调整电机转向
		转速降低	提高转速
		吸上高度太高，或吸液槽出现真空	减低吸上高度，检查吸液槽压力
		吸入介质汽化	增加入口压头，减低入口液温度
	泵轴承振动增大	轴承磨损严重，间隙过大	及时切泵联系检修
		泵抽空或流量过小	进行工艺调整
		支架不牢引起管线振动	管线支架加固
		泵内部摩擦	检修消除摩擦

续表

设备名称	S 型单级双吸中开泵		
故障排除	故障现象	故障原因	处理方法
	泵密封泄漏	密封液压力不当	调整比密封腔前压力大 0.05~0.15MPa
		泵振动大	停泵检修
		密封冷却效果差	停泵处理机封冷却系统
	轴承温度过高	轴承箱内油过少、过多或太脏变质	按规定添放油或更换油
		轴承磨损或松动	及时联系检修
		轴承质量差	检修更换轴承
		轴承跑外圈	检修调整或更换轴承
		轴承冷却效果不好	开大冷却水阀门或停泵清洗冷却水管路
	不能启动或启动负荷大	电动机或电源不正常	检查电源和电动机
		泵卡住	盘车检查，必要时检修消除故障
		填料压得过紧	放松填料
		出口阀开启	关闭出口阀，重启
	运行功耗大	转子与壳体有摩擦	检修摩擦部件
		流量大	减少流量
		液体密度增加	检查流体密度
		转速过高	检查驱动器和电源
		轴承磨损	检查修理或更换
		联轴器对中不良	找正
	气缚	入口压头不足	增加压头
		入口介质温度增高、介质汽化	降低入口温度
		入口管理漏气	检查排除漏气点
		入口局部堵塞	检查疏通堵塞物
	发生水击	突然停电造成液柱压力波动	对泵的不合理排除系统管道、附件布置进行改造
		出口管路阀门关闭过速	缓慢关闭出口阀

卧式多级离心泵

设备名称	卧式多级离心泵
结构	卧式多级离心泵的实物图、结构示意图  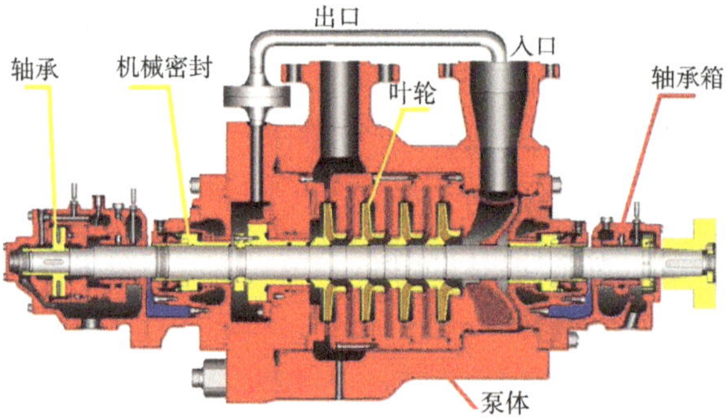 由进口段、出口段、隔板、密封、主轴、叶轮、导叶、平衡盘、平衡环、压力平衡线、轴承与轴承箱、密封冲洗系统、支座等组成。泵共性结构和有关零部件类同前述卧式悬臂离心泵。 多级泵通常有 D、DG、DM、DF、DY 型之分。D、DG、DM、DF、DY 性能参数均相同。D 型泵吸入口为水平方向；DG 型泵吸入口为垂直向上；DM、DF、DY 吸入口为水平或向上；泵出口均垂直向上。D、DG、DM 型泵大多采用软填料密封，DF、DY 采用机械密封。 D 型泵供输送不含固体颗粒、温度不高于 80℃的清水或物理化学性质类似于清水的液体，适应于矿山和城市给排水工程使用。 DG 型泵供输送不含固体颗粒、温度不高于 105℃的清水或物理化学性质类似于清水的液体，用于锅炉给水或输送热水或类似热水的介质。 MD 型泵供输送固体颗粒含量不大于 1.5% 的中性矿水（粒度小于 0.5mm）及类似的其它污水，被输送介质的温度不高于 80℃，适于钢铁厂、矿山排水、污水输送等场合。 DF 型泵供输送温度为 -20~105℃，不含固体颗粒，有腐蚀性的液体。 DY 型泵用于输送不含固体颗粒，温度为 -20~150℃，黏度小于 120CSt 的油类和石油产品。 泵共性结构和有关零部件类同前述卧式悬臂离心泵。

续表

设备名称	卧式多级离心泵
结构	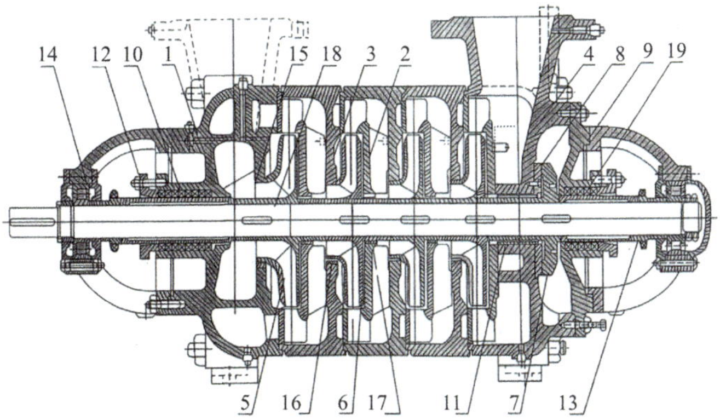 D、DF、DY型泵结构图 1—进水段；2—导叶；3—中段；4—出水段；5—首级叶轮；6—叶轮；7—平衡盘；8—平衡板；9—尾盖；10—填料；11—平衡套；12—填料压盖；13—O形圈；14—轴承；15—首级密封环；16—密封环；17—导叶套；18—轴；19—轴套； 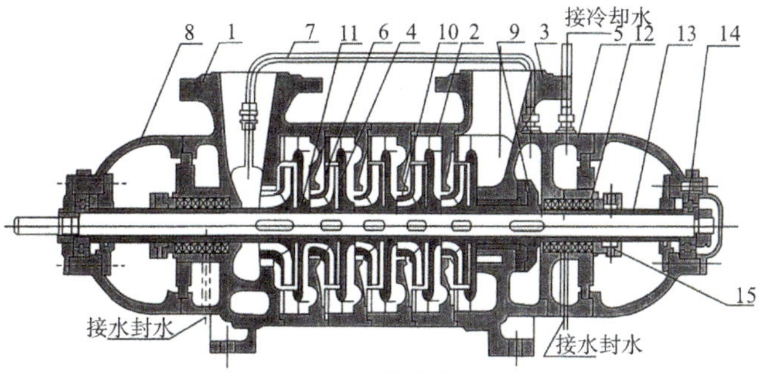 DG 型泵结构图 1—进水段；2—中段；3—出水段；4—导叶；5—尾盖；6—叶轮；7—平衡水管；8—轴承体；9—平衡盘；10—密封环；11—导叶套；12—填料；；13—O形密封圈；14—轴承；15—填料压盖(机械密封压盖)  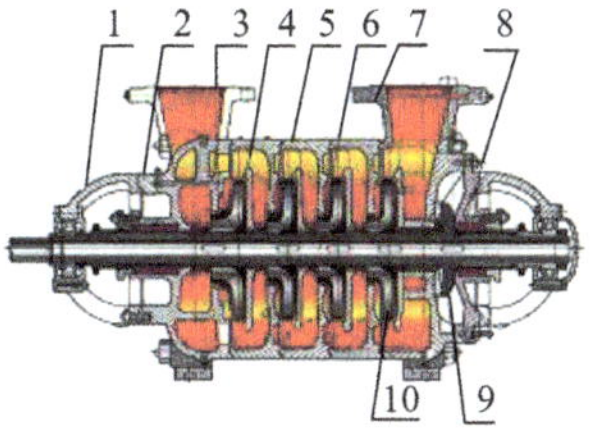 1—轴承体部件；2—进水段；3—密封环；4—导叶；5—中断；6—轴；7—出水段；8—密封部件；9—平衡盘；10—叶轮 DG 型多级泵图
原理	卧式多级离心泵是离心泵的一种，液体在离心力作用下排出，经过导壳的流道而被引向次一级的叶轮，逐次地流过所有的叶轮和导壳，进一步使液体的压力能量增加。

续表

<table>
<tr><th>设备名称</th><th colspan="4">卧式多级离心泵</th></tr>
<tr><td rowspan="4">性能参数</td><td>性能参数</td><td>符号</td><td>单位</td><td>定义</td></tr>
<tr><td>流量</td><td>Q</td><td>m^3/h</td><td>泵每小时内所排出液体的体积流量；泵必须在最小流量点以上运行，否则会造成泵振动、噪声、汽蚀，从而使泵的零部件遭到破坏。</td></tr>
<tr><td>扬程</td><td>H</td><td>m</td><td>液体通过泵所获得的有效压力能；泵出入口压差（MPa）乘以介质相对密度（介质与水的密度比）再乘以 9.8。泵流量越小扬程越高。</td></tr>
<tr><td>功率</td><td>N</td><td>kW</td><td>每小时内泵所消耗的功，与电机电流成正比，电流越高功率越大，泵流量越大电流越高。</td></tr>
<tr><td>用途</td><td colspan="4">液体经过离心泵后，压能和动能都有增加，依靠这种能量将液体沿管路输送到高位储槽或直接输送到需要的地方，从而达到输送液体的目的。一般大流量高扬程泵都选用多级泵。</td></tr>
<tr><td>操作</td><td colspan="4">1. 润滑油检查
油位上下红线之间，油质无乳化不带水。
2. 灌泵
缓慢开泵入口阀，并排气。
3. 盘车
盘车无异常声音无摩擦。
4. 启动电动机
泵机械运转情况及泵出口压力正常。
5. 开泵出口阀
测振测温，检查密封、电流及出口压力等。
注意：
（1）如需要及时投用备泵的“预热线”。
（2）禁止全关泵最小流量阀启动泵电机，在全关情况下运行泵会过热咬死，也不要在泵需小流量以下操作运行。</td></tr>
<tr><td>维护保养</td><td colspan="4">1. 测振测温
（1）监测时间：如 8:00 -15:00（企业自定）；
（2）监测标准：
a）电动机功率 <15kW 的泵，振动值应≤1.8mm/s；电动机功率 15~300kW 的泵，振动值应≤2.8mm/s；电动机功率 >300kW 的泵，振动值应≤4.5mm/s。
b）油池温度应低于 82℃
2. 盘车
（1）盘车分类：介质设计温度≤250℃备用泵每周盘车一次，设计温度 >250℃每天盘车一次；
（2）盘车时间：如 12:00 -17:00（企业自定）；
（3）盘车状态：单日 / 单周白线朝上，双日 / 双周红线朝上。
3. 润滑
（1）润滑油：L-TSA46 汽轮机油；</td></tr>
</table>

续表

<table>
<tr><th>设备名称</th><th colspan="3">卧式多级离心泵</th></tr>
<tr><td>维护保养</td><td colspan="3">（2）换油周期：一般不大于 180d；
（3）加换油要求：
a）严格执行三级过滤要求；
b）加换完油后及时在 EM 系统登记；
c）机泵油位在上下红线之间，油质无乳化不带水。
4. 机械密封
（1）泄漏标准：<10 滴 /min；
（2）检查要求：
a）机械密封正常；
b）封液罐液位清晰且在上下红线之间；
c）密封冲洗压力正常，辅助管路畅通。
注意：
切泵后若不检修，需在 1h 内校正盘车线位置，使之与日期相对应。</td></tr>
<tr><td rowspan="19">故障排除</td><td>故障现象</td><td>故障原因</td><td>处理方法</td></tr>
<tr><td rowspan="5">泵轴承振动增大</td><td>轴承磨损严重，间隙过大</td><td>及时切泵联系检修</td></tr>
<tr><td>泵抽空或流量过小</td><td>进行工艺调整</td></tr>
<tr><td>支架不牢引起管线振动</td><td>管线支架加固</td></tr>
<tr><td>泵内部摩擦</td><td>联系检修消除摩擦</td></tr>
<tr><td>泵轴与电动机轴不在同一中心线上</td><td>找正中心线</td></tr>
<tr><td rowspan="2">泵密封泄漏</td><td>严重汽蚀</td><td>排除泵的汽蚀，并从密封腔中排气，然后再启泵。</td></tr>
<tr><td>泵振动大</td><td>停泵检修</td></tr>
<tr><td rowspan="4">轴承温度过高</td><td>油箱润滑油太脏或变质</td><td>按规定添放油或更换油</td></tr>
<tr><td>轴承磨损或松动</td><td>及时联系检修</td></tr>
<tr><td>轴承跑内（外）圈</td><td>检修</td></tr>
<tr><td>轴承冷却效果不好</td><td>开大冷却水阀门或停泵清洗冷却水管路</td></tr>
<tr><td rowspan="3">水泵不吸水，压力表或真空表剧烈晃动</td><td>注入水泵的水不够</td><td>往泵内注水</td></tr>
<tr><td>入口管理过滤器堵</td><td>清理过滤器</td></tr>
<tr><td>管路或仪表漏气</td><td>堵住漏气处</td></tr>
<tr><td rowspan="4">出水不足</td><td>出口管阻力大</td><td>检查疏通出口管路</td></tr>
<tr><td>旋转方向不对</td><td>改变电动机转向</td></tr>
<tr><td>叶轮淤积</td><td>检修清理淤积</td></tr>
<tr><td>泵转速不够</td><td>增加转速</td></tr>
</table>

续表

设备名称	卧式多级离心泵		
故障排除	故障现象	故障原因	处理方法
	流量低于预计	密封环磨损较多	更换密封环
		泵淤积	检修清理淤积
		泵转速不够	增加转速
	工作过程中出现异常声响，流量下降直到不出水	吸入管阻力大	检查清理管路
		吸入管漏气	堵塞漏气处
		吸水高度过大	降低吸入高度
		吸水温度过高、介质局部汽化	降低液体温度
	运行功耗大	转子与壳体有摩擦	检修摩擦部件
		流量大	减少流量
		液体密度增加	检查流体密度
		转速过高	检查驱动器和电源
		轴承磨损	检查修理或更换
		联轴器对中不良	找正
		轴向力平衡装置损坏	检查修理平衡装置
	窜轴	运行工况远离设计工况	严格操作，使泵在合理设计工况运行
		平衡不通畅	疏通平衡管
		平衡盘材质不合要求	更换符合要求的材质
	发生水击	突然停电造成液柱压力波动	对泵的不合理排除系统管道、附件布置进行改造
		出口管路阀门关闭过速	缓慢关闭出口阀
	气缚	入口压头不足	增加压头
		入口介质温度增高、介质汽化	降低入口温度
		入口管道漏气	检查排除漏气点
		入口局部堵塞	检查疏通堵塞物

高速泵

<table>
<tr><th>设备名称</th><th>高速泵</th></tr>
<tr><td>结构</td><td>

立式高速泵的实物图、结构示意图

立式

卧式

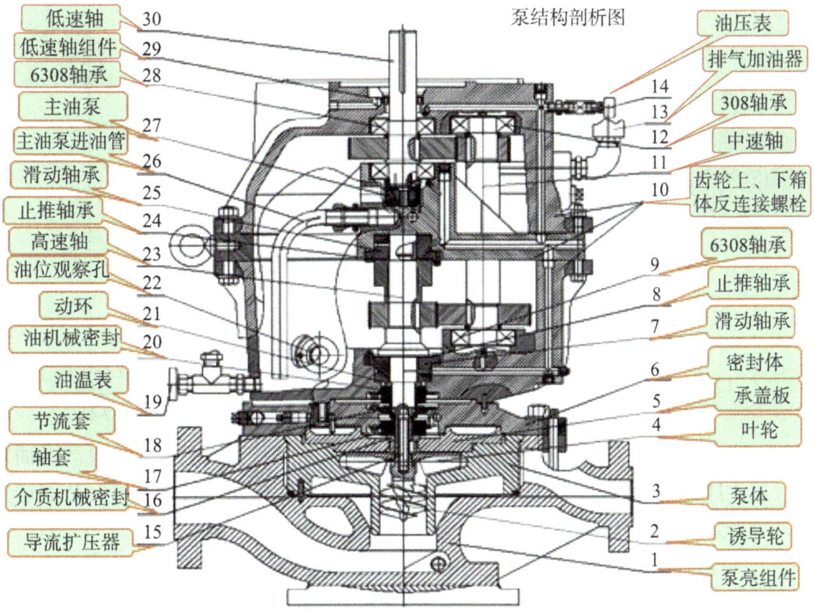

</td></tr>
</table>

续表

<table>
<tr><th>设备名称</th><th>高速泵</th></tr>
<tr><td>结构</td><td>

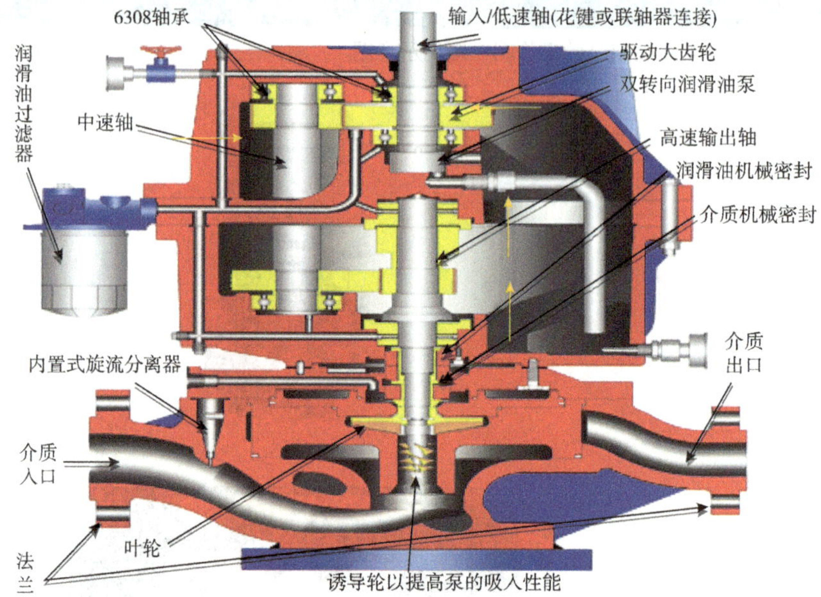

高速泵由泵体、叶轮、诱导轮、扩散管、齿轮箱、机械密封、润滑油系统、底座和电动机等组成。高速泵的增速箱有一级增速和二级增速两种，每一种都有许多档次不同的输出速度，使高速泵仅用几个型号就能覆盖广泛的扬程和流量范围。

高速泵增速箱润滑系统主要由下列零部件组成：增速箱油池、主油泵、油冷却器、油过滤器、预润滑辅助系统及相配管件。主油泵为定排量摆线齿轮型油泵，由增速箱输入轴直接驱动。

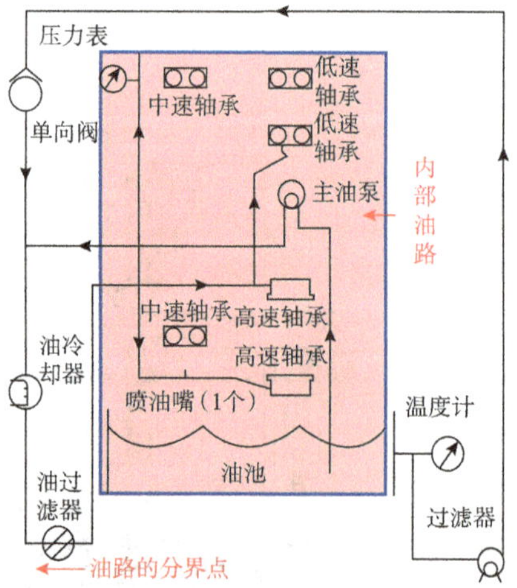

预润滑系统由外设辅助润滑油泵、单向阀及管线组成。外设润滑油泵为电动型。其作用是在启动主电动机前，给增速箱内的轴承和齿轮进行预润滑，从而避免在启动时可能引起的轴承及轴组件损坏。启动主电机前，操纵启动辅助油泵，若油压不低于0.1MPa，就可启动主电机，主电机启动后，就可停止辅助油泵。辅助润滑油泵为定排量摆线齿轮型油泵。结构如下：

</td></tr>
</table>

续表

设备名称	高速泵
结构	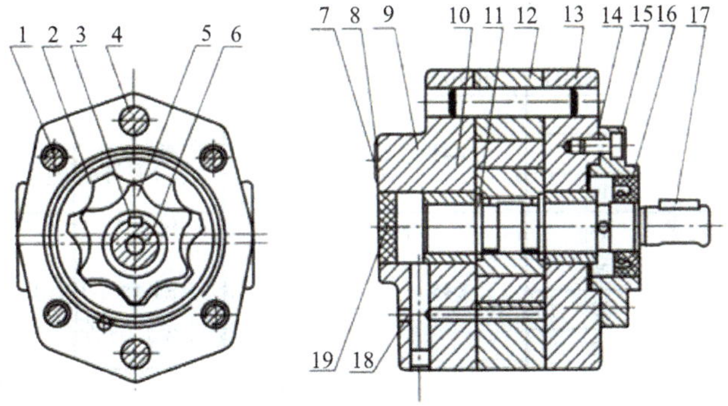 1—螺钉；2—外转子；3—平键；4—圆柱销；5—内转子；6—转子轴；7—铆钉；8—标牌；9—后盖；10—轴承；11—挡圈；12—泵体；13—前盖；14—螺钉；15—法兰；16—密封环；17—平键；18—塞子；19—压盖 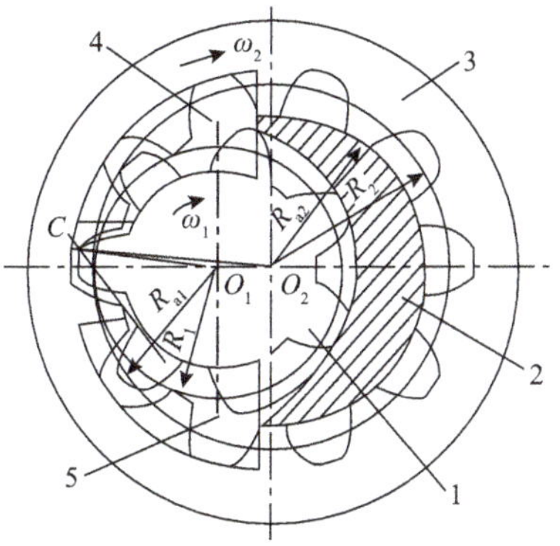 内啮合渐开线齿轮泵工作原理 1—小齿轮(主动齿轮)；2—内齿轮(从动齿轮)；3—月牙板；4—吸油腔；5—压油腔 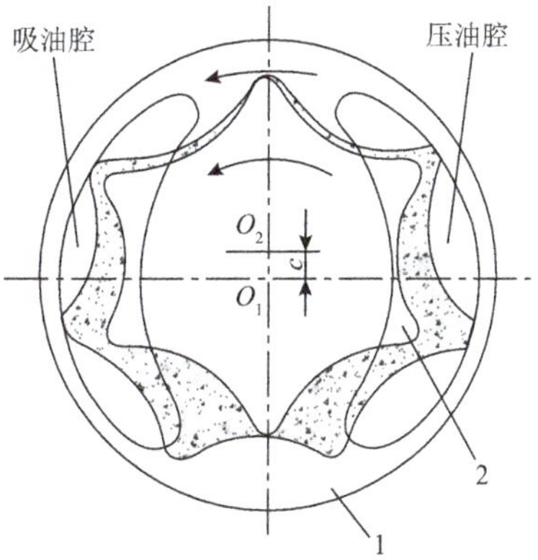 内啮合摆线齿轮泵工作原理 1—外转子；2—内转子 定排量摆线齿轮型油泵结构图 高速泵由于转速较高在实际运行过程中需要解决众多难点问题：大部分压力较高、输送介质温度低且主轴转速高，因此泵轴的轴封难度较大；转速高则空化性能较差，一般须匹配诱导轮；高速运行时存在高频振动问题。电机功率大于 160kW 时，一般采用卧式。 泵共性结构和有关零部件类同前述卧式悬臂离心泵。
原理	高速泵，又称为高速部分流泵，属于离心泵的一种。高速泵的基本工作原理与普通离心泵类似，所不同的是利用增速箱（一级增速或二级增速）的增速作用使工作叶轮获得数倍于普通离心泵叶轮的工作转速，它利用提高叶轮转速，加大叶轮外沿的流体线速度，达到高扬程的目的，消除了大部分多级泵的缺点。 高速泵叶轮没有前后盖板，是开式的，叶片是放射形直叶片。这种盘叶片叶轮在环形空间内旋转，可以近似认为流体的旋转速度和叶轮的旋转速度相等，即 $v=u$，也就是流体相对叶轮没有相对速度。实际上因 u 很高，相对速度很小。高速泵在其实际使用范围内，泵壳内的旋转液流与叶轮之间基本上没有相对流动，叶轮和水流保持一种刚体的关系。因此，它与原来形式的泵不同，它没有因从口环处回流而产生的泄漏损失，而且即使叶轮和壳体之间存在较大间隙也不受影响，加上圆盘摩擦损失小的优点，因此高速泵在 $n_s<100$ 的低比转速范围内具有较高的效率。

续表

<table>
<tr><th>设备名称</th><th colspan="4">高速泵</th></tr>
<tr><td rowspan="6">性能参数</td><td>性能参数</td><td>符号</td><td>单位</td><td>定义</td></tr>
<tr><td>流量</td><td>Q</td><td>m^3/h</td><td>泵在单位时间内所排出的液体量，通常是指体积流量。</td></tr>
<tr><td>扬程</td><td>H</td><td>m</td><td>单位质量的液体通过泵所获得的有效能量。</td></tr>
<tr><td>转速</td><td>n</td><td>r/min</td><td>泵轴每分钟的转数。</td></tr>
<tr><td>功率</td><td>N_e，N</td><td>kW</td><td>单位时间内泵所消耗的功，分为有效功率（N_e）和轴功率（N）两种。</td></tr>
<tr><td>效率</td><td>η</td><td>%</td><td>有效功率和轴功率的比值。</td></tr>
<tr><td>用途</td><td colspan="4">高速泵于1962年美国圣达因公司研发，现广泛应用于石油炼制、石化、能源、化工、食品等行业，它是一种离心泵，适用于小流量高扬程场合。</td></tr>
<tr><td>操作</td><td colspan="4">1. 启动前准备
（1）检查。
a）检查泵地脚螺栓，电动机法兰连接螺栓，应牢固拧紧。
b）检查电动机动力线和接地线，应连接正确。
c）检查油冷却器冷却水管路，应连接完好无泄漏。
d）检查与泵运转有关的仪表，应处于良好使用状态。
e）检查机械密封辅助控制系统连接是否正确。
（2）给增速箱加油。如增速箱内有防锈油，应先排除干净。
（3）预润滑系统试验。操纵手动油泵手柄，上下运动或启动油泵，从润滑油压力表观察油压，油压不低于0.1MPa为合格。带压检查润滑油路的密封性，如有漏油处应予排除。重新检查增速箱油位情况，如油位低则应补充加油。
（4）灌注泵。排放泵腔内的气体，让液体充满泵腔。对于低温或高温介质，泵需预冷或预热。当机械密封为双端面密封或串联密封时，应先通密封缓冲液，后灌注泵。
（5）确认电动机转向。卸下电动机冷却风扇的防护罩。带油压点试电动机，其风扇的旋转方向应与产品转向牌所示方向一致。
（6）给油冷却器通冷却水。
（7）投用机械密封辅助控制系统，使其处于良好状态。
2. 启动
（1）微开泵出口阀门。
（2）操纵手动油泵手柄，上下运动4~5次，或启动辅助油泵约30s，如果油压不低于规定值，就可带油压启动主泵。主泵启动后，就应停止操纵手动油泵或在7~10s内关闭辅助油泵。
（3）调节泵出口阀门的开度到正常位置。
（4）检查泵的扬程和电动机的电流电压。
（5）调节冷却水流量，使齿轮箱油温控制在60~80℃之间。大约需要1h油温才能稳定下来。
（6）观察齿轮箱润滑油压力，应在正常范围内。
（7）观察密封的泄漏情况。</td></tr>
</table>

续表

<table>
<tr><th>设备名称</th><th colspan="3">高速泵</th></tr>
<tr><td>操作</td><td colspan="3">3. 停机
（1）如果泵启动后，扬程、油压、油温、密封或电动机电流、电压不正常，则应紧急停机并处理。
（2）泵停机时，应先逐步关闭泵出口阀门，然后切断电源，最后关闭泵入口阀门。</td></tr>
<tr><td>维护保养</td><td colspan="3">（1）运转中，如果发现参数不正常或有异常声音，应立即停机检查。
（2）泵重新组装后，运转中也可以补加润滑油。油位不能高于规定位置，否则会引起过多泡沫，造成中间轴下部轴承过热或失灵。
（3）泵运转 4000h 后，停机更换齿轮箱润滑油和油过滤器。</td></tr>
<tr><td rowspan="10">故障排除</td><td>故障现象</td><td>故障原因</td><td>处理方法</td></tr>
<tr><td rowspan="4">电动机过载</td><td>液体的相对密度和黏度高于设计的数据</td><td>检查介质的实际黏度和相对密度</td></tr>
<tr><td>电动机故障</td><td>按电动机说明书进行检修。检查电源电压，电流必须平衡，误差不超过 3%</td></tr>
<tr><td>齿轮箱或泵出现机械故障</td><td>脱开电动机，手动盘车检查齿轮箱和轴组件和泵叶轮，诱导轮转动的灵活性。排尽介质，查找机械故障，拆下油视镜，检查箱体内有无磨损颗粒，如果无磨损颗粒轴承不会损坏</td></tr>
<tr><td>泵盖或扩压器本身靠近叶轮叶片的表面出现腐蚀凹痕。由于这些原因，也可使功率增大</td><td>把泵拆开检查：表面变粗糙或凹痕都是摩擦损失加大，大大增加功率消耗。清理所有的有缺陷的区域，使其表面恢复光洁。
还要检查扩压器喉部区域，如果有磨损或腐蚀也会大大增加功率消耗。注：对于恒定的排出压力来说，一个大于设计规定喉部尺寸，将导致流量和功率的增大</td></tr>
<tr><td rowspan="4">出口压力波动过大</td><td>流量太小</td><td>增大流量。如果需要的话，可增加返回到泵前介质储罐的旁通回路</td></tr>
<tr><td>汽蚀余量不够</td><td>参见“泵流量不足、压力不够或不出液体”故障的处理方法</td></tr>
<tr><td>流量控制阀有问题</td><td>检查流量控制阀</td></tr>
<tr><td>流量调节阀控制的流量的太低或泵并联操作</td><td>增大泵和调节阀之间压力差，增大流量</td></tr>
<tr><td>增速箱润滑油颜色变成乳白微带淡红色或变成黄色</td><td>增速箱润滑油混进了水或工作介质</td><td>检查有冷却器是否泄漏
检查泵密封的泄漏是否过多
并检查轴套组件的 O 形圈是否失效</td></tr>
</table>

续表

设备名称	高速泵		
	故障现象	故障原因	处理方法
故障排除	密封泄漏突然增加	严重的汽蚀或抽气损失，引起密封面振动或跳动	排除泵的汽蚀，并从密封腔中排除蒸汽，然后再启动泵。如果抽吸损失不可避免，就要安装双端面密封
		密封腔内或密封弹簧中有固体颗粒（通常密封面上会有明显的划痕）	检查泵旋流分离器小孔是否堵塞，如有必要，清洗小孔。在旋流分离器不能清除颗粒时，从外部注入干净的密封液或用双端面密封
		密封静环弹簧作用力不均匀，并有粘和现象	如果零件腐蚀，则应更换为抗腐蚀的材料。如果由于形成的固体污垢使密封面粘合，则分析液体的特性从外部注入密封液或配备成双端面密封
		密封件磨损或损坏	拆下密封件，更换新件
		动环密封面上的磨损不均匀	轻轻研磨轴套端面，除去与动环密封面接触的叶轮轮毂的土气部分。更装的密封动环
		静环密封面的磨痕平滑但不均匀	研磨平或更换密封环
		静环密封面边缘破碎和密封面磨损（这些现象通常是由于密封腔内形成蒸汽而引起的）	安装密封旁通管道进口储罐，避免泵进口损失过大。用密封冷却液冲，安装双端面密封
		动环密封面破裂或损坏。这可能是由于在安装时的碰撞或者密封干运转引起的温度骤升而造成的	避免泵的抽吸损失，或从外部连续供给密封液。避免安装碰撞和压紧力过大
	泵流量不足、压力不够或不出液体	泵和吸入管内未灌满液体，有空气	再向泵内注液
		灌注高度不够，入口管路漏气	降低安装高度，减少吸入管路阻力，增加进口压力，排除漏气
		进口压力小于液体的汽化压力	增加进口压力
		泵转速不够	检查驱动电机和增速箱，将泵转速调至规定值
		泵转向不对	改变三相电源接头位置
		叶轮间隙过大	更换叶轮或其它备件
		泵内或管路中有杂物堵塞	消除杂物

续表

设备名称	高速泵		
故障排除	故障现象	故障原因	处理方法
	功率消耗过大	转速过高	调整转速
		泵轴弯曲或泵轴与电机轴不同心	找正校正
		介质含有颗粒，机械磨损增加，转动部分有机械碰擦	拆检后清除；清滤工作介质
		流量过大	将流量调至规定值
		轴承发热或损坏	调整轴承游隙或换轴承
	油路系统油压低	油过滤器堵	清理或更换过滤器
		油泵工作不正常	检查检修油泵头部分
		单向阀受堵	吹扫清理，回装试车
	油路系统几乎一点油压都没有	辅助油泵电机转向不对	更换转向
		按工作转向反向盘车	引液前一定要按工作转向手动盘车，以排除内部油路在主油泵处的短路现象
	油路系统油压过高	在中间箱体的径向轴承座孔处，镶套的油孔过小，且没有对住轴承上的环形槽，此处形成了憋压，阻塞油的顺畅流动	手工磨削扩孔，更换损坏件

管道泵（卧式）

<table>
<tr><th>设备名称</th><th colspan="4">管道泵（卧式）</th></tr>
<tr><td>结构</td><td colspan="4">管道泵（卧式）的实物图、结构示意图

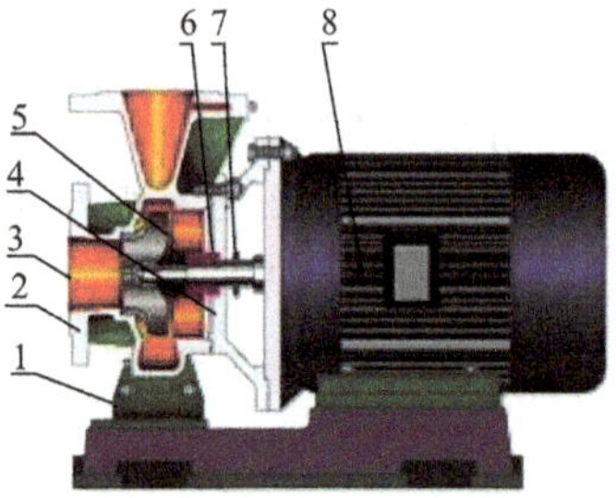

1—底板；2—泵体；
3—叶轮；4—泵盖；
5—机械密封；6—主轴；
7—挡水圈；8—电动机
主要特点是泵与电机同轴，为电动机加长轴，确保了轴的同心，使泵运转平稳；结构紧凑。具有运行平稳，结构简单，维护检修简便，安装方便占地面积省等特点，产品符合GB/T 5657《离心泵技术条件（Ⅲ）类》
产品特点：占地更省：卧式单级离心泵是水平吸入，垂直吐出，立式单级离心泵是出口可向左、向右两个方向，便管道布置安装，节省空间。
泵共性结构和有关零部件类同前述卧式悬臂离心泵。</td></tr>
<tr><td>原理</td><td colspan="4">1. 卧式管道泵为离心泵的一种，泵轴带动叶轮一起作高速旋转产生离心力，液体在离心力作用下排出，向四周甩出至蜗壳，再沿排出管流出。
2. 电动机与泵采用整轴或采用联轴器联接，具有噪声低，故障率低及运行平稳等。</td></tr>
<tr><td rowspan="4">性能参数</td><td>性能参数</td><td>符号</td><td>单位</td><td>定义</td></tr>
<tr><td>流量</td><td>Q</td><td>m^3/h</td><td>泵每小时内所排出液体的体积流量；泵必须在最小流量点以上运行，否则会造成泵振动、噪声、汽蚀，从而使泵的零部件遭到破坏。</td></tr>
<tr><td>扬程</td><td>H</td><td>m</td><td>液体通过泵所获得的有效压力能；泵出入口压差（MPa）乘以介质比重（介质与水的密度比）再乘以9.8。泵流量越小扬程越高。</td></tr>
<tr><td>功率</td><td>N</td><td>kW</td><td>每小时内泵所消耗的功，与电机电流成正比，电流越高功率越大，泵流量越大电流越高。</td></tr>
<tr><td>用途</td><td colspan="4">通常用于水处理、液体循环供水、增压或灌溉等无腐蚀性的冷水或热水输送。</td></tr>
<tr><td>操作</td><td colspan="4">1. 打开灌泵阀，并进行高点排气。
2. 动电机，泵机械运转情况及泵出口压力正常。
3. 开泵出口阀，检查机械密封、电流及出口压力等。
注意：
带“自启动”功能备泵投“自动”，出口阀处于“开”位置。</td></tr>
</table>

续表

设备名称	管道泵（卧式）		
维护保养	机械密封： 1. 泄漏标准：<10 滴 /min； 2. 检查要求：机械密封正常。 注意： 冬季需要做好备泵防冻防凝工作。		
故障排除	故障现象	故障原因	处理方法
	泵密封泄漏	严重汽蚀抽空	排除泵的汽蚀，并从密封腔中排气，然后再启泵
		泵振动大	停泵检修
	水泵不吸水，压力表或真空表剧烈晃动	注入水泵的水不够	往泵内注水
		入口管理过滤器堵	清理过滤器
		管路或仪表漏气	堵住漏气处
	出水不足	出口管阻力大	检查疏通出口管路
		旋转方向不对	改变电机转向
		叶轮淤积	检修清理淤积
		泵转速不够	增加转速
	流量低于预计	密封环磨损较多	更换密封环
		泵淤积	检修清理淤积
		泵转速不够	增加转速
	工作过程中出现异常声响，流量下降直到不出水	吸入管阻力大	检查清理管路
		吸入管漏气	堵塞漏气处
		吸水高度过大	降低吸入高度
		吸水温度过高、介质局部汽化	降低液体温度
	运行功耗运行功耗增加	转子与壳体有摩擦	检修摩擦部件
		流量大	减少流量
		液体密度增加	检查流体密度
		转速过高	检查驱动器和电源
	气缚	入口压头不足	增加压头
		入口介质温度增高、介质汽化	降低入口温度
		入口管理漏气	检查排除漏气点
		入口局部堵塞	检查疏通堵塞物

YW 型液下排污泵

<table>
<tr><th>设备名称</th><th>YW 型液下排污泵</th></tr>
<tr><td>结构</td><td>
液下泵的实物图、结构示意图
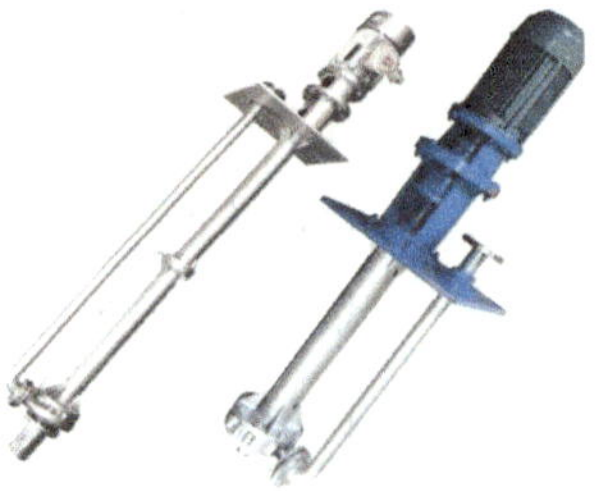
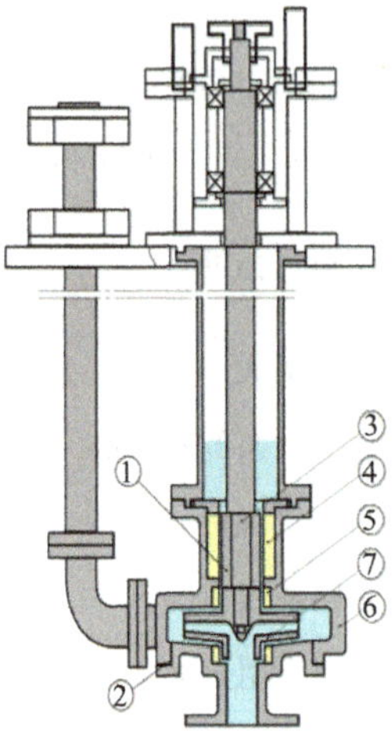

<table>
<tr><td>1</td><td>轴　套</td><td>1Cr18Ni9Ti</td></tr>
<tr><td>2</td><td>密封垫</td><td>氟橡胶</td></tr>
<tr><td>3</td><td>轴</td><td>1Cr18Ni9Ti</td></tr>
<tr><td>4</td><td>衬　套</td><td>填充聚四氟乙烯</td></tr>
<tr><td>5</td><td>止漏环</td><td>填充聚四氟乙烯</td></tr>
<tr><td>6</td><td>泵　体</td><td>1Cr18Ni9Ti</td></tr>
<tr><td>7</td><td>叶　轮</td><td>1Cr18Ni9Ti</td></tr>
</table>
液下泵的立式电动机用螺栓固紧电动机座上，并通过弹性联轴器与泵直接传动，泵体、中间接管、泵架、出液管、管法兰用螺栓连接构成一体，固定在底板上，泵的整体通过底板安装在容器上。泵的轴向力与径向力（包括泵运转中所产生的水压力，叶轮及转子重量等），均由轴承盒内所装单向推力球轴承、单列向心球轴承以及滑动导轴承所承受，保证泵安全正常运转。轴承以黄油润滑，导轴承用所输送的液体润滑。因此，工作时液面必须高于叶轮中心线。伸入容器长度 L 的长短不同，则又分为中间导轴承结构和无中间导轴承的结构。
YW 型泵为立式液下式结构，工作时泵体浸在水中，液下深度可达 0.5~5m，并采用独特的单叶片或双叶片叶轮结构，能有效通过泵口径 5 倍的纤维物质及直径为口径 50% 的固体颗粒。
产品特点：
可变的液位安装深度：机组为立式液下式结构，可根据用户的要求采用不同的液下安装深度，使用极为方便。
单管或双管安装：本型泵根据用户要求选择不同的安装方式，可选择单管或双管安装。
降低维修成本：采用最新材料制作而成的机械密封及优质的轴承，大大提高了密封的安全性和机组的可靠性。
过流能力强：特殊的叶轮防堵设计，确保了运行高效且无堵塞。
泵共性结构和有关零部件类同前述卧式悬臂离心泵。
</td></tr>
<tr><td>原理</td><td>叶轮（水平）中心线在液面以下，是立式单级单吸悬臂式离心泵结构。电机带动叶轮旋转，叶轮中的叶片迫使液体旋转，对液体做功，使其能量增加，液体在离心力的作用下，向叶轮四周甩出，通过泵体的涡形流道将速度能转换成压力能，当叶轮内的液体甩出后，叶轮内的压力低于进液管内压力，新的液体在压力差的作用下吸入叶轮，液体就连续不断地从泵内流出。</td></tr>
</table>

续表

设备名称	YW 型液下排污泵			
性能参数	性能参数	符号	单位	定义
	流量	Q	m^3/h	泵每小时内所排出液体的体积流量；泵必须在最小流量点以上运行，否则会造成泵振动、噪声、汽蚀，从而使泵的零部件遭到破坏。
	扬程	H	m	液体通过泵所获得的有效压力能；泵出入口压差（MPa）乘以介质相对密度（介质与水的密度比）再乘以 9.8。泵流量越小扬程越高。
	功率	N	kW	每小时内泵所消耗的功，与电机电流成正比，电流越高功率越大，泵流量越大电流越高。
用途	广泛用于化工、石化、冶炼、染料、农药、制药、稀土、化肥等行业，在储罐上输送不含悬浮固体颗粒，不易结晶的介质。			
操作	1. 润滑油检查 油位上下红线之间，油质无乳化不带水。 2. 盘车 盘车无异常声音无摩擦。 3. 启动电机 泵机械运转情况及泵出口压力正常。 4. 开泵出口阀 测振测温，检查机械密封、电流及出口压力等。 注意： 开泵出口阀时注意缓慢，防止出口流量过大超电流跳机。			
维护保养	一、测振测温 1. 监测时间：如 8：00－15：00（企业自定）。 2. 监测标准： a）电动机功率 <15kW 的泵，振动值应≤1.8mm/s；电动机功率 15~300kW 的泵，振动值应≤2.8mm/s；电动机功率 > 300kW 的泵，振动值应≤4.5mm/s。 b）油池温度应低于 82℃ 二、润滑 1. 润滑油种：L-TSA46 汽轮机油。 2. 换油周期：一般不大于 180 天。 3. 加换油要求： a）严格执行三级过滤要求； b）加换完油后及时在 EM 系统登记； c）机泵油位在上下红线之间，油质无乳化不带水。 三、密封 1. 泄漏标准：<10 滴 /min。 2. 检查要求： a）机械密封正常； b）封液罐液位清晰并在上下红线之间。			

续表

设备名称	YW 型液下排污泵		
维护保养	注意： 运行时关注泵振动情况、有无杂音。		
故障排除	故障现象	故障原因	处理方法
	流量出口压力降低	泵内或吸入管路有杂物堵塞	清洗泵吸入管路
		叶轮腐蚀或磨损	更换叶轮
	泵轴承振动增大	轴承磨损严重，间隙过大	及时切泵联系检修
		泵抽空或流量过小	进行工艺调整
		支架不牢引起管线振动	管线支架加固
		泵轴弯曲或衬套磨损	检修更换
		泵内部摩擦	联系检修消除摩擦
	泵密封泄漏	严重汽蚀	排除泵的汽蚀
		泵振动大	停泵检修
	轴承温度过高	油箱润滑油太脏变质	按规定添放油或更换油
		轴承磨损或松动	及时联系检修

其它离心泵

<table>
<tr><th>设备名称</th><th>其它离心泵</th></tr>
<tr><td rowspan="2">结构</td><td>

AS 潜水式排污泵

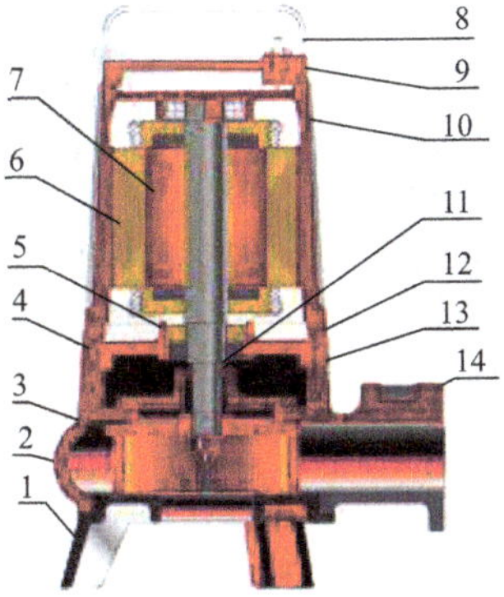

1—底座；2—泵体；3—叶轮；4—轴承座；5—滚动轴承；6—定子铁芯；7—转子铁芯；8—提手；9—上盖；10—电动机壳体；11—油封；12—主轴；13—机械密封；14—叶轮螺母

AS 潜水式排污泵主要部件由叶轮、泵体、底座、潜水电机组成。水泵轴和电机轴是同一根轴，由于水泵位于整个排污泵最下端，它能最大限度抽吸地面积余污水。AS 潜水式排污泵具有带撕裂的结构，能够将纤维等物质撕裂、切断，然后顺利排放，特别适合于输送含有长纤维的污水。

产品特点：耐污重型橡套软电缆，树脂灌注，压紧固定，绝无拉松，长久可靠。

两重机封串联配置，真正实现双重保护，确保电动机安全。配控制柜、油水探头、浮子开关，均能实时检测，并能实现报警、停机、保留故障信号等功能，使潜水电动机安全可靠。可采用双导轨的耦合装置，使泵起降时无需水下操作，维护便捷，省时省工；专用电控柜实现自动报警、停机、保留故障信号的功能，可大幅度提高维修效率。全工况运行：采用特殊水力设计泵在全工况下运行不过载。

</td></tr>
<tr><td>

GDL 立式多级泵

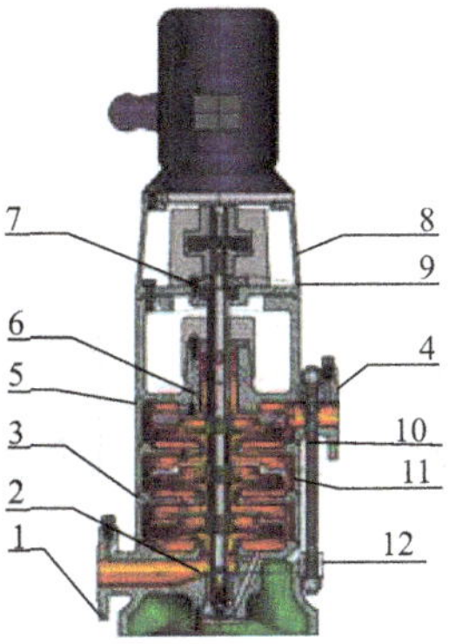

1—进水段；2—导轴承；3—导叶；4—进水段；5—上轴承；6—机械密封；7—轴承；8—电动机架；9—联轴器；10—叶轮；11—中段；12—轴

GDL 系立式单吸多级管道式离心泵吸入，排出口分别位于同一直线上，产品执行 JB/T 2727《立式多级筒型离心泵 型式与基本参数》标准。

</td></tr>
</table>

续表

<table>
<tr><th>设备名称</th><th>其它离心泵</th></tr>
<tr><td rowspan="3">结构</td><td>IHG 立式化工泵
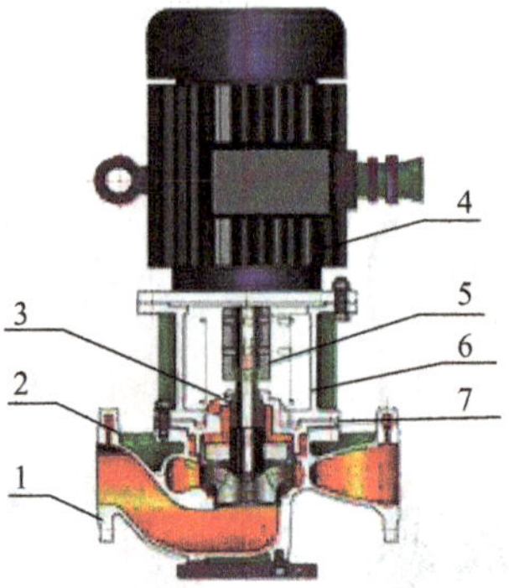
1—泵体；2—叶轮；
3—机械密封；4—电动机；
5—联轴器；6—电动机支架；
7—泵盖
IHG 立式管道式化工泵广泛适用于石油、化工、纺织印染、制药、食品、冶金、电站等输送腐蚀性介质及有特殊要求的介质，产品执行 GB/T 5656—2008《离心泵 技术条件（Ⅱ）类》标准。</td></tr>
<tr><td>WL 型立式排污泵
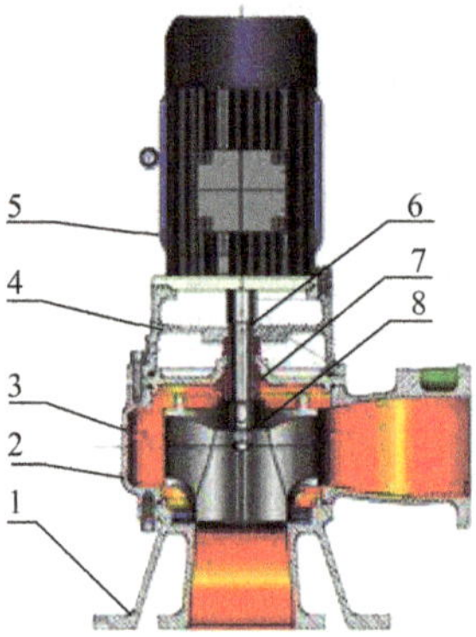
1—底座；2—泵体；
3—叶轮；4—油室；
5—电动机；6—主轴；
7—机械密封；
8—叶轮螺母
WL 型立式排污泵为立式单级单吸蜗壳泵，叶轮采用双流道结构，能通过泵口径 5 倍的纤维物质及直径为口径 50% 的固体颗粒，产品执行 JB/T 6535《离心污水泵技术条件》标准。</td></tr>
<tr><td>冲压多级离心泵
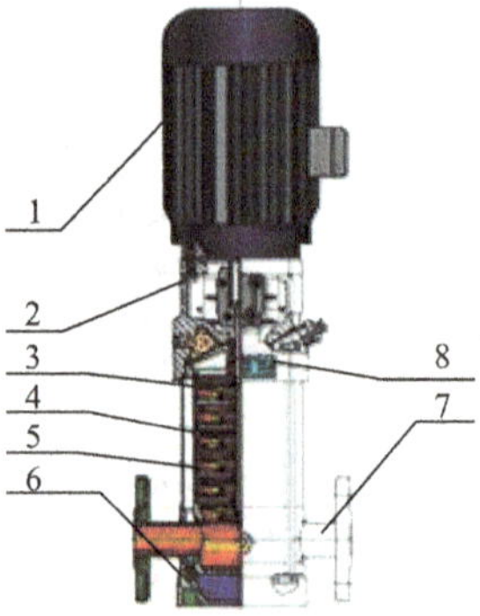
1—电动机；2—机架；
3—轴；4—叶轮；
5—中间腔体；6—底板；
7—泵体；8—机械密封</td></tr>
</table>

续表

<table>
<tr><th>设备名称</th><th>其它离心泵</th></tr>
<tr><td rowspan="3">结构</td><td>冲压多级离心泵内部叶轮、泵壳及其主要配件采用不锈钢冲压而成，流道光滑，效率高，避免产生二次污染。
产品特点：维修方便，立式管道式结构，进出口在同一水平上，泵的进出口能像阀门一样安装在管道的任何位置及任何方向，无水污染，主要过流部件采用不锈钢冲压而成，且有重量轻、干净、卫生等特点，是理想的绿色、环保、节能水泵；运行费用低，主要过流部件采用不锈钢冲压而成，光滑的过流部件，具有效率高、损失少、故障率低、配件使用寿命长，使整机具有更少的运行、维修费用。</td></tr>
<tr><td>立卧恒压消防泵

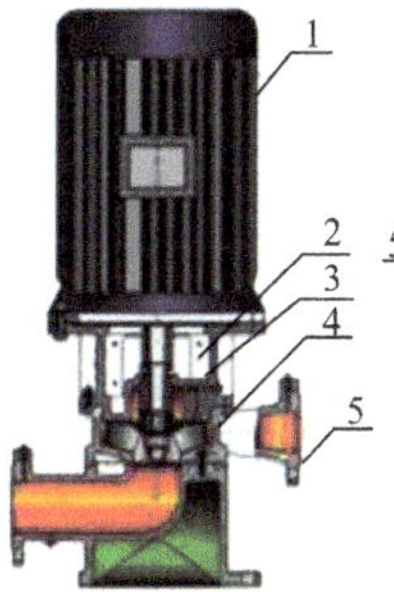

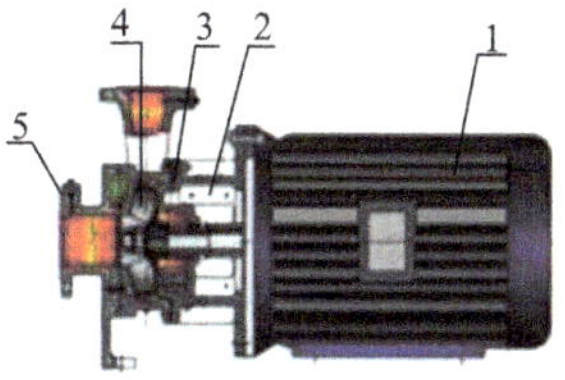

1—电动机；2—防护罩；
3—机械密封；4—叶轮；
5—泵体
恒压消防泵主要适用于工业、民用建筑物固定消防系统（消防栓灭火系统、自动喷淋系统和喷雾灭火系统）的给水，另外也可用于消防和生活（生产）共用的给水系统及建筑、市政、工矿、锅炉给水等各种场合。
产品特点：变流稳压，泵从零流量到所需最大流量范围内变化时，其扬程变化在5%范围内，且小流量或零流量时不超压，从而避免了普通离心泵在消防现场中小流量时超压而大流量时供水不上的现象。
高效节能：采用CFD计算流体动力学，分析计算出泵内压力分布和速度分布关系、优化泵的流道设计，确保泵有高效的水力形线，提高了泵的效率。泵体、泵盖、叶轮等过流部采用树脂砂板模造型，保证了外观及流道尺寸以及泵的水力效率。运行平稳，安全可靠：电机与泵直联，简化了中间传动结构，增强了运行的平稳性，使该机组运行平稳，安全可靠。不锈钢轴套：轴的机封位置是相对易被锈蚀之处，直联式泵轴一旦被锈蚀，易造成机械密封失效。XBD（HL）、XBD（HW）型泵此处采用镶配不锈钢轴套，避免锈蚀发生，提高了轴寿命，降低了运行维护成本。用户使用方便、投资省：由于泵与电机同轴，简化了中间传动结构，基建投资比普通泵少20%。</td></tr>
<tr><td>水冷低噪声泵

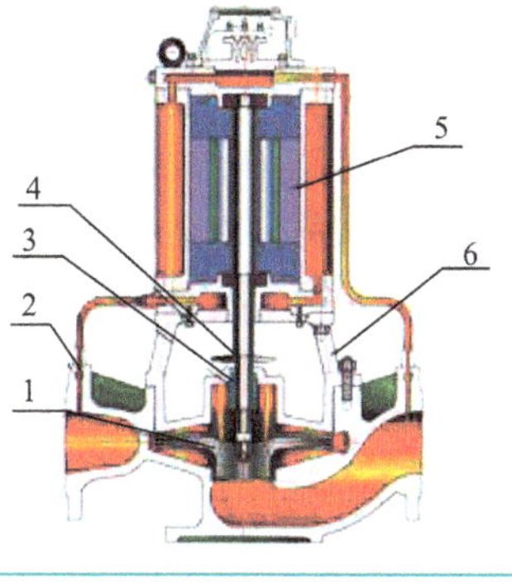

1—叶轮；2—泵体；
3—机械密封；4—挡水圈；
5—水冷电动机；6—原盖</td></tr>
</table>

续表

设备名称	其它离心泵
	水冷低噪声离心泵不但具有管道泵的运行平稳，结构简单、易维护保养、占地面积省等特点，且噪声更低。适用于输送清水或物理化学特性类似于清水的其它液体。 产品特点：采用 CFD 计算流体动力学，分析计算出泵内压力分布和速度分布关系、优化泵的流道设计，确保泵有高效的水力形线，提高了泵的效率。采用水冷式电机，SG 泵比一般普通管道泵噪声低 3%~5%。自冷结构：冷却水不仅可冷却电动机外壳，而且可冷却电动机上下轴承，既改善了轴承工作环境，提高了轴承寿命，也因电动机冷却充分而提高了电动机效率。免维护结构：水冷电动机轴承采用封闭式轴承，免除了轴承日常维护保养之忧。机械密封基件一般选用橡胶波纹管结构，将传统机械密封中轴上密封由 O 形圈的线密封改为橡胶件的两道面密封。可用于户外。
结构	轴流式潜水泵  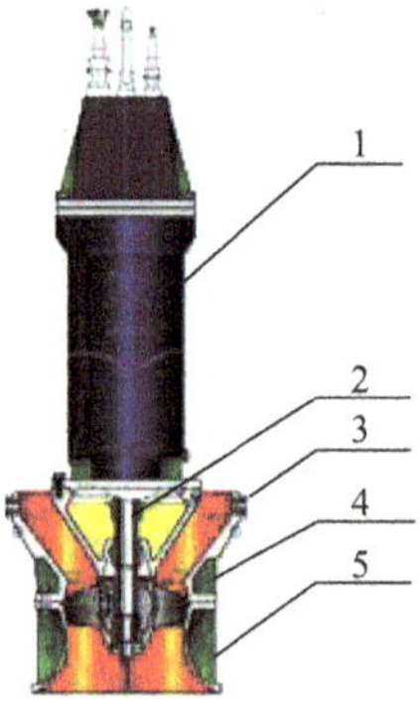 1—潜水电机；2—机械密封； 3—导叶体；4—叶轮； 5—进水喇叭 轴流式潜水泵、混流式潜水泵主要由泵体、叶轮、潜水电机等组成。电动机与泵头共轴并构成一个整体，电动机与泵使用机械密封隔开，电缆进线处用进线密封封好，使整个电动机处于良好的密封状态，整机潜没在水中运行。整机内部有泄漏及温升保护装置，运行安全可靠。叶片可调，流量、扬程变化范围大。产品执行 JB/T 10179—2000《混流式、轴流式潜水泵》标准。广泛适用于农田水力设施、城市防洪及供水、轻度污水排放及调水工程。特别适用于流量扬程变化范围大的场合。 产品特点：多道检测，多道保护，油水探头，浮子开关，均能实时检测，并能实现报警、停机、保留故障信号等功能，使潜水电机安全可靠。抗扭装置：机组启动瞬间电机启动力矩的反作用力矩常会使机组整体反向旋转，具有东方特色的抗扭装置能轻松化解此问题。电缆耐用防水：用耐油重型橡套电缆，出线处采用特殊密封结构，防止渗漏，保证长久可靠，电机腔内无凝露。两套或多套独立的机械密封，特殊的摩擦副材质上下串联安置，提供多重保护。电机、泵合二为一，无需现场进行耗工耗时复杂的轴线对中安装工序，安装方便；由于泵潜入水中运行，可大大简化泵站的建筑结构工程，减少安装面积，可节约泵站的工程总造价 30%~40%。

续表

<table>
<tr><th>设备名称</th><th>其它离心泵</th></tr>
<tr><td>结构</td><td>

AY 型离心油泵

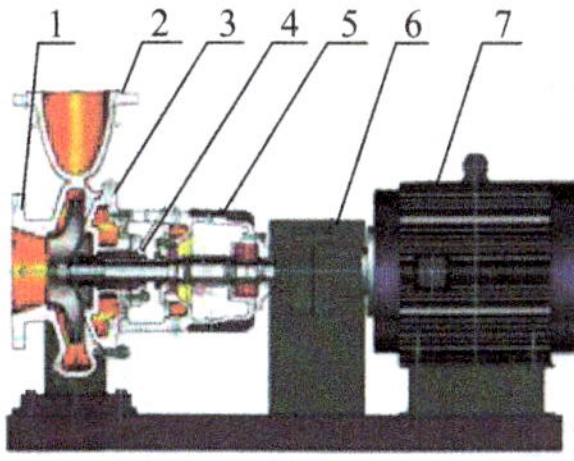

1—泵体；2—叶轮；
3—冷却腔；4—机械密封；
5—悬架轴承部件；
6—联轴器(可供选配膜片联轴器)；
7—电动机

AY 型离心油泵可用于输送介质温度不大于 450℃的不含固体颗粒的石油、化工产品等具有一定黏度的介质。

产品特点：标准要求高，AY 泵严格按美国石油工业学会 API 610 最新的第 8 版要求进行改型设计，高于原有 API 610 第 6 版标准。

耐高温结构：泵体采用中心支承结构，防止高温下材料蠕变引起的泵体应力集中和变形。支承架、泵盖、悬架、轴承部位均带有冷却腔。

膜片联轴器：尺寸小、重量轻、承载能力大，传动效率高、传动精度高，适用于高、低温有油有水的场合。加长型结构确保维修时可不移动电机和拆卸管路。

机械密封：可根据不同工况选择单端面机封、双端面机封、金属波纹管机封，密封可靠。

轴承：轴承采用单列径向轴承与两列推力轴承配对，轴承能力大，设计寿命长（>25000h），润滑方式为稀油润滑。

全密封轴：轴上采用密封垫和 O 形圈密封，确保轴不接触介质，提高轴的寿命。

</td></tr>
<tr><td>结构</td><td>

CZ 型卧式化工流程泵

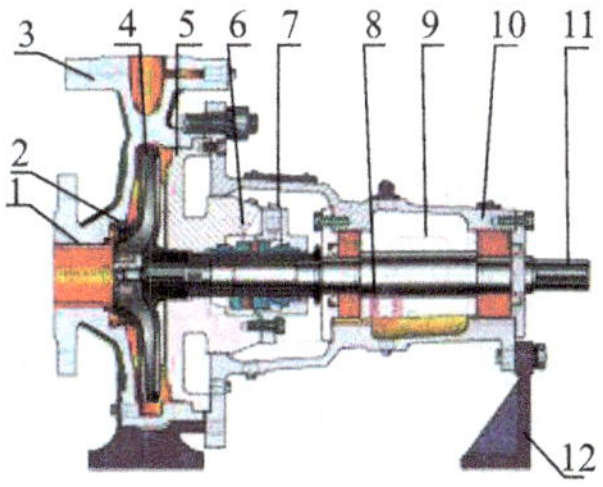

1—叶轮螺母；2—密封环；
3—泵体；4—叶轮；
5—泵盖；6—轴封；
7—轴套；8—油标；
9—恒位油位计；10—轴承架；
11—轴；12—支架

CZ 型卧式化工流程泵结构形式为卧式悬架、径向部分、后开门的单吸单级结构，如采用加长型联轴器，可以在不移动电动机和拆卸管路的前提下拆装维修泵。可输送有一定腐蚀性、一定温度的液体。

产品特点：双蜗壳，部分大口径（80mm 以上）高扬程泵的泵体采用双蜗壳设计，有效地解决了大口径高扬程泵径向压力过大的问题。泵盖带有水冷却腔设计，消除输送介质温度较高时对机封和轴承带来的不利影响。可根据不同的工况单端面、双端面或金属波纹管结构形式，密封性能可靠。叶轮背部设有背叶轮，与平衡孔一起可平衡轴向力，同时可以降低轴封腔内的压力，改善轴封的工作条件。轴承：轴承为加强重载型，并采用稀油润滑，承受载能力强，寿命高（>25000h）。可供选用弹性柱销或膜片式联轴器（加长型为膜片式联轴器），承载能力大，传动效率高。全密封轴：轴通过叶轮、轴套前后的密封垫和 O 形圈进行密封，确保轴不与介质接触，提高了轴的寿命。承压能力高：该泵型设计承压为 2.5 MPa，高于 IH 泵的 1.6 MPa。

</td></tr>
</table>

续表

<table>
<tr><th>设备名称</th><th>其它离心泵</th></tr>
<tr><td>结构</td><td>
DL 多级离心泵
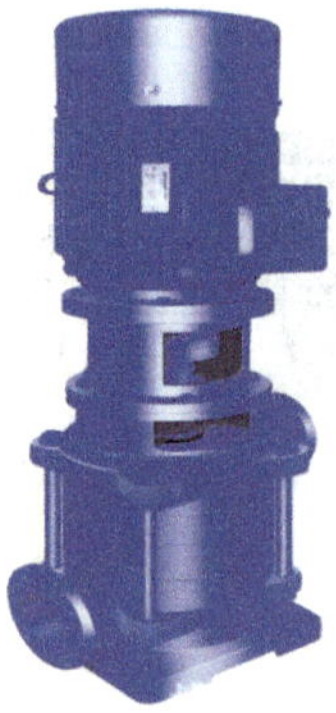
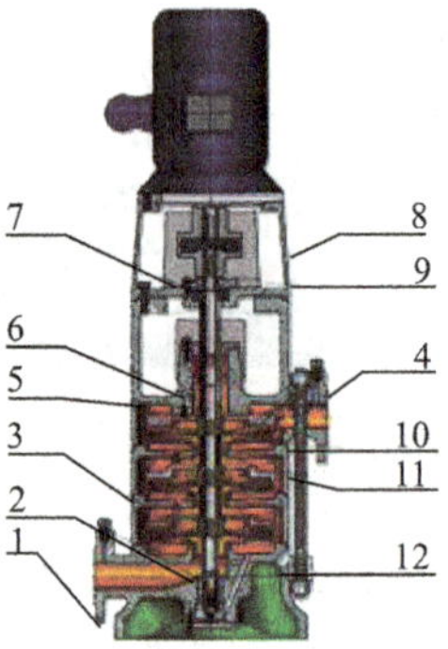

1—进水段；2—导轴承；
3—导叶；4—进水段；
5—上轴承；6—机械密封；
7—轴承；8—电动机架；
9—联轴器；10—叶轮；
11—中段；12—轴
DL 立式多级离心泵，其吸入、排出口分别位于进、出水段上。转子部件由轴、叶轮、叶轮挡套、轴套等零件组成，进水段、中段、出水段用拉紧螺栓联结。轴封采用软填料密封或机械密封，用平衡室的压力水进行润滑和冷却。
产品特点：结构新颖，运行可靠，取消了平衡鼓（盘），其轴向力采用水力平衡，彻底解决了平衡鼓易锈蚀、易咬死、易磨损的问题，保证了运行更加可靠。采用可靠的机械密，低转速电机，使该系列泵具有运行平稳、噪声低等特点。独特部件、降低噪声：独特的水力部件设计，良好的过流性能，最大限度地减少流动噪声。
<hr>
GDL 多级离心泵

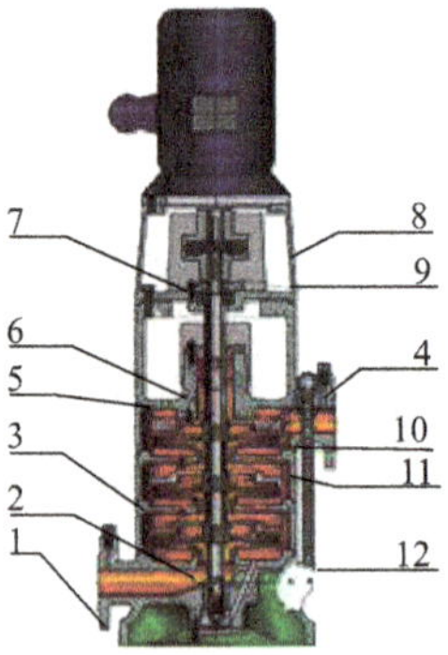

1—进水段；2—导轴承；
3—导叶；4—进水段；
5—上轴承；6—机械密封；
7—轴承；8—电动机架；
9—联轴器；10—叶轮；
11—中段；12—轴
GDL 系立式、单吸、多级分段管道式离心泵，其吸入、排出口分别位于同一直线上。转子部件由轴、叶轮、叶轮挡套、轴套等零件组成，进水段、中段、出水段用拉紧螺栓联结。轴封采用机械密封，用平衡室的压力水进行润滑和冷却。
产品特点：安装、维修方便，管道式安装、进出口能像阀门一样安装在管道的任何位置及任何方向，安装维修极为方便；外形美观：采用不锈钢外套及管道式结构，更少的运行、维修费用：采用可靠的机械密封，故障率低，具有更少的运行维修费用；成本低，采用高转速电动机，使该系列泵具有重量轻、体积小、成本低等特点；独特部件、降低噪声，独特的水力部件设计，良好的过流性能，最大限度地减少流动噪声。
</td></tr>
</table>

续表

<table>
<tr><th>设备名称</th><th>其它离心泵</th></tr>
<tr><td rowspan="2">结构</td><td>

IHG 立式化工泵

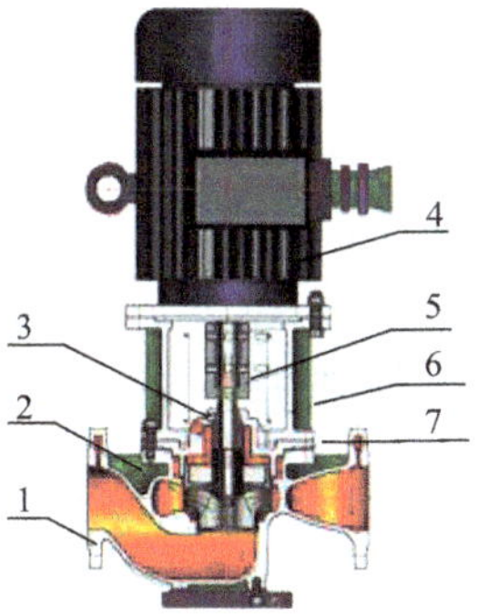

1—泵体；2—叶轮；
3—机械密封；4—电动机；
5—联轴器；6—电动机支架；
7—泵盖

IHG 立式管道式化工泵由泵体、泵盖、叶轮、密封部件等组成。广泛适用于石油、化工、纺织印染、制药、食品、冶金、电站等输送腐蚀性介质及有特殊要求的介质。

产品特点：采用 CFD 计算流体动力学，分析计算出泵内压力分布和速度分布关系、优化泵的流道设计，确保泵有高效的水力形线，提高了泵的效率。管道式设计，进出口口径相同且在一条直线上，安装、维修方便，与介质接触的零部件材料采用优质不锈钢（可根据不同介质采用不同的材质），耐腐蚀性能好、寿命长；采用先进的双节流环平衡法，轴向力平衡效果好，有效减少电机故障率，提高运行可靠性；平衡精度高，转子部件动平衡精度为 G1.0 级。IHG 泵的过流部件（如泵体、叶轮、泵盖、密封环等）采用硅融胶精密铸造，流道尺寸稳定。

</td></tr>
<tr><td>

IHW 卧式化工泵

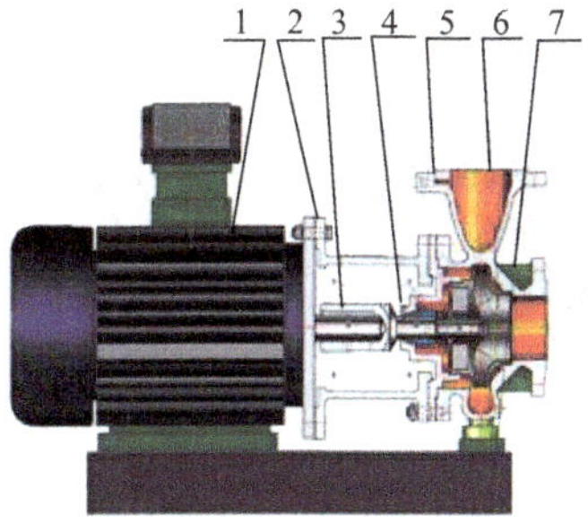

1—电动机；2—电动机连接器；
3—联轴器；4—机械密封；
5—泵体；6—叶轮；7—底座

IHW 卧式化工泵由泵体、泵盖、叶轮、密封部件等组成。电动机轴与泵轴分开，采用特殊设计的高精度联轴器联结，运行平稳，维修方便。主要用于石油、化工、纺织印染、制药、食品、冶金、电站等输送腐蚀性介质及有特殊要求的介质。

产品特点：采用 CFD 计算流体动力学，分析计算出泵内压力分布和速度分布关系、优化泵的流道设计，确保泵有高效的水力形线，提高了泵的效率。与介质接触的零部件材料采用优质不锈钢（可根据不同介质采用不同的材质），耐腐蚀性能好、寿命长。卧式安装，后开门结构，维修方便，日常维护简便。采用先进的双节流环平衡法，轴向力平衡效果好，平衡精度高，转子部件动平衡精度为 G1.0 级。IHW 泵的过流泵部件（如泵体、叶轮、泵盖、密封环等），采用硅融胶精密铸造，流道尺寸稳定。

</td></tr>
</table>

续表

<table>
<tr><th>设备名称</th><th>其它离心泵</th></tr>
<tr><td rowspan="2">结构</td><td>

IH 型化工离心泵

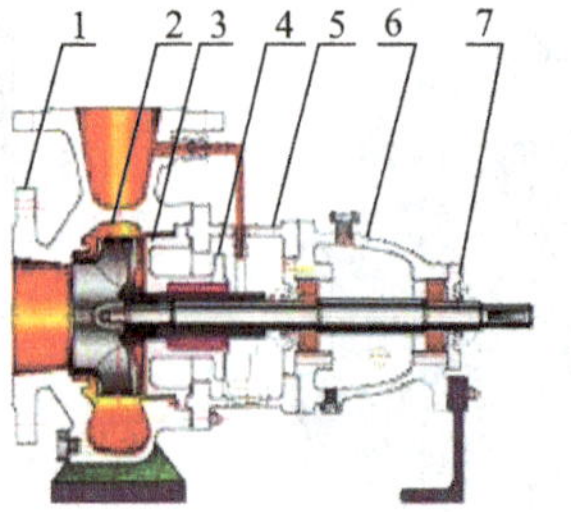

1—泵体；2—叶轮；
3—泵盖；4—机械密封；
5—中间支架；
6—悬架部件；
7—泵轴

IH 型化工离心泵主要由泵体、泵盖、叶轮、轴、密封环、中间支架和悬架部件等组成。轴封分为机械密封或填料密封。泵通过加长联轴器由电动机直接驱动。产品执行 GB/T 5656—2008《离心泵　技术条件（Ⅱ）类》、GB/T 3215—2019《石油、石化和天然气工业用离心泵》标准。供输送不含固体颗粒、具有腐蚀性、黏度类似水的液体。适用于石油、化工、冶金、电力、造纸、食品、制药和合成纤维等部门。

产品特点：高效节能，IH 型化工离心泵的效率比 F 型高 3%~5%，是理想的节能产品；主要过流部件选用不锈钢制造，可满足不同介质的输送，全密封轴：轴上采用密封垫和 O 形圈密封，确保轴不接触介质，提高轴的寿命。

</td></tr>
<tr><td>

ISW 卧式离心泵

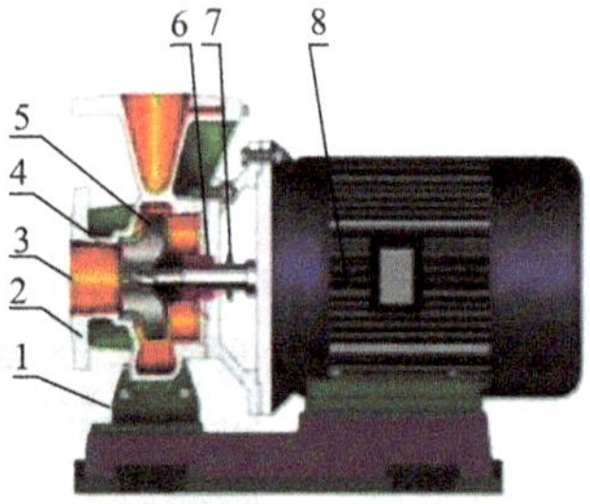

1—底板；2—泵体；
3—叶轮；4—泵盖；
5—机械密封；6—主轴；
7—挡水圈；8—电动机

ISW 系列泵为单级单吸卧式离心泵，叶轮安装于电机加长轴上，具有运行平稳、结构简单、维护检修简便、安装方便及占地面积省等特点。产品符合 GB/T 5657—2013《离心泵技术条件（Ⅲ）类》。可输送介质温度不超过 105℃的清水或物理化学特性类似于清水的其它液体。

产品特点：采用 CFD 计算流体动力学，分析计算出泵内压力分布和速度分布关系、优化泵的流道设计，确保泵有高效的水力形线，提高了泵的效率。电动机和水泵同轴直联、同心度高，运行平稳，安全可靠。ISW 泵采用镶配不锈钢轴套，避免锈蚀发生，泵所配电动机中，Y（Y2）280 以下轴伸端轴承（包括 Y180 以下风叶端轴承）采用封闭式轴承，正常使用时，免电动机轴承的维护与保养。机械密封基件一般选用橡胶波纹管结构，将传统机械密封中轴上密封由 O 形圈的线密封改为橡胶件的两道面密封。

</td></tr>
</table>

<table>
<tr><th>设备名称</th><th>其它离心泵</th></tr>
<tr><td rowspan="2">结构</td><td>

LG 多级离心泵

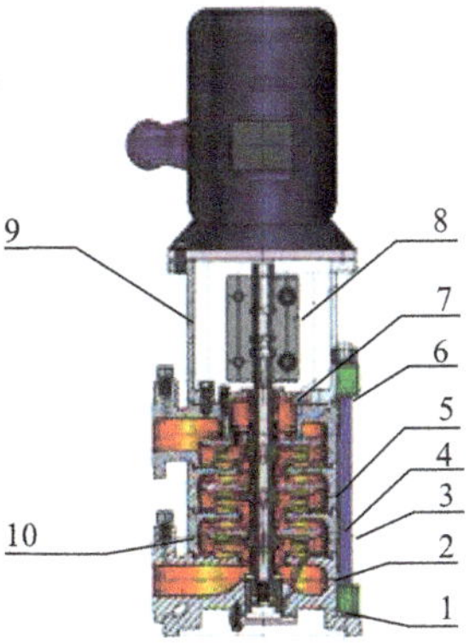

1—进出段；2—滑动轴承；
3—叶轮；4—中段；
5—导叶；6—出水段；
7—机械密封；8—联轴器；
9—电动机支架；10—轴

LG-B 系立式、单吸、多级分段式便拆式离心泵，其吸入、排出口分别位于进、出水段上。转子部件由轴、叶轮、叶轮挡套、轴套等零件组成，进水段、中段、出水段用拉紧螺栓联结。轴封采用软填料密封或机械密封，用平衡室的压力水进行润滑和冷却。

产品特点：结构新颖，运行可靠，取消了平衡鼓（盘），其轴向力采用水力平衡，彻底解决了平衡鼓易锈蚀、易咬死、易磨损的问题，保证了运行更加可靠。

</td></tr>
<tr><td>

QW 潜水式排污泵

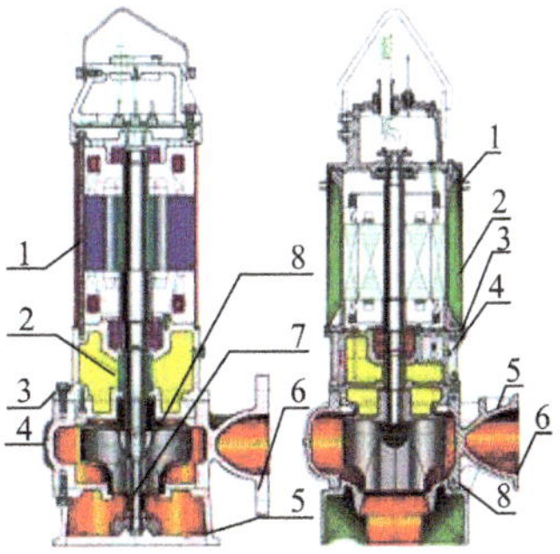

1—电动机；2—机械密封；
3—油室；4—内泵；
5—底座；6—泵体；
7—搅拌装置；8—叶轮

WQ 潜水式排污泵主要部件由叶轮、泵体、底座、潜水电动机组成。水泵和电动机是同一根轴，由于水泵位于整个排污泵最下端，它能最大限度地抽吸地面积余污水。叶轮为双流道设计，大大提高了污物的过流能力，能有效地通过直径为泵口径 50% 的固体颗粒。

产品特点：采用耐用、防水、耐污重型橡套软电缆，树脂灌注，压紧固定，长久可靠。两重机封串联配置，确保电动机安全。油水探头，浮子开关，均能实时检测，并能实现报警、停机、保留故障信号等功能，使潜水电动机安全可靠。双流道设计，确保泵运行效率高且无堵塞。采用双导轨的耦合装置，使泵起降时无需水下操作，维护便捷，省时省工。

</td></tr>
</table>

续表

<table>
<tr><th>设备名称</th><th>其它离心泵</th></tr>
<tr><td rowspan="2">结构</td><td>WL 型立式排污泵

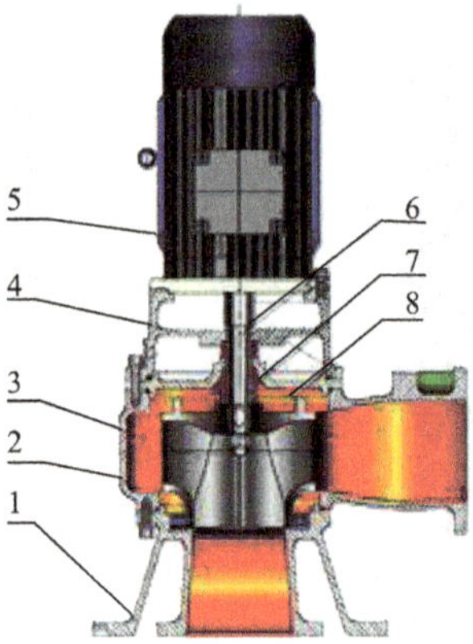
1—底座；2—泵体；
3—叶轮；4—油室；
5—电动机；6—主轴；
7—机械密封；8—叶轮螺母
WL 型立式排污泵主要由轴、轴承架、泵盖、叶轮、泵座、电动机支架、电动机等部件组成。泵为立式单级单吸蜗壳泵，叶轮采用双流道结构，能有效通过泵口径 5 倍的纤维物质及直径为口径 50% 的固体颗粒。
产品特点：安全可靠、减少维修费用；经过平衡校验的转子部件及合理的轴承布置有效地平衡了泵的径向力及轴向力，从而保证了机组能够长期稳定的运行，且具有振动小、噪声低的特点。过流能力强，顺畅的大流道，特殊的叶轮防堵设计，确保泵运行高效且无堵塞。两重机封串联配置，真正实现双重保护，确保电动机安全。</td></tr>
<tr><td>XBD（Ⅰ）-GDL 消防泵

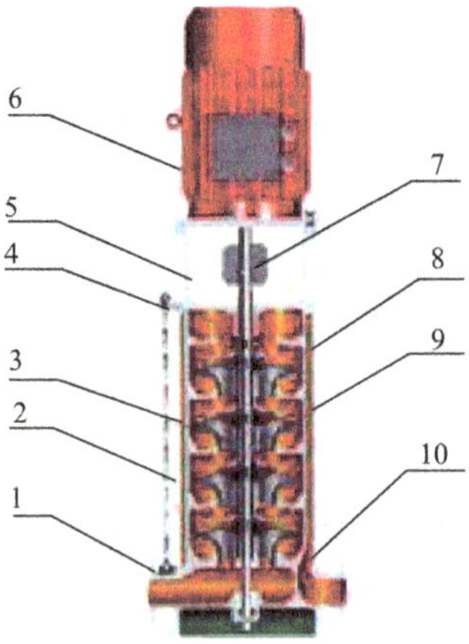
1—泵体；2—外筒；
3—叶轮；4—机械密封；
5—连接座；6—电动机；
7—联轴器；8—中段；
9—轴；10—滑动轴承
XBD-GDL 立式多级消防泵主要用于消防栓供水、喷淋系统供水、其它消防系统供水、其它场合清洁液体的输送。
产品特点：安装、维修方便，管道式安装、进出口能像阀门一样安装在管道的任何位置及任何方向，安装维修方便。采用不锈钢外套及管道式结构，可靠的机械密，高转速电动机，该系列泵具有重量轻、体积小、成本低等待特点。独特的水力部件设计，良好的过流性能，最大限度地减少流动噪声。</td></tr>
</table>

续表

<table>
<tr><th>设备名称</th><th>其它离心泵</th></tr>
<tr><td>结构</td><td>
ZA 标准流程泵

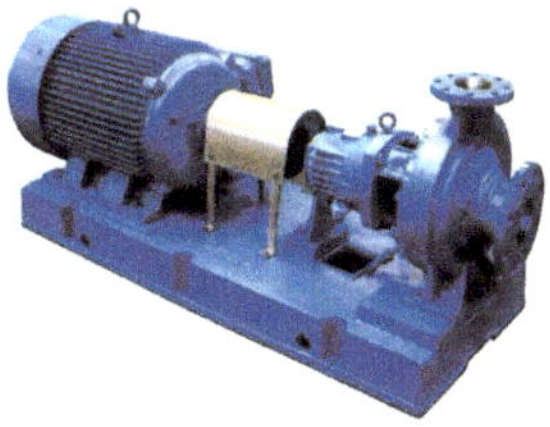
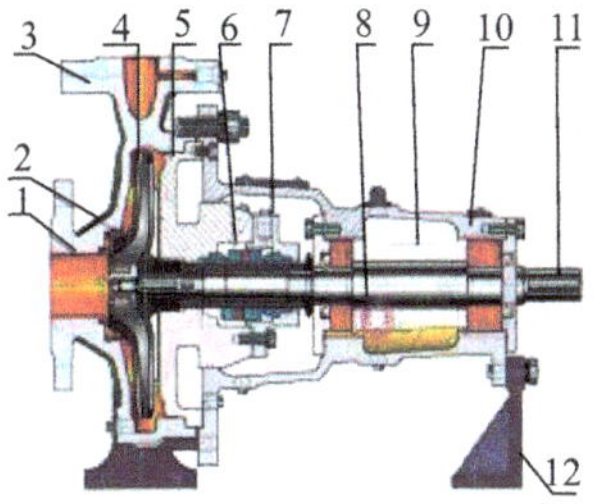

1—叶轮螺母；2—密封环；
3—泵体；4—叶轮；5—泵盖；
6—轴封；7—轴套；8—油标；
9—恒位油位计；10—轴承架；
11—轴；12—支架

ZA 型化工流程泵为单级、卧式径向部分蜗壳泵，泵体为脚支承。单吸径向叶轮，轴向吸入，径向排出。根据使用条件，采用前、后磨损环及平衡孔进行水力平衡。

填料箱具有冷却或加热管接头。轴封采用填料密封，也可以采用单端面或双端面机械密封，并配有冷却，冲洗或密封系统。适合于输送中性或腐蚀性、清洁或含有固体颗粒、低温或高温的液体介质。

<hr>

便拆管道离心泵

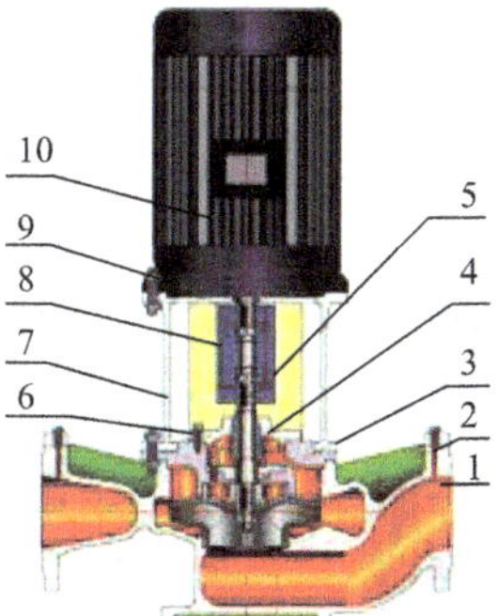

1—叶轮；2—泵体；
3—泵盖；4—机械密封；
5—泵轴；6—机封压盖；
7—电动机支架；8—联轴器；
9—电动机轴；10—电动机

ISGB 系列单级单吸便拆式管道离心泵为便拆式结构，该系列泵具有运行平稳、结构简单、维护检修简便、安装方便及占地面积省（与普通卧式泵比占地面积节省 30% 以上）等特点。可输送介质温度不超过 105℃的清水或物理化学特性类似于清水的其它液体。

产品特点：采用 CFD 计算流体动力学，分析计算出泵内压力分布和速度分布关系、优化泵的流道设计，确保泵有高效的水力形线，提高了泵的效率。便拆式结构，维修或更换机械密封时无需拆下电机及转子部件，降低维修时间及费用；泵所配电机中，Y（Y2）280 以下轴伸端轴承（包括 Y180 以下风叶端轴承）采用封闭式轴承，正常使用时免电机轴承的维护保养。机械密封基件一般选用橡胶波纹管结构；立式管道式结构，泵的进出口能像阀门一样安装在管路的任何位置及任何方向，安装维修极为方便。
</td></tr>
</table>

续表

<table>
<tr><th>设备名称</th><th>其它离心泵</th></tr>
<tr><td rowspan="2">结构</td><td>
单级单吸热水泵

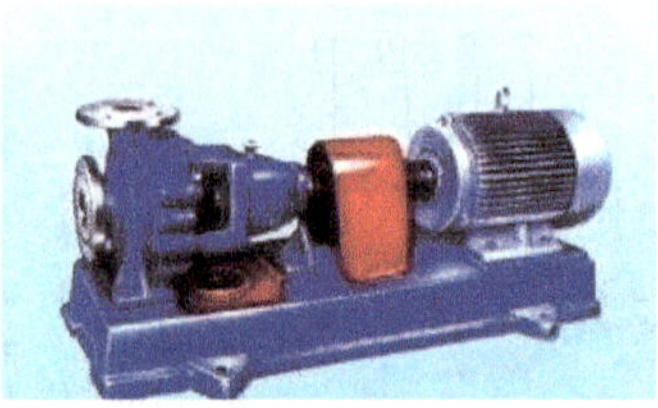

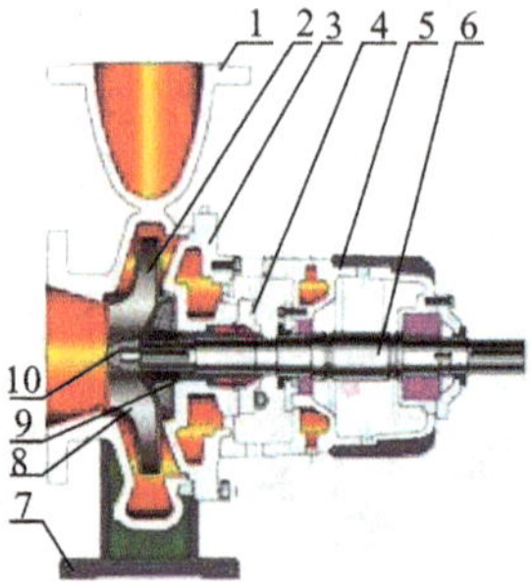

1—泵体；2—叶轮；
3—泵盖；4—密封压盖；
5—悬架体；6—轴；
7—泵支架；8—口环；
9—轴套；10—叶轮螺母

IR 型泵为单级单吸卧式热水离心泵，其结构形式为卧式悬架、径向部分、后开门、中心支承，适合于输送高温清洁的介质。主要用于冶金、化工、电站、采暖、轻纺、余热利用、热交换装置等。

产品特点：采用 CFD 计算流体动力学，分析计算出泵内压力分布和速度分布关系、优化泵的流道设计，确保泵有高效的水力形线，提高了泵的效率。泵体采用中心支承方式，解决了泵在输送高温介质时防止高温下泵组热膨胀不一致而造成的应力集中以及联轴器对中心发生改变。泵支架、泵盖、悬架体（轴承部位）及机封压盖均有冷却腔，可在不同温度时分别用冷却水冷却或风冷却。轴承选用圆柱滚子轴承与两个角接触轴承配套，采用稀油润滑，承载能力显著提高。轴承设计寿命 25000h。轴封：可选配软填料密封和机械密封。联轴器：采用弹性柱销联轴器，传动精度高。辅助管路：按 API 610 第 8 版要求配置。承压：设计压力为 4.0MPa，承压高。
</td></tr>
<tr><td>
立式管道离心泵

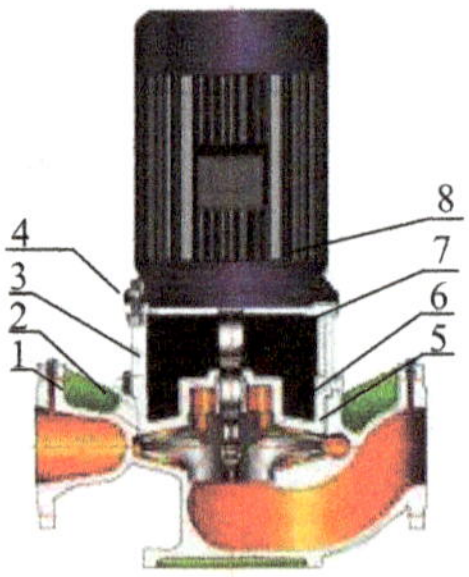

1—叶轮；2—泵体；
3—机械密封；4—挡水圈；
5—端盖；6—叶轮螺母；
7—泵轴；8—电动机

ISG 系列单级单吸立式管道离心泵为直联式管道泵结构，叶轮安装于电动机加长轴上，具有运行平稳结构简单、维护检修简便、安装方便及占地面积省（与普通卧式泵比占地面积节省 30% 以上）等特点。可输送介质温度不超过 105℃的清水或物理化学特性类似于清水的其它液体。

产品特点：用 CFD 计算流体动力学，分析计算出泵内压力分布和速度分布关系、优化泵的流道设计，确保泵有高效的水力形线，提高了泵的效率。立式管道式结构，泵的进出口能像阀门一样安装在管路的任何位置及任何方向，安装维修极为方便。

电动机轴和水泵轴为同轴直联、同心度高，运行平稳，安全可靠。不锈钢轴套避免锈蚀发生，提高了轴寿命，降低了运行维护成本。泵所配电动机中，Y（Y2）280 以下轴伸端轴承（包括 Y180 以下风叶端轴承）采用封闭式轴承，正常使用时，免电机轴承的维护保养。机封：机械密封基件一般选用橡胶波纹管结构，将传统机械密封中轴上密封由 O 形圈的线密封改为橡胶件的两道面密封。
</td></tr>
</table>

续表

<table>
<tr><th>设备名称</th><th colspan="5">其它离心泵</th></tr>
<tr><td>结构</td><td colspan="5">立式便拆双吸泵
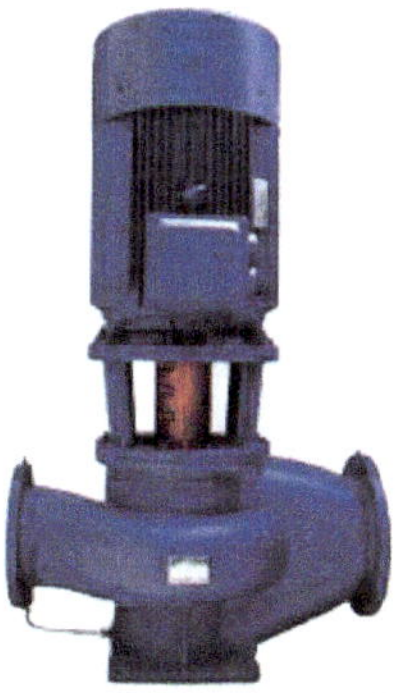
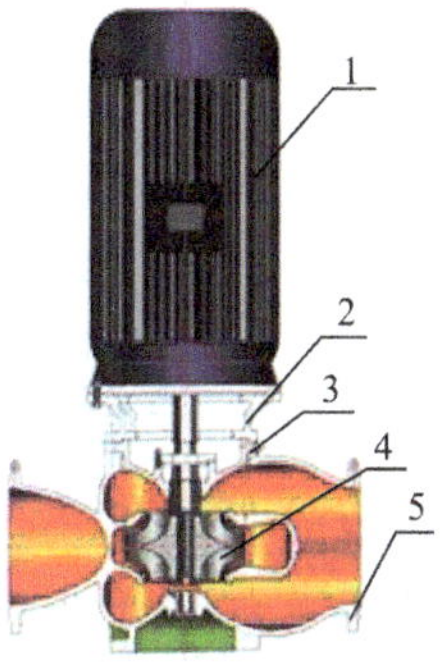

1—电动机；
2—电动机支架；
3—机械密封；
4—叶轮；
5—泵体
SB 系列单级双吸便拆式管道离心泵为便拆式结构，具有运行平稳，结构简单、维护检修简便、安装方便及占地面积省（与普通卧式泵比占地面积节省 30% 以上）等特点。可输送介质温度不超过 105℃的清水或物理化学特性类似于清水的其它液体。
产品特点：采用 CFD 计算流体动力学，分析计算出泵内压力分布和速度分布关系、优化泵的流道设计，确保泵有高效的水力形线，提高了泵的效率；立式管道式结构，泵的进出口能像阀门一样安装在管路的任何位置及任何方向，安装维修极为方便；修或更换机械密封时无需拆下电机及转子部件，降低维修时间和费用；整机全面采用树脂砂铸造工艺，保证了外观及流道尺寸以及泵的水力效率；Y2 系列节能电机，防护等级和绝缘等级高。</td></tr>
<tr><td>原理</td><td colspan="5">1. 当离心泵启动后，泵轴带动叶轮一起作高速旋转运动，液体自叶轮中心向外周作径向运动。液体在流经叶轮的运动过程获得了能量，静压能增高，流速增大。
2. 当液体离开叶轮进入泵壳后，由于壳内流道逐渐扩大而减速，部分动能转化为静压能，最后沿切向流入排出管路。
3. 当液体自叶轮中心甩向外周的同时，叶轮中心形成低压区，液体被吸进叶轮中心。
4. 依靠叶轮的不断运转，液体便连续地被吸入和排出。</td></tr>
<tr><td rowspan="6">性能参数</td><td>性能参数</td><td>符号</td><td>单位</td><td colspan="2">定义</td></tr>
<tr><td>流量</td><td>Q</td><td>m^3/h</td><td colspan="2">泵在单位时间内所排出的液体量，通常是指体积流量。</td></tr>
<tr><td>扬程</td><td>H</td><td>m</td><td colspan="2">单位质量的液体通过泵所获得的有效能量。</td></tr>
<tr><td>转速</td><td>n</td><td>r/min</td><td colspan="2">泵轴每分钟的转数。</td></tr>
<tr><td>功率</td><td>N_e
N</td><td>kW</td><td colspan="2">单位时间内泵所消耗的功，分为有效功率（N_e）和轴功率（N）两种。</td></tr>
<tr><td>效率</td><td>η</td><td>%</td><td colspan="2">有效功率和轴功率的比值。</td></tr>
<tr><td>用途</td><td colspan="5">见设备简介</td></tr>
<tr><td>操作</td><td colspan="5">根据产品说明书或参阅类同设备</td></tr>
<tr><td>维护保养</td><td colspan="5">根据产品说明书或参阅类同设备</td></tr>
<tr><td rowspan="2">故障排除</td><td colspan="3">故障现象</td><td>故障原因</td><td>处理方法</td></tr>
<tr><td colspan="3">振动、泄漏、发热、噪声、超电流、缺流量等</td><td>参见产品说明书或参阅类同设备资料</td><td>参见产品说明书或参阅类同设备资料</td></tr>
</table>

磁力泵

<table>
<tr><th>设备名称</th><th>磁力泵</th></tr>
<tr><td>结构</td><td>
磁力泵的实物图、结构示意图

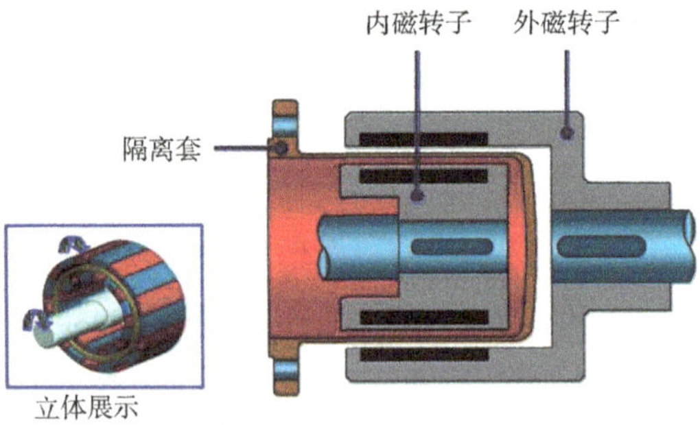

磁力泵主要包含电动机、支架、外磁缸（主动转子）、内磁缸（从动转子）、隔离罩、滑动轴承、传动轴、叶轮和泵体等。其中，由内磁缸、外磁缸、隔离罩、磁性体组成用于泵驱动的磁力耦合器，也叫永磁联轴器、磁力联轴器。
磁力泵的结构都类似，主要看磁块的磁性能保持多久。
目前，可供磁力泵选用的磁性材料较多，常用的有 ALNICO、铁氧体及稀土永磁材料钐钴 SMCO5（简称 1∶5），SM（CO，CU，FE，ZR）7.4（简称 2∶17），ND-FE-B 等。
其中稀土永磁材料最优先选用，最强有力的是 ND-FE-B，其最大磁能积高达 28×10^{4}T · A/m 以上，内察矫顽力超过 1120kA/m，备受青睐。但其工作温度不能超过 120℃高温条件下可选用钐钴永磁材料，SM（CO，CU，FE，ZR）7.4 的磁能积约为 192×10^{3}T · A/m，其工作温度可高达 300℃。
</td></tr>
</table>

续表

<table>
<tr><th>设备名称</th><th colspan="4">磁力泵</th></tr>
<tr><td>原理</td><td colspan="4">磁力泵由电动机、磁力耦合器和离心泵组成，通过磁力偶合器来传递动力，当电动机带动磁力偶合器的外磁钢旋转时，磁力线穿过间隙和隔离套作用于内磁钢，使泵转子与电动机同步旋转。当叶轮旋转时，叶片带动叶轮内的液体旋转，因而产生离心力，将叶轮内的流体甩向四周，液体就获得能量，通过泵壳流道，扩散后再从排出管排出，与此同时叶轮入口处由于液体减少而产生真空，在泵内和吸入管道内的液体间就产生了压差，液体就在这个压差的作用下不断补充到泵内，于是旋转着的叶轮就不断吸入和排出液体 。</td></tr>
<tr><td rowspan="6">性能参数</td><td>性能参数</td><td>符号</td><td>单位</td><td>定义</td></tr>
<tr><td>流量</td><td>Q</td><td>m^3/h</td><td>泵在单位时间内所排出的液体量，通常是指体积流量。</td></tr>
<tr><td>扬程</td><td>H</td><td>m</td><td>单位质量的液体通过泵所获得的有效能量。</td></tr>
<tr><td>转速</td><td>n</td><td>r/min</td><td>泵轴每分钟的转数。</td></tr>
<tr><td>功率</td><td>N_e，N</td><td>kW</td><td>单位时间内泵所消耗的功，分为有效功率（N_e）和轴功率（N）两种。</td></tr>
<tr><td>效率</td><td>η</td><td>%</td><td>有效功率和轴功率的比值。</td></tr>
<tr><td>用途</td><td colspan="4">磁力泵具有全密封、无泄漏、耐腐蚀特点，因此广泛用于石油、化工、制药、电镀、环保、水处理、影视洗印、国防等部门用来抽送易燃、易爆、有毒与贵重液体，是创建无泄漏、无污染文明车间、文明工厂的理想用泵。</td></tr>
<tr><td>操作</td><td colspan="4">1. 开机前检查地脚螺栓有无松动、电机风叶罩是否完好，以保证设备安全与人身安全。
2. 开车前打开进口阀门，将泵内灌满需输送的液体；关闭出口阀；点动电动机，检查泵的转向是否正确；泵启动后，出口阀应缓慢开启，待泵达到正常运行状态后，再将出口阀调到所需开度。试运转 5~10min，如无异常，可投入运行。
3. 启动泵，检查泵的声音及振动情况，待转速达到正常转速后，缓慢打开出口阀门，同时观察电流表，将电流控制在电机额定电流范围内运行。
4. 在出口阀关闭的情况下，泵连续运转时间不超过2min，以防磁力传动器过热而失效。
5. 运行中要求泵运行平稳，无异常噪声，无压力大幅度波动，温度无异常过热，电流符合规定，发现异常情况要及时停机。
6. 正常停车关闭出口阀，然后立即停止电动机，随后再关闭进口阀。禁止在出口阀门未关闭的情况下停车，以免出口管路液体倒流使叶轮反转，损坏零件。紧急停车立即停止电动机，然后再关闭出口阀和进口阀。
7. 带有止回阀的管路，在确保止回阀完好情况下无需关闭出口阀门，检查泵腔无空气可以直接开机。
停车程序：关闭出口阀门；切断电源；关闭进口，长期停机不用时，清洗泵内流道并切断电源。
注意事项
（1）安装完毕后，用手转动联轴器检查有无碰擦现象。
（2）为防止杂物进入泵内，泵进口处设过滤器，过滤面积大于管路截面积的 3~4 倍。
（3）严禁空运转。
（4）扬程高的泵在出口管路上应装止回阀，以防突然停机的水锤破坏。</td></tr>
</table>

续表

<table>
<tr><th>设备名称</th><th colspan="3">磁力泵</th></tr>
<tr><td>维护保养</td><td colspan="3">1. 定期清洁设备及附属管线的卫生，确保无油污、灰尘。
2. 定时检查出口压力、振动等情况，发现问题应及时处理。
3. 定期检查电动机的电流值的波动情况，是否超过额定电流。
4. 定期检查泵附属管线是否畅通。
5. 定期检查泵各部螺栓是否松动。
6. 备用泵应定时启动一次。
7. 如环境温度低于液体凝固点时，要放净泵内液体，以防冻裂。</td></tr>
<tr><td rowspan="23">故障排除</td><td>故障现象</td><td>故障原因</td><td>处理方法</td></tr>
<tr><td rowspan="6">泵不出水</td><td>泵内有气体</td><td>向泵内灌满液</td></tr>
<tr><td>进口管堵塞</td><td>疏通进口管</td></tr>
<tr><td>泵反转</td><td>改变电动机接线</td></tr>
<tr><td>吸程太高</td><td>降低泵安装位置</td></tr>
<tr><td>磁钢脱磁</td><td>降低电动机启动力矩或调换磁钢</td></tr>
<tr><td>没接通电源</td><td>检查电路</td></tr>
<tr><td rowspan="4">噪声太大</td><td>隔离套和磁钢碰擦</td><td>拆除泵头重装</td></tr>
<tr><td>泵内发生气蚀</td><td>降低泵安装位置</td></tr>
<tr><td>泵抽空</td><td>进行工艺调整</td></tr>
<tr><td>地脚螺丝松动或基础不牢固</td><td>坚固螺栓或加固基础</td></tr>
<tr><td rowspan="3">漏液</td><td>O 形密封圈损坏</td><td>更换 O 形密封圈</td></tr>
<tr><td>操作波动大</td><td>稳定操作</td></tr>
<tr><td>泵壳或隔离套破裂或腐蚀穿孔</td><td>更换泵壳或隔离套</td></tr>
<tr><td rowspan="6">流量扬程降低</td><td>泵内或吸入管内存有气体</td><td>重新灌泵，排除气体</td></tr>
<tr><td>吸入管径太小</td><td>调换进水管</td></tr>
<tr><td>泵内或管路有杂物堵塞</td><td>检查清理</td></tr>
<tr><td>泵的旋转方向不对</td><td>改变旋转方向</td></tr>
<tr><td>叶轮流道不对中</td><td>检查、修正流道对中</td></tr>
<tr><td>叶轮磨损或腐蚀严重</td><td>更换叶轮</td></tr>
<tr><td rowspan="3">电流增大或偏小</td><td>泵内进入杂物</td><td>清除杂物</td></tr>
<tr><td>物料黏度偏高</td><td>测量介质黏度，应符合要求</td></tr>
<tr><td>系统管路堵</td><td>系统管路及时清堵</td></tr>
</table>

屏蔽泵

<table>
<tr><th>设备名称</th><th>屏蔽泵</th></tr>
<tr><td>结构</td><td>

屏蔽泵的实物图、结构示意图

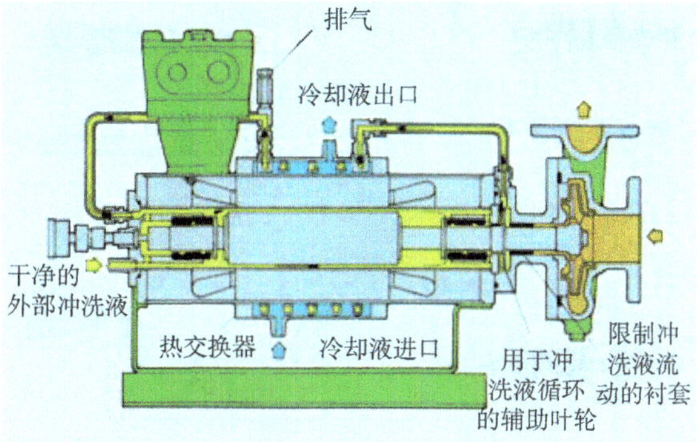

屏蔽泵是一种无密封泵，泵和驱动电动机都被密封在一个被泵送介质充满的压力容器内，此压力容器只有静密封，并由一个电线组来提供旋转磁场并驱动转子。这种结构取消了传统离心泵具有的旋转轴密封装置，故能做到完全无泄漏。

屏蔽泵把泵和电动机连在一起，电动机的转子和泵的叶轮固定在同一根轴上，利用屏蔽套将电动机的转子和定子隔开，转子在被输送的介质中运转，其动力通过定子磁场传给转子。

卧式化工屏蔽泵，主要由泵体、叶轮、屏蔽电机等组成，采用全新的静封结构，做到滴水不漏，保证工作环境不受污染。其性能符合 GB/T 5657—2013《离心泵　技术条件Ⅲ类》标准。

产品特点：

高效节能：采用 CFD 计算流体动力学，分析计算出泵内压力分布和速度分布关系、优化泵的流道设计，确保泵有高效的水力形线，提高了泵的效率。

静密封结构：采用全新的静密封结构，出厂时做严格的密封试验，做到滴水不漏，保证工作环境不受污染。

低噪声：采用静噪声设计方法，减少噪声，噪声比一般普通泵低 3%~5%。

材料：与介质接触的零部件材料采用优质不锈钢（可根据不同介质采用不同的材质），耐腐蚀、寿命长。

维修方便：卧式安装，后开门结构，维修方便，日常维护简单

整机性能好：采用先进的双节流环平衡法，轴向力平衡效果好，有效减少电机故障率，提高运行可靠性；平衡精度高，转子部件动平衡精度为 G1.0 级。

防爆结构电动机为隔爆式电动机，适合于各类易燃、易爆介质输送场合。

</td></tr>
</table>

续表

设备名称	屏蔽泵		
结构	基本型	多级型	逆循环型
	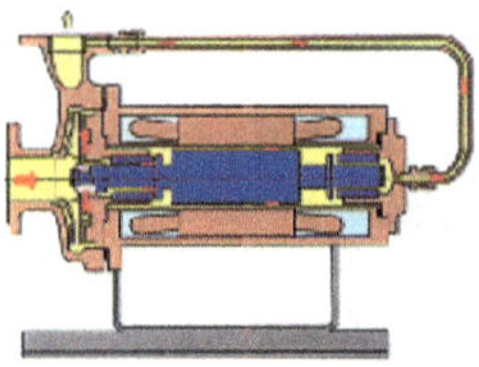	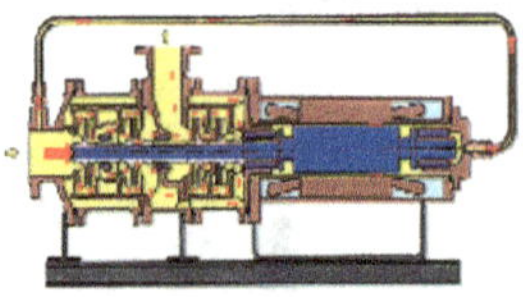	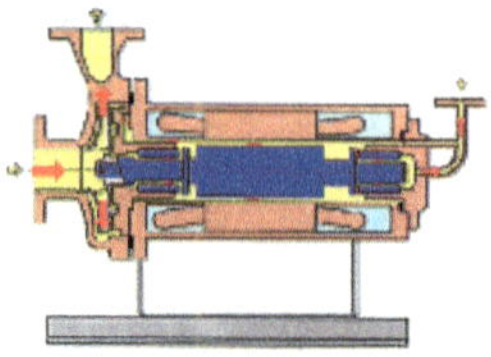
	泥浆型	自吸型	立式型
	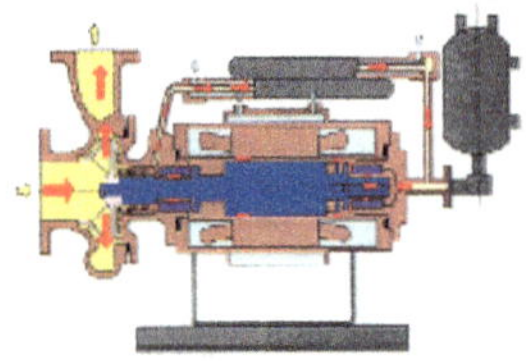	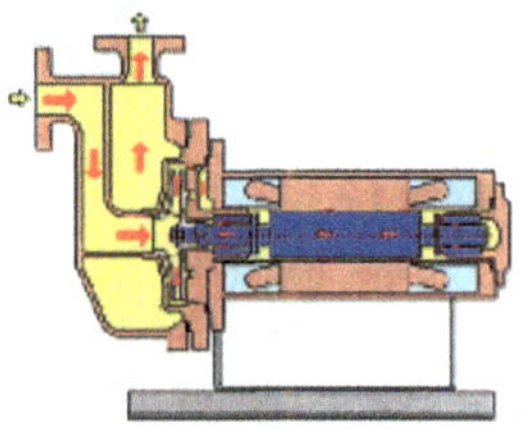	
	高稳分离型	高温超耐热型	低比转数型
	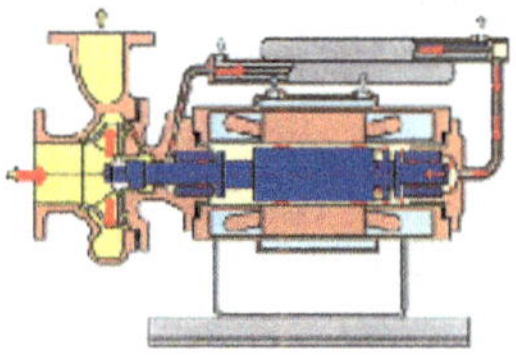	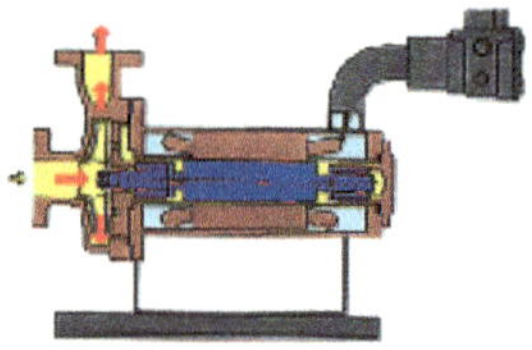	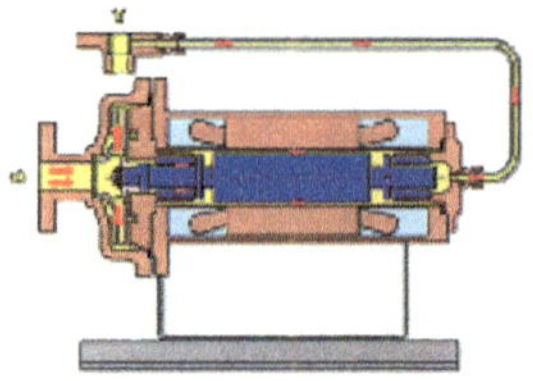
原理	1. 屏蔽泵是一种无密封泵，泵和驱动电动机都被密封在一个被泵送介质充满的压力容器内，此压力容器只有静密封，并由一个电线组来提供旋转磁场并驱动转子。这种结构取消了传统离心泵具有的旋转轴密封装置，故能做到完全无泄漏。 2. 屏蔽泵把泵和电动机连在一起，电动机的转子和泵叶轮固定在同一根轴上，利用屏蔽套将电动机的转子和定子隔开，转子在被输送的介质中运转，其动力通过定子磁场传给转子。		

性能参数	性能参数	符号	单位	定义
	流量	Q	m^3/h	泵在单位时间内所排出的液体量，通常是指体积流量。
	扬程	H	m	单位质量的液体通过泵所获得的有效能量。
	转速	n	r/min	泵轴每分钟的转数。
	功率	N_e N	kW	单位时间内泵所消耗的功，分为有效功率（N_e）和轴功率（N）两种。
	效率	η	%	有效功率和轴功率的比值。

用途	
用途	屏蔽泵由于没有转轴密封，可以做到绝对无泄漏，同时它的安全性较高、结构紧凑、运转平稳，噪声低，不需加润滑油等，对高温、高压、低温、高熔点等各种工况也均能满足要求，主要用于石油、化工、纺织印染、制药、食品、冶金、电站及原子能等腐蚀性介质及有特殊要求的介质。

续表

设备名称	屏蔽泵
操作	1. 启动前的检查与准备工作 （1）检查地脚螺栓是否松动，压力表、温度表是否投用，罐内液体是否充足。 （2）根据付料需要改好流程。 （3）打开夹套冷却水阀门，检查水流是否充足。 （4）打开泵进口阀门，打开气相回流阀；气相回流液必须回到介质抽出罐。 （5）打开倒罐回流阀，把泵入口管路内气体放进罐内（若无此阀门可打开放火炬阀；如果后续装置压力较低，可采取不启泵，打开泵进、出口阀向装置自压的方式排净进口管路内的气体）。 （6）完全打开泵出口阀，2min 后关闭。 2. 启动试运转 （1）按启动按钮开泵，检查 TRG 表是否指明示在绿色区域内，若在红色区域内，说明电动机反转，停泵通知调度让电修倒线。 （2）检查泵进出口压力有无大的变化，压差是否正常。 （3）检查电压、电流是否在额定范围内，有无异常声音和振动，若发现异常应立即停机，查找原因，排除故障。 （4）全面检查正常后，泵即可正常运转。缓慢开启泵出口阀向装置付料，注意泵出口压力变化（注：出口压力表的压力 $p\approx$ 入口压力 p_1+ 介质密度 × 泵的扬程）。 （5）填写泵运行记录。 3. 停泵 （1）关闭泵出口阀，按停止按钮停泵。 （2）关闭泵气相回流阀，关闭冷却水阀。 （3）稍开倒罐回流阀，让介质冷却泵体。 4. 泵正反转的判断 （1）泵正转： a. 点动电源，TRG 表指针在绿区轻微摆动后回零； b. 出口压力表能达到正常压力； c. 泵无振动和噪声； d. 泵运行电流正常。 （2）泵反转： a. 点动电源，TRG 表指针摆动到红区； b. 出口压力表能达不到正常压力； c. 泵有异常振动、噪声较大； d. 泵运行电流低于正常值。 5. 遇有以下情况之一者应立即紧急情况停车： a. 当“TRG”表指向红区时； b. 当屏蔽泵有异常响声时； c. 当屏蔽泵冷却水套温度过高或突然断水时； d. 当屏蔽泵入口断液时。

续表

设备名称	屏蔽泵		
维护保养	1. 轴承监测器指示黄色区域时，应分解电泵检查轴承，指示红色区域必须停车更换轴承 。 2. 彻底清除入口管内的铁锈及固体异物。为确保清洁的介质进入泵内，建议在泵入口处安装过滤器。 3. 运转中，如发生异常声音或振动等，必须立即停车，查清原因，排除故障，断流运转不应超过 30s。 4. 不得在引起汽蚀的状态下运转。 5. 泵的正常工作状态，必须是铭牌规定的性能参数范围，否则影响泵的轴向推力。 6. 在分解检查泵时，也应检查循环管路有无异常情况。 7. 规格型号不符，不得使用。 8. 运转前，应充分排气。 9. 输送液中不得有固体杂质。 10. 小于最小流量时，应增设旁通管线，否则不应运转。 11. 试运转应在泵内完全充满工作液后进行。 12. 带冷却水的泵，必须按规定的冷却水流量接通冷却水，然后开车运转。 13 每月对冷却水套冲洗一次，对壳体绝缘电阻进行测定，对设备进行一次全面检查。		
故障排除	故障现象	故障原因	处理方法
	TRG 表针指示逐渐增大、指针不摆动	电源电压升高	检查端电压是否正常
		反相	检查处理
		缺相	检查处理
		泵轴磨损	检查处理或更换
		轴承磨损增大	检查轴承磨损情况，如超过要求值更换轴承
	TRG 指针摆动无规则，泵流量、压力不稳，内部声音不正常，有时端部发热	泵进口阀开启不到位	检查循环液管路，泵进口阀开启到位
		循环液中有气泡	通过泵排气口进行排气
	TRG 指针突然升至红色区，针摆动幅度增大且有规则性波动，并伴随声音不正常	转子笼条胀开造成局部断条	换同型号新转子
		叶轮摇动、转轴弯曲，口环磨损	拆开泵壳检查修理损坏处，更换新配件
	轴承异常磨损	有杂物混入	检查滤网选型是否合乎规定，滤网是否破损

续表

设备名称	屏蔽泵		
	故障现象	故障原因	处理方法
故障排除	泵体过热	泵循环管堵塞或未通，泵尾冷凝阀未开	开启泵尾冷凝阀，保持循环管通畅
		冷却水管道堵塞	检查疏通
		泵内无介质	检查处理
		出口阀未打开	打开出口阀
		轴承磨损，转子磨定子套	更换新轴承和相关配件
	机泵振动及噪声过大	轴弯曲变形	校直原轴或更换新轴
		石墨轴承磨损过大	更换轴承
		叶轮与泵壳摩擦	检修调整间隙
		异物堵塞	清除异物并防止再次发生
		吸入阻力大	检查清洗过滤器，并对管路进行检查
		泵进口压力低	及时对进口管线或产品储罐充压
		泵内存有气相	按照程序排气
		地脚螺栓松动	紧固地脚螺栓
	流量不足	叶轮流道堵塞	检修清理流道
		进出管道阀门堵塞不畅	清扫管道阀门
		叶轮密封环磨损严重	更换密封环
		叶轮腐蚀磨损	更换叶轮

附：某厂家的资料提供的故障诊断说明书：

故障或现象 / 原因		电动机							泵					振动、噪声				排除方法
		不能起动	电流过大	过热	绝缘不良	TRG 指示过大★	轴承异常磨损	轴承损坏	不上渣	渣量太小	达不到扬程	产生气蚀	流量不稳定	振动大	振动逐渐增大	噪声大	噪声逐渐增大	
电动机	线圈干燥不良				○													干燥或返回制造厂修理
	雨水浸入				○													检查接线盒和垫圈，保证雨水不能从接线盒浸入
	规格不符		○	○						○	○							返回制造厂，更换正确规格

续表

	故障或现象 / 原因	电动机							泵					振动、噪声				排除方法
		不能起动	电流过大	过热	绝缘不良	TRG 指示过大★	轴承异常磨损	轴承损坏	不上渣	渣量太小	达不到扬程	产生气蚀	流量不稳定	振动大	振动逐渐增大	噪声大	噪声逐渐增大	
泵	腐蚀		○					○		○	○				○		○	同本公司协商，变更材质
	磨损					○	○	○		○	○				○		○	修补或更换，改换材质
	轴承负荷过大						○	○										如果是 R（RA）级，同本公司协商改变逆流量
	轴弯曲					○								○	○			校直
	平衡不良													○	○			与制造厂协商
	异物堵塞	○					○	○	○	○	○			○	○			清除并采取措施以防止再发生
	规格不符		○	○			○			○	○							返回制造厂，更换正确规格
使用条件	吸入阻力大									○	○	○		○	○	○	○	检查清扫管路，确认进口阀（如果设置）是否全部打开
	净正压头不够						○			○	○		○	○		○		对吸入浸面的高度及吸入阻力进行检查并采取措施，可与制造厂协商
	排出阻力过大									○	○		○					清扫并检查管路，确认出口阀（如果设置）开度
	排出压力太小		○								○	○						重新检查管路
	异物堵塞	○							○	○	○	○						清除并采取措施以防止再发生
	杂质混入						○											清除杂质，并采取措施以防止杂质的混入
	液体密度过大		○							○	○							同本公司协商
	液体黏度过大		○				○	○		○	○	○						同本公司协商
	排气不良						○	○	○	○	○							重新按程序排气
	存在气体						○		○	○	○	○				○	○	设法排出气体
	冷却水不足或断水			○														按规定水量重新设置或调整冷却水量
	配管不良								○	○	○	○	○	○	○			适当改变配管
	缺相	○				○		○										检修，保证三相电源
	反相					○				○	○							更换任何二楼电源线位置
	没接通电源	○							○									检修配线及电气设备

注：★有配置时

TRG 指示说明

TRG 指示及泵状态	可能故障处	检查或处理方法
表针指示逐渐增大、指针不摆动或者运行状态差	电源电压升高或者轴承磨损增大	先检查端电压是否正常，再检查轴承磨损、如超过要求值，更换新轴承
表针摆动无规则，泵流量、压力不稳，内部声音不正常，或电机局部发热	循环系统不正常，流量不足或有气泡	检查循环液管路，检查电泵类型是否符合工艺要求
表针突然上升至红色区，表针摆动幅度增大；且有规则性波动，有时停机后再启动故障消失	转子笼条胀开造成局部断条	换同型号转子
表针突然上升至红色区，表针摆动幅度增大；且有规则性波动，伴随泵内声音不正常	叶轮摇动、转轴弯曲、口环磨损	拆机检修
表针指示值大于 0.75，运转不顺畅，流量、压力低下	电源相序接反	检查电源相序并重接电源
表针正常，运转不顺畅，流量、压力低下；或运行正常，表针大于 0.75	模块三相电源与电动机端子的相序不一致。TRG 与热元件线路接错	检查模块三相电源线与电动机电源线相序是否对应，按正确相序接好
表针指示值 0.5，一相电流为零	断相	检查电源线，把电源接好
表针指示忽大忽小；或者摆动，且这种现象是短暂的	管路混入异物或工作液有结晶或沉淀	检查工作液及循环管路，排除异物
电泵工作正常，电源线正接反接表针指示始终大于 0.75，有时停转一阶段，再启动故障消失	模块或 TRG 表损坏或者 TRG 系统回路有接地现象	检查模块输入、输出电参数，检查电表电参数，检查模块、TRG 表是否接地
表针无指示或指示反向	模块检查后在组装时，极性装反。仪表损坏，模块选用错误	检查仪表及模块选用类型，模块安装孔及仪表的极性是否对应
表针在某位置不动	卡针	把仪表拆下检查，或更换仪表
主电路端子对地绝缘为零，或者启动电泵时跳闸	接线架损坏，模块损坏，主绕组损坏。TRG 表与热元件接线错误	把模块及主绕组从接线架上拆下分别检查

渣浆泵

<table>
<tr><th>设备名称</th><th>渣浆泵</th></tr>
<tr><td>结构</td><td>
渣浆泵的实物图、结构示意图

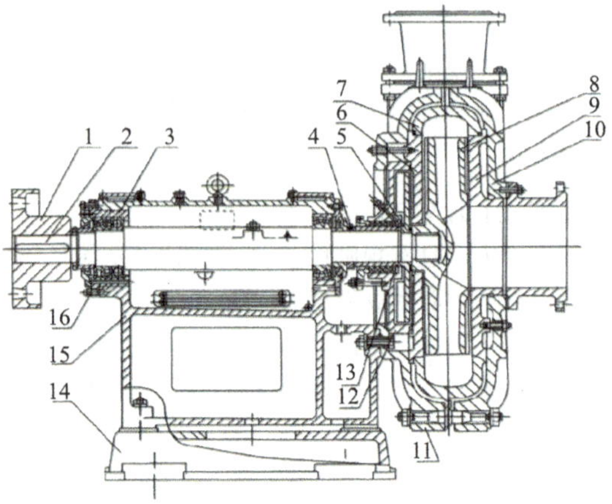
1—联轴节；2—轴；3—轴承箱；4—拆卸环；5—副叶轮；6—后护板；7—蜗壳；8—叶轮；9—前护板；10—前泵壳；11—后泵壳；12—填料箱；13—水封环；14—底座；15—托架；16—调节螺钉
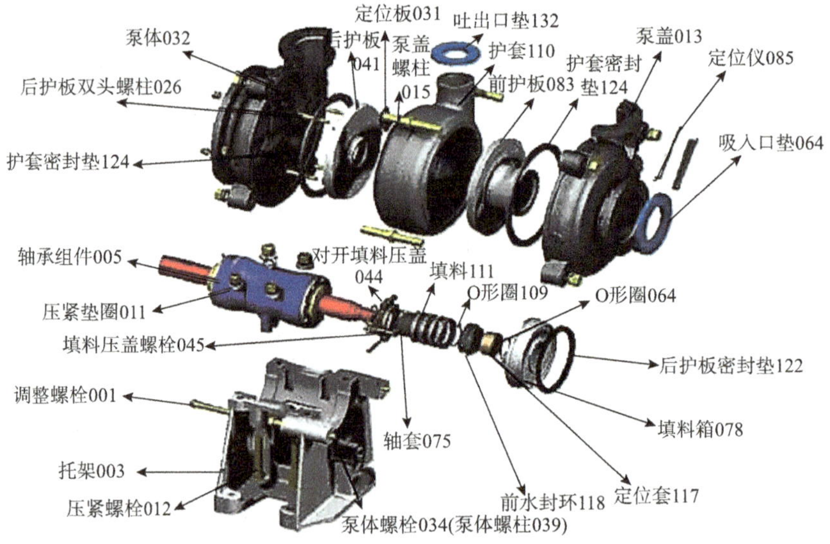

渣浆泵所采用的多为双泵壳结构，由泵体和泵盖组成外泵壳结构，叶轮、护套、前护板、后护板组成内泵壳结构。渣浆泵外泵壳结构的制造材料有灰铁、球铁、铸钢三种，内泵壳结构也被称为水泵的过流部件，制造材料也有三种，分别是KMTBCr26、Cr15Mo3和橡胶。
渣浆泵的内泵壳结构也就是过流部件，这也就意味着它代表了渣浆泵的核心质量水平，泵备件的过流部件制造材料中，KMTBCr26金属晶粒细密、耐磨性好、性价比较高，目前70%的渣浆泵过流部件都使这种材质。Cr15Mo3材质制造的过流部件虽然耐磨性更高、硬度更好，使用寿命能达到KMTBCr26的1.5倍，但其成本更高达到KMTBCr26的2倍，故而性价比较低、使用范围较小。橡胶在三种制造材料中耐腐蚀性更好，当介质中含有固体颗粒圆滑、无尖角、渣浆泵的扬程不超过40m时，适宜选择橡胶制造的过流部件。
泵共性结构和有关零部件类同前述卧式悬臂离心泵。
</td></tr>
</table>

续表

<table>
<tr><th>设备名称</th><th colspan="4">渣浆泵</th></tr>
<tr><td>原理</td><td colspan="4">通过借助离心力（泵的叶轮的旋转）的作用使固、液混合介质能量增加的一种机械，将电能转换成介质的动能和势能的设备。主要适用于矿山、电厂、疏浚、冶金、化工、建材及石油等行业领域。渣浆泵的名称是从输送介质的角度来划分的一种离心泵。另外渣浆泵从不同角度还可以具体划分不同类型。泵除了抽水之外，还可以抽气体、固体、固液混合体——矿粉泥浆。</td></tr>
<tr><td rowspan="4">性能参数</td><td>性能参数</td><td>符号</td><td>单位</td><td>定义</td></tr>
<tr><td>流量</td><td>Q</td><td>m^3/h</td><td>泵每小时内所排出液体的体积流量；泵必须在最小流量点以上运行，否则会造成泵振动、噪声、汽蚀，从而使泵的零部件遭到破坏。</td></tr>
<tr><td>扬程</td><td>H</td><td>m</td><td>液体通过泵所获得的有效压力能；泵出入口压差（MPa）乘以介质比重（介质与水的密度比）再乘以9.8。泵流量越小扬程越高。</td></tr>
<tr><td>功率</td><td>N</td><td>kW</td><td>每小时内泵所消耗的功，与电动机电流成正比，电流越高功率越大，泵流量越大电流越高。</td></tr>
<tr><td>用途</td><td colspan="4">渣浆泵可广泛用于矿山、电力、冶金、煤炭、环保等行业输送含有磨蚀性固体颗粒的浆体。如冶金选矿厂矿浆输送，火电厂水力除灰、洗煤厂煤浆及重介输送，疏浚河道，河流清淤，海水选砂等。在化工产业，也可输送一些含有结晶的腐蚀性浆体。</td></tr>
<tr><td>操作</td><td colspan="4">1. 开机前检查地脚螺栓有无松动，联轴器护罩、电机风叶罩是否完好，以保证设备安全与人身安全。
2. 检查进口阀门是否打开，并尽可能全部打开。出口阀门是否关闭，打开放气阀进行排气，直到无空气为止关闭放气阀。在有底阀的管路中要将泵腔内灌满水。
3. 启动离心泵，待转速达到正常转速后，缓慢打开出口阀门，同时观察电流表，将电流控制在电动机额定电流范围内运行。
4. 运行中要求离心泵运行平稳，无异常噪声，无压力大幅度波动。发现异常情况要及时停机。
5. 停机前要先逐渐关闭出口阀门，然后关闭电源。
6. 带有止回阀的管路，在确保止回阀完好情况下无需关闭出口阀门，检查泵腔无空气可以直接开机。</td></tr>
<tr><td>维护保养</td><td colspan="4">1. 严格执行润滑管理制度。
2. 定期清洁设备及附属管线的卫生，确保无油污、灰尘。
3. 定时检查出口压力、振动、密封泄漏、轴承温度等情况，发现问题应及时处理。
4. 定期检查泵附属管线是否畅通。
5. 定期检查泵各部螺栓是否松动。</td></tr>
</table>

续表

设备名称	渣浆泵		
故障排除	故障现象	故障原因	处理方法
	泵不转	蜗壳内固硬沉积物淤塞	可采取清除淤塞物措施
	无法启动	电源接头连接是否牢靠；开关接触是否紧密；保险丝是否熔断；三相供电的是否缺相等	应查明原因并及时进行修复
		填料太紧或叶轮与泵体之间被杂物卡住而堵塞	放松填料，疏通引水槽
		泵轴、轴承、减漏环锈住	拆开泵体清除杂物、除锈
		泵轴严重弯曲	拆下泵轴校正或更换新的泵轴
	流量不足	如叶轮或进出水管路阻塞	可采取清洗叶轮或管路
		如叶轮磨损严重	应采取更换
		填料口漏气	应压紧填料
		输送高度过高，内损失阻力过大	降低输送高度或减小阻力
		渣浆泵动力转速不配套或皮带打滑，使转速偏低	恢复额定转速，清除皮带油垢，调整好皮带紧度
	密封泄漏	轴与添料箱不同轴心，泵轴与原动机对中不良或轴弯曲	主要原因是加工误差大、安装不正确。应注意在安装后检查安装是否正确。重新校正
		密封水环磨损严重	需更换新水环
		密封清水管堵塞，密封水无法进入盘根中间造成盘根磨损快，导致漏料	对堵塞水管进行疏通，保持密封水清洁
		机械密封冲洗清水中断或水压低	保持冲洗清水压力高于泵入口压力 0.1MPa
	泵振动，有噪音	介质密度不均匀。介质密度不均匀造成泵刚刚启动时会出现振动，当泵正常开启后，泵的振动会消失	这种情况不需处理，只是在开车前，注意把介质用高压风吹均
		泵的安装不水平	在安装和运行过程中应检查泵体的水平
		汽蚀，使泵的叶轮不平衡	应降低安装高度，调小出水阀门，减少进口阻力
		吸入管进气不均匀	应改善泵的进料情况，强化进气的均匀稳定性
		泵轴承游隙大	轴承游隙过大会导致泵的振动大，在日常设备运行中应随时注意观察泵的情况，发现泵轴和电机轴不同心或轴承损坏要及时处理

续表

设备名称	渣浆泵		
故障排除	故障现象	故障原因	处理方法
	轴承发热	未开启冷水或冷却水箱堵塞	应开启冷却水功能或疏通冷却水道
		设备润滑不好	应按说明书调整润滑油量
		润滑油不清洁，油中有杂质	应清洗轴承，换润滑油
		推力轴承方向不对	针对进口压力情况，调整推力轴承方向
		轴承出气口堵塞，导致轴承箱体内的热气不能排出，使设备温度升高	应对出气口进行清理
		电机轴与泵轴不对称或不平行	应调节电机轴或者泵轴，如果轴变形或者弯曲就直接更换轴
	填料处泄露	轴与填料箱不同轴心	加工误差大、安装不正确。应注意在安装后检查安装是否正确
		密封水环磨损严重	更换新水环
		密封清水管堵塞，密封水无法进入盘根中间造成盘根磨损快，导致漏料	应对堵塞水管进行疏通，保持密封水清洁
	泵发热	轴承损坏，轴承或托架盖间隙过小	更换轴承，拆除后盖，在托架与轴承座之间加装垫片
		泵轴弯曲或两轴不同心	调整泵轴或调整两轴的同心度
		胶带太紧	适当调松胶带紧度
		缺油或油质不好	加注干净的黄油，黄油占轴承内空隙的 60%左右
		叶轮上的平衡孔堵塞，叶轮失去平衡，增大了向一边的推力	清除平衡孔内的堵塞物
	电动机过热	电压偏高或偏低	稳定电压
		电源三相电压不对称	安装缺相保护装置
		缺相运行	安装缺相保护装置
		动力不配套，小马拉大车，电动机长时间过载运行，使电动机温度过高	更换电动机
		启动过于频繁、定额为短时或断续工作制的电动机连续工作	限制启动次数，正确选用热保护，按电动机上标定的定额使用

液压叶片泵

<table>
<tr><th>设备名称</th><th>液压叶片泵</th></tr>
<tr><td>结构</td><td>
液压叶片泵的实物图、结构示意图

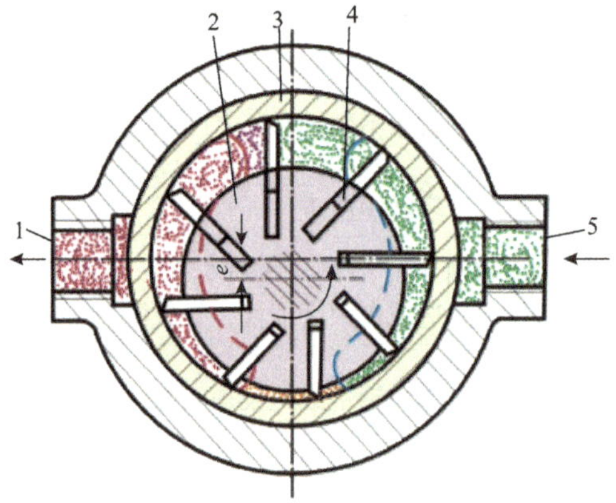

1—压油口；2—转子；3—定子；4—叶片；5—吸油口

叶片泵，是转子槽内的叶片与泵壳（定子环）相接触，将吸入的液体由进油侧压向排油侧的泵。分单作用式和双作用式两种。

泵共性结构和有关零部件类同前述卧式悬臂离心泵。
</td></tr>
</table>

续表

<table>
<tr><th>设备名称</th><th colspan="4">液压叶片泵</th></tr>
<tr><td>原理</td><td colspan="4">双作用式叶片泵工作原理：由定子、转子、叶片和配油盘等组成。定子内壁近似椭圆形。叶片安装在转子径向槽内并可沿槽滑动，转子与定子同心安装。当转子转动时，叶片在离心力的作用下压向定子内表面，并随定子内表面曲线的变化而被迫在转子槽内往复滑动，相邻两叶片间的密封工作腔就发生增大和缩小的变化。叶片由小半径圆弧向大半径圆弧处滑移时，密封工作腔随之逐渐增大形成局部真空，于是油箱中油液通过配油盘上吸油腔吸入；反之将油压出。转子每转一周，叶片在槽内往复滑移 2 次，完成 2 次吸油和 2 次压油，并且油压所产生的径向力是平衡的，故称双作用式，也称平衡式。
单作用式叶片泵工作原理：主要由定子、转子、叶片和配油盘等组成。定子的内表面是一个圆柱形，转子偏心安装在定子中，即有一个偏心距 e，叶片装在转子径向滑槽中，并可在槽内径向滑动。转子转动时，在离心力和叶片根部压力油的作用下，叶片紧贴在定子内表面上，这样相邻两片叶片间就形成了密封工作腔。在其中一边，叶片逐渐伸出，密封工作腔逐渐增大，形成局部真空，形成吸油；反之，另一边，形成压油。转子每转一周，叶片在滑槽内往复滑移 1 次，完成 1 次吸油 1 次压油。油压所产生的径向力是不平衡的，故称单作用式，也称不平衡式叶片泵。</td></tr>
<tr><td rowspan="4">性能参数</td><td>性能参数</td><td>符号</td><td>单位</td><td>定义</td></tr>
<tr><td>流量（抽油速率）</td><td>Q</td><td>m^3/h</td><td>泵每小时内所排出液体的体积流量。</td></tr>
<tr><td>出口压力</td><td>p</td><td>MPa</td><td>液体通过泵体、泵盖和齿轮所构成的密封空间，被挤压后获得的有效压力能。</td></tr>
<tr><td>功率</td><td>N</td><td>kW</td><td>每小时泵所消耗的功，其随流量或压力的增加而增加。</td></tr>
<tr><td>用途</td><td colspan="4">它是目前液压系统中应用最广的一种低噪声油泵。目前还没有能代替它的油泵，发展前景受到液压系统的限制，一般一套液压系统只用一台叶片泵。</td></tr>
<tr><td>操作</td><td colspan="4">1. 灌泵
非常缓慢地打开泵入口阀，并在出口压力表接头排气。
2. 开泵出口阀
缓慢打开泵出口阀，防止单向阀内漏。
3. 检查流程
检查后路流程的正确，检查溢流阀、减压阀的阀位
4. 检查流程
检查后路流程的正确，检查溢流阀，减压阀的阀位。
注意：
节流阀顺时针转关闭，逆时针转打开。
溢流阀手柄顺时转为调高压力，逆时针转为调低压力。</td></tr>
</table>

续表

<table>
<tr><th>设备名称</th><th colspan="3">液压叶片泵</th></tr>
<tr><td>维护保养</td><td colspan="3">1. 测振测温
（1）监测时间：如 8:00－15:00（企业自定）；
（2）监测标准：
a. 电动机功率在 <15kW，振动值应≤1.8mm/s；电动机功率在 15~300kW 的机泵，振动值应≤2.8mm/s；电动机功率 > 300kW 泵，振动值应≤4.5mm/s。
b. 油池温度应低于 82℃。
2. 供水
（1）油温一般在 20~50℃范围内合适。当油温高于 50℃时，冷却器通循环冷却水，当环境温度低于 20℃时液压管道应采取保温措施。
（2）检查泵体油质是否有异常（脏或如乳化）。
3. 机械密封
泄漏标准：每分钟泄漏量小于 15 滴。</td></tr>
<tr><td rowspan="15">故障排除</td><td>故障现象</td><td>故障原因</td><td>处理方法</td></tr>
<tr><td rowspan="3">研泵（烧盘）</td><td>油太脏，油温高</td><td>换油，提高冷却效果</td></tr>
<tr><td>油中有铁屑，或进水</td><td>脱水，换油</td></tr>
<tr><td>零部件配合精度不够</td><td>更换零件或检修机泵</td></tr>
<tr><td rowspan="5">系统压力波动较大</td><td>溢流阀失灵，减压阀失灵</td><td>清洗或更换</td></tr>
<tr><td>油液黏度太高，吸油不足，过滤器堵塞</td><td>清洗或更换</td></tr>
<tr><td>油位太低，液位不到位</td><td>改善润滑条件</td></tr>
<tr><td>油液太脏，铁屑等进入溢流阀等卡死，造成压力高</td><td>联系检修，换油</td></tr>
<tr><td>泵体部件卡涩</td><td>联系钳工检查维修</td></tr>
<tr><td rowspan="6">流量不足</td><td>顶盖处螺丝松动，轴向间隙增大，容积效率下降</td><td>适当拧紧螺钉，保证间隙均匀、适当（间隙为 0.04~0.07 mm）</td></tr>
<tr><td>个别叶片滑动不灵活</td><td>清洁叶片泵，如还不灵活则更换调配</td></tr>
<tr><td>定子内表面磨损，叶片不能与定子内表面良好接触</td><td>定子内表面磨损一般在吸油腔处</td></tr>
<tr><td>配流盘端面磨损严重</td><td>更换</td></tr>
<tr><td>叶片与转子装反</td><td>使叶片倾角方向和转子的旋转方向一致</td></tr>
<tr><td>系统泄漏大</td><td>逐个元件检查泄漏，同时检查压力表是否被脏物堵塞</td></tr>
</table>

续表

设备名称	液压叶片泵		
故障排除	故障现象	故障原因	处理方法
	吸不上油	油面过低，油液吸不上	检查并加注到规定油标线
		油液黏度过大，使叶片在转子槽内滑动不灵活	一般用 20# 液压油或 22# 汽轮机油
		配油盘端面与壳体内平面接触不良，高低压腔串通	整修配油盘端面
		泵体内部有砂眼，高低压腔串通	更换
		电动机转向反了	纠正
	噪声过大	滤油器堵塞，吸油不畅	清洗
		吸入端漏气	用涂黄油的方法，逐个检查吸油管接头处，若噪声减少应紧固接头。或直接观察回油口处是否出现气泡
		泵端密封磨损	在轴端油封处涂上黄油，若噪声减小，应更换油封
		泵盖螺钉由于振动而松动	将螺钉连接处涂上黄油，若噪声小，应紧固螺钉
		泵与电动机轴不同心	重新调整使之同心
		转子的叶片槽两侧与其两端面不垂直	更换转子
		配油盘卸荷三角槽太短	用什锦锉适当修改，使前一叶片过卸荷槽时，后一叶片已脱离吸油腔
		花键槽轴端的密封过紧（有烫手现象）	适当调整更换
		泵的转速太高	按规定转速使用
		油泵的吸油量不足	检查油液高度
		液压油严重污染	拆下滤油器，检查滤油器是否破损，是否有较多固体吸附，更换滤油器和液压油
		压力振摆	检查泵芯总压阀阀芯磨损情况

柱塞泵（注水泵）

<table>
<tr><th>设备名称</th><th>柱塞泵（注水泵）</th></tr>
<tr><td>结构</td><td>

柱塞泵（注水泵）的实物图、结构示意图

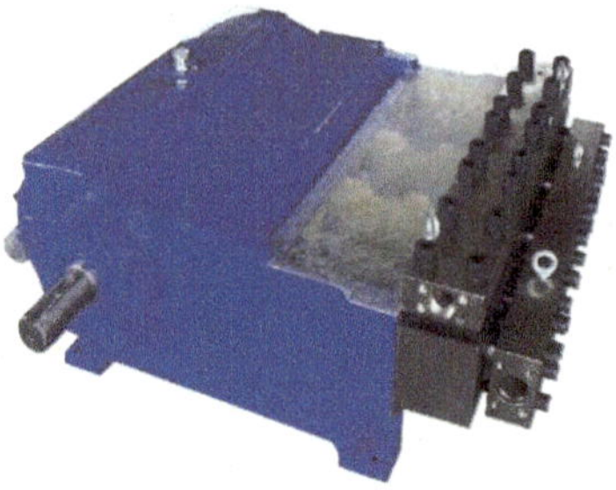

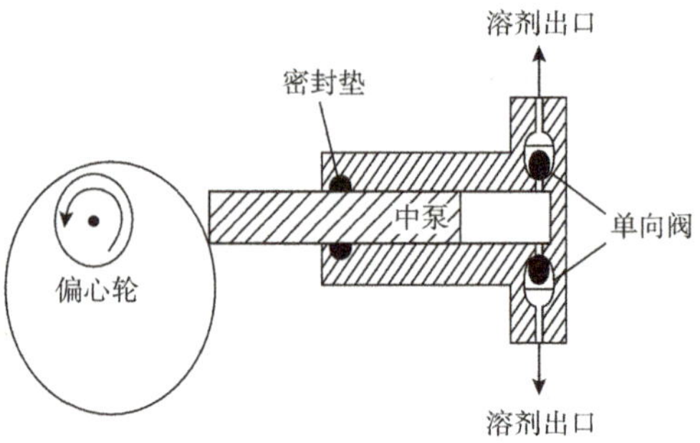

往复式柱塞泵

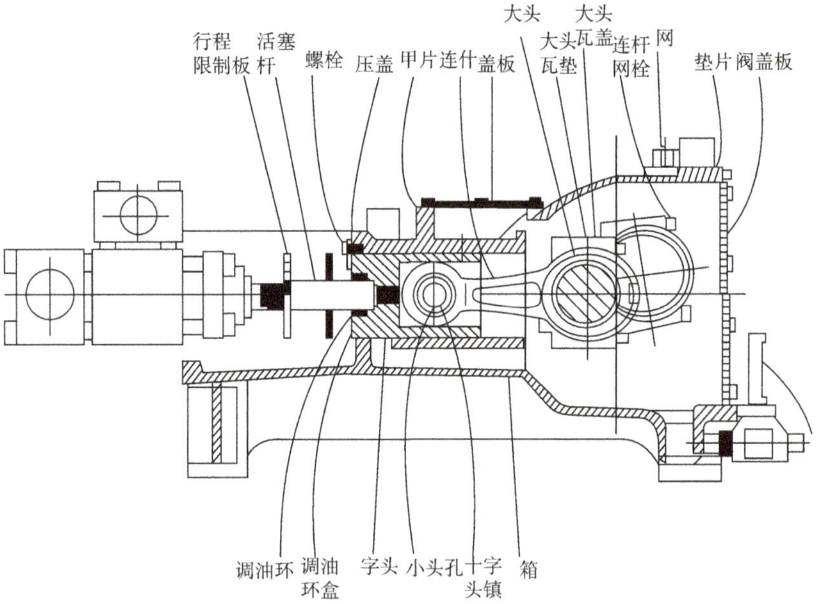

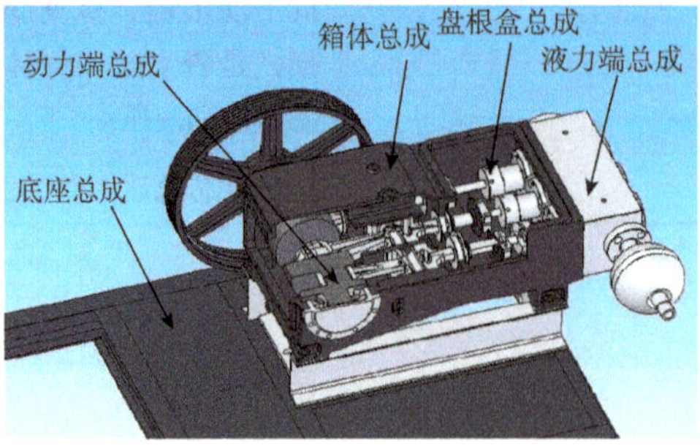

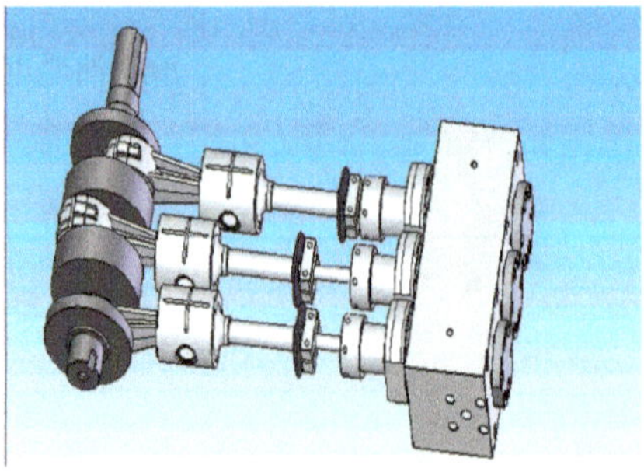

</td></tr>
</table>

续表

<table>
<tr><th>设备名称</th><th colspan="4">柱塞泵（注水泵）</th></tr>
<tr><td>结构</td><td colspan="4">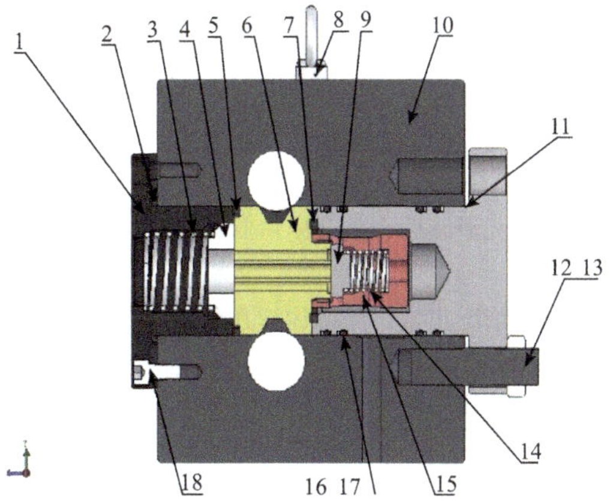
1—吸液弹簧座；2，5，7—密封圈；3—进液弹簧；4—进液阀片；
6—阀体；8—吊环；9—排液阀片；10—泵头；
11—泵头压紧法兰；12、13—紧固螺丝；14—排液内外弹簧；
15—排液弹簧座；16、17—O形密封圈；18—固定螺栓
作用：吸入低压液体，增压后排出高压液体。
柱塞泵由动力端、液力端组成。动力端由动力箱、曲轴、连杆、轴承、十字头体、密封组成。液力端总成内装进排液阀、柱塞、密封、安全阀和缓冲器（高压泵有）。</td></tr>
<tr><td>原理</td><td colspan="4">当柱塞在曲轴带动下作回程运动时，液缸的容积逐渐增大，形成了局部真空，排液阀处于闭合状态。在压差作用下，进液阀打开，液体进入液缸内，柱塞继续移动到回程位置极限时，吸液过程终止。这时，工作缸内吸液最多。当柱塞作进程运动时，液缸内的容积逐渐减小，液体受挤压，压力增加，使进液阀关闭，排液阀打开，液体从排出管中排出。柱塞达到进程极限位置时，工作腔的容积最小，排液过程完毕。柱塞在曲轴的带动下，再次作回程运动。由于柱塞不断地往复运动，吸排液过程就不断地交替进行，高压液体于是不断地输出。</td></tr>
<tr><td rowspan="4">性能参数</td><td>性能参数</td><td>符号</td><td>单位</td><td>定义</td></tr>
<tr><td>流量</td><td>Q</td><td>m^3/h</td><td>柱塞泵的流量只取决于泵的主要结构参数 n（每分钟往复次数）、S（活塞行程）、D（活塞直径）、Z（活塞数目），泵的流量是恒定的。</td></tr>
<tr><td>出口压力</td><td>p</td><td>MPa</td><td>如果认为输送液体是不可压缩的，那么，在理论上可认为柱塞泵的排出压力将不受任何限制，即可根据装置的管道特性，建立任何所需的排出压力。</td></tr>
<tr><td>功率</td><td>N</td><td>kW</td><td>每小时泵所消耗的功，其随流量或压力的增加而增加。</td></tr>
<tr><td>用途</td><td colspan="4">柱塞泵效率高而且高效区宽，泵出口能达到很高压力，压力变化几乎不影响流量，因而能提供恒定的流量。具有自吸能力，可输送液、气混合物，但是其出口流量和压力有较大的脉动，通常需要在排出管路上（有时还在吸入管路上）设置空气室使流量比较均匀，采用双作用泵和多缸泵可显著地改善流量的不均匀性。</td></tr>
</table>

续表

<table>
<tr><th>设备名称</th><th colspan="3">柱塞泵（注水泵）</th></tr>
<tr><td>操作</td><td colspan="3">1. 灌泵
非常缓慢地打开泵入口阀，全开旁路阀排气。
2. 确认单向阀完好
缓慢打开泵出口阀，查看泵出口压力表，确认单向阀是否内漏。
3. 待启动
确认单向阀无泄漏后，全开出口阀和旁路阀。
4. 启动电机
泵机械运转情况正常，保持运行几分钟，以保证传动部件充分润滑。
5. 关旁路阀
缓慢关闭旁路阀，待压力正常后全关。通过变频或返回线调节流量。
注意：
柱塞泵严禁带负荷启动！
对于出口单向阀内漏的柱塞泵切换操作详见操作票！
遇下列情况之一时，必须紧急停车：
a）泵内发生严重异常声响；
b）振动突然加剧；
c）轴承温度突然上升超过规定值；
d）泵流量下降；
e）电流超过额定值，并继续上升不降；
f）其它危及安全的情况。</td></tr>
<tr><td>维护保养</td><td colspan="3">1. 日常检查
（1）检查曲轴箱、减速箱、注油器油质油位，油位过低及时添加润滑油；
（2）确认转动部件和柱塞缸体的温度、振动在正常范围；
（3）检查注油器注油是否正常；
2. 润滑
（1）查看柱塞井引出线是否有大量介质泄漏（柱塞井是指填料盒与刮油环之间的接筒部位）。
（2）发现引出线漏量大时拆开柱塞井盖板，判断确认泄漏情况。
注意：
柱塞泵流量调节通过变频电机调节转速或者通过泵出口返回线调节流量！</td></tr>
<tr><td rowspan="6">故障排除</td><td>故障现象</td><td>故障原因</td><td>处理方法</td></tr>
<tr><td rowspan="5">流量或出口压力降低</td><td>入口管线堵塞、入口压力低</td><td>检查入口管线、清过滤器、提高水罐操作压力</td></tr>
<tr><td>柱塞泵水阀泄漏</td><td>检修更换零部件</td></tr>
<tr><td>旁路阀内漏</td><td>更换旁路阀</td></tr>
<tr><td>往复次数不够</td><td>调节</td></tr>
<tr><td>进出阀开度不够或阻塞</td><td>检查处理</td></tr>
</table>

续表

设备名称	柱塞泵（注水泵）		
故障排除	故障现象	故障原因	处理方法
	异常振动或噪声	轴承磨损严重，间隙过大	联系检修
		泵抽空或流量过小	进行工艺调整
		支架不牢引起管线振动	管线支架加固
	密封泄漏	柱塞填料失效	检修
		填料没有压紧	压紧填料
		柱塞磨损或产生沟槽	检修或更换柱塞
		超过额定压力	调节压力
	轴承温度过高	轴承磨损或松动	联系检修
		润滑油油位低或油质差	添加或更换润滑油
		超载运行	调整操作

柱塞式计量泵

设备名称	柱塞式计量泵

结构

柱塞式计量泵的实物图、结构示意图

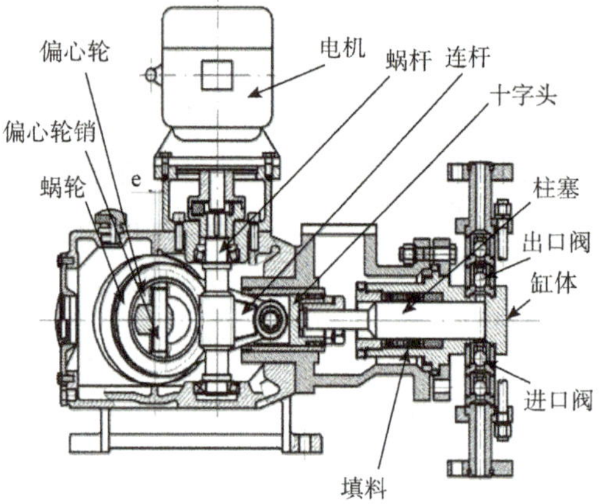

柱塞式计量泵由电动机、传动箱、缸体等 3 部分组成。传动箱部件是由弓型连杆凸轮机构、行程调节机构和速比蜗轮机构组成；通过旋转调节手轮来实行高调节行程，从面改变弓型连杆中前后距离来达到改变柱塞（活塞）行程的目的，缸体部件是由泵头、吸入阀组、排出阀组、柱塞和填料密封件组成。

原理

柱塞式计量泵主要由动力驱动、流体输送和调节控制 3 部分组成。动力驱动装置经由机械联杆系统带动流体输送隔膜实现往复运动：活塞于冲程的前半周将被输送流体吸入并于后半周将流体排出泵头；所以，改变冲程的往复运动频率或每一次往复运动的冲程长度即可达至调节流体输送量之目的。精密的加工精度保证了每次泵出量进而实现被输送介质的精密计量。

性能参数

性能参数	符号	单位	定义
流量	Q	m^3/h	每小时内吸入或排出液体的体积流量，流量与柱塞行程成正比。
行程比例	L	%	指柱塞的行程，一般按占满行程的百分比例计。
背压	p	MPa	指泵出口压力，其始终与泵后路注剂系统压力保持一致。

用途

在石化注剂方面，能适应输送高黏度介质，最高背压可达 350MPa，计量精度可达 ±1%。当出口压力变化时，流量几乎不变。

由于柱塞或密封填料易磨损泄漏，因此不适合高危险性、高防污染、高腐蚀性、昂贵介质等流体计量场合。

操作

1. 润滑油检查

检查确认传动油箱、液压油腔的油质与油位。

2. 行程调试

松开锁紧螺钉，以全行程范围能轻松自如转动调节手轮为佳。

3. 盘车

行程调至最大盘车使柱塞往复移动数次，各部件无卡涩。

4. 流程贯通

确认出、入口阀打开，安全阀、稳压阻尼器投用。

续表

<table>
<tr><th>设备名称</th><th colspan="3">柱塞式计量泵</th></tr>
<tr><td>操作</td><td colspan="3">5. 启动电机
行程调零空负荷启动试运，无异常后调量、标定、投运。
注意：
标准计量泵管路还配置流量标定柱（或计）和排气口、取样口。</td></tr>
<tr><td>维护保养</td><td colspan="3">1. 运行监护
（1）检查泵出口压力、流量是否正常，入口过滤器是否堵塞等。
（2）泵和电动机的振动、声音是否正常。
（3）一般传动油箱轴承温度不超过 70℃，电动机轴承温度不超过 75℃。
2. 盘车
在泵停运情况下，行程调至最大，盘车使柱塞往复移动数次，各部件无卡涩或松动。
3. 润滑
换油周期：传动油箱——首次运行 250h 后更换，以后每 4000h 更换一次。
润滑油种：按厂家，一般 L-TSA46，冬季 Mobil626。
4. 寿命管理
检查周期：
（1）柱塞与填料—4000h
（2）单向阀—4000h
（3）蜗轮、蜗杆—26800h
（4）偏心轮、连杆（或 N 型轴）—26800h
（5）轴承—36000h
注意：
严禁传动油箱无油情况下启动运行！
进、出口单向阀应整体更换，严禁钢球、阀座和垫片新旧混搭！</td></tr>
<tr><td rowspan="14">故障排除</td><td>故障现象</td><td>故障原因</td><td>处理方法</td></tr>
<tr><td rowspan="4">无流量</td><td>入口阀关，或进、出口单向阀堵塞</td><td>开阀，或清理单向阀</td></tr>
<tr><td>进、出口单向阀安装方向不正确</td><td>检查单向阀</td></tr>
<tr><td>吸入高度不够，无法吸入</td><td>调低泵安装高度，或溶剂罐加压</td></tr>
<tr><td>电动机未转，或行程调节手轮置“0”</td><td>联系检查电动机，或调大行程</td></tr>
<tr><td rowspan="5">流量不足</td><td>进、出口单向阀磨损</td><td>更换单向阀</td></tr>
<tr><td>出口安全阀泄漏</td><td>检修安全阀</td></tr>
<tr><td>吸入高度不够，产生汽蚀吸入减少</td><td>调低泵安装高度，或溶剂罐加压</td></tr>
<tr><td>行程调节不准</td><td>校正行程</td></tr>
<tr><td>柱塞磨损，或填料泄漏</td><td>更换柱塞或填料</td></tr>
<tr><td rowspan="2">流量过大</td><td>入口压力高于出口压力</td><td>检查管路问题</td></tr>
<tr><td>行程调节不准</td><td>校正行程</td></tr>
<tr><td rowspan="2">运行噪声大</td><td>轴承，或蜗轮、蜗杆磨损变大</td><td>检查或更换</td></tr>
<tr><td>偏心轮、连杆磨损，或柱塞连接松动</td><td>检查或更换</td></tr>
</table>

隔膜式计量泵

<table>
<tr><th>设备名称</th><th>隔膜式计量泵</th></tr>
<tr><td rowspan="2">结构</td><td>

隔膜式计量泵的实物图（左：机械隔膜式 / 右：液压隔膜式）、结构示意图

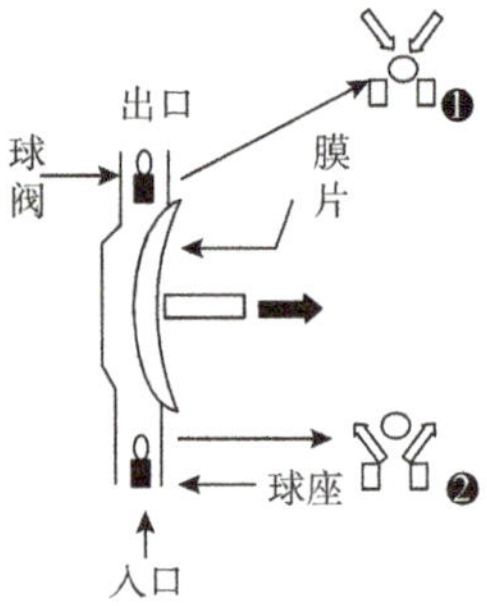

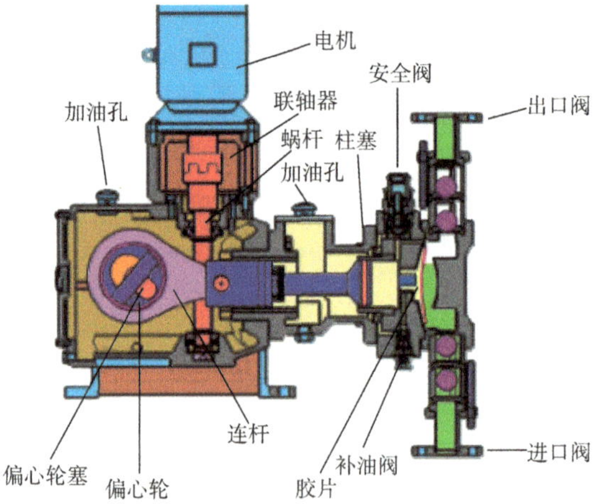

隔膜式计量泵由传动机座部件、泵头部件、电机三部分组成。结构主要包括驱动端和液力端。

</td></tr>
<tr><td>

根据液力端的不同可分为机械隔膜式计量泵、液压隔膜式计量泵。

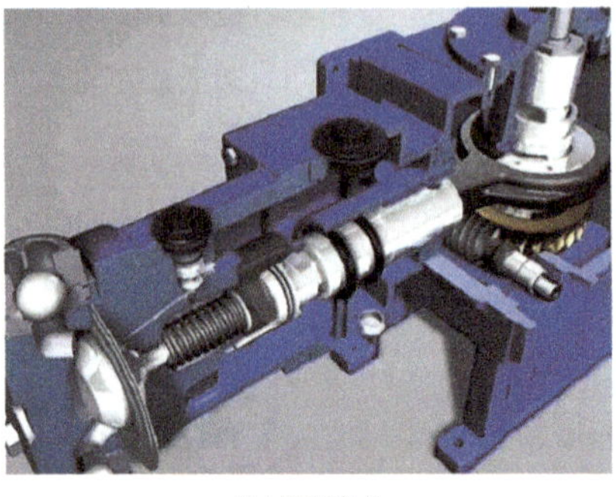
机械隔膜式

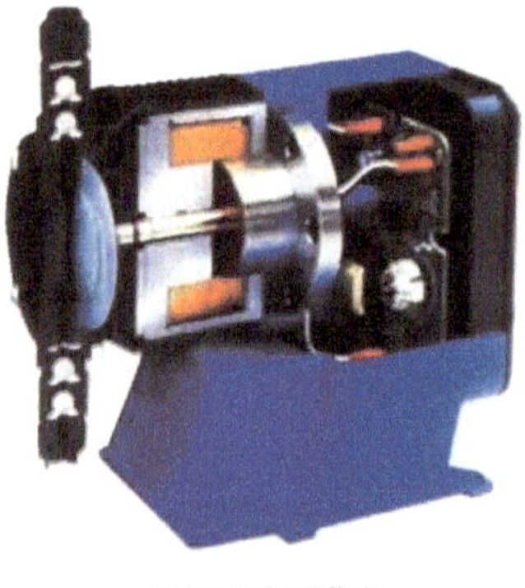
电磁驱动隔膜式

</td></tr>
</table>

续表

<table>
<tr><th>设备名称</th><th colspan="4">隔膜式计量泵</th></tr>
<tr><td>原理</td><td colspan="4">隔膜式计量泵是指液力端利用特殊设计加工的柔性隔膜，使介质与柱塞等隔离，在驱动机构作用下实现柱塞和隔膜的周期性往复运动，来达到吸入、排出，即输送介质的目的。分为以下两类：
1. 机械隔膜式计量泵——柱塞与隔膜直接相连，以机械力带动隔膜作往复运动。
2. 液压隔膜式计量泵——柱塞在液压腔内往复运动，促使液压油的压力变化，再靠液压油驱动隔膜发生周期性挠曲变形。故结构上需增加三阀（补油阀、放气阀、安全阀）。</td></tr>
<tr><td rowspan="4">性能参数</td><td>性能参数</td><td>符号</td><td>单位</td><td>定义</td></tr>
<tr><td>流量</td><td>Q</td><td>m^3/h</td><td>每小时内吸入或排出液体的体积流量，流量与柱塞（或隔膜）行程成正比。</td></tr>
<tr><td>行程比例</td><td>L</td><td>%</td><td>指柱塞的行程，一般按占满行程的百分比例计。</td></tr>
<tr><td>背压</td><td>p</td><td>MPa</td><td>指泵出口压力，其始终与泵后路注剂系统压力保持一致。</td></tr>
<tr><td>用途</td><td colspan="4">由于采用柔性隔膜，使介质柱塞等隔离，因此在石化注剂方面，被广泛应用于高危险性、高防污染、高腐蚀性、昂贵介质等流体计量场合。适应中等黏度、中高压，计量精度可达 ±1%，但当出口压力从最小到最大时，流量下降可达百分之十。</td></tr>
<tr><td>操作</td><td colspan="4">1. 润滑油检查
检查确认传动油箱、液压油腔的油质与油位。
2. 行程调试
松开锁紧螺钉，以全行程范围能轻松自如转动调节手轮为佳。
3. 盘车
行程调至最大盘车使柱塞往复移动数次，各部件无卡涩。
4. 流程贯通
确认出、入口阀打开，安全阀、稳压阻尼器投用。
5. 启动电机
行程调零空负荷启动试运，无异常后调量、标定、投运。
注：
机械隔膜式计量泵无液压油腔。
标准计量泵管路还配置流量标定柱（或计）和排气口、取样口。</td></tr>
<tr><td>维护保养</td><td colspan="4">1. 运行监控
（1）检查泵出口压力、流量是否正常，入口过滤器是否堵塞等。
（2）泵和电动机的振动、声音是否正常。
（3）一般传动油箱轴承温度不超过 70℃，电机轴承温度不超过 75℃。
2. 盘车
在泵停运情况下，行程调至最大，盘车使柱塞往复移动数次，各部件无卡涩或松动。
3. 润滑
换油周期：
（1）传动油箱——首次运行 250h 后更换，以后每 4000h 更换一次。
（2）液压油腔——每 4000h 更换一次。</td></tr>
</table>

续表

<table>
<tr><th>设备名称</th><th colspan="3">隔膜式计量泵</th></tr>
<tr><td>维护保养</td><td colspan="3">润滑油种：按厂家
3. 寿命管理
检查周期：
（1）隔膜—4000h
（2）柱塞与填料—4000h
（3）单向阀—4000h
（4）蜗轮、蜗杆—26800h
（5）偏心轮、连杆（或 N 形轴）—26800h
（6）轴承—36000h
注意：
（1）严禁传动油箱、液压腔在无油情况下运行，以及液压三阀严禁憋压！
（2）进、出口单向阀应整体更换，严禁钢球、阀座和垫片新旧混搭！</td></tr>
<tr><td rowspan="16">故障排除</td><td>故障现象</td><td>故障原因</td><td>处理方法</td></tr>
<tr><td rowspan="5">无流量</td><td>入口阀关，或进、出口单向阀堵塞</td><td>开阀，或清理单向阀</td></tr>
<tr><td>进、出口单向阀安装方向不正确</td><td>检查单向阀</td></tr>
<tr><td>溶剂罐拉空，或入口管路堵塞</td><td>罐加剂，或清洗入口管路</td></tr>
<tr><td>吸入高度不够，无法吸入</td><td>调低泵安装高度，或溶剂罐加压</td></tr>
<tr><td>电动机未转，或行程调节手轮置“0”</td><td>联系检查电动机，或调大行程</td></tr>
<tr><td rowspan="6">流量不足</td><td>进、出口单向阀磨损，或隔膜破裂</td><td>更换单向阀，或更换隔膜</td></tr>
<tr><td>出口安全阀泄漏</td><td>检修安全阀</td></tr>
<tr><td>吸入高度不够，产生汽蚀吸入减少</td><td>调低泵安装高度，或溶剂罐加压</td></tr>
<tr><td>行程调节不准</td><td>校正行程</td></tr>
<tr><td>液压隔膜式计量泵填料泄漏</td><td>更换柱塞或填料</td></tr>
<tr><td>液压三阀（补油阀、放气阀、安全阀）泄漏</td><td>检查或更换</td></tr>
<tr><td rowspan="2">流量过大</td><td>入口压力高于出口压力</td><td>检查管路问题</td></tr>
<tr><td>行程调节不准</td><td>校正行程</td></tr>
<tr><td rowspan="2">运行噪声大</td><td>轴承或蜗轮、蜗杆磨损变大</td><td>检查或更换</td></tr>
<tr><td>偏心轮、连杆磨损，或柱塞连接松动</td><td>检查或更换</td></tr>
</table>

电动往复泵

设备名称	电动往复泵
结构	高压电动往复泵的实物图、结构示意图   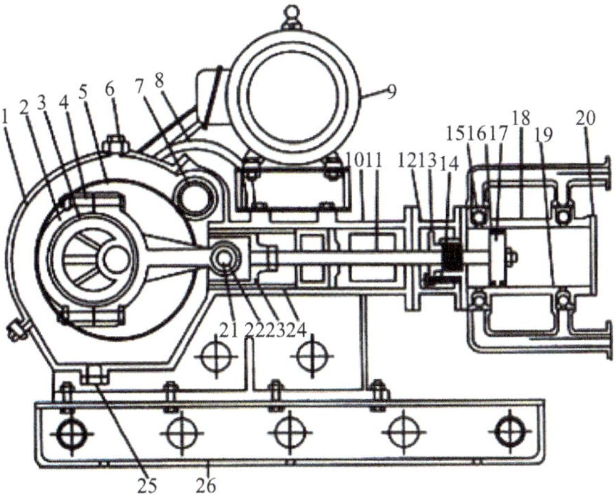 1—箱盖；2—连杆；3—连杆铜套；4—连杆罗丝；5—偏心轮；6—加油孔；7—齿轮油；8—皮带轮；9—电动机；10—箱体；11—泵轴；12—垫料架；13—垫料压盖；14—垫料；15—单向球阀；16—活塞环；17—活塞；18—泵体；19—单向球阀座；20—泵盖；21—连杆销；22—连杆小铜套；23—十字头；24—往复缸；25—方油孔；26—底盘 通常有卧式和立式两种形式。一般卧式电动往复泵主要由直接输送液体的泵缸部分和使往复泵活塞作往复运动的传动部分组成。泵缸主要由泵体、活塞、密封装置、吸入阀和排出阀等组成。往复泵泵缸的结构形式有直流式和阶梯式两种：直流式泵缸，其吸入阀布置在下方，排出阀布置在上方；阶梯式泵缸，其吸入阀和排出阀成 90° 阶梯式布置。活塞是改变工作室容积而吸、排液体的重要部件，分为盘状活塞和柱状活塞两种。盘状活塞组件，主要由活塞、活塞杆和密封部分组成；密封一般由皮碗、填料和活塞环；活塞杆的密封装置，有填料密封和密封圈密封；柱状活塞只有一个柱塞杆，直接与往复泵泵缸配合。吸入阀和排出阀是保证液体单向流动的装置，有弹簧阀和重力阀两种：弹簧阀一般由阀座、阀盘和弹簧等组成，阀座与阀盘的接触面有平面和锥面，故又叫平板阀和锥阀，它们都是依靠通过流道的液体压力来开启、依靠阀本身和弹簧力来关闭；球阀是重力阀的一种，它也是依靠通过流道的液体压力来开启，却只依靠球本身的重量来关闭。曲轴是整个传动机构中的重要部件，不同型式的泵具有不同的曲轴型式。连杆是变旋转运动为往复运动的连接件，十字头是用来连接连杆与活塞，它们共同构成一套曲轴连杆机构。

续表

<table>
<tr><th>设备名称</th><th colspan="4">电动往复泵</th></tr>
<tr><td rowspan="2">结构</td><td colspan="3">试压电动往复泵</td><td>耐高温型往复泵</td></tr>
<tr><td colspan="3"></td><td></td></tr>
<tr><td>原理</td><td colspan="4">高压往复泵是由电动机、联轴器、减速器、传动部分、泵头部分、公共底座等组成。它是由电动机通过减速器、皮带传动或无级调速器，带动曲轴旋转，推动连杆经滑块（十字头）使柱塞作直线往复运动，在泵头进口阀的启闭作用下达到吸排液目的。
高压往复泵泵头材料可根据用户输送各种高压液体需要，采用锻造碳钢合金、不锈钢等，进出口阀座、阀套、阀片填料函、柱塞等主要过流部分采用 2Cr13、不锈钢、非金属材料，阀球采用 9Cr13、陶瓷、F46 等材质。</td></tr>
<tr><td rowspan="4">性能参数</td><td>性能参数</td><td>符号</td><td>单位</td><td>定义</td></tr>
<tr><td>流量</td><td>Q</td><td>m^3/h</td><td>泵每小时内所排出液体的体积流量；泵必须在最小流量点以上运行，否则会造成泵振动、噪声、汽蚀，从而使泵的零部件遭到破坏。</td></tr>
<tr><td>扬程</td><td>H</td><td>m</td><td>液体通过泵所获得的有效压力能；泵出入口压差（MPa）乘以介质相对密度（介质与水的密度比）再乘以 9.8。泵流量越小扬程越高。</td></tr>
<tr><td>功率</td><td>N</td><td>kW</td><td>每小时内泵所消耗的功，与电动机电流成正比，电流越高功率越大，泵流量越大电流越高。</td></tr>
<tr><td>用途</td><td colspan="4">高压往复泵主要适用于石油、化工、化肥工业作为流程泵，油田、盐矿作为注水泵，钢管、压力容器作为试压泵、增压泵，建筑、造船、化工等工业的高压清洗除垢，锅炉给水、液压机械的传动源以及食品、制药、仪表等需要高压流体且工艺流程脉冲要求高的部门。</td></tr>
<tr><td>操作</td><td colspan="4">1. 开车前准备
（1）检查各联接部位是否牢固可靠。
（2）检查传动机座及减速机内的润滑油质量及油位。
（3）检查电动机即接线是否正确牢固。
（4）盘动高速端联轴器使往复泵有数次全程移动，各运动部位应无卡阻物存在。
（5）打开进排液管路上的阀门
（6）启动润滑油泵检查油压是否正常。</td></tr>
</table>

续表

<table>
<tr><th>设备名称</th><th colspan="3">电动往复泵</th></tr>
<tr><td>操作</td><td colspan="3">2. 启动停止往复泵
（1）在空载下启动主泵电动机，应使泵按规定的方向旋转。注意观察泵的运行情况，如有异响或填料冒烟等，应立即停车检查。当泵达到额定转速，运行 3~5min 后，缓慢关闭回流管线减压调节阀，使泵进入负荷运转，新泵或经过大修的泵，必须空载运行 2h 后，才能进入负荷运行。负荷运行时建议每间隔 0.5h 按规定压力的四分之一逐次升压。如无逐次升压条件，泵的空转时间应在 4h 以上。
（2）停泵时，缓慢打开回流管线调节阀，降低出口压力，使泵进入空载状态运行 5~10min，然后切断主电机电源，并关闭进口阀门及回路管线减压调节阀。
（3）辅助油泵继续启动冷却降温，待传动部件温度降低后，停各辅助油泵。
3. 检查事项
（1）定期巡检，检查泵声音是否正常，润滑油量及油压是否在规定范围，往复泵油温 ≤65℃，减速机油温 ≤85℃，填料箱温度 ≤60℃。当上述温度超过允许值时，应检查冷却出系统是否通畅。
（2）检查泵出口压力，泵的最大压力不得超过额定压力的 1.1 倍。
（3）检查各润滑油液位在视窗 1/2~2/3 处。
（4）检查润滑油油质情况，是否符合规定要求。不符合要求应停机进行更换润滑油。
（5）检查冷却水循环系统是否通畅，各个温度点是否符合要求</td></tr>
<tr><td>维护保养</td><td colspan="3">电动往复泵的使用与维护同离心泵相比较，往复泵的主要特点是流量固定而不均匀，但压头高，效率高等。往复泵由于其流量是固定的，绝不允许像离心泵那样直接用出口阀调节流量，否则会易造成泵的损坏。生产中常采用旁路调节法来调节往复泵的流量。
1. 检查压力表读数及润滑等情况是否正常。
2. 盘车检查是否有异常。
3. 先打开放空阀、进口阀、出口阀及旁路阀等，再启动电动机，关放空阀。
4. 通过调节旁路阀使流量符合任务要求。
5. 做好运行中的检查，确保压力、阀门、润滑、温度、声音等均处在正常状态，发现问题及时处理。严禁在超压、超转速及排空状态下运转。
另外，生产中还有两种特殊的往复泵—计量泵和隔膜泵。计量泵是一种可以通过调节冲程大小来精确输送一定量液体的往复泵；隔膜泵则是通过弹性薄膜将被输送液体与活塞（柱）隔开，使活塞与泵缸得到保护的一种往复泵，用于输送腐蚀性液体或含有悬浮物的液体；而隔膜式计量泵则用于定量输送剧毒、易燃、易爆或腐蚀性液体；比例泵则是用一台原动机械带动几个计量泵，将几种液体按比例输送的泵。</td></tr>
<tr><td rowspan="7">故障排除</td><td>故障现象</td><td>故障原因</td><td>处理方法</td></tr>
<tr><td rowspan="6">泵开不动</td><td>进汽阀阀芯折断，使阀门打不开</td><td>更换阀门或阀芯</td></tr>
<tr><td>汽缸内有积水</td><td>打开放水阀，排除缸内积水</td></tr>
<tr><td>摇臂销脱落或圆锥销切断</td><td>装好摇臂销和更换圆锥销</td></tr>
<tr><td>汽、油缸活塞环损坏</td><td>更换汽缸、油缸活塞环</td></tr>
<tr><td>汽缸磨损间隙过大</td><td>更换汽缸或活塞环</td></tr>
<tr><td>汽门阀板、阀座接触不良</td><td>刮研阀板及阀座</td></tr>
</table>

续表

设备名称	电动往复泵		
故障排除	故障现象	故障原因	处理方法
	泵开不动	蒸汽压力不足	调节蒸汽压力
		活塞杆处于中间位置，致使汽门关闭	调整活塞杆位置
		排出阀阀板装反，使出口关死	重将排出阀安装正确
	泵抽空	进口温度太高产生汽化，或液面过低吸入气体	降低进口温度，保证一定液面或调节往复次数
		进口阀未开或开得小	打开进口阀至一定开度或调节往复次数
		活塞螺帽松动	上紧活塞螺帽
		由于进口阀垫片吹坏使进出口被连通	更换进口阀垫片
		油缸套磨损，活塞环失灵	更换缸套或活塞环
	产生响声或振动	活塞冲程过大或汽化抽空	调节活塞冲程和往复次数
		活塞螺帽或活塞杆螺帽松动	并紧活塞螺帽和活塞杆，螺帽
		缸套松动	并紧缸套螺丝
		阀敲碎后，碎片落入缸内	扫除缸内碎片，更换阀
		地脚螺钉松动	固定地脚螺栓
		十字头中心架连接处松动	修理或更换十字头
	压盖漏油，漏气	活塞杆磨损或表面不光滑	更换活塞杆
		填料损坏	更换填料
		填料压盖未上紧或填料不足	加填料或上紧压盖
	汽缸活塞杆过热	注油器单向阀失灵	更换单向阀
		润滑不足	加足润滑油
		填料过紧	松填料压盖
	压力不稳	阀关不严或弹簧弹力不均匀	研磨阀或更换弹簧
		活塞环在槽内不灵活	调整活塞环与槽的配合
	流量不足	阀不严	研磨或更换阀门，调节弹簧
		活塞环与缸套间隙过大	更换活塞环或缸套
		冲程次数太少	调节冲程数
		冲程太短	调节冲程

螺杆泵

<table>
<tr><th>设备名称</th><th>螺杆泵</th></tr>
<tr><td>结构</td><td>
螺杆泵的实物图、结构示意图

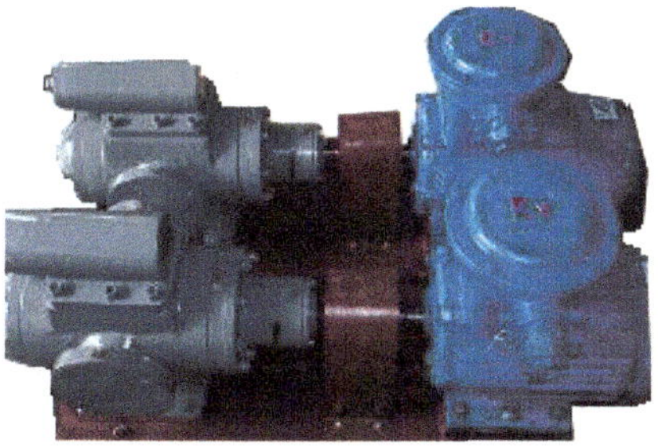

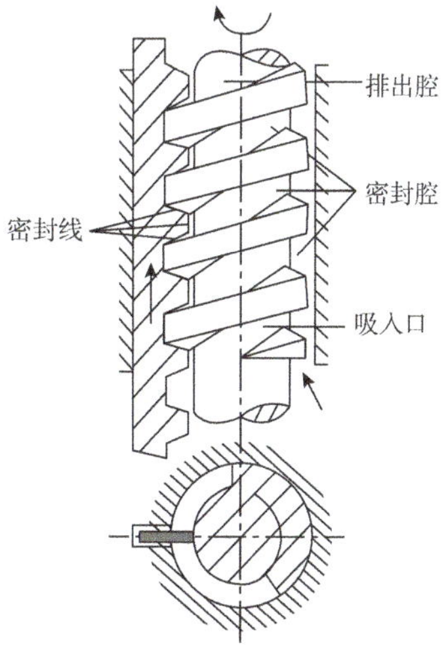

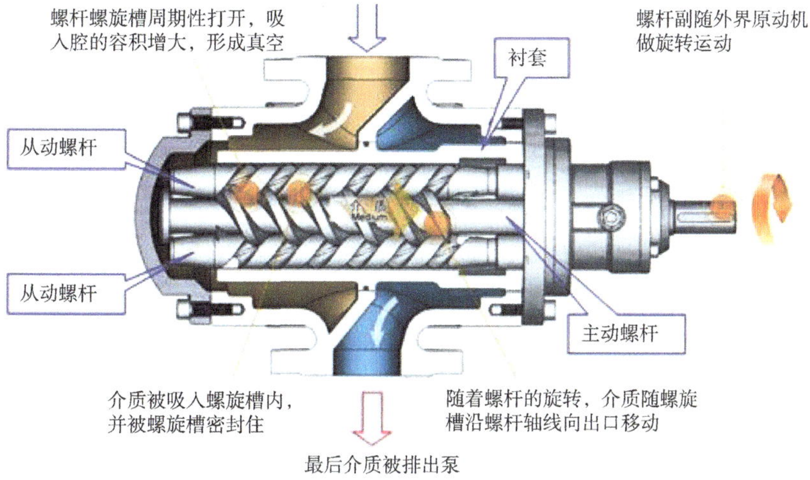

单螺杆泵是由吸入口、排出口、螺杆、壳体、轴承等组成；双螺杆泵由主动螺杆、从动螺杆、吸入口、排出口、壳体、轴承等组成；三螺杆泵由主动螺杆、从动螺杆（两根）、前盖、后盖、壳体、止推轴承等组成
</td></tr>
<tr><td>原理</td><td>
按结构有单螺杆式、双螺杆式、三螺杆式和五螺杆式之分。
以三螺杆泵为例：① 吸入室一侧的啮合逐渐分开时，吸入室容积增大、压力降低，介质在压差作用下进入啮合空间。② 由于主螺杆与从动螺杆上螺旋槽相互啮合，以及它们与衬套三孔内表面的配合，得以在泵进口与出口之间形成数级动密封室，这些动密封室将源源不断地把液体由泵进口轴向移送到出口，并使液体逐级升压。③ 由于螺杆作等速旋转，因此使所输送液体形成了一个连续均匀且稳定的压力和流量。
</td></tr>
</table>

续表

<table>
<tr><th>设备名称</th><th colspan="4">螺杆泵</th></tr>
<tr><td rowspan="4">性能参数</td><td>性能参数</td><td>符号</td><td>单位</td><td>定义</td></tr>
<tr><td>流量</td><td>Q</td><td>m^3/h</td><td>泵每小时内所排出液体的体积流量。</td></tr>
<tr><td>出口压力</td><td>p</td><td>MPa</td><td>液体通过泵螺杆与壳体之间的密封与挤压所获得的有效压力能。由于液体的不可压缩性和螺杆泵独特的工作原理，泵出口压力随流量会产生急剧变化，因此螺杆泵的流量操作范围非常窄。</td></tr>
<tr><td>功率</td><td>N</td><td>kW</td><td>每小时泵所消耗的功，其随流量或压力的增加而增加。</td></tr>
<tr><td>用途</td><td colspan="4">在石化行业，三螺杆泵应用最为广泛，其常用于输送润滑油、重油、轻油及原油等无腐蚀性、具有润滑性能的介质，但不宜输送含 600μm 以上直径颗粒的液体。三螺杆泵的流量和压力脉冲很小，噪声和振动小，有自吸能力，排出压力可达 70MPa，流量可达 $2000m^3/h$，适用流体黏度范围 $5\sim250mm^2/s$，但螺杆设计和加工较困难。</td></tr>
<tr><td>操作</td><td colspan="4">1. 灌泵
非常缓慢地打开泵入口阀，并在出口压力表接头排气。
2. 开泵出口阀
缓慢打开泵出口阀，防止单向阀内漏。
3. 盘车
盘车无异常声音或卡住。
4. 启动电动机
泵机械运转情况及泵出口压力正常。
注意：
（1）严禁关出口阀启动！
（2）对于用于机组的润滑油泵，如出口安全阀设置了跨线的切换操作详见操作票。</td></tr>
<tr><td>维护保养</td><td colspan="4">1. 测振测温
（1）监测时间：如 8:00–15:00（企业自定）；
（2）监测工具：笔式测振仪、红外线测温仪。
2. 盘车
仅在启动前盘车，“自动状态”备用情况下不盘车。
3. 密封
泄漏标准：46# 以下黏度润滑油 < 20 滴 /min；
150# 以上黏度润滑油 < 10 滴 /min。
注意：
螺杆泵溢流调节阀严禁兼作安全阀！</td></tr>
<tr><td rowspan="3">故障排除</td><td>故障现象</td><td colspan="2">故障原因</td><td>处理方法</td></tr>
<tr><td rowspan="2">流量或出口压力降低</td><td colspan="2">泵内或吸入管内存有气体</td><td>重新灌泵排气</td></tr>
<tr><td colspan="2">泵内或管路有杂物堵塞</td><td>清洗入口过滤器或打开检查泵内部</td></tr>
</table>

续表

设备名称	螺杆泵		
故障排除	故障现象	故障原因	处理方法
	异常振动或噪声	轴承磨损严重，间隙过大	联系检修
		泵抽空或流量过小	进行工艺调整
		支架不牢引起管线振动	管线支架加固
		泵内部摩擦	联系检修
	密封泄漏 轴承温度过高	机械密封失效	联系检修
		泵振动大	联系检修
		轴承磨损或松动	联系检修
	流量或出口压力降低	轴承自润滑冲洗流量过小	增加泵出口流量或联系检修
		回油温度过高	天气过热或增大冷却器水量
		泵内或吸入管内存有气体	重新灌泵排气

齿轮泵

<table>
<tr><th>设备名称</th><th colspan="4">齿轮泵</th></tr>
<tr><td>结构</td><td colspan="4">齿轮泵的实物图、结构示意图

齿轮泵主要由主动齿轮、从动齿轮、泵体、泵盖和安全阀组成。</td></tr>
<tr><td>原理</td><td colspan="4">齿轮泵属于回转泵，也可以认为属于容积泵，齿轮泵的最基本形式就是两个尺寸相同的齿轮在一个紧密配合的壳体内相互啮合旋转，这个壳体的内部类似“8”字形，两个齿轮装在里面，齿轮的外径及两侧与壳体紧密配合。来自挤出机的物料在吸入口进入两个齿轮中间，并充满这一空间，随着齿的旋转沿壳体运动，最后在两齿啮合时排出。</td></tr>
<tr><td rowspan="4">性能参数</td><td>性能参数</td><td>符号</td><td>单位</td><td>定义</td></tr>
<tr><td>流量</td><td>Q</td><td>m^3/h</td><td>泵每小时内所排出液体的体积流量。</td></tr>
<tr><td>出口压力</td><td>p</td><td>MPa</td><td>液体通过泵体、泵盖和齿轮所构成的密封空间，被挤压后获得的有效压力能。</td></tr>
<tr><td>功率</td><td>N</td><td>kW</td><td>每小时泵所消耗的功，其随流量或压力的增加而增加。</td></tr>
<tr><td>用途</td><td colspan="4">齿轮油具有自吸能力、结构简单、流量均匀、工作可靠等特性，但效率低、噪声和振动大、易磨损。适用于输送无腐蚀性、无固体颗粒并且具有润滑能力的各种油类，温度一般不超过 70℃，流量范围 0.045~30m^3/h，压力范围 0.7~20MPa。
齿轮泵适用于输送介质温度≤170℃，黏度不大于 100mm^2/s 的重油、燃油、机械油等有润滑性的以及性能类似的其它油类介质，此类泵型一般用于石油、化工、机械工程等场合。</td></tr>
<tr><td>操作</td><td colspan="4">1. 灌泵
非常缓慢地打开泵入口阀，并在出口压力表接头排气。
2. 开泵出口阀
缓慢打开泵出口阀，防止单向阀内漏。</td></tr>
</table>

续表

<table>
<tr><th>设备名称</th><th colspan="3">齿轮泵</th></tr>
<tr><td>操作</td><td colspan="3">3. 盘车
盘车无异常声音或卡住。
4. 启动电机
泵机械运转情况及泵出口压力正常。
注意：
齿轮泵严禁关出口阀启动！</td></tr>
<tr><td>维护保养</td><td colspan="3">1. 测振测温
（1）监测时间：如 8:00 –15:00（企业自定）；
（2）监测标准：
a. 电动机功率在 < 15kW，振动值应≤1.8mm/s；电动机功率在 15~300kW 的机泵，振动值应≤2.8mm/s；电动机功率 > 300kW 泵，振动值应≤4.5mm/s。
b. 油池温度应低于 82℃
2. 盘车
仅在启动前盘车，“自动状态”备用情况下不盘车。
3. 密封
泄漏标准：46# 以下黏度润滑油 < 10 滴 /min；
150# 以上黏度润滑油 < 5 滴 /min。
中间黏度润滑油由设备技术员裁定。
注意：
有的齿轮泵本体配有溢流调节阀，严禁兼作安全阀！
遇有下列情况之一时，必须紧急停车：
a. 泵内发生异常的严重声响和振动突然加剧；
b. 轴承温度突然上升超过规定标准；
c. 泵流量突然下降；
d. 电流超过额定值，继续上升不降。</td></tr>
<tr><td rowspan="10">故障排除</td><td>故障现象</td><td>故障原因</td><td>处理方法</td></tr>
<tr><td rowspan="4">流量或出口压力降低</td><td>泵内或吸入管内存有气体</td><td>重新灌泵排气</td></tr>
<tr><td>泵内或管路有杂物堵塞</td><td>清洗入口过滤器或打开检查泵内部</td></tr>
<tr><td>齿轮轴向或侧向间隙过大</td><td>调整间隙或更换泵壳、齿轮</td></tr>
<tr><td>吸入高度不够</td><td>增加吸入高度</td></tr>
<tr><td rowspan="5">异常振动或噪声</td><td>轴承磨损严重，间隙过大</td><td>联系检修</td></tr>
<tr><td>泵抽空或流量过小</td><td>进行工艺调整</td></tr>
<tr><td>支架不牢引起管线振动</td><td>管线支架加固</td></tr>
<tr><td>泵内部摩擦</td><td>联系检修</td></tr>
<tr><td>主动和从动轴齿轮不平度、同轴度差</td><td>检修找正</td></tr>
</table>

续表

设备名称	齿轮泵		
故障排除	故障现象	故障原因	处理方法
	密封泄漏	机械密封失效	联系检修
		泵振动大	联系检修
	轴承温度过高	轴承磨损或松动	联系检修
		泵抽空或流量过小	进行工艺调整
		回油温度过高	天气过热或增大冷却器水量
	电动机电流增大	介质黏度增大	加温
		泵内进杂物	消除杂物，检查过滤器
		填料密封过紧	调整
		电流表故障	更换电流表
	困油现象（齿封现象）	同时有两对齿轮啮合，它们和端盖之间形成一个封闭的空间，此空间由大变小，最小时为啮合点对称于节点，其后空间由小变大	缩小压油口尺寸
			开卸荷槽：对称型卸荷槽、不对称卸荷槽、特殊形状卸荷槽

滑片泵

<table>
<tr><th>设备名称</th><th colspan="3">滑片泵</th></tr>
<tr><td rowspan="3">结构</td><td colspan="3">

普通滑片泵的实物图、结构示意图

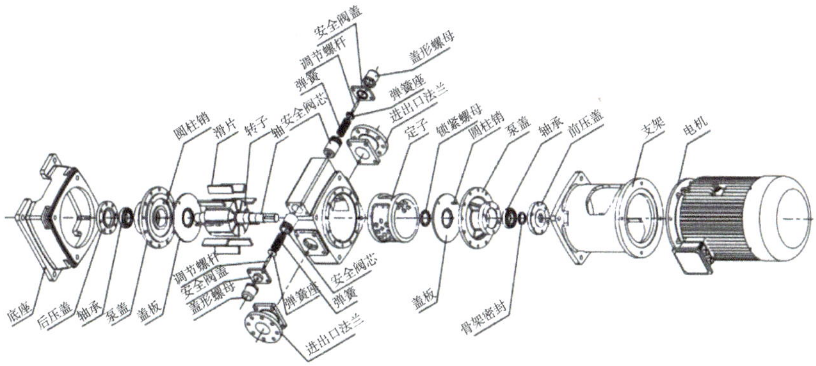

滑片泵又叫叶片泵、刮片泵、刮板泵。多数由泵体、内转子、定子、泵盖以及滑片组成。转子是具有径向槽的圆柱体，槽内安放滑片，滑片可以在槽内自由滑动。转子偏心地安放在泵体内，当转子由原动机带动旋转时，滑片依靠离心力或弹簧力紧压在泵体的内壁上。在转子前半转，相邻两叶片所包围的空间逐渐增大形成局部真空而吸入液体。而后半转，此空间逐渐减小，挤压液体，将液体压送到排出管中。根据滑片的安装位置分有内装滑片泵（滑片装在转子上）和外装滑片泵（滑片装在泵体上）。

泵共性结构和有关零部件类同前述卧式悬臂离心泵。

</td></tr>
<tr><td>自吸式旋转滑片泵</td><td>立式滑片泵</td><td>双作用滑片泵</td></tr>
<tr><td></td><td></td><td> </td></tr>
</table>

续表

<table>
<tr><th>设备名称</th><th colspan="4">滑片泵</th></tr>
<tr><td>原理</td><td colspan="4">滑片泵也叫叶片泵，是容积泵的一种，它是靠泵体、泵盖、偏心转子和滑片之间形成的容积的周期性变化吸、排液体的泵。泵转子为圆柱形，转子上有若干槽，每个槽内置有滑片。转子在泵壳内偏心安装，滑片可在转子的槽内径向滑动。滑片靠离心力、弹簧力或者液体的压力压向壳体，使滑片端部紧贴壳体而保证密封。吸入口和排出口靠转子与壳体之间很小的间隙密封分开。
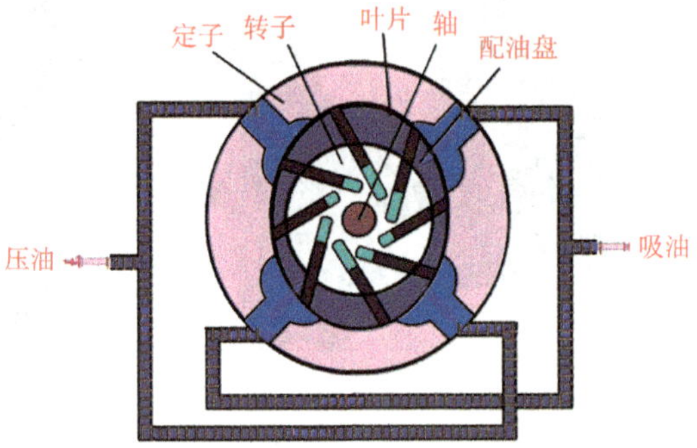

当转子旋转时，在吸入侧的基元容积不断增大，将液体吸入基元容积。当基元容积达到最大值时，基元容积与吸入口脱离而与排出口联通。转子继续旋转，基元容积逐渐变小，将液体排出。转子旋转一周，滑片在槽内往复一次，各基元容积变大、变小一次，完成一次吸入、排出过程。</td></tr>
<tr><td rowspan="4">性能参数</td><td>性能参数</td><td>符号</td><td>单位</td><td>定义</td></tr>
<tr><td>流量</td><td>Q</td><td>m^3/h</td><td>泵每小时内所排出液体的体积流量；泵必须在最小流量点以上运行，否则会造成泵振动、噪声、汽蚀，从而使泵的零部件遭到破坏。</td></tr>
<tr><td>扬程</td><td>H</td><td>m</td><td>液体通过泵所获得的有效压力能；泵出入口压差（MPa）乘以介质相对密度（介质与水的密度比）再乘以 9.8。泵流量越小扬程越高。</td></tr>
<tr><td>功率</td><td>N</td><td>kW</td><td>每小时内泵所消耗的功，与电机电流成正比，电流越高功率越大，泵流量越大电流越高。</td></tr>
<tr><td>用途</td><td colspan="4">滑片泵的主要特点是结构较紧凑，外形尺寸不大，流量较均匀，运转平稳，脉动和噪声小，效率比一般齿轮泵高。滑片泵主要用于机床、油压机、起重运输机械、工程机械和塑料注射机的中快速度的、作用力中等的液压系统和润滑系统。</td></tr>
<tr><td>操作</td><td colspan="4">1. 开机前准备工作
（1）开泵前检查各种部件是否牢靠，管道是否通畅，电气系统和静电接地是否安全可靠。
（2）新泵和长期未使用的泵，初次使用，从泵的进出口接口处向泵体内注入少量被输送的液体，使内外转子得到润滑并密封问题。
（3）为提高泵的自吸能力，使用前应确保吸入管路连接可靠，不漏气，不漏油。
（4）使用前要测试电动机的转向是否符合泵上箭头标记方向，以防反转。
2. 启动
接好泵的进出管道后，打开进口阀，即可通电启动，并立即打开进口阀。</td></tr>
</table>

续表

<table>
<tr><th>设备名称</th><th colspan="3">滑片泵</th></tr>
<tr><td>操作</td><td colspan="3">3. 停泵，存放
（1）停泵时，应先关闭进口阀，后立即停泵。
（2）对长期停用的泵，应将泵盖打开，放出泵内液体，并将内外转子擦干，将泵封贮存放。
4. 运行
（1）查看进出口压力表所指示的表压，出口表压应在性能指标范围内，以达到高效运行的目的。
（2）通过听、看、闻检查泵组运行状况，不得有刺耳噪声和剧烈振动。
（3）连续作业时，要检查安装轴承的泵端盖温度是否正常，不得高于环境温度 40℃。</td></tr>
<tr><td>维护保养</td><td colspan="3">（1）轴承：该泵所选用的轴承为滚针轴承，平时保养不必更换，只有当磨损严重，影响正常使用时，才予以更换。
（2）滑片：滑片的正常磨损量极小，当磨损严重，磨损量超过 2mm（指滑片与泵腔内壁接触部的磨损量）时，必须更换滑片。
（3）泵端盖：泵左右端盖正常情况下，磨损很小，且两边应均匀磨损，若保养、维护时发现磨损大，磨损不匀时，应找出原因予以解决。
（4）机械密封
机械密封在不漏油的情况下，一般不应拆开检查。若泵端盖下端泄漏口产生漏油时，则应对机械密封进行拆检。装拆机械密封时，应轻取轻放，注意密封面的清洁，保护好动环和静环的镜面，严禁敲击碰撞。机械密封产生泄漏的原因主要是摩擦副镜面拉毛所致，可对摩擦副进行研磨使镜面恢复，也可更换摩擦副。另一原因是 O 形密封圈（输油泵材质为耐油橡胶）安装不当或变形老化所致，此时则需要调整或更换 O 形密封圈进行重新装配。
（5）安全阀
安全阀出厂时已按用户要求调定其开启压力。平时严禁打开或随意调定压力。若要改变其开启压力，泵出口须装有压力表监测。首先松开锁紧螺母，旋动调节螺杆，观察压力表值。旋到合适位置后，拧紧锁紧螺母，贴上封条。顺时针旋动时，安全阀开启压力升高；反之，则开启压力降低。</td></tr>
<tr><td rowspan="7">故障排除</td><td>故障现象</td><td>故障原因</td><td>处理方法</td></tr>
<tr><td rowspan="6">泵不出油，无差压</td><td>吸入管路漏气</td><td>查出漏气部位，予以排除</td></tr>
<tr><td>吸入管路过长或吸程过高</td><td>缩短吸入管路，降低吸程</td></tr>
<tr><td>机械密封失效</td><td>更换机械密封</td></tr>
<tr><td>电动机反转</td><td>调整电动机转向</td></tr>
<tr><td>出口管路闭死</td><td>打开出口管路闸阀</td></tr>
<tr><td>介质脏叶片被卡住</td><td>拨动传动轴，正反转几圈让泵内叶片活动一下，仍不上压，则拆泵检查</td></tr>
</table>

续表

设备名称	滑片泵		
故障排除	故障现象	故障原因	处理方法
	泵出油不足，工作压力达不到	安全阀松动	重新调整并锁紧
		衬板、滑片磨损严重	更换衬板或滑片
		工作压差过高	减小工作压差
		吸入管路漏气	查出漏气部位，予以排除
		转速太低	适当提高转速
	振动噪音过大	底座不稳	加固
		轴承磨损	更换轴承
		工况点不合适	重新调整工况
		齿轮磨损	更换齿轮
		滑片工作不正常	更换滑片
		气液混输时出口压力高	气液混输时出口装零位罐
		泵轴心与传动轴不同心，偏移太大	调整泵轴与传动轴同心度，使倾斜角度不得大于 7°
	密封泄漏	密封面磨损	检修更换密封
		辅助密封 O 形密封圈损坏	检修更换 O 形密封圈
		密封冲洗中断或压力低	保持密封冲洗压力稳定性
		断液流，密封干摩擦	保持泵工作稳定
		密封比压不当	检修调整密封比压

转子泵

设备名称	转子泵
结构	转子泵实物图、结构示意图 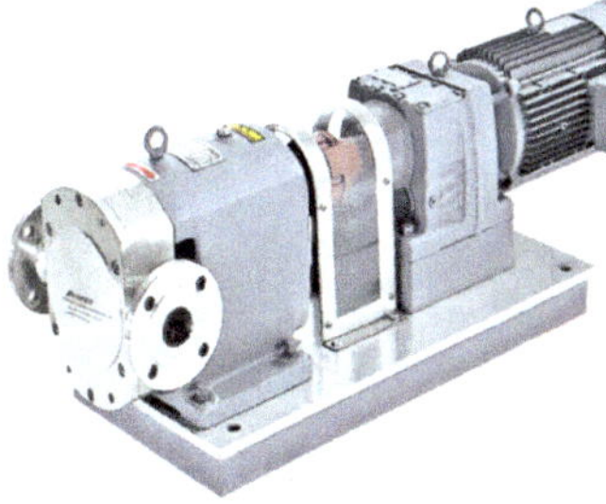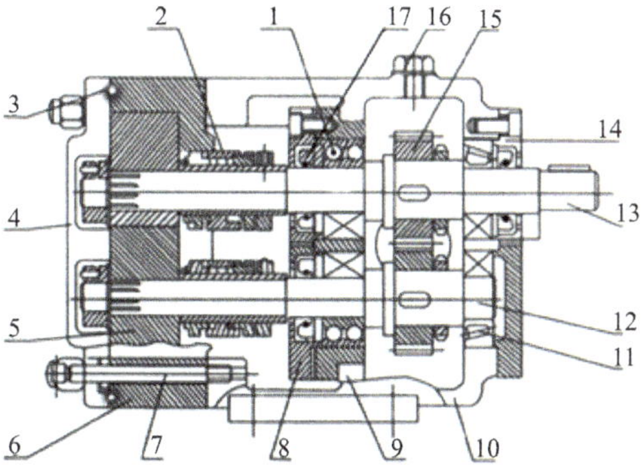 凸轮式双转子泵——原理图及内部结构图 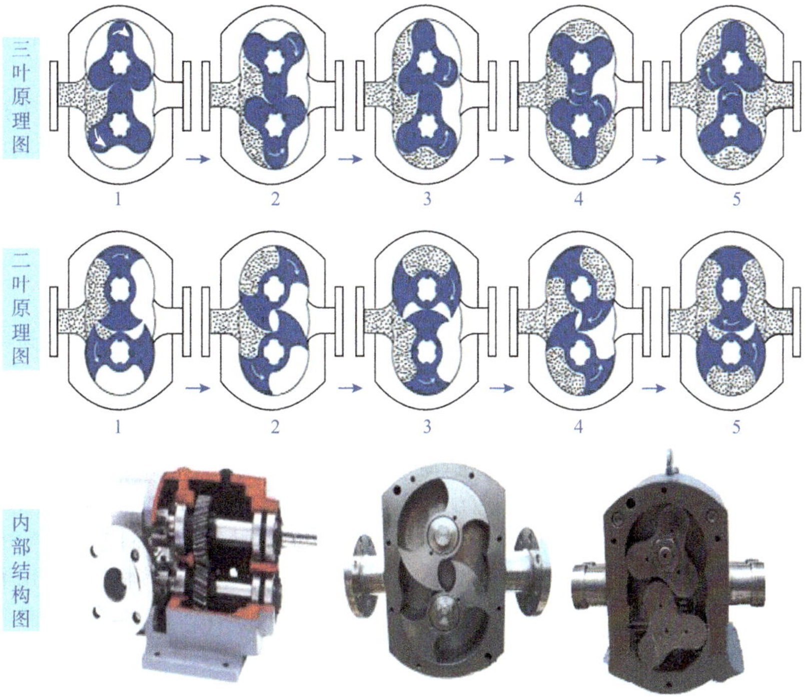 1—双列球轴承；2—泵用机械密封；3—O 形密封圈；4—泵面盖；5—三叶形泵轮；6—泵体；7—双头螺柱；8—轴承压盖；9—轴承支座；10—齿轮箱； 11—圆锥滚子轴承；12—传动轴；13—主传动轴；14—齿轮箱后盖； 15—斜齿轮；16—油封；17—O 形密封圈
原理	转子泵又称胶体泵、凸轮泵、三叶泵、万用输送泵等，属于容积泵。它是借助工作腔里的多个固定容积输送单位的周期性转化来达到输送液体的目的的；原动机的机械能经泵直接转化为输送液体的压力能；泵的流量只取决于工作腔容积变化值以及其在单位时间内的变化频率，而（理论上）与排出压力无关；转子泵在工作过程中实际上是通过一对同步旋转的转子来达到输送物料的目的的。

续表

<table>
<tr><th>设备名称</th><th colspan="4">转子泵</th></tr>
<tr><td rowspan="6">性能参数</td><td>性能参数</td><td>符号</td><td>单位</td><td>定义</td></tr>
<tr><td>流量</td><td>Q</td><td>m^3/h</td><td>泵在单位时间内所排出的液体量，通常是指体积流量。</td></tr>
<tr><td>扬程</td><td>H</td><td>m</td><td>单位质量的液体通过泵所获得的有效能量。</td></tr>
<tr><td>转速</td><td>n</td><td>r/min</td><td>泵轴每分钟的转数。</td></tr>
<tr><td>功率</td><td>N_e
N</td><td>kW</td><td>单位时间内泵所消耗的功，分为有效功率（N_e）和轴功率（N）两种。</td></tr>
<tr><td>效率</td><td>η</td><td>%</td><td>有效功率和轴功率的比值。</td></tr>
<tr><td>用途</td><td colspan="4">1. 输送高黏度物料，可以保证连续地、无滞止地输送物料，并且能够保证物料在输送过程中的物料性能不会破坏；
2. 输送稀薄介质，转子泵配备的驱动系统在被输送介质的黏度下降，泄漏量增大时，可以以更高的转速运转，并保证输出流量的恒定。</td></tr>
<tr><td>操作</td><td colspan="4">1. 开泵前首先检查一下泵的零部件是否完好进、出管路上的阀门是否全部打开，总之，必须保证机件完好、管路畅通。
2. 开泵时必须让它下一道工序的设备先启动工作，然后才能启动本泵。
3. 运转过程中，应随时地注意动作是否正常，如发现泵前断流或泵后阻塞等现象，应及时停机，排除故障后再开机。
4. 全线停止工作时，应按流程先后依次停机，即先将泵停了之后，再停泵后面的有关设备。
注意：
（1）不能用进口管路的阀门调节流量，避免产生汽蚀而造成泵的振动。
（2）泵在运行时，严禁将进、出口阀门全部关闭。</td></tr>
<tr><td>维护保养</td><td colspan="4">1. 密封件
泵的密封分为静密封和动密封，静密封的密封圈（参阅内部结构图件 3）应注意表面不要有划痕或碰伤，否则直接影响密封效果；对于动件密封，因为会受到压力大小和输送介质的腐蚀，还有介质中微粒磨损等诸多因素的影响（参阅内部结构图件 2），如稍有不慎，很可能会有泄漏现象发生。一旦产品泄漏，应及时停机检修，用柔软干净的棉布擦净，涂上一层甘油，组装后，方可开机使用，如修复无望，应更换新件。
2. 润滑件
对本泵的传动齿轮、滚动轴承必须保持良好的润滑条件（参阅内部结构图件 15、件 11 和件 1），平时经常注意齿轮中油位的高低，给予足够的润滑油，并要保证油质的纯正、清洁、定期（六个月或一年）更换一次新油。
3. 电气系统
在用电设备周围，不准存放有破坏绝缘的器械、物质或气体。同时必须保持用电设备在干燥的环境里工作，如难以避免应加有防潮设施。
4. 日常保养
当停机不工作时，将根据输送物料的性质，选用相应的清洗剂，将泵进行有效的清洗，最后还得用清水清洗一遍，确保泵的清洁卫生。</td></tr>
</table>

续表

设备名称	转子泵		
故障排除	故障现象	故障原因	处理方法
	没有流动，泵不转动	电动机不转动	检查复位、保险丝、电路断路器
		键切断或丢失	更换
		电动机皮带打滑或断裂	更换或调校
		泵轴、键或齿轮断裂	检查、更换部件
	没有流动，但泵转动	转动方向错误	改变转动方向
	没有流动泵不自吸	进口管路堵塞或流动受限制	开启阀门
		由于密封或管路连接不好	清洗管线、过滤器
		空气泄漏入系统	更换密封，检查管路有否泄漏
		泵速度过慢	增加速度，在进口管道注入流体也许可以启动，使用底阀可能解决启动问题
		停泵期间，液体从系统内被排掉	使用底阀或止回阀
		气体锁住，流体汽化或挥发，或停泵期间气体从溶液内跑出	手动或自动把空气从泵或附近管路排出
		转子间隙过大，泵磨损	增加泵速，使用底阀以促进启动
	流量不够	由于密封或管路连接不好，空气泄漏入系统	更换密封，检查管路有否泄漏
		安全阀没有调校好，或阀座被卡住	调校或清洁
	操作噪音（机械噪音）	轴承或齿轮磨损	更换新轴承或新齿轮，定期润滑
		齿轮松动或误配合、轴扭曲、键损坏	更换新零部件
	密封泄漏	密封面磨损	检修更换密封
		辅助密封 O 形密封圈损坏	检修更换 O 形密封圈
		密封冲洗中断或压力低	保持密封冲洗压力稳定性
		断液流，密封干摩擦	保持泵工作稳定
		密封比压不当	检修调整密封比压

旋涡泵

<table>
<tr><th>设备名称</th><th>旋涡泵</th></tr>
<tr><td rowspan="2">结构</td><td>旋涡泵的实物图、结构示意图
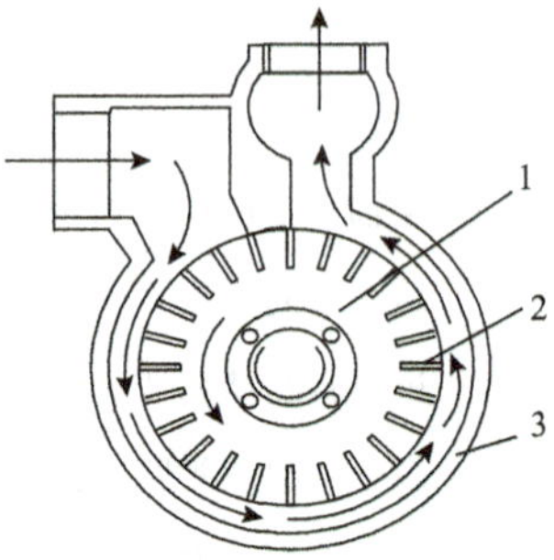
旋涡泵主要组成部件有叶轮、泵体、泵盖以及它们所组成的环形流道，旋涡泵叶轮不同于离心泵叶轮，它是一种外轮上带有径向叶片的圆盘。液体由吸入管进入流道，并经过旋转的叶轮获得能量，被输送到排出管，完成泵的工作过程。旋涡泵为叶片泵的一种，适用于小流量、高扬程工况。
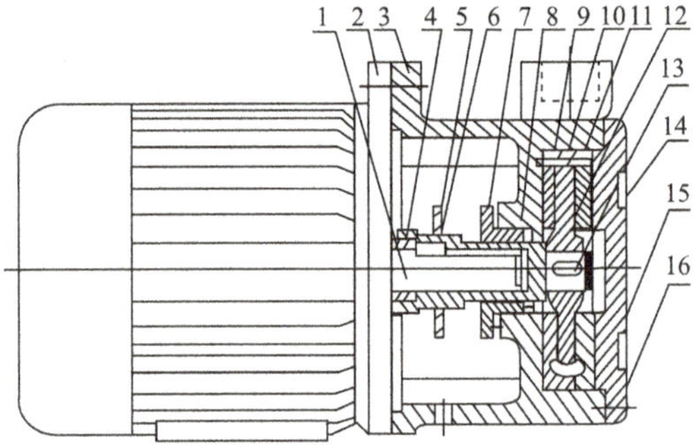
1—电动机轴伸；2—电动机；3—泵体；
4—轴衬圈；5—挡水圈；6—键；
7—压盖；8—柔性石墨填料；
9—内隔板；10—销；11—内隔板；
12—叶轮；13—接轴；14—叶轮键；
15—O形密封圈；16—泵盖</td></tr>
<tr><td>通常有四种类型
a）单级旋涡泵：单级悬臂式；
b）两级旋涡泵：两级两端支承式；
c）多级自吸旋涡泵：多级两端支承式；
d）离心旋涡泵：两级悬臂式。</td></tr>
<tr><td>原理</td><td>旋涡泵叶轮上铣出许多径向叶片。叶轮端面紧靠泵体，其轴向间隙为0.10~0.15mm。流道由叶轮、泵体、泵盖之间的环形空腔组成。在流道中的吸入口与排出口分开的一段称隔舌。隔舌与叶轮的径向间隙很小，以防排出口高压液体窜漏到吸入口。开式旋涡泵叶片较长，叶片内径小于流道内径，液体从吸入口进入叶轮，后进入流道。闭式旋涡泵叶轮的叶片较短，叶片内径等于流道内径。液体从吸入口进入流道，再从叶轮外周进入叶轮。当叶轮旋转时，由于叶轮中运动液体的离心力大于流道中运动液体的离心力，两者之间产生一个旋涡运动，其旋转中心线是沿流道纵长方向，称为纵向旋涡。在纵向旋涡作用下，液体从吸入至排出的整个过程中，可以多次进入与流出叶轮，类似于液体在多级离心泵内的流动状况。液体每流经叶轮一次，就获得一次能量。当液体从叶轮流至流道时，就与流道中运动的液体相混合。由于两股液流速度不同，在混合过程中产生动量交换，使流道中液体的能量得到增加。旋涡泵主要是依靠这种纵向旋涡传递能量的。</td></tr>
</table>

续表

<table>
<tr><th>设备名称</th><th colspan="4">旋涡泵</th></tr>
<tr><td rowspan="4">性能参数</td><td>性能参数</td><td>符号</td><td>单位</td><td>定义</td></tr>
<tr><td>流量</td><td>Q</td><td>m^3/h</td><td>泵每小时内所排出液体的体积流量。</td></tr>
<tr><td>出口压力</td><td>p</td><td>MPa</td><td>液体通过泵体、泵盖和齿轮所构成的密封空间，被挤压后获得的有效压力能。</td></tr>
<tr><td>功率</td><td>N</td><td>kW</td><td>每小时泵所消耗的功，其随流量或压力的增加而增加。</td></tr>
<tr><td>用途</td><td colspan="4">旋涡泵为叶片泵的一种，适用于小流量、高扬程工况。在叶轮直径和转速相同时，单级扬程可达 250 m，比离心泵高 2~4 倍，流量 q_v=0.18~45 m^3/h，比转速 n_s=6~50。泵运行时，被送液体进出叶轮进行混合和能量交换时产生的液体撞击损失较大，故旋涡泵的效率较低，η=0.25~0.5。旋涡泵的功率不宜太大，一般驱动功率在 4 0 kW 以下，常用为 20 kW 以下。因此也限制了旋涡泵的流量和扬程范围。实际应用时 n_s=10~4 范围内适于应用旋涡泵。其流量为 0.5~25 m^3/h，单级扬程为 15~150 m。
旋涡泵适用于输送黏度较低（≤0.11 5 Pa·s）和不含颗粒的清洁液体。在化工生产中，适用于：
（1）在化学工业中输送酸、碱及其它腐蚀性液体，要求泵具有小流量、高扬程、较慢的化学反应速度和较高的耐腐蚀性。由于旋涡泵的工作零件简单，因此易于实现上述要求。
（2）抽送介质密度小的液体（如汽油、酒精等）。由于这些液体易于挥发，因此抽送时多为气液混输，如机场、汽车配油站，甚至于飞机的加油。旋涡泵能进行气液混输，在上述情况下工作，一般时间短，所以，效率低就不是主要问题了。
（3）抽送含有气体的液体，抽送含有高弹性气体的液体（如丙烷、丁烷等）。抽送吸入管中部分蒸发的液体。
（4）用于小型自动化泵站，农业供水。
（5）用于城市公用建设，如增压辅助泵、家庭用水等。
（6）代替液环泵作真率泵和低压压缩机。
（7）用于船用洗涤、饮水、消防等辅助设备。
（8）用于小型锅炉辅助设备，用以供水。</td></tr>
<tr><td>操作</td><td colspan="4">1. 开车前的准备
（1）检查轴承润滑。
（2）转动联轴器，证实转子部件转动灵活，再检查电动机转向，然后将泵电动机连接好。
（3）关闭泵出口阀门，打开出口返回线阀门。
（4）打开泵进口阀门，有排空阀的打开排空阀，让液体充满整个泵腔，泵内气体排净后关闭排空阀，有冷却水的要打开冷却水开关。
2. 开车
（1）启动电机，打开出口管路的阀门，再调整出口关闭返回线阀门达到需要的出口压力要求。
（2）在泵运行过程中，要注意观察仪表读数应符合工艺要求，轴承温升（不超过70℃）及泵的振动情况和异常声响。
（3）检查密封处泄漏情况。</td></tr>
</table>

续表

设备名称	旋涡泵		
操作	3. 停车 （1）停车时，停电动机。关闭出口阀门和进口阀门。 （2）对于环境温度低于液体凝固点时，停泵后还应及时放净泵内液体，预防泵冻裂。长时间停车应将泵拆卸清洗涂油重装后保管。 操作主要事项： （1）在泵出口阀关闭情况下，泵连续工作时间不得超过 3min。 （2）当带有机械密封的泵，因没开冷却水等原因致使机封发生冒烟现象时，不要急于开冷却水，应先停泵，自然冷却到常温后再开泵，以免机封开裂。 （3）绝对禁止用泵进口阀调节流量，以免汽蚀伤泵。 （4）出口阀开启度不宜太小，泵在小于设计流量的 30% 的状况下工作，压力太大，对泵易造成损坏。		
维护保养	1. 防护罩固定可靠。 2. 地脚螺栓应齐全、无松动。 3. 泵头连接螺栓应齐全、无松动。 4. 电机固定螺栓应齐全、无松动（如有问题，通知电工处理）。 5. 泵进出口连接螺栓应齐全、无松动。 6. 泵固定螺栓应齐全、无松动。 7. 设备静电接地有效。 8. 保持泵外部及附属管道、电动机、机座进行清洁干净。 9. 定时做好润滑工作。 10. 长期停用的泵，除放净腔内液体，还要将其清洗干净。 11. 设备运行状况记入交接班记录。		
故障排除	故障现象	故障原因	处理方法
	流量不足或不住液体	管路阻力太大或者堵死	清理管路
		叶轮与泵体，泵盖之间的间隙太大	减小泵盖止口处垫的厚度，使间隙达到设计要求
	扬程不够	叶轮与泵体，泵盖之间的间隙太大	减小泵盖止口处垫的厚度，使间隙达到设计要求
	填料泄漏量大	填料磨损，或填料压盖太松	更换填料，或适当压紧填料
	密封泄漏（机械密封）	密封面磨损	检修更换密封
		辅助密封 O 形密封圈损坏	检修更换 O 形密封圈
		密封冲洗中断或压力低	保持密封冲洗压力稳定性
		断液流，密封干摩擦	保持泵工作稳定
		密封比压不当	检修调整密封比压
故障排除	功率过大	扬程高	如果管路阻力大，清理管路。如果超出使用范围，调整压出管路闸阀，使泵在规定范围内运转
		泵内有杂物，使叶轮咬住	清除杂物重新修整叶轮、泵体、泵壳
	轴承发热	泵轴与电机轴的同心度不好	检查联轴器的同心度并调整
		无润滑脂或油内有杂质	加锂基润滑脂，或拆洗并更换锂基润滑脂

水环式真空泵

<table>
<tr><th>设备名称</th><th>水环式真空泵</th></tr>
<tr><td>结构</td><td>

水环式真空泵的实物图、结构示意图

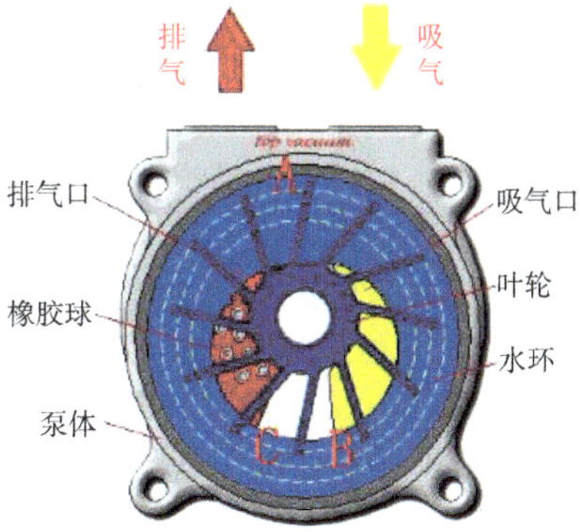

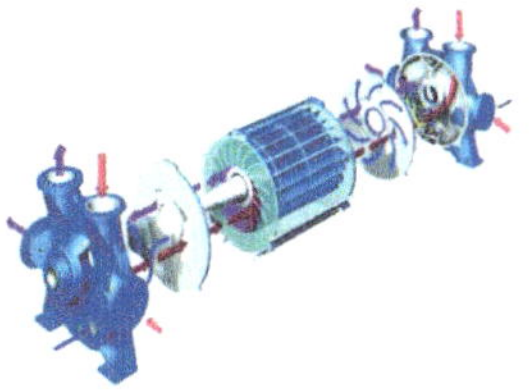

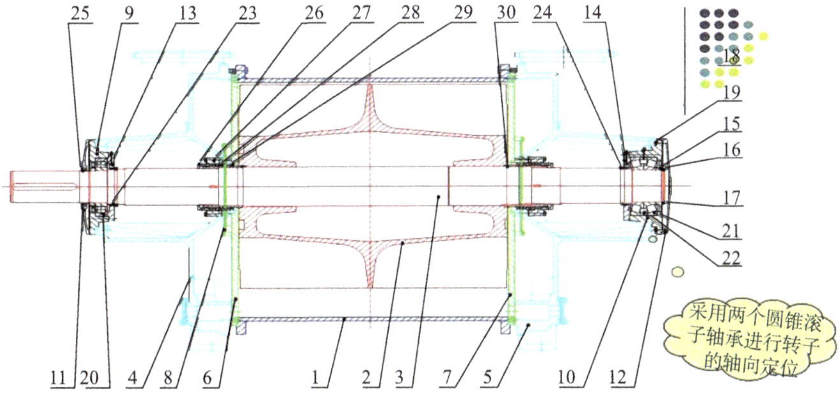

1—泵体；2—叶轮；3—轴；4—前盖；5—后盖；6—前分配板；7—后分配板；8—柔性阀板部件；9—前轴承体；10—后轴承体；11—前轴承外盖；12—后轴承外盖；13—前轴承内盖；14—后轴承内盖；15—挡油环；16—止动垫圈；17—锁紧螺母；18—油杯；19—补偿垫圈；20—圆柱滚子轴承；21—锥轴承（2个）；22—轴承调整环；23—油毡；24—轴封圈（2个）；25—轴封圈（1个）；26—填料压盖；27—填料函体；28—填料环；29—填料；30—O形密封圈

水环真空泵有多种结构形式，如SK系列型、SZ系列型、SZB系列型、2BV系列、2BEC系列型等，图为2BEC型。

泵共性结构和有关零部件类同前述卧式悬臂离心泵。

</td></tr>
<tr><td>原理</td><td>水环的内表面与叶轮轮毂之间形成一个月牙形空间，当叶轮由A点转到B点时，两相邻叶片之间所包围的容腔逐渐增大，气体由外界吸入。当叶轮由C点转到A点时，相应的容腔由大变小，使原先吸入的气体受到压缩，当压力达到或略大于大气压力时，气体被排出。换句话说，相邻两个叶片之间的空间形成气缸，相对旋转移动，水就像活塞一样，沿着叶片上下移动，这种运行方式如同往复泵一样。</td></tr>
</table>

续表

<table>
<tr><th>设备名称</th><th colspan="4">水环式真空泵</th></tr>
<tr><td rowspan="4">性能参数</td><td>性能参数</td><td>符号</td><td>单位</td><td>定义</td></tr>
<tr><td>流量（抽气速率）</td><td>Q</td><td>m^3/h</td><td>泵每小时能抽取的气体体积。水环式真空泵是容器式泵的一种，在一定的转速和真空度下，流量由泵本身决定。</td></tr>
<tr><td>极限真空度</td><td>p</td><td>kPa</td><td>极限真空度是指真空泵入口所能达到的最大真空度。其值是由工作水的温度来决定。</td></tr>
<tr><td>功率</td><td>N</td><td>kW</td><td>每小时泵所消耗的功，其随流量或出口压力的增加而增加。</td></tr>
<tr><td>用途</td><td colspan="4">由于水环泵中气体压缩是等温的，故可抽除易燃、易爆的气体，此外还可抽除含尘、含水的气体。水环式真空泵由于叶轮搅拌液体，损失能量大，故其效率很低，一般在30%~50%。受工作液饱和蒸气压的限制，用水作工作液的真空泵，极限真空度只能达到2000~4000Pa。主要应用在一些真空度低、气体流量大的工况下。</td></tr>
<tr><td>操作</td><td colspan="4">1. 灌泵
投用冷却器，打开补液阀门，让泵体液位升到液位计 50% 左右。
2. 开联通阀
打开出入口的联通阀，确认补水阀畅通好用，调整机械密封冷却水压力；
3. 盘车
盘车无异常声音或卡住。
4. 启动电机
泵机械运转情况，减速箱振动和温度。真空泵水温正常
5. 开入口阀
关闭出入口联通阀，入口压力达到工作负压值打开入口程控阀。
注意：
（1）灌泵液位过高会导致电动机过载跳车！
（2）真空泵启动时关闭入口阀，全开出口阀，并全开联通阀！</td></tr>
<tr><td>维护保养</td><td colspan="4">1. 测振测温
（1）监测时间：如 8:00 -15:00（企业自定）；
（2）监测标准：
a. 电动机功率在 < 15kW，振动值应≤1.8mm/s；电动机功率在 15~300kW 的机泵，振动值应≤2.8mm/s；电动机功率 >300kW 泵，振动值应≤4.5mm/s。
b. 油池温度应低于 82℃。
2. 供水
（1）检查真空泵泵体液位正常、水温不高于 45℃。
（2）检查泵体水质是否有异常（发黑或带吸附剂）。
3. 机械密封
（1）泄漏标准：每分钟泄漏量小于 15 滴
（2）冷却水压力：高于密封腔压力 0.1~0.15MPa。
注意：
真空泵长期停用时放净泵体内的水，防止生锈或在冰冻状态下冻坏泵体！</td></tr>
</table>

续表

设备名称	水环式真空泵		
故障排除	故障现象	故障原因	处理方法
	吸气量下降、真空度降低	供水不足或水温过高	检查供水量、检查冷却器冷却效果是否良好
		系统或密封泄漏	检查管路连接密封性或停机检修
		机件间隙过大、机件内部腐蚀	更换零件或检修机泵
	异常振动或噪声	轴承磨损严重，间隙过大	联系检修
		泵入口真空度过高发生汽蚀	降低泵体水温，调整操作，增加入口气体量
		支架不牢引起管线振动	管线支架加固
	轴承温度过高	电动机、减速器对中不好	联系检修，重新对中
		轴承磨损或松动	联系检修
		润滑不良	改善润滑条件
	启动困难、电动机跳闸或超电流	启动时水位过高	调整泵体水位
		真空出口压力过高	检查管路是否畅通，检查工艺操作是否正常
		泵体部件卡涩	联系钳工检查维修
	密封泄漏	振动大	检修消振
		密封面腐蚀或磨损	检修更换
		辅助密封 O 形圈损坏	检修更换
		密封冲洗中断或压力低	保持密封冲洗压力稳定性
		断液流，密封干摩擦	保持泵工作稳定
		密封比压不当	检修调整密封比压

罗茨真空泵

<table>
<tr><th>设备名称</th><th colspan="3">罗茨真空泵</th></tr>
<tr><td>结构</td><td colspan="3">罗茨真空泵实物图、结构示意图

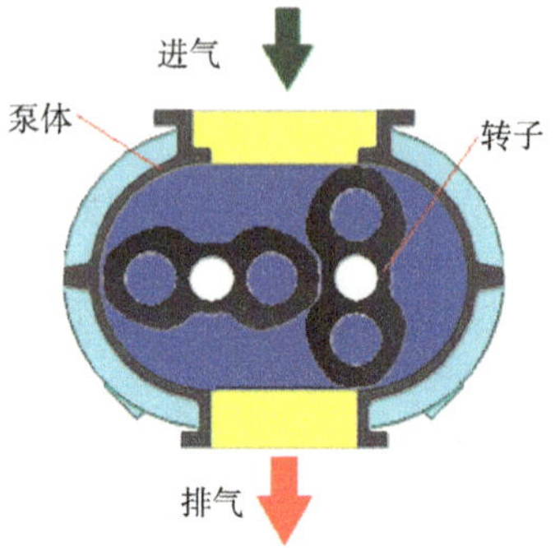

在泵腔内有两个形状对称的转子，转子形状有两叶、三叶和四叶的。两个转子彼此朝相反方向旋转，由轴端齿轮驱动同步转动。转子彼此无接触，转子与泵腔壁也无接触，其间通常有 0.15~1.0mm 的间隙，泵腔靠间隙来密封。</td></tr>
<tr><td>原理</td><td colspan="3">1. 在泵腔内，有两个“8”字形的转子相互垂直地安装在一对平行轴上，由传动比为 1 的一对齿轮带动做彼此反向的同步旋转运动。在转子之间、转子与泵壳内壁之间保持有一定的间隙，可以实现高转速运行。
2. 由于转子的不断旋转，被抽气体从进气口吸入到转子与泵壳之间的空间吸入腔内，再经排气口排出。由于吸气后吸入腔空间是全封闭状态，所以在泵腔内气体没有压缩和膨胀。但当转子顶部转过排气口边缘，吸入腔空间与排气侧相通时，由于排气侧气体压强较高，则有一部分气体返冲到吸入腔空间中去，使气体压强突然增高。当转子继续转动时，气体排出泵外。</td></tr>
<tr><td rowspan="4">性能参数</td><td>性能参数</td><td>单位</td><td>定义</td></tr>
<tr><td>抽气速率</td><td>L/s</td><td>单位时间内的抽气量。</td></tr>
<tr><td>极限压力</td><td>MPa</td><td>能实现的最高真空度。</td></tr>
<tr><td>转速</td><td>r/min</td><td>转子单位时间内的转数。</td></tr>
<tr><td>用途</td><td colspan="3">化工医药行业的真空反应系统中，如真空蒸馏、真空干燥等。</td></tr>
<tr><td>操作</td><td colspan="3">1. 启动
（1）新泵安装后，开机前，先将齿轮箱，减速器加 20#~40# 机械油。
（2）罗茨泵启动前检查全部管路法兰、接头的密封性，要求严密不漏。
（3）启动前应全开吸入和排出管路中的阀门，严禁闭阀启动。
（4）若型号要求有转动方向的，先验证单机转动方向，转向对后才能启动。
2. 运转
（1）注意轴承和泵体各部分的温度，如有异常应停机检查。
（2）如果罗茨泵在运转过程中发现泵和电动机声音异常（或电流表指针迅速上升），应立即停车检查。
（3）如果管路系统发生故障，应立即停车，排除故障。</td></tr>
</table>

续表

<table>
<tr><th>设备名称</th><th colspan="3">罗茨真空泵</th></tr>
<tr><td>操作</td><td colspan="3">3. 停车
（1）关闭电动机后，才可关闭泵的进口和出口阀门。
（2）停机前切记不要关出口阀门，否则泵易损坏。
（3）输送稠油、沥青等黏稠介质时，若后面长时间不用，应在停车后趁着泵体余温及时用稀油清洗，避免油凝后无法开车。</td></tr>
<tr><td>维护保养</td><td colspan="3">1. 经常检查油位位置，不符合规定时需调整使之符合要求，以罗茨泵运转时油位到油标中心为准。
2. 换油期限按实际使用条件和能否满足性能要求等情况考虑，由用户酌情决定。一般新罗茨泵，抽除清洁干燥的气体时，建议在工作 100h 左右换油一次。待油中看不到黑色金属粉末后，以后可适当延长换油期限。
3. 经常检查油质情况，发现油变质应及时更换新油，确保罗茨泵工作正常。
4. 一般情况下，罗茨泵工作 2000h 后应进行检修，检查橡胶密封件老化程度，检查排气阀片是否开裂，清理沉淀在阀片及排气阀座上的污物。清洗整个罗茨泵腔内的零件，如转子、旋片、弹簧等。一般用汽油清洗，并烘干。对橡胶件类清洗后用干布擦干即可。清洗装配时应轻拿轻放小心碰伤。
5. 向轴承体内加入轴承润滑机油，观察油位应在油标的中心线处，润滑油应及时更换或补充。
6. 检查罗茨泵管路及结合处有无松动现象。用手转动罗茨泵，试看罗茨泵是否灵活。
7. 重新装配后应进行试运行，一般需空运转 2h 并换油 2 次，因清洗时在罗茨泵中会留有一定量易挥发物，待运转正常后，再投入正常工作。
8. 启动电动机，当罗茨泵正常运转后，打开出口压力表和进口罗茨泵，视其显示出适当压力后，逐渐打开闸阀，同时检查电动机负荷情况。
9. 尽量控制罗茨泵的流量和扬程在标牌上注明的范围内，以保证罗茨泵在最高效率点运转，才能获得最大的节能效果。</td></tr>
<tr><td rowspan="10">故障排除</td><td>故障现象</td><td>故障原因</td><td>处理方法</td></tr>
<tr><td rowspan="3">泵不能启动</td><td>电动机连接不正确</td><td>正确连接电动机</td></tr>
<tr><td>真空度不正常</td><td>调节前级泵真空度</td></tr>
<tr><td>泵转子卡死</td><td>维修转子</td></tr>
<tr><td rowspan="6">泵温度太高</td><td>环境温度太高或冷却风量受控制</td><td>安泵于适当位置或确认冷却风量足够</td></tr>
<tr><td>泵工作压力范围错误</td><td>检查真空系统压力值</td></tr>
<tr><td>进排气口压强差异过大</td><td>检查真空系统压力值</td></tr>
<tr><td>气体温度太高</td><td>检查真空系统温度值</td></tr>
<tr><td>转子与泵体外壳间隙太小，可能遭受污染或扭曲变形</td><td>清洁泵，确认底座和连接管路没有被外部拉力牵动</td></tr>
<tr><td>摩擦阻力过大，可能由于轴承或油品受到污染</td><td>换油</td></tr>
</table>

续表

设备名称	罗茨真空泵		
故障排除	故障现象	故障原因	处理方法
	泵温度太高	油位过高	放出部分油
		油位过低	添加部分油
		使用错误油品	更换油品
		活塞环故障	更换活塞环
	泵噪声太大	转子与泵体外壳间隙太小，可能遭受污染或扭曲变形	清洁泵，确认底座和连接管路没有被外部拉力牵动
		活塞环或齿轮损坏	立即关机，更换活塞环或齿轮
		转子撞击泵体内壁	立即关机，调整转子间隙
		转子偏心转动	调整转子
		泵阻塞或故障	疏通
	填料吸油快	填料磨损	检修更换填料
	机械密封工作不良	密封干摩擦	保持密封润滑
		轴对中不好，振动大	找正，消除振动
		密封比压不当	检修调整密封比压

螺杆真空泵

<table>
<tr><th>设备名称</th><th>螺杆真空泵</th></tr>
<tr><td>结构</td><td>
螺杆真空泵实物图、结构示意图

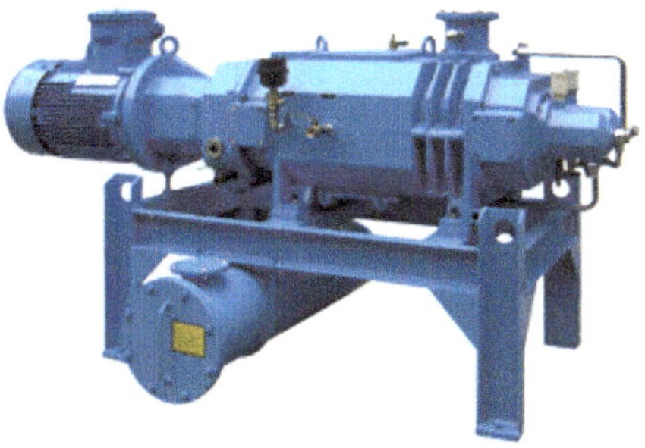

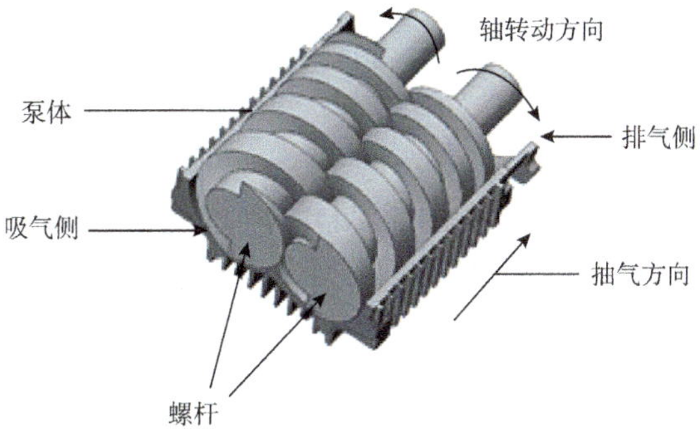

螺杆真空泵传动轴连接主动转子，通过同步齿轮带动从动转子旋转，在壳体上开有冷却水通道，用来冷却转子和排气口温度，同步齿轮及轴承用油润滑，轴承和壳体内部通过密封件来密封以达到无油的效果。干式螺杆真空泵同无油螺杆压缩机在密封和润滑上结构类似，一般真空泵的排气端用机械式密封件，进气侧通常用双唇形密封件。在传动方式上，目前通用的是直连电机，用联轴器与转子连接，极少数用皮带或者传动链传动。 等螺距螺杆泵由于无内压缩过程，排气温度非常高，如冷却效果不好，会造成转子和机壳变形，影响抽气效果。冷却机壳是必不可少的一个环节，水冷是最常见的方法，在机壳本体、轴承外侧通冷却水，可以达到冷却壳体进而冷却转子的目的。
</td></tr>
<tr><td>原理</td><td>
螺杆真空泵内装有一对平行的旋转状的转子，其中一件转子的旋转方向为右旋，另一件为左旋。两个转子在泵体内通过一对齿轮保持同步反向旋转。转子与转子之间、转子与泵体之间没有摩擦且保持一定的间隙，两个转子与泵体之间形成了密封腔，密封腔的个数等于转子的旋转圈数。

两个转子旋转时，与吸气口相连的密封腔的空间逐渐变大，气体被吸入并被传送到排气侧，排气侧的密封腔空间在旋转过程中逐渐变小，气体被压缩到排气口。长时间运转时需向泵体及端盖的夹套内通入适量的冷却水以对泵进行冷却。因压缩热主要在排气侧产生，为了充分冷却转子，在多数工况下可以将适量的空气或其它合适的气体通过掺气口导入泵腔内。此设备在运转的时候，两个转子在泵腔内做同步高速反向旋转，由此来产生吸气和排气。
</td></tr>
</table>

续表

<table>
<tr><th>设备名称</th><th colspan="3">螺杆真空泵</th></tr>
<tr><td rowspan="4">性能参数</td><td>性能参数</td><td>单位</td><td>定义</td></tr>
<tr><td>抽气速率</td><td>L/s</td><td>单位时间内的抽气量。</td></tr>
<tr><td>极限压力</td><td>MPa</td><td>所能抽拉到的最高真空度。</td></tr>
<tr><td>转速</td><td>r/min</td><td>转子单位时间内的转数。</td></tr>
<tr><td>用途</td><td colspan="3">干式螺杆泵能用于抽除含有大量蒸汽及少量粉尘的气体场合。</td></tr>
<tr><td>操作</td><td colspan="3">1. 操作准备
（1）把真空泵和管道内的灰尘清空。
（2）检查所有的吸入口和排出口是否连接完好。
（3）彻底清洁管道，不允许焊渣等留在管道内部。
（4）把油加到红标以上。如果油短缺，齿轮和轴承不会工作，如果油过量，温度会急剧升高，还会造成齿轮发出噪声以及其它部位受到影响。所以，一直把油保持在红标以上。
（5）冷却水流动起来。
2. 操作
（1）开启进气阀，在无负载的情况下打开电源，检查泵的转向，如转向相反，将电动机进线盒上的任意两条电线对调。
（2）在无负载的情况下运转泵 20~30min，检查泵的不正常的振动和温升。一旦有不正常情况发生，停止操作，查找原因。大多数情况下，原因是不正确的安装或不对中造成的。也有可能是因为使用了不合格的润滑油。
（3）正常负载情况下运转泵 2~3h，检查每个部位的温度和振动情况。
（4）在操作过程中，注意电流表的指示。如果有不正常情况发生，立即停止泵的运转并检查原因。经常情况下，原因是转子之间相碰撞或转子的顶部和泵体的内部表面有摩擦。
3. 停车
（1）关闭吸入口主阀门。
（2）如果有腐蚀性的气体被吸入，则在关闭机器前清理泵的内部。
（3）关闭电动机，泵停止工作。
（4）切断冷却水。冬天为防止水冻结，应通过排水阀将水排出。</td></tr>
<tr><td>维护保养</td><td colspan="3">1. 在操作过程中，由于压缩产生热，使得温度会升高。但是如果温度只是局部升高，并且夹套外部也热，则是不正常的现象。可能是由于不适当的冷却水供应或切断了冷却水、泵体和螺杆间的摩擦、螺杆间的碰撞或是泵吸收了某些杂质。因此，需要关闭泵，检查异常情况。
2. 泵使用了很长时间，螺杆和泵体被腐蚀了，泵的各部位间隙变大，泵的抽气能力比起初降低了，大量被排出的气体返回到吸入端，这时就需要清理修复这些部件。
3. 及时记录不正常情况，对轴承温度、振动和噪声作常规性检查。每天做到尽力保养。
4. 可以通过听诊器监听噪声，记录螺杆间或螺杆与泵体之间的碰撞摩擦。
5. 在冬天或在冷的地方，无论泵什么时候停止，都要将冷却水排掉。结冰的水会损坏夹套。</td></tr>
</table>

续表

设备名称	螺杆真空泵		
故障排除	故障现象	故障原因	处理方法
	振动大	泵轴与电动机轴不同心	重新找正泵轴与电动机的同轴度
		螺杆与泵套不同心或间隙大	检修调整螺杆与轴套的不同心及间隙
		泵内有气体	检查入口管路，消除漏气部位
		安装高度过大，泵内产生气泡	降低泵的安装高度
	机械密封泄漏	装配不当	重新调整机械密封
		密封盖未压平	调整密封压盖
		动环或静环密封损伤	研磨或更换密封件
		密封胶圈损坏	更换密封胶圈
		振动过大	消除振动
		密封润滑不良	保持密封处于润滑状态

水环罗茨泵机组

<table>
<tr><th>设备名称</th><th colspan="4">水环罗茨泵机组</th></tr>
<tr><td>结构</td><td colspan="4">水环罗茨泵机组实物图、结构示意图

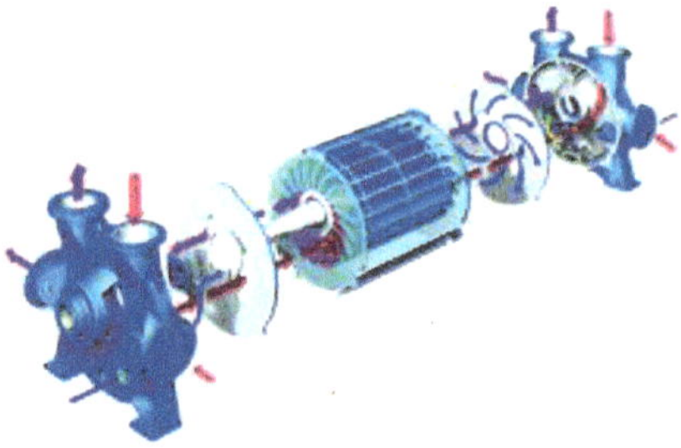
结构见水环泵、罗茨泵</td></tr>
<tr><td>原理</td><td colspan="4">用于较高真空的罗茨真空泵（机械增压泵）不能直排大气，如直排大气会造成罗茨真空泵吸气口与排气口压差太大，从而使罗茨真空泵过载，如单纯加大罗茨真空泵电动机功率，又会造成罗茨真空泵过热。以致罗茨真空泵转子之间的微小间隙很快因热膨胀而卡死。为保证罗茨真空泵能达到较高真空，必须保证罗茨真空泵转子之间的间隙。所以罗茨真空泵使用时必须设有前级泵，用前级泵将系统内压力抽至一定范围内时再启动罗茨真空泵，如此可以避免罗茨真空泵过载。</td></tr>
<tr><td rowspan="5">性能参数</td><td>性能参数</td><td>符号</td><td>单位</td><td>定义</td></tr>
<tr><td>抽气速率</td><td>S</td><td>L/s</td><td>在一定的压力和温度下，单位时间内由泵进气口处抽走的气体。</td></tr>
<tr><td>极限真空</td><td>F</td><td>Pa</td><td>是在没有负载的条件下获得的最大真空度。</td></tr>
<tr><td>功率</td><td>N</td><td>kW</td><td>电动机轴功率。</td></tr>
<tr><td>转速</td><td>n</td><td>r/min</td><td>转子每分钟的转数。</td></tr>
<tr><td>用途</td><td colspan="4">罗茨－水环泵机组由于采用水环泵作为前级泵，因而特别适用于抽除含有大量水蒸气和带有一定腐蚀性和可凝性气体的工艺过程</td></tr>
<tr><td>操作</td><td colspan="4">1. 开车准备：
（1）先检查各泵的润滑油情况，两端盖油位应在油镜刻线之间，外伸端油杯中的润滑油应加满。润滑油必须干净无杂质，润滑油每 2 个月定期更换一次。</td></tr>
</table>

续表

<table>
<tr><th>设备名称</th><th colspan="3">水环罗茨泵机组</th></tr>
<tr><td>操作</td><td colspan="3">（2）检查精馏系统的阀门开关情况，关闭所有排空阀，打开所有系统内真空连接阀。
（3）用手转动各泵联轴器，检查有无卡住现象，联轴器转动应灵活。
（4）检查各泵的冷却水管是否畅通无阻。
（5）检查各部位有无松动现象。
2. 开车操作：
（1）打开各泵的冷却水供水阀，将水流量调至预计量。
（2）打开前级泵——水环泵，并调节其补充水流量，注意其运转是否正常。
（3）当二级泵 ZJ-150（或 ZJ-70）泵的联轴器不再转动时开启二级泵，注意其运转是否正常。
（4）当三级泵 ZJ-600（或 ZJ-300，ZJ-150）泵的联轴器停止转动后再开启三级泵，并注意其运转是否正常。
（5）三级泵正常运转后，精馏系统可以开始升温、加热。
（6）根据要求，可以在 ZJ-1200 泵联轴器不转动的情况下开启该泵，但要注意其运转情况。
（7）各泵运转正常后，调节好各泵的冷却水流量，若有泵在运转过程中，如局部温升过大应停车检查，水环泵在极限真空下会发出噪声，应调节充气阀至运转无噪声，严禁各泵在具有噪声的情况下运转。
3. 关泵操作：
先依次关 ZJ-1200、ZJ-600、ZJ-150（ZJ-70），再打开排空阀，过约 2min 后，按水环泵操作规程关闭水环泵。</td></tr>
<tr><td>维护保养</td><td colspan="3">1. 每天对油位进行检查，油位过高，使温度升高，油位过低，造成润滑不良。每月检查油的品质，如果变质须马上更换。
2. 定时检查泵的温升、电动机负荷及温升。
3. 定期检查罗茨泵的轴承、油封、齿轮等部件，如有损坏应予更换。</td></tr>
<tr><td rowspan="14">故障排除</td><td>故障现象</td><td>故障原因</td><td>处理方法</td></tr>
<tr><td rowspan="4">罗茨泵运转中突然自行停车</td><td>罗茨泵反转</td><td>纠正电动机转向</td></tr>
<tr><td>系统漏气</td><td>检修并排除漏点</td></tr>
<tr><td>电接点真空表控制失灵</td><td>检修电接点真空表</td></tr>
<tr><td>齿轮或传动零件磨损造成转子擦碰</td><td>检修磨损件</td></tr>
<tr><td rowspan="3">真空度达不到要求</td><td>系统漏气</td><td>检修并排除漏点</td></tr>
<tr><td>前级泵有故障，真空度低</td><td>检查检修水环泵</td></tr>
<tr><td>罗茨泵密封件损坏</td><td>更换油封</td></tr>
<tr><td rowspan="2">罗茨泵内有水滴及齿轮箱内油污染乳化</td><td>水环泵内的水倒吸</td><td>检查更换止回阀并换油</td></tr>
<tr><td>罗茨泵端面垫圈破</td><td>更换垫圈并换油</td></tr>
<tr><td rowspan="3">电动机运转不正常</td><td>电动机缺相</td><td>检查电源接头是否脱落</td></tr>
<tr><td>电源不正常</td><td>检查电源是否缺相</td></tr>
<tr><td>接触器损坏</td><td>换接触器</td></tr>
<tr><td colspan="3">罗茨泵、水环泵故障见前述资料</td></tr>
</table>

无油立式真空泵

设备名称	无油立式真空泵
结构	无油立式真空泵实物图、结构示意图  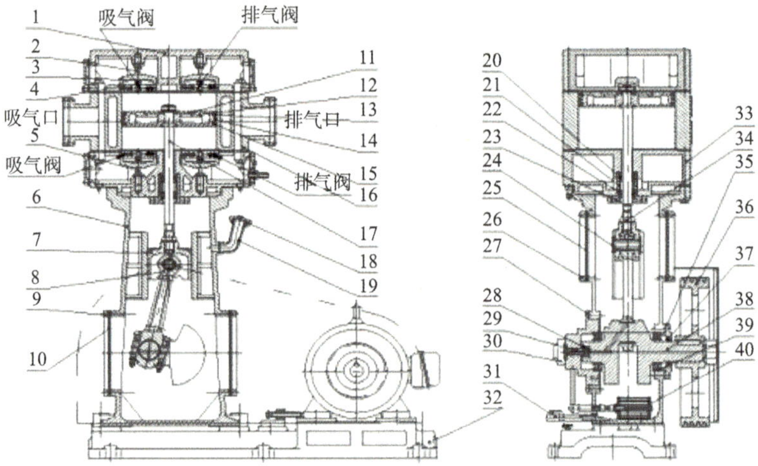 1—上泵盖；2—气阀上顶杆；3—气阀压盖；4—气阀；5—气阀下顶杆；6—机身；7—十字头；8—连杆；9—大油窗压盖；10—大油窗视镜；11—活塞大垫图；12—活塞；13—小活塞环；14—大活赛环；15—弹性圈；16—泵体；17—活塞杆；18—加油管盖；19—加油管；20—油封；21—油封垫圈；22—油封杆；23—油封杆压盖；24—十字头销子；25—小油窗视镜；26—小油窗压盖；27—曲轴阀盖；28—曲轴连接键；29—连接杆；30—机油泵J195；31—放油管；32—底座；33—下泵盖；34—活塞杆锁紧螺母；35—曲轴通盖；36—大皮带轮；37—骨架油封；38—曲轴；39—轴承；40—滤油器都件 无油立式真空泵主要由机械传动部分、机械抽气部分和隔油部分组成。机械传动部分分为曲柄和连杆机构，由电动机带动皮带轮，然后通过曲轴、连杆、十字头传递给活塞，由皮带轮的圆周运动变为活塞的直线运动。无油立式真空泵机械抽气部分主要依靠活塞在气缸内的往复运动来完成。气缸内的活塞上有活塞环，保证被活塞间隔开的气缸两端气密封性。

续表

<table>
<tr><th>设备名称</th><th colspan="4">无油立式真空泵</th></tr>
<tr><td>原理</td><td colspan="4">无油立式真空泵活塞在气缸内做往复运动时，不断改变气缸两端的容积，一端容积扩大吸入气体，另一端容积缩小排出气体。活塞与气阀的联合作用，周期地完成吸气和排气作用。</td></tr>
<tr><td rowspan="5">性能参数</td><td>性能参数</td><td>符号</td><td>单位</td><td>定义</td></tr>
<tr><td>极限压力</td><td>p</td><td>kPa</td><td>指真空泵所能达到的最低绝对压力值。</td></tr>
<tr><td>抽气速率</td><td>S</td><td>L/s m^3/h</td><td>单位时间内抽吸气体的体积叫抽气速率。</td></tr>
<tr><td>转速</td><td>n</td><td>r/min</td><td>泵轴每分钟的转数。</td></tr>
<tr><td>功率</td><td>N</td><td>kW</td><td>单位时间内所消耗的功。</td></tr>
<tr><td>用途</td><td colspan="4">无油立式真空泵是获得粗真空的主要设备。由于采用全密封装置，实现了曲轴箱和气缸的完全隔离；加上活塞环使用了自润滑材料，便实现了先进的无油润滑。由于无污水排放，所以特别适用于化工、医药和食品等行业的真空蒸馏、真空蒸发、真空干燥、真空浓缩、真空浸渍等工艺过程中。特别需要在清洁高真空或者气体需洁净回收的环境中应用。</td></tr>
<tr><td>操作</td><td colspan="4">1. 开车前的准备
（1）检查进气管路上的法兰，接头和阀门，并确认无泄漏之外。
（2）曲轴箱内加足清洁润滑油，使油位在油标的上下油位线之间。曲轴箱的润滑油：冬天用 40 号，夏天用 60 号机械油。
（3）开启冷却水阀。
（4）如排气管道上有阀门开启排气阀。
（5）用手扳动皮带轮几圈，确定无故障后方可开车。
2. 开车运转
（1）合上电动机电源开关，启动真空泵。泵的旋转方向：从皮带轮一端看为逆时针方向。
（2）进气管上的三通阀转换到与被抽容器接通（关闭大气通路），进气阀门由小到大，缓慢开启。
（3）在正常情况下，达到极限真空后的电流为：WLW-50 为 5~6A，WLW-100 为 11~12A，运转时电流表的读数应基本稳定。如果出现电流急剧上升，必须立即停车，找出原因，进行修理或调整。
（4）正常运转时无撞击声，否则应立即停车，找出原因，进行修理或调整。
（5）冷却水的进出温差约为 5℃，最高出水温度不能超过 40℃。
（6）排气阀部位温度不能超过为 90℃。
3. 停车
（1）关闭进气阀，拉开电动机点源开关（或按停及按钮），停车。
（2）停车 10min 后关闭冷却水进水阀。如室温降至 0℃以下时，必须放净冷却水，以免结冰冻裂气缸和水管。</td></tr>
<tr><td>维护保养</td><td colspan="4">1. 经常检查曲轴箱的油位高度，发现油位过低时应及时补充同标号润滑油。
2. 经常检查进气阀和进水阀，发现泄漏及时修理。
3. 经常检查三角胶带的松紧度，如有过松或过紧现象均应立即调整。
4. 经常对轴承、十字头部位进行检查，如有过热现象应及时进行修理。.</td></tr>
</table>

续表

设备名称	无油立式真空泵		
维护保养	5. 经常检查活塞杆的密封，如发现泄漏应及时更换密封圈。 6. 曲轴箱内的润滑油，第一次换油在运转 100~120h 后，以后每运转 1000~1500h 应更换一次。运转 1000~1500h 后，应拆开检查和清洗。检查各摩擦部位：气缸壁和活塞环，十字头销与连杆铜套，曲轴颈与连杆轴瓦等。如发现不正常磨损，应予修复。气缸与气阀的气流通道应清洗干净。 7. 泵经过 2500h 运转后，应进行大修，所有零部件均需进行清洗检查，磨损严重的部件应更换。经大修后重新装配的机器，活塞在上下死点时，它的两端与对应的气缸盖，气缸颈之间的间隙，应调整到 1.5~2mm 范围内。装好后应试运行 1h 左右，确认一切正常后，方可投入运转。 8. 如室温降至 0℃以下时，必须放净冷却水，以免结冰冻裂气缸和水管。		
故障排除	故障现象	故障原因	处理方法
	极限压力或抽气速率达不到要求	被抽容器或进气管路连接部位密封不佳	检查和调整好各连接部位，使其密封，不泄漏
		进气口三通阀与被抽容器的通道未到位，仍与大气相通	调整好三通阀，使其与大气隔绝
		气阀阀片与阀座不密合	检查气阀，如阀片损坏不能密封应更换
		吸、排气阀装错	检查吸、排气阀，装错改正过来
		气缸盖、气抽颈和汽缸连接平面漏气	更换连接平面的橡胶石棉板垫，并均匀拧紧螺母
		三角胶带太松，打滑，转速过低	调整三角胶带的松紧度
	温升过高	润滑油不足	加足润滑油，使其达到油标高度
		润滑油不干净	更换干净的润滑油
		润滑油路堵塞	清洗油路，使其畅通
		轴承或其它摩擦副咬死	更换轴承或摩擦副
		没有足够的冷却水冷却气缸	检查
	泵不能启动	电压太低	检查电压
		泵或电动机卡死	进行检查
		保护电流过低	调整
故障排除	机器振动大或声音异常	地脚螺栓松动或损坏	拧紧螺母或修复损坏处
		皮带轮松动，两个皮带轮不在同一直线上	检查电动机及皮带轮，使两带轮的端面处在同一平面上
		活塞杆等连接部位螺栓松动	检查连接部位，螺栓逐个均匀拧紧
		管路部件未固定好，颤动	固定好管件
		异物进入曲轴箱、气缸或气体通道	检查曲轴箱、气缸及气体通道，清除异物

蒸汽喷射泵

<table>
<tr><th>设备名称</th><th colspan="4">蒸汽喷射泵</th></tr>
<tr><td>结构</td><td colspan="4">

蒸汽喷射泵实物图、结构示意图

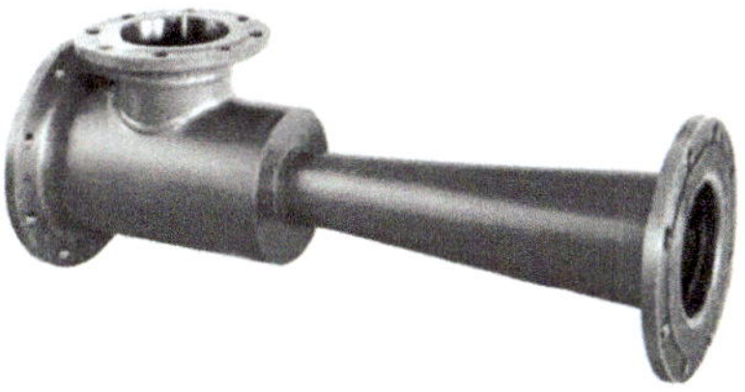

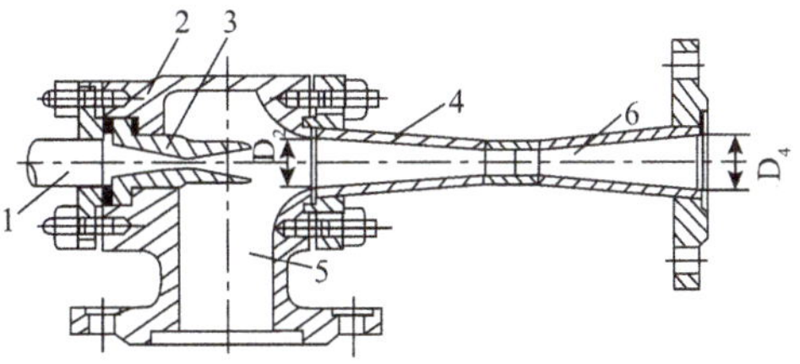

1—蒸汽室；2—喷嘴座；3—喷嘴；4—混合室；5—吸入室；6—扩散室

蒸汽喷射器

喷射泵是由工作喷嘴和扩压器及混合室相联而组成。工作喷嘴和扩压器这两个部件组成了一条断面变化的特殊气流管道。气流通过喷嘴可将压力能转变为动能。

</td></tr>
<tr><td>原理</td><td colspan="4">蒸汽喷射真空泵是利用流体流动时的静压能与动能相互转换的气体动力学原理来形成真空。具有一定压力的蒸汽通过拉瓦尔喷嘴喉径时达到声速，到喷嘴的扩散部时，静压能全部转化为动能，达到超声速，同时喷嘴出口处形成真空，被抽气体在压差的作用下，被抽入吸入室，和以超声速的蒸汽一边混合一边进入文丘里管，然后以亚声速从文丘里的扩散管排出，同时混合的气体速度逐渐降低，压力随之升高，而后从排出口排出。如果将几个喷射泵串联起来使用，泵与泵中间加入冷凝器使蒸汽冷凝，便可得到更高的真空度。整台蒸汽喷射真空泵由若干级泵体与冷凝器两大部分组成。各级泵体均由喷嘴、入室及扩压器组成，喷嘴可以是单只，也可以是多只，喷嘴一般采用不锈钢材料，吸入室和扩压器等其它部件可采用不锈钢、铸铁及碳钢等材料。</td></tr>
<tr><td rowspan="6">性能参数</td><td>性能参数</td><td>符号</td><td>单位</td><td>定义</td></tr>
<tr><td>引射系数</td><td>μ</td><td></td><td>引射系数 μ 等于被引射蒸汽与引射蒸汽的质量比，它表明高压蒸汽引射低压蒸汽的能力。</td></tr>
<tr><td>供热系数</td><td>COP</td><td></td><td>以高品位工作蒸汽减压前后的能量差为动力，通过喷射泵循环供给热用户的热量与所消耗的工作蒸汽热量之比，称为供热系数，用 COP 表示。</td></tr>
<tr><td>抽气能力</td><td>Q</td><td>L/s，m^3/h</td><td>单位时间内抽气的数量。</td></tr>
<tr><td>蒸汽温度</td><td>T</td><td>℃</td><td>使用蒸汽额定汽压下的对应温度。</td></tr>
<tr><td>蒸汽压力</td><td>p</td><td>MPa</td><td>使用蒸汽的额定汽压。</td></tr>
<tr><td>用途</td><td colspan="4">蒸汽喷射真空泵是一种结构简单、性能稳定可靠的真空获得设备，广泛应用于化工行业的真空蒸发、蒸馏、精馏、升华、干燥、结晶、浓缩、脱臭、脱色、脱水、过滤、真空输送物料、化学吸收、除气、除氧、制冷等工艺。</td></tr>
</table>

续表

<table>
<tr><th>设备名称</th><th colspan="3">蒸汽喷射泵</th></tr>
<tr><td>操作</td><td colspan="3">1. 启动
（1）把所有截止阀和闸阀关闭。
（2）蒸汽管道彻底排污，排水，一直放出废气，供应饱和蒸汽，排污阀稍微打开一些。
（3）开启水环泵把供应泵用水阀打开，开启真空总管中截止阀，达到大约 93.9mbar。
（4）启动二级蒸汽喷射泵，喷嘴前输入蒸汽压力最低不能低于 3.5bar，最高不能高于 5bar。
（5）启动一级蒸汽喷射泵，喷嘴前蒸汽压力不能低于 3.5bar。
（6）所有喷射泵开启后，调节好冷凝器的进水阀，使它排出水温度不超过 36℃。
2. 停机
（1）关闭真空总阀。
（2）关闭第一级喷射泵汽阀。
（3）关闭第二级喷射泵汽阀及蒸汽总阀。
（4）关停水环泵，关闭所有供水阀。</td></tr>
<tr><td>维护保养</td><td colspan="3">1. 应定期压紧填料，如填料因磨损而不能保证所需的密封时应换新填料，填料不能压得过紧，正常压紧的填料允许水成滴漏出，但量不得太多，应用油浸石棉绳做填料。
2. 轴承室实测的温度不应大于 70℃，轴承室内整个空间的 2/3 用润滑脂装满，正常工作的轴承每年应装油 3~4 次，每年至少清洗轴承一次，并将润滑油全部更换。</td></tr>
<tr><td rowspan="6">故障排除</td><td>故障现象</td><td>故障原因</td><td>处理方法</td></tr>
<tr><td rowspan="5">抽真空时太长、真空度不稳定或达不到真空度要求</td><td>真空测量装置（包括真空表、真空计、测试罩）有故障或失效</td><td>确保正常</td></tr>
<tr><td>工作蒸汽供应异常</td><td>蒸汽正常供应</td></tr>
<tr><td>循环冷却水供应异常</td><td>循环冷却水正常供应</td></tr>
<tr><td>生产系统异常，包括系统泄漏、系统产生过量气体、工艺设备性能下降等</td><td>系统消漏或改进</td></tr>
<tr><td>真空泵系统本身故障，包括泵系统泄漏、喷嘴堵塞或损坏、喉管直径磨损增大、扩压管的收缩段和排出口积垢、大气腿泄漏或积垢堵塞、冷凝器积垢堵塞、抽气管道积液等</td><td>维修相应部件，确保系统本身正常</td></tr>
</table>

水冲泵

<table>
<tr><th>设备名称</th><th colspan="4">水冲泵</th></tr>
<tr><td>结构</td><td colspan="4">水冲泵结构图、示意图
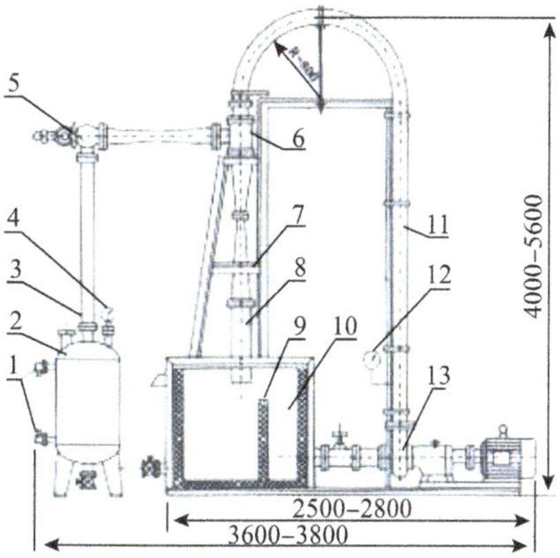
</td></tr>
<tr><td>原理</td><td colspan="4">具有一定压力的工作流体从压力水连接口通道经喷嘴高速射出，使喷嘴出口至泵下端喉管区域形在真空，使真空管连接口气体与压力水连接口流体混合从尾管连接口排出，从而达到理想的抽气真空效果。</td></tr>
<tr><td rowspan="4">性能参数</td><td>性能参数</td><td>符号</td><td>单位</td><td>定义</td></tr>
<tr><td>极限真空</td><td>p</td><td>MPa</td><td>水冲泵所能达到的最大真空度。</td></tr>
<tr><td>额定抽气量</td><td>Q</td><td>m^3/h</td><td>单位时间内的抽气量。</td></tr>
<tr><td>工作水温</td><td>T</td><td>℃</td><td>介质的温度。</td></tr>
<tr><td>用途</td><td colspan="4">主要用于真空与蒸发系统，进行真空抽水、真空蒸发、真空过滤、真空结晶、干燥、脱臭等工艺，是制糖、制药、化工、食品、制盐、味精、牛奶、发酵以及一些轻工、国防部门广泛需求的设备。</td></tr>
<tr><td>操作</td><td colspan="4">1. 检查水箱内水是否足够，盛水量一般为水箱的 2/3。
2. 检查泵及管路各结合处有无松动、渗漏现象，如正常用手转动泵轴，检查是否灵活，有无摩擦、卡死现象，电动机接地是否良好。
3. 检查电动机与泵叶轮旋转方向是否一致，轴承油量是否足够，禁止反转。
4. 开车前应检查所用真空系统、各阀门的关闭情况，关闭真空总阀及与其它系统相连的所有阀门。
5. 检查汽包内积水、汽包底阀是否畅通，否则应疏通底阀排去汽包内污水，然后关闭底阀。
6. 应双手操作电动机按钮，即一手按开，一手按关，发现异常立刻停机。
7. 启动水冲泵，检查水压是否正常，视汽包上真空表读数应≥ 0.08MPa。
8. 停泵时，关真空汽包至系统阀门，打开汽包上排空阀门，排净真空，然后关闭水冲泵电动机。严禁在没有开排空的情况下，关水冲泵电动机，导致止回阀盖子冲出。
9. 如果水冲泵在不使用时，应排尽汽包内的积水。</td></tr>
</table>

续表

<table>
<tr><th>设备名称</th><th colspan="3">水冲泵</th></tr>
<tr><td>保养</td><td colspan="3">1. 严格执行润滑管理制度。
2. 定期清洁设备及附属管线的卫生，确保无油污、灰尘。
3. 定时检查进口真空度、振动、密封泄漏、轴承温度等情况，发现问题应及时处理。
4. 定期检查泵附属管线是否畅通。
5. 定期检查泵各部螺栓是否松动。
6. 备用泵应定期盘车。</td></tr>
<tr><td rowspan="12">故障排除</td><td>故障现象</td><td>故障原因</td><td>处理方法</td></tr>
<tr><td>返水</td><td>设备和管道密封不严</td><td>更换密封垫、紧固螺栓等</td></tr>
<tr><td rowspan="4">真空度下降</td><td>喷嘴或扩压器喉部磨损太大</td><td>更换喷嘴或扩压器</td></tr>
<tr><td>设备或管道有泄漏之处</td><td>检查泄漏处予以消除</td></tr>
<tr><td>喷射泵水温太高，造成水的饱和压力偏高</td><td>加大冷却水量，降低水温</td></tr>
<tr><td>被抽空间中的物料负荷过大，以至于产生的气体不能及时抽除</td><td>减小处理物料的负荷，降低水喷射泵的抽气负荷</td></tr>
<tr><td rowspan="5">真空度不稳</td><td>被抽空间中物料放气量随时间变化，不稳定不均匀</td><td>控制进料量和能引起物料放气量变化的参数</td></tr>
<tr><td>喷嘴、管道或扩压器有随机性堵塞</td><td>查找原因、清除随机性堵塞</td></tr>
<tr><td>喷射泵下端尾管插入贮水箱内水的深度不稳，大气中的空气有时从尾管水封处翻入</td><td>保证贮水箱中的水量，完善水封装置</td></tr>
<tr><td>水泵的电压不稳</td><td>找出供电电压不稳原因，设法消除</td></tr>
<tr><td>水泵叶轮松动，设备振动严重等</td><td>找出泵叶轮松动或设备振动的原因，设法消除</td></tr>
</table>

蠕动泵

<table>
<tr><th>设备名称</th><th colspan="4">蠕动泵</th></tr>
<tr><td>结构</td><td colspan="4">蠕动泵实物图、结构示意图

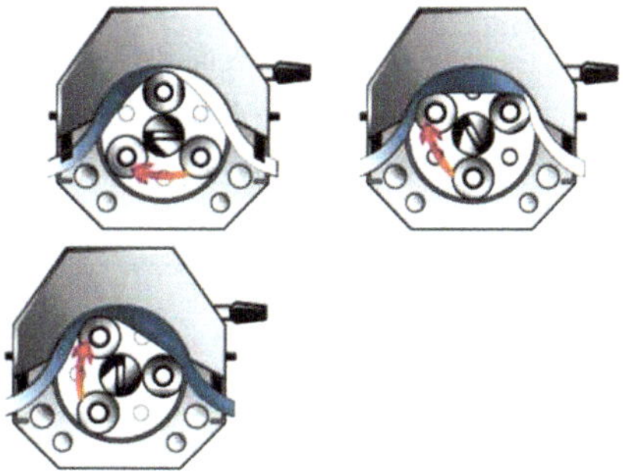
蠕动泵由三部分组成：驱动器、泵头和软管。</td></tr>
<tr><td>原理</td><td colspan="4">利用一根软质的弹性体管承受变形并恢复到最初形状的能力，就像用手指夹挤一根充满流体的软管，随着手指向前滑动管内流体向前移动。蠕动泵也是这个原理只是由滚轮取代了手指。通过对泵的弹性输送软管交替进行挤压和释放来泵送流体。就像用两根手指夹挤软管一样，随着手指的移动，管内形成负压，液体随之流动。蠕动泵是一种通过对泵的弹性输送软管交替进行挤压和释放来泵送流体。如同用两根手指挤压软管一样，通过随着手指的移动，管内从而形成负压，液体则随之流动。 而蠕动泵就是在两个转辊子之间的一段泵管形成“枕”形一种流体。</td></tr>
<tr><td rowspan="5">性能参数</td><td>性能参数</td><td>符号</td><td>单位</td><td>定义</td></tr>
<tr><td>软管口径</td><td>ϕ</td><td>mm</td><td>指泵用软管的公称尺寸。</td></tr>
<tr><td>流量</td><td>S</td><td>L/s，m^3/h</td><td>单位时间内输送流体的体积。</td></tr>
<tr><td>吸程</td><td>h</td><td>m</td><td>泵头到吸入液体平面的垂直距离。</td></tr>
<tr><td>扬程</td><td>h</td><td>m</td><td>泵头到排出液体平面的垂直距离。</td></tr>
<tr><td>用途</td><td colspan="4">柔和、低剪切流动，适合用于液体、气体、两相流以及高黏流体。</td></tr>
<tr><td>操作</td><td colspan="4">1. 逆时针方向旋转扳杆使上压块升起，把软管放入上压块与下支撑之间的滚轮内，并且将软管拉直，搬动扳杆顺时针方向旋转压下，即软管安装完成。
2. 接通电源，打开驱动器后部的电源开关，LED 转速显示为“000”，出厂时电位器设在最低转速位置，按要求的运转方向开启“启停键”，蠕动泵即开始运转，旋转“旋钮键”调节泵的转速，从而达到所需的流量。流量测定时，用测量容器接在泵的出口，自己测算运行时间，若流量不够可调节“旋钮键”，更换软管后调节泵头压力调节旋钮，至刚好泵出流体为佳，不亦调节过紧。
3. 由于电源打开后设备的一部分电气元件即处于工作状态，所以停机后要关闭驱动器后面的电源开关，长时间不用请拔掉电源线。</td></tr>
</table>

续表

设备名称	蠕动泵		
维护保养	1. 在泵不工作时，将压住软管的压块松开，避免长时间挤压软管使其变形，这样会影响泵的工作效率。 2. 泵头的滚轮要保持清洁和干燥，否则会加快软管的磨损，缩短软管使用寿命和导致滚轮过早损坏。 3. 驱动器表面和泵头不耐有机溶剂和强腐蚀性液体，使用时应特别注意。 4. 经常检查硅胶管受挤压部位，防止胶管老化破损，避免液体流入泵体内，损坏电动机及电路，当发现硅胶管使用老化时，应及时更换。为了延长硅胶管的使用寿命，经常更换硅胶管被挤压部位，长期不用时应把硅胶管取出。		
故障排除	故障现象	故障原因	处理方法
	开机后无法显示	电源插座是否有电	接上有电的插座
		电源插头是否脱落	重新接好电源插头
		电源熔断器是否熔断	更新安装或更新熔断器
	开机后有显示但泵轮不转	检查泵头的上压块是否挤压软管过紧	调整泵头压管间隙
		检查软管型号是否与泵头匹配	选用适合的软管
	开机后泵轮正常转动但无法输送液体	检查泵头的上压块是否挤压软管过松，软管未能压紧	调整泵头压管间隙
		检查软管是否有破损	使用新的软管
	工作时软管随滚轮一起向一侧滑动	检查管卡是否卡紧软管	调整管卡

隔膜泵

<table>
<tr><th>设备名称</th><th>隔膜泵</th></tr>
<tr><td>结构</td><td>气动、电动隔膜泵的实物图、结构示意图

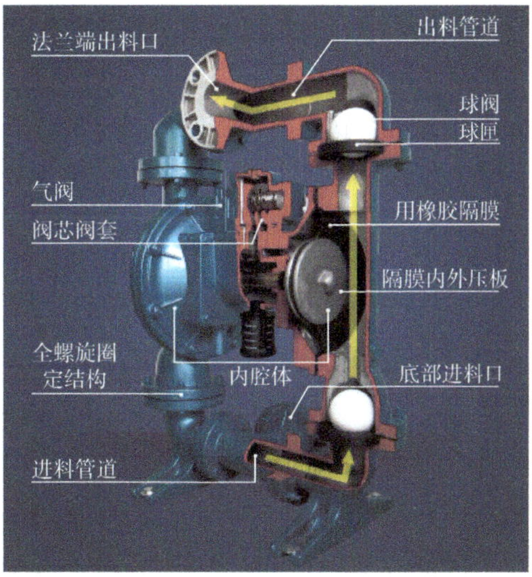

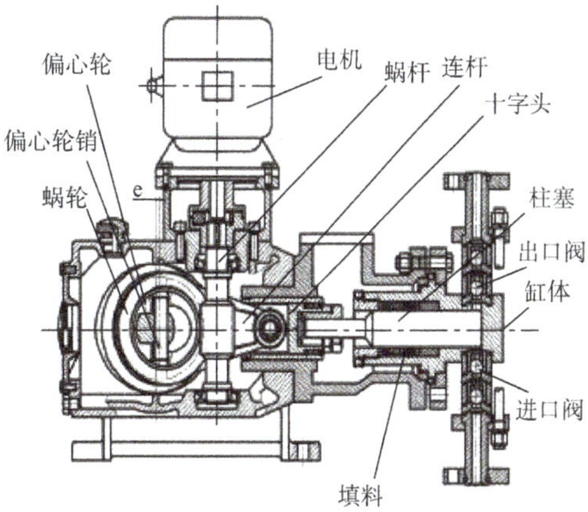

气动隔膜泵采用压缩空气为动力源，是一种由膜片往复变形造成容积变化的容积泵，近似于柱塞泵。气动隔膜泵其有四种材质：工程塑料、铝合金、铸铁、不锈钢。气动隔膜泵根据不同液体介质分别采用丁腈橡胶、氯丁橡胶、氟橡胶、聚四氟乙烯、聚四氯乙烯。
电动隔膜泵上的电动机通过减速箱带动左右两端柱塞上面的隔膜一前一后往复运动。在左右两个泵腔内，装有上下四个单向球阀隔膜的运动，造成工作腔内的容积的改变，迫使四个单向球阀交替地开启和关闭，从而将液体不断地吸入和排出。
丁腈橡胶主要应用于石化及含油的液体，弹性寿命佳。温度限制：−12.2~+82.2℃。氯丁橡胶广泛使用于没有腐蚀性的应用，具有寿命长及低成本的特性；温度限制：−17.7~+93.3℃。氟化橡胶应用于极高温的情况下，效果很好。可用于部分酸及碱的产品，但成本高且寿命较短。温度限制：−40~+175.7℃。</td></tr>
<tr><td>原理</td><td>以气动为例，液力端利用特殊设计加工的柔性隔膜，使介质与隔膜隔离，在气动驱动机构作用下实现隔膜的周期性往复运动，来达到吸入、排出，即输送介质的目的。</td></tr>
</table>

续表

<table>
<tr><th>设备名称</th><th colspan="4">隔膜泵</th></tr>
<tr><td rowspan="3">性能参数</td><td>参数</td><td>符号</td><td>单位</td><td>定义</td></tr>
<tr><td>流量</td><td>Q</td><td>m^3/h</td><td>每小时内吸入或排出液体的体积流量。</td></tr>
<tr><td>出口压力</td><td>p</td><td>MPa</td><td>指泵出口压力，其始终与泵后路注剂系统压力保持一致。</td></tr>
<tr><td>用途</td><td colspan="4">气动隔膜泵是一种新型输送机械，采用压缩空气为动力源，运行时不产生火花，维护保养简单，不需要润滑。但扬程有限，对于各种腐蚀性液体、带颗粒的液体、高黏度液体均能予以抽光吸尽。适用于石油化工行业低压或常压工况下助剂添加、污水抽提等。</td></tr>
<tr><td>操作</td><td colspan="4">1. 尽可能地将泵放置在靠近泵送物料的位置，尽可能缩短吸入管路的长度和接头数量。
2. 检查气路和介质流程接头是否连接紧密，保证气路阀门关闭、介质流程畅通。
3. 无需预先灌泵，启动泵时，先缓慢开启进气阀，等泵自吸灌满后再开大阀门。
注意
隔膜泵启动时开启空气驱动阀门要缓慢，防止瞬时压力过大损坏隔膜!</td></tr>
<tr><td>维护保养</td><td colspan="4">以气动为例:
1. 气源要求
（1）气源压力应控制在 8.6bar（125psi）以内，压力过高会导致隔膜损坏或寿命减少；
（2）日常检查气源是否带水或其它液体，如有要及时排出；
（3）进气装置如有压力调节装置和过滤器要及时清洗维护。
2. 使用要求
（1）避免泵空负荷或低流量长时间运行；
（2）运行时不要将气路阀门开的过大，泵往复运动在 30~60 次 /min 为宜，过快的往复运动会降低隔膜使用寿命。
3. 设备保养
（1）保证介质管线和气体管线紧密连接，检查接头和管线是否老化；
（2）对于易粘结、易凝固的介质，使用后要及时对泵体进行清洗，避免在泵体内积累。
注意:
普通气动隔膜泵出口压力不高于气源压力，避免超压使用!</td></tr>
<tr><td rowspan="10">故障排除</td><td>故障现象</td><td colspan="2">故障原因</td><td>处理方法</td></tr>
<tr><td rowspan="9">泵流量不足</td><td colspan="2">入口管线过长或接头过多</td><td>重新布置管线，尽量靠近物料，减少接头</td></tr>
<tr><td colspan="2">泵的放置位置过高、吸力不足</td><td>将泵的位置降低</td></tr>
<tr><td colspan="2">泵入口管线过细或堵塞</td><td>更换吸入侧软管</td></tr>
<tr><td colspan="2">物料性质改变、黏度变大</td><td>改变工艺条件</td></tr>
<tr><td colspan="2">供气压力不足</td><td>提高供气压力</td></tr>
<tr><td colspan="2">阀球或阀座磨损</td><td>更换配件</td></tr>
<tr><td colspan="2">进排料阀泄漏</td><td>检修或更换进料阀</td></tr>
<tr><td colspan="2">膜片损坏</td><td>更换膜片</td></tr>
<tr><td colspan="2">转速太慢、调节失灵</td><td>检修控制装置、调整转速</td></tr>
</table>

续表

设备名称	隔膜泵		
故障排除	故障现象	故障原因	处理方法
	泵漏油	隔膜破损	更换配件
		入口管线有破损或接口松动	重新对管线进行紧固
		隔膜安装不到位、松动	联系钳工处理
	泵压力不足或升高	空气过滤器滤芯堵塞	停泵清洗滤芯
		进出口阀球卡涩	联系钳工拆检
		气路换向阀堵塞	联系钳工拆检
		后路压力高或堵塞	改善工艺条件、提高风压或清理堵塞管路

自吸泵（卧式）

<table>
<tr><th>设备名称</th><th colspan="4">自吸泵（卧式）</th></tr>
<tr><td>结构</td><td colspan="4">

自吸泵（卧式）的实物图、结构示意图

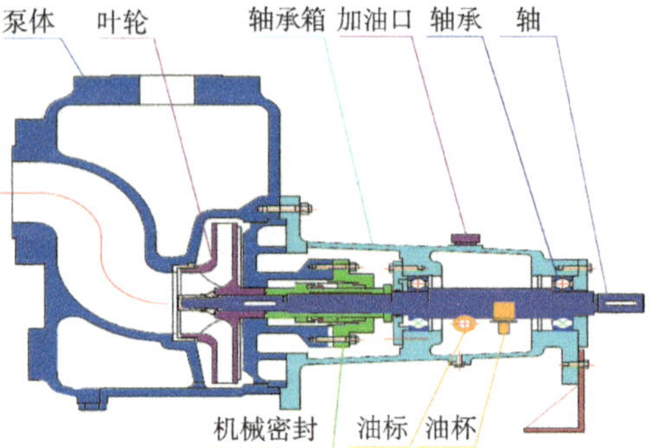

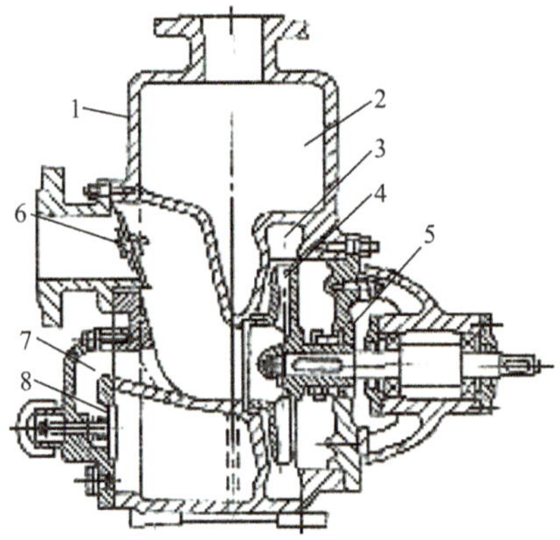

内混式自吸泵典型结构

1—泵壳；2—储液室；3—蜗室；
4—叶轮；5—轴封；6—止回阀；
7—回流孔；8—回流阀

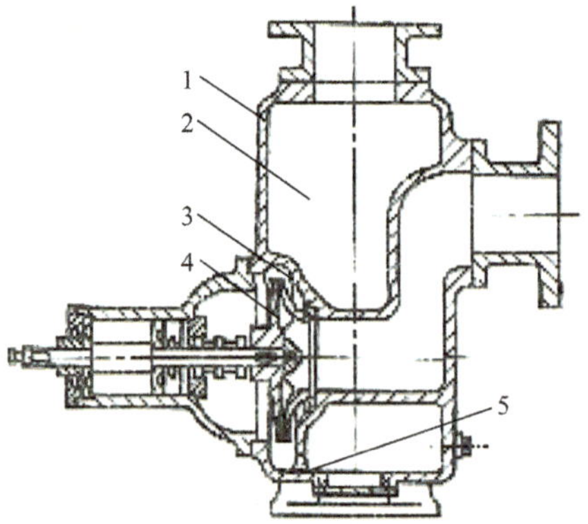

外混式自吸泵典型结构

1—泵壳；2—气液分离室；3—蜗室；
4—叶轮；5—回流孔

自吸泵由泵壳、储液室、蜗室、叶轮、轴封、止回阀、回流阀、回流孔构成。
泵共性结构和有关零部件类同前述卧式悬臂离心泵。

</td></tr>
<tr><td>原理</td><td colspan="4">

1. 泵启动后，由于叶轮的旋转作用，储液室的液体与吸水管路的空气在叶轮中心充分混合，排到气液分离室，气体被送到排出管路，液体则返回叶轮，重新与吸入管路剩余气体混合，直到把吸入管路的气排尽，完成自吸并转入正常工作为止。

2. 自吸泵具有自吸功能，工作前只需保证泵体内储有定量引液，即可具有“一次引流、终身自吸”功能。

</td></tr>
<tr><td rowspan="3">性能参数</td><td>参数</td><td>符号</td><td>单位</td><td>定义</td></tr>
<tr><td>流量</td><td>Q</td><td>m^3/h</td><td>泵每小时内所排出液体的体积流量；泵必须在最小流量点以上运行，否则会造成泵振动、噪声、汽蚀，从而使泵的零部件遭到破坏。</td></tr>
<tr><td>扬程</td><td>H</td><td>m</td><td>液体通过泵所获得的有效压力能；泵出入口压差（MPa）乘以介质相对密度（介质与水的密度比）再乘以9.8。泵流量越小扬程越高。</td></tr>
</table>

续表

<table>
<tr><th>设备名称</th><th colspan="4">自吸泵（卧式）</th></tr>
<tr><td rowspan="2">性能参数</td><td>参数</td><td>符号</td><td>单位</td><td>定义</td></tr>
<tr><td>功率</td><td>N</td><td>kW</td><td>每小时内泵所消耗的功，与电动机电流成正比，电流越高功率越大，泵流量越大电流越高。</td></tr>
<tr><td>用途</td><td colspan="4">自吸泵具有自吸功能，在炼油化工装置中一般应用于处理地下罐、地下污水池等介质外排，利用液体经过离心泵后，压能和动能都有增加来输送液体。</td></tr>
<tr><td>操作</td><td colspan="4">1. 润滑油检查
油位上下红线之间，油质无乳化不带水。
2. 灌泵
打开罐泵阀，并进行高点排气。
3. 盘车
盘车无异常声音，无摩擦。
4. 启动电机
泵机械运转情况及泵出口压力正常。
5. 开泵出口阀
测振测温，检查机械密封、电流及出口压力。
注意：
泵启动后出口阀应根据系统压力来调节开度，尽量不要全开而带来泵不上量。
带“自启动”功能备泵投“自动”，出口阀处于“开”位置。</td></tr>
<tr><td>维护保养</td><td colspan="4">1. 测振测温
（1）监测时间：如 8:00 –15:00；
（2）监测工具：
笔式测振仪、红外线测温仪；
（3）监测标准：
a）振动值应≤1.8mm/s（卧式）；
b）油池温度应低于 82℃。
2. 润滑
（1）润滑油种：L–TSA46 汽轮机油；
（2）换油周期：一般不大于 180d；
（3）加换油要求：
a）严格执行三级过滤要求；
b）加换完油后及时在 EM 系统登记；
c）机泵油位在上下红线之间，油质无乳化不带水。
3. 密封
（1）泄漏标准：<10 滴 /min；
（2）检查要求：
a）机械密封正常；
b）密封冲洗压力正常，辅助管路畅通。
注意：
冬季需要做好备泵防冻防凝工作。</td></tr>
</table>

续表

设备名称	自吸泵（卧式）		
故障排除	故障现象	故障原因	处理方法
	流量出口压力降低	泵内没有灌液体	重新灌泵，排除气体
		出口单向阀卡涩或堵塞	检查清理出口单向阀
		泵内或管路有杂物堵塞	清洗泵入口过滤器及入口管线
		吸入管有空气漏入	排除泄漏点
		罐液位过低	停泵联系仪表校验液位
	泵轴承振动增大	轴承磨损严重，间隙过大	及时切泵联系检修
		支架不牢引起管线振动	管线支架加固
		泵内部摩擦	联系检修消除摩擦
	泵密封泄漏	泵振动大	停泵检修
		密封冷却、冲洗效果差	停泵处理机封冷却、冲洗系统
		泵长时间抽空	停泵检修
	轴承温度过高	轴承箱内油过少、过多或太脏变质	按规定添放油或更换油
		轴承磨损或松动	及时联系检修
		轴承冷却效果不好	开大冷却水阀门或停泵清洗冷却水管路

三足式过滤离心机

<table>
<tr><th>设备名称</th><th>三足式过滤离心机</th></tr>
<tr><td>结构</td><td>
三足式过滤离心机实物图、结构示意图

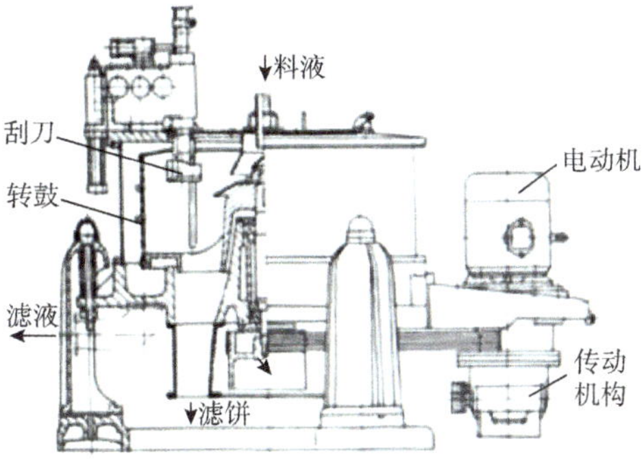

三足式刮刀下部卸料离心机

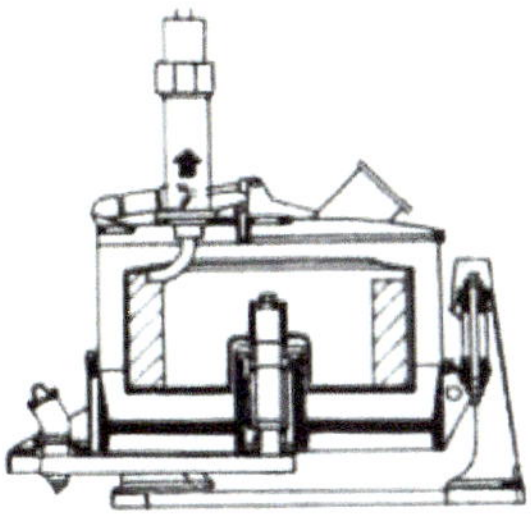

三足式气力抽送离心机

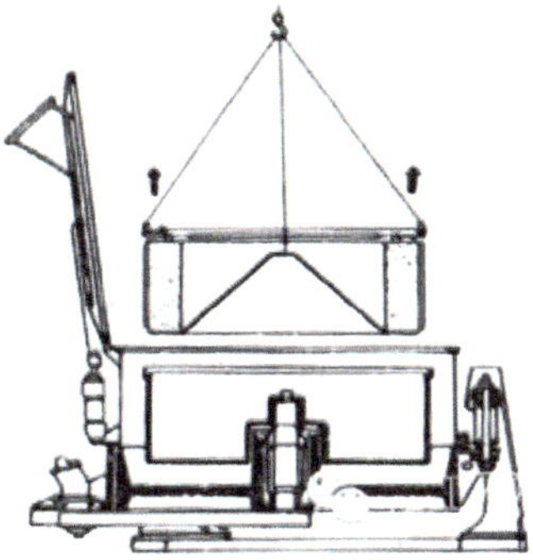

三足式吊袋卸料离心机

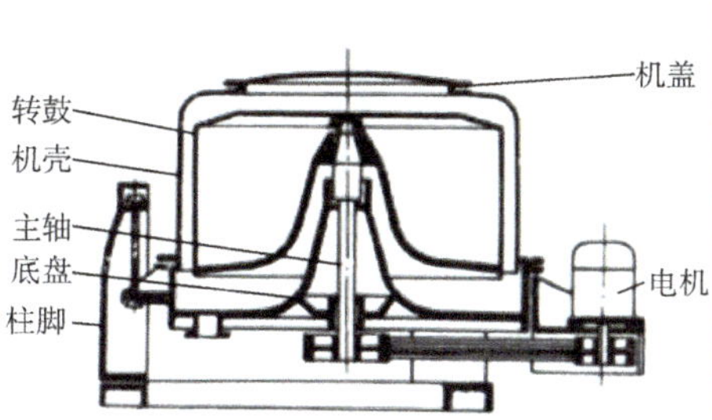

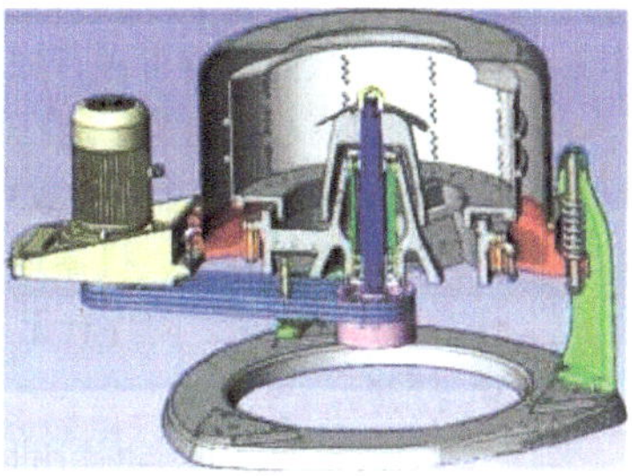

三足式人工上部卸料离心机
</td></tr>
</table>

续表

<table>
<tr><th>设备名称</th><th colspan="4">三足式过滤离心机</th></tr>
<tr><td>结构</td><td colspan="4">三足式离心机由转鼓、滤网、主轴、轴承、底盘、外壳、三根支柱、皮带传动、电机等组成。它具有竖轴、实底和半封闭顶的圆柱状转鼓，顶部的围边称为鼓缘，转鼓支在三足架上，故名三足式离心机。在一般情况下，转鼓罩面上钻有很多小孔，内侧覆有一层或多层大孔金属滤网，作为装在转鼓中的囊状滤布的支承。在启动前或启动后，将悬浮液自顶部导入转鼓，使滤液通过罩面流出，而团体颗粒则被截留在滤布上。滤渣是在停机之后用人工移出或采用更换滤布袋的方法进行卸料的。比较先进的一种三足式离心机使用时可先将转鼓的转速降至每分钟几转，然后将一犁形刀片推入滤渣以排除固体物料。犁形刀将固体翻向转鼓轴线，使滤渣从转鼓底部开口处落出，借助于定时器，全部操作均可自动进行。</td></tr>
<tr><td>原理</td><td colspan="4">离心机主要用于将悬浮液中的固体颗粒与液体分开，或将乳浊液中两种密度不同，又互不相溶的液体分开（例如从牛奶中分离出奶油）。它也可用于排除湿固体中的液体，例如用洗衣机甩干湿衣服。特殊的超速管式分离机还可分离不同密度的气体混合物，利用不同密度或粒度的固体颗粒在液体中沉降速度不同的特点，有的沉降离心机还可对固体颗粒按密度或粒度进行分级。</td></tr>
<tr><td rowspan="7">性能参数</td><td>性能参数</td><td>符号</td><td>单位</td><td>定义</td></tr>
<tr><td>最高转速</td><td>n</td><td>r/min</td><td>在使用过程当中离心机所能有限最高转速。</td></tr>
<tr><td>功率</td><td>N</td><td>kW</td><td>电机使用功率。</td></tr>
<tr><td>转鼓容量</td><td>V</td><td>L</td><td>离心机本身所能限量承载物料体积。</td></tr>
<tr><td>温度设定范围</td><td>T</td><td>℃</td><td>指物料在离心时的最高温度。</td></tr>
<tr><td>质量</td><td>M</td><td>kg</td><td>机器本身的质量。</td></tr>
<tr><td>装料限量</td><td></td><td>kg</td><td>离心机本身所能限量承载物料重量。</td></tr>
<tr><td>用途</td><td colspan="4">是靠不同物质的沉降系数的不同，在一定的离心力的作用下，将不同的物质分离出来。广泛用于化工、医药、轻工、食品等工业，如制糖、盐、葡萄糖等。</td></tr>
<tr><td>操作</td><td colspan="4">1. 开机前检查地脚螺栓有无松动、电动机风叶罩是否完好，以保证设备安全与人身安全。
2. 启动前应检查离心机主体是否完好，用手转动转鼓有无摩擦、振动严重等现象，检查皮带的松紧程度。
3. 启动前必须检查转鼓内外有无杂物，主轴盖形螺母是否锁紧，对其它零件也应作一次常规性检查，以免发生意外。
4. 检查离心机旋转方向及离心袋是否完好，如发现破袋，应及时更换离心袋。
5. 离心袋放好后，先应空转 3~5min，间断性开关使离心袋固定紧贴转鼓，再停车检查各部件无故障时方可进行加料操作。加料时要保持离心机转速在全速的 1/3~2/3（转速过低可开启离心机电源，速度较大后关闭离心机电源），加料要均匀，不能超过额定容量，加料毕保持转速在全速的2/3左右运行，先甩出部分水分。再启动电动机，正常运转甩滤。
6. 离心过程中，机器运转应稳定，无较大振动和噪声，否则应立即关闭电源减速运行，检查离心机、附件有无松脱，有否超负荷工作或物料不均匀出现不规则涡流而产生振动等情况。
7. 对长期停机后再使用时，必须进行一次全面检查加油，空车试车，正常后方可使用。
8. 使用完毕，应及时打扫该设备及系统的卫生，保持清洁。</td></tr>
</table>

续表

设备名称	三足式过滤离心机		
维护保养	1. 严格执行润滑管理制度 2. 定期清洁设备及附属管线的卫生，确保无油污、灰尘等附着现象。 3. 定时检查振动、密封泄漏、三角带松弛等情况，发现问题应及时处理。 4. 定期检查附属管线是否畅通。 5. 定期检查离心机各部螺栓是否松动。		
故障排除	故障现象	故障原因	处理方法
	发出异声	转轴上端固定转盘螺钉或机座上减震弹簧固定螺钉等机件、紧固件有松脱现象	重新紧固一遍即可
		电动机转轴弯曲	修复校正，严重时予以更换
		轴承磨损	轴承磨损间隙加大，可在转轴上加一垫片来解决，严重时予以更换
		减震弹簧弹力变小或断裂	更换减震弹簧
		外罩变形或位置不正确	调整和校正外罩并固牢即可
		试管套内有异物使负荷失去平衡	清除试管内异物即可
	转速变慢	三角带连接松弛	更换新的三角带
		电源电压不够	检查电路，电路正常再重新启动
	吊装葫芦无法移动	钢丝绳缠绕混乱	联系机修人员对其疏导，并教育一线人员使用操作规范
		移动手柄坏	联系电工对其进行检查或更换
	振动大	基础水平有问题	找水平
		过滤料偏积	初始进料要缓慢一些
		支座弹簧断裂	更换弹簧

卧式刮刀离心机

<table>
<tr><th>设备名称</th><th colspan="4">卧式刮刀离心机</th></tr>
<tr><td>结构</td><td colspan="4">
卧式刮刀离心机实物图、结构示意图

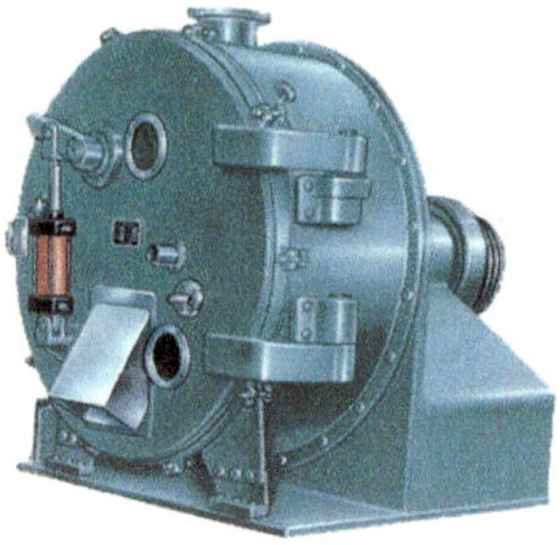

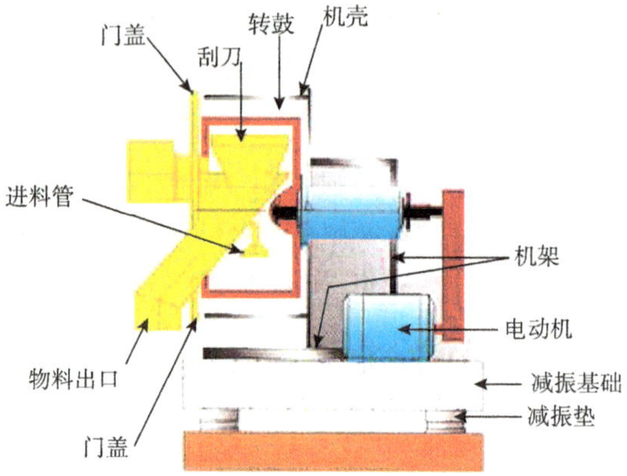

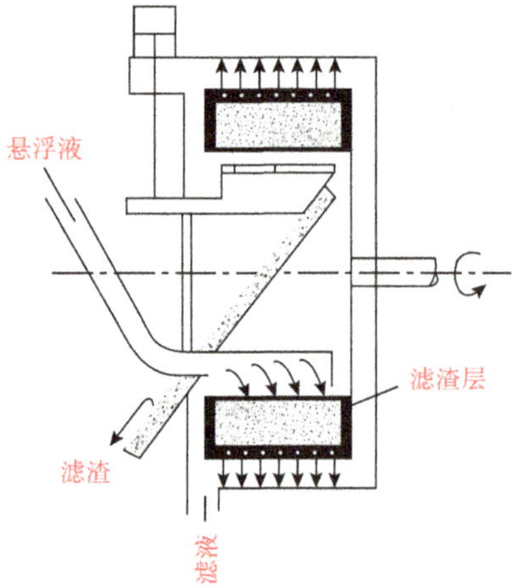

结构：转鼓、滤网、加料管、刮刀机构、卸料槽、外壳、主轴、机体、电动机等组成。工作特点：高速连续运转，间歇加料和卸料；可处理粗、中、细颗粒的悬浮液。
</td></tr>
<tr><td>原理</td><td colspan="4">悬浮液经进料阀进入高速旋转的转鼓内，进料过程由时间或料控器控制，直到转鼓被允许最大限度充满。在进料的过程中，母液的过滤同时开始，并已完成了对滤饼层的渗透。洗涤液由时间或流量阀控制，通过洗涤管和喷射孔将洗涤液喷到滤饼上，洗涤脱母液后的滤饼。滤饼层干燥后由提升刮刀或旋转刮刀切削滤饼层，经斜斗或螺旋输送机送出机外。</td></tr>
<tr><td rowspan="5">性能参数</td><td>性能参数</td><td>符号</td><td>单位</td><td>定义</td></tr>
<tr><td>有效容积</td><td>V</td><td>L</td><td>容器所能容纳物体的体积。</td></tr>
<tr><td>装料量</td><td>G</td><td>kg</td><td>离心机所限制的最大量和最小量。</td></tr>
<tr><td>转速</td><td>n</td><td>r/min</td><td>物体单位时间内沿圆周绕圆心转过的圈数。</td></tr>
<tr><td>功率</td><td>P</td><td>kW</td><td>物体在单位时间内所做的功。</td></tr>
</table>

续表

设备名称	卧式刮刀离心机
用途	可用于有机和无机固相颗粒度在0.05~1mm的化工产品、淀粉产品和食品的固液二相悬浮液的分离。已广泛应用于石油化工、制药、轻工、食品等行业中如食盐、硫铵、碳酸氢氨、聚氯乙烯等物料的分离。
操作	1. 开机前准备打开门盖，检查有没有螺丝松动，特别是主轴上端、电动机部位等。 2. 液压站油位应在油标刻度2/3以上，液压油标号YB-N46。 3. 气控箱主压力工作压力应在0.4MPa以上，防爆气动阀（加料阀、清洗阀）才能可靠打开，物料探测气缸压力0.25~0.4MPa。 4. 开机前请确认机盖已经闭合，所有螺丝已拧紧。 5. 首先按动加料速按钮，在速度（速度从转速表读取）到达后，按动加料速开 / 关，加料指示灯亮。 6. 打开进料阀，此时开始加料。在料满时，加料指示灯灭。 7. 如果机器振动较小，可以开分离速，如果振动较大，开清洗速，并注意观察，如振动严重，请降到加料速。 8. 根据分离物料的性质，必要时需充氮气保护，以防分离及刮料中发生不测。 9. 视生产工艺等情况决定分离时间，分离结束后，按刮料速按钮。 10. 到达刮料速度后，按卸料按钮。 11. 刮料，刮刀旋转→刮刀下降→刮刀上升→刮刀旋转二→刮刀下降→刮刀上升→刮刀复位→刮料结束。 12. 在进料、卸料时，操作人员不得离开岗位。进料时，主要观察机器的振动、出水、出料口的情况；卸料时，主要查看出料口有无堵塞，电动机转速是否正常。 13. 在机器正常运行时，如没有特殊情况，请不要按下紧急停止按钮，特别是高速运行时；如按下，设备所有工作都将停下。 14. 运行中如发生振动过大，机器将自动停止，切回手动处理。 15. 开盖一定要等离心机完全停止时，确认螺丝和搭钩均已卸下，料位探测限位开关指示灯亮时才可以打开，才可以按动开盖按钮，在机盖与转鼓成95° 时，插入保险销。 16. 下班前或视情况要对滤布进行清理和更换，清理出料斗、料探等上面的积料，清除出液口的积料。 17. 要经常检查转鼓的焊缝、栏板、外壳的部件的腐蚀情况，有情况要及时汇报。
维护保养	1. 定期更换面网，检查转鼓和主轴的紧固情况。 2. 定期清洁设备及附属管线的卫生，确保无油污、灰尘。 3. 定期对部件进行润滑。 4. 定期检查附属管线是否畅通。 5. 定期检查各部螺栓是否松动。 6. 定期更换液压油，并且清洁油过滤器和冷却器。

续表

设备名称	卧式刮刀离心机		
故障排除	故障现象	故障原因	处理方法
	机器不能运行	刮刀未复位或是PLC没有输出	1. 按刮刀复位和变频复位按钮，让刮刀复位，再试 2. 如果不好，电工检查PLC输入端X16.X20灯应亮，输入其它灯应不亮 3. 如果还不好，检查PLC有没有输出，如Y4~Y7有输出，检查变频器有无故障输出，如无，请重新输入参数。如有，此时故障灯0.5s闪亮，请根据代码查找原因，特别是转鼓有没有堵转
	机器运行20s后停止	冷却油泵或电动机停止工作	1. 检查冷却油泵有没有工作 2. 如工作，请确认断油保护指针运动正常，再试 3. 此时，PLC对应的输入信号应该闪动 4. 如不工作，检查电控柜内对应的热继电器工作是否正常，如弹出，请检查电动机
	料位探测失灵	气动阀有故障或料位探测与转鼓的距离有偏差	1. 料位探测不起作用，拆开上料位探测器的四方形的盖子，检查气动阀工作是否正常 2. 检查料位探测器内弹簧是否工作有效 3. 打开机盖，调整料位探测与转鼓的距离 4. 料位探测气缸工作压力在0.3MPa左右，压力太低需调整。
	出料口漏母液	转鼓的转速未达要求或进料速度过快	1. 改变加料时转鼓的转速 2. 减小进料速度
	加料时，振动较大	转鼓转速过快或有异物	1. 尽量保持物料浓度一致 2. 用压缩空气或蒸汽充加料管时，应缓慢开启压缩空气 3. 降低转鼓转速 4. 主转鼓轴帽松动，紧固 5. 母液排不出，滤网或出液口堵，清理 6. 过滤网损坏，更换滤网 7. 转鼓内有异物，清除异物
	刮料时转鼓堵转	刮刀速度过快	1. 按动刮刀复位按钮，再试 2. 调低液压压力，使刮刀速度降慢

压滤机

<table>
<tr><th>设备名称</th><th>压滤机</th></tr>
<tr><td>结构</td><td>
压滤机实物图、结构示意图

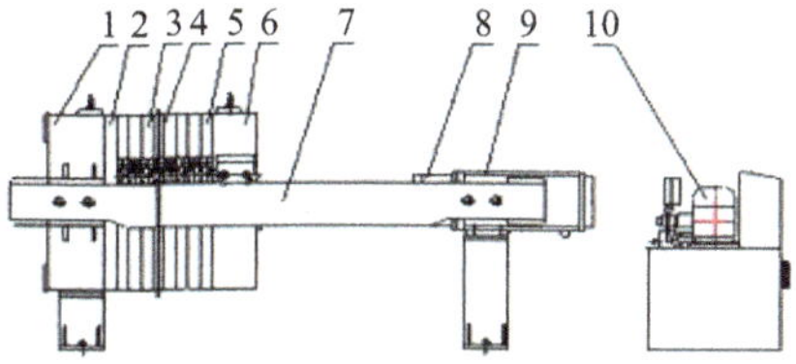

1—止推板；2—头板；3—滤板；4—滤布；
5—尾板；6—压紧板；7—横梁；8—液压缸；
9—液压缸座；10—液压站

板框压滤机一般由滤板、液压系统、压滤机框、滤板传输系统和电气系统等五大部分组成。压滤机液压压紧机构的组成由液压站、油缸、活塞、活塞杆以及活塞杆与压紧板连接的哈夫兰卡片。液压站的结构组成有电动机、油泵、溢流阀（调节压力）换向阀、压力表、油路、油箱。

板框式压滤机主要由许多滤板和滤框间隔排列而组成。板和框多做成正方形，角端均开有小孔。

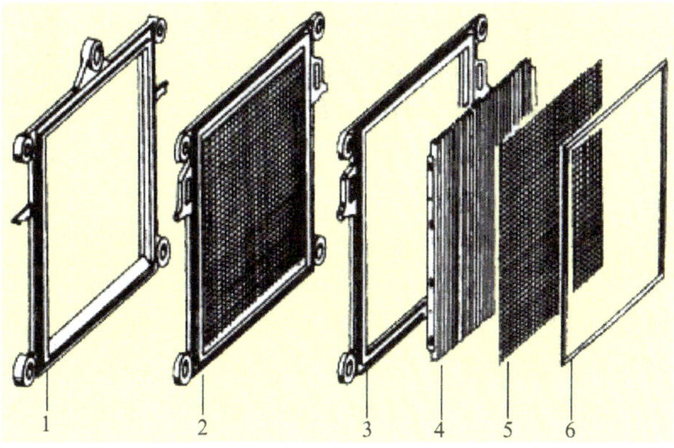

1—滤框；2—滤板；3—滤板外框架；4—滤板栅；5—支撑格筛；6—压盖框
</td></tr>
</table>

续表

设备名称	压滤机
结构	 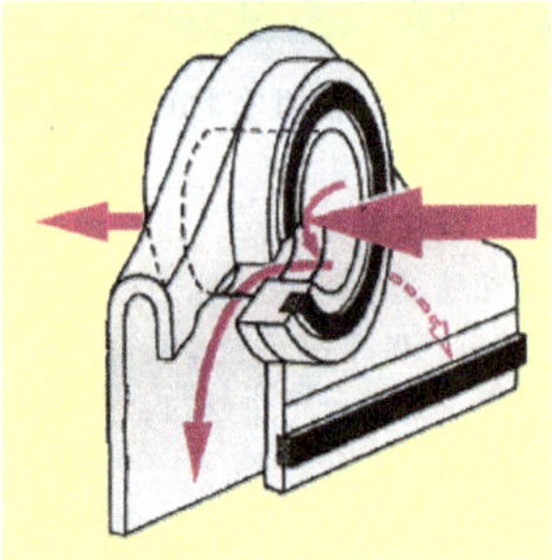 滤板及滤板角孔 滤板和滤框一般由铸铁铸成，也可由硬橡胶、塑料等制成。  滤板和滤框 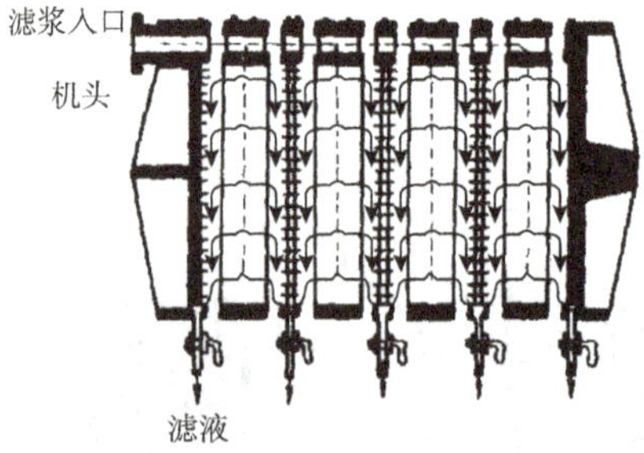 （a）过滤阶段 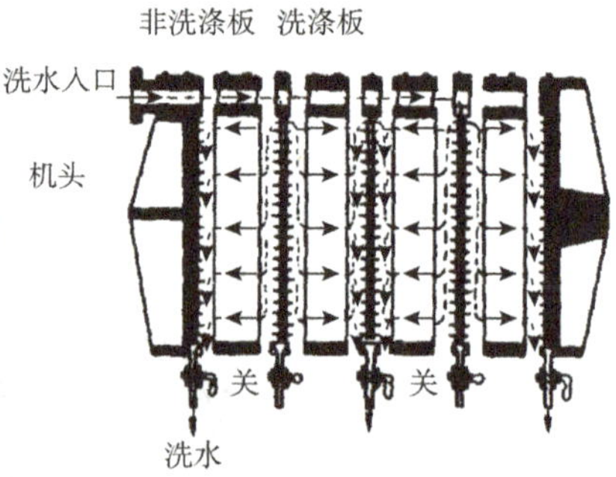 （b）洗涤阶段
原理	液压压紧机械压紧时，由液压站供高压油，油缸与活塞构成的元件腔充满油液，当压力大于压紧板运行的摩擦阻力时，压紧板缓慢压紧滤板，当压紧力达到溢流阀设定压力值（由压力表指针显示）时，滤板、滤框（板框式）或滤板（厢式）被压紧，溢流阀开始卸荷，这时切断电动机电源，压紧动作完成，退回时，换向阀换向，压力油进入油缸的有杆腔，当油压能克服压紧板的摩擦阻力时，压紧板开始退回。

续表

<table>
<tr><th>设备名称</th><th colspan="4">压滤机</th></tr>
<tr><td>原理</td><td colspan="4">液压压紧为自动保压时，压紧力是由电接点压力表控制的，将压力表的上限指针和下限指针设定在工艺要求的数值，当压紧力达到压力表的上限时，电源切断，油泵停止供电，由于油路系统可能产生的内漏和外漏造成压紧力下降，当降到压力表下限指针时，电源接通，油泵开始供油，压力达到上限时，电源切断，油泵停止供油，这样循环以达到过滤物料的过程中保证压紧力的效果。
过滤方式：滤液流出的方式分明流过滤和暗流过滤。明流过滤，每个滤板的下方出液孔上装有水嘴，滤液直观地从水嘴里流出。暗流过滤，每个滤板的下方设有出液通道孔，若干块滤板的出液孔连成一个出液通道，由止推板下方的出液孔相连接的管道排出。
洗涤方式：滤饼需要洗涤时，有明流单向洗涤和双向洗涤，暗流单向洗涤和双向洗涤。明流单向洗涤是，洗液从止推板的洗液进孔依次进入，穿过滤布再穿过滤饼，从无孔滤板流出，这时有孔板的出液水嘴处于关闭状态，无孔板的出液水嘴是开启状态。明流双向洗涤是，洗液从止推板上方的两侧洗液进孔先后两次洗涤，即洗液先从一侧洗涤再从另一侧洗涤，洗液的出口同进口是对角线方向，所以又叫双向交叉洗涤。暗流单向流涤是，洗液从止推板的洗液进孔依次进入有孔板，穿过滤布再穿过滤饼，从无孔滤板流出。暗流双向洗涤是洗液从止板上方的两侧的两个洗液进孔先后两次洗涤，即洗涤先从一侧洗涤，再从另一侧洗涤，洗液的出口是对角线方向，所以又叫暗流双向交叉洗涤。</td></tr>
<tr><td rowspan="6">性能参数</td><td>性能参数</td><td>符号</td><td>单位</td><td>定义</td></tr>
<tr><td>过滤面积</td><td>A</td><td>m^2</td><td>滤板面积总和。</td></tr>
<tr><td>滤板外形尺寸</td><td></td><td></td><td>滤板长 × 宽 × 高。</td></tr>
<tr><td>滤板厚度</td><td>δ</td><td>mm</td><td>滤板板体厚度。</td></tr>
<tr><td>滤饼厚度</td><td>δ</td><td>mm</td><td>通过过滤器后保留在滤器上的原液所含的固体物质厚度。</td></tr>
<tr><td>滤室理论容积</td><td>V</td><td>m^3</td><td>过滤原液在各滤板空间占有的容积总和。</td></tr>
<tr><td>用途</td><td colspan="4">主要适用于悬浮液产品的固液分离，广泛用于选煤厂煤泥回收，化工电石渣、碱泥的脱水及建材、冶金、食品、环保等领域的固液分离。</td></tr>
<tr><td>操作</td><td colspan="4">1. 压紧
压滤机操作前须进行整机检查：查看滤布有无打折或重叠现象，电源是否已正常连接。检查后即可进行压紧操作，首先按一下“启动”按钮，油泵开始工作，然后再按一下“压紧”按钮，活塞推动压紧板压紧，当压紧力到达调定高点压力后，液压系统自动跳停。
2. 进料
当压滤机压紧后，即可进行进料操作：开启进料泵，并缓慢开启进料阀门，进料压力逐渐升高至正常压力。这时观察压滤机出液情况和滤板间的渗漏情况，过滤一段时间后压滤机出液孔出液量逐渐减少，这时说明滤室内滤渣正在逐渐充满，当出液口不出液或只有很少量液体时，证明滤室内滤渣已经完全充满形成滤饼。如需要对滤饼进洗涤或风干操作，即可随后进行，如不需要洗涤或风干操作即可进行卸饼操作。</td></tr>
</table>

续表

<table>
<tr><th>设备名称</th><th colspan="3">压滤机</th></tr>
<tr><td>操作</td><td colspan="3">3. 洗涤或风干
压滤机滤饼充满后，关停进料泵和进料阀门。开启洗涤泵或空压机，缓慢开启进洗液或进风阀门，对滤饼进行洗涤或风干。操作完成后，关闭洗液泵或空压机及其阀门，即可进行卸饼操作。
4. 卸饼
首先关闭进料泵和进料阀门、进洗液或进风装置和阀门，然后按住操作面板上的“松开”按钮，活塞杆带动压紧板退回，退至合适位置后，放开按住的“松开”按钮，人工逐块拉动滤板卸下滤饼，同时清理粘在密封面处的滤渣，防止滤渣夹在密封面上影响密封性能，产生渗漏现象，至此一个操作周期完毕。</td></tr>
<tr><td>维护保养</td><td colspan="3">1. 使用习惯
在压滤机长期的工作中，往往会因为一些使用习惯上的一些小问题，随着时间的推移，给设备造成了大问题，所以使用人员一定要正确的使用，尤其是不要空腹开启压滤机，会由于过滤滤板之间没有过滤液，而压滤机压力系统提供的压滤机很有可能把滤板压得变形、破损，从而造成设备的彻底瘫痪。所以在使用压滤机时，最好的维护方法就是一定按照厂家规定使用。
2. 液压系统
由于液压系统中的液压站是一个密闭的空间，而长时间的使用压滤机，也许其中的液压油就会随之时间推移而减少，当液压油减少到一定的时候，不能满足油泵的需求，油泵就会空转，这样就可能将油泵的电动机烧掉，给液压系统造成损伤。一定要注意液压油的变化，当低于使用线的时候，要及时补充。
3. 压滤机滤布
滤布作为压滤机必要的组成部分，使用压滤机也就是使用滤布。切记滤布一旦使用过，当清洗时，不能风干的太厉害，防止滤布过于干燥，造成滤布孔径变化，对过滤效果产生影响。</td></tr>
<tr><td rowspan="3">故障排除</td><td>故障现象</td><td>故障原因</td><td>处理方法</td></tr>
<tr><td>冲击现象</td><td>压滤机在使用中，有时会产生液体压力瞬间升高，产生压力峰值，比正常压力高出许多，压力指针超过电接点压力表上限，原先以为是压力表现象，经过多次跟踪发现，在保压状态时有发生，其压力值高于最高压力 4~6MPa 之间，高出最高压力许多</td><td>在压滤机进料口与进料泵的连接管道上加装一个普通压力表，在进料管上面装个阀门，多次开关阀门以控制流量，将每台压滤机的工作压力重新调整</td></tr>
<tr><td>压力对液压系统的影响</td><td>根据不同的板框介质及压滤泵扬程来调整每台压滤机的使用压力，在保证产品质量的前提下，选择合理的压力，保护各液压元件</td><td>重新调整系统工作压力，每台压滤机系统总工作压力已远远大于更新后使用工作压力，这是造成压滤机在压滤过程中，液压元件破损，导致泄漏的主要原因</td></tr>
</table>

续表

设备名称	压滤机		
	故障现象	故障原因	处理方法
	油温的影响	通常认为，液压油的油温应为 10~65℃，油温过高会使油液气化、水分蒸发，容易使液压元件产生穴蚀；油液氧化形成胶状沉积物，易堵塞滤油器和液压阀内的小孔，使液压系统不能正常工作；同时会加速橡胶密封件老化变质，寿命缩短，甚至丧失其密封性能，使液压系统严重泄漏	冲击对液压系统造成损坏，应采取的措施：a）用户要自行调节油缸公称压力，应把高压溢流阀全部调松，然后启动柱塞泵，慢慢地调整高压溢流阀到需要的压力，但切不可超过 28MPa。b）压滤机压紧后入料浆开始工作，进料压力必须控制在出厂标牌上标定的压力（有压力表显示）以下，否则将会影响机架的正常使用。c）调整液控单向阀的开口程度，限定流速。d）控制油温：液压油的工作温度过高会对液压装置产生不利影响，且油温升高，会使黏性下降，增加泄漏量。液压油本身也会加速氧化变质，产生各种生成物，缩短其使用寿命。液压系统的工作温度最好控制在 65℃以下，若油温过高则应给油箱加冷却器降温。如烟台鑫海压滤机产品粒度可达 500 目，自动化程度高，能实现反洗，应用广泛
故障排除	油脏	液压油污染的原因十分复杂，加之液压油自身也在不断产生油污，因此要彻底防止污染是很困难的，为了延长液压元件的使用寿命，保证液压系统正常工作，减少泄漏，切实可行的方法就是将液压油污染程度控制在某一限度以内	针对液压油污染的控制措施：a）减少外来污染，液压装置组装前后必须进行严格清洗，油箱通大气处要加装空气过滤器，并且通过过滤器向油箱灌油，维修拆卸元件时，应在无尘区进行。油箱内壁一般不要涂刷油漆，以免在油中产生沉淀物质。b）滤除系统产生的杂质。应在系统的有关部位设置适当精度的过滤器，并且定期检查、清洗或更换滤芯。新油加入油箱前，要经过静放沉淀，过滤后方可加入系统，必要时可设中间油箱，进行新油的沉淀和过滤，确保油液的清洁度
	油压不足	溢流阀调整不当、阀内漏油、油缸密封圈磨损厉害、管路外泄漏、电磁换向阀未到位、柱塞泵损坏、油位不够	检查出问题后对磨损部件及时更换或修补便可重新顺利运行
	滤板之间跑料	油压不足、滤板密封面夹有杂物、滤布不平整、低温板用于高温物料使滤板变形、进料泵压力或流量超高	及时检查，做出调整或更换相应部件

续表

设备名称	压滤机		
故障排除	故障现象	故障原因	处理方法
	滤液不清	滤布不适合此物料	更换合适滤布
		滤布皮损、开口过大、缝合处开线针脚过大	选择做工精细、材质适合的滤布，在压滤机运行一段时间后，要检查滤布磨损情况
	滤板向上抬起	安装基础不稳；滤板密封面除渣不净，半挡圈内球垫偏移	重新修正地基；除渣，调节半挡圈即可
	主梁弯曲	油缸端地基粗糙，自由度不够，滤板排列不齐，滤布密封面除渣不净	对地基进行调整或重新布置安装，将滤板重新排列，清洗滤布
	滤板破裂	进料压力过高、温度高、速度快、滤板进料孔堵塞、滤布破损等	更换滤板。查到原因后作出调整，以免滤板再次破裂造成浪费
	保压不灵	油路泄漏、活塞密封圈磨损、液控单向阀失灵、安全阀泄漏等	及时解决查获的问题，使机器正常运行
	压紧、回程无动作	油位不够、柱塞泵损坏、回程溢流阀弹簧松弛、电磁阀无动作都可能造成压紧、回程运作不良	检查所述 4 项后及时解决，板框压滤机即可正常
	拉板装置失灵	拉板系统电气与电磁阀不灵，或传动系统是否被卡	逐一解决
	时间继电器失灵	控制时间调整不当、电器线路故障、时间继电器损坏	进行检修，该修的修，该换的换

卧螺离心机

设备名称	卧螺离心机

结构

卧螺离心机的实物图

结构示意图

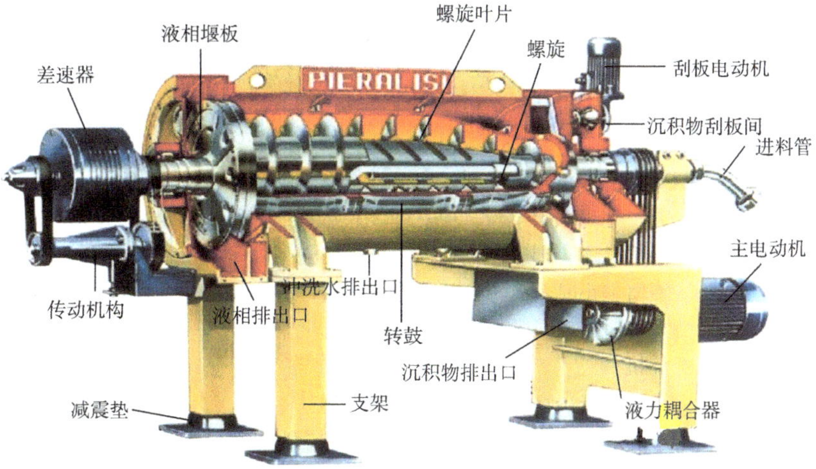

主要由差速器、螺旋、转鼓、机罩、机座、润滑系统、主副电动机组成。悬浮液由进料管进入，在离心力作用下，转鼓内形成一个环行液池，重相颗粒沉降到转鼓内表面，形成沉渣，由螺旋叶片推到转鼓小端排出。转鼓大端盖上有圆形排列的溢流孔，澄清液从溢流孔排出。

原理

其工作原理是：悬浮液经进料管、螺旋出料口进入转鼓。在高速旋转产生的离心力作用下，密度较大的固相颗粒沉积在转鼓内壁上，与转鼓作相对运动的螺旋叶片不断地将沉积在转鼓内壁上的固相颗粒刮下并推出排渣口，分离后的清液经堰板开口流出转鼓，螺旋与转鼓之间的相对运动靠差速器来实现。差速器的外壳与转鼓相接，输出轴与螺旋相接。电动机带动转鼓旋转的同时也带动了差速器外壳的旋转，由于输入轴被控制，从而驱动行星轮带动输出轴旋转，并按一定的速比将扭矩传递给螺旋，实现了离心机对物料的连续分离过程。

性能参数

性能参数	符号	单位	定义
转速	n	r/min	转鼓转动的速度。
差速	n	r/min	转鼓转速与差速器转速的差值。
转鼓直径	d	mm	转鼓的外形直径尺寸。
分离因素	F_r		离心分离机转鼓内的悬浮液或乳浊液在离心力场中所受的离心力与其重力的比值，即离心加速度与重力加速度的比值。
功率	N	kW	离心机设计工作状态下的电机额定功率。

续表

设备名称	卧螺离心机
用途	适合分离含固相物粒度大于0.005mm，浓度范围为2%~40%的悬浮液。广泛用于化工、轻工、制药、食品、环保等行业。卧螺离心机在环保应用方面主要指对工业和民用污水处理过程中产生的污泥进行脱水。以前污水厂或相关处理厂均以自沉降或采用带式压滤机进行污泥的脱水浓缩，卧螺沉降离心机由于其先天具有处理量大、自动化操作、脱水效果好等特点，在环境保护领域得到了广泛的使用和推广。在国外，污水处理设备首选卧螺离心机。
操作	1. 开机 （1）确认操作按钮； （2）接通控制柜电源，据要求设定上限频率、加速时间、减速时间等； （3）点动，检查主电动机方向应符合标牌指示方向； （4）按下启动按钮，待主电动机达到额定转速后，加注清水5~10min，确认运行正常后，关闭清水阀，打开投料阀，逐步加大投料量，直至正常量（禁止突然开大阀门）； （5）观察主机是否平稳，处理效果是否正常，确认开机是否成功。 2. 运行 （1）在进料正常情况下，主电动机电流不应超出额定电流；若在同一进料量下，发现电流上升，超出额定电流，应立即停止进料或减小进料量，加入清水，到电流正常为止。如不能降下电流，则应停机处理； （2）每半小时对机器各部分巡视检查一次，如主轴承和差速器温度、振动等； （3）及时处理异常情况，并作好运行记录。 3. 停机 （1）逐步减少进料量，直到停止进料； （2）打开清洗阀，加清洗水或清洗溶剂30min，然后降低转速（建议5~10Hz）清洗2~3次，每次冲洗15min，如果积料还不能冲洗干净，要适当延长清洗时间，同时检查进料阀是否完全关闭；仔细清洗干净转鼓螺旋，是为了防止再次启动时因机内仍有物料而破坏平衡或导致差速器零件损坏，停机后，不允许向机内泄漏物料； （3）停主电动机：按下主电动机停车按钮； （4）待主电动机停稳后，按下油泵停车按钮； （5）确认停机是否正常； （6）详细记录停机时间，原因及其它必要情况；
维护保养	严禁在离心机停机后通清洗液，以免清洗液进入主轴承和螺旋支承轴承。 在环境温度0℃以下停机，还要作好防冻等项工作，以免内部残液冻结而损坏螺旋和差速器。 定时对机组润滑、轴承温度、电机温度、差速器、分离效果进行检查。观察轴承的废油脂颜色、轴承温度和轴承振动，检查轴承的磨损程度。 经常调整皮带张紧度和检查皮带的磨损程度；离心机长时间停机再次启动前，需要清除皮带轮上的锈斑，避免皮带加速磨损。 检查离心机固渣排放口的防磨损衬套，对物料的磨蚀特性有一个了解，以便预测物料对螺旋叶片的磨损。 检查转鼓锥体及排渣口附件的固渣刮刀块，如果刮刀块脱落，固渣会直接磨蚀转鼓不锈钢本体，同时将引起振动值上升。

续表

设备名称	卧螺离心机		
故障排除	故障现象	故障原因	处理方法
	不排料	悬浮液深度太低或进料量太少	加大进料量
		固相与液相密度差太小	工艺上进行改进
		机器旋转方向相反	查明原因，改正过来
		差速器损坏	更换新的差速器
		自动控制系统失灵	检查自动控制系统
	堵塞	较长时间不排渣。在其它进料条件不变的情况下，排出的清液逐渐浑浊变深色	切断离心机的进料，由离心机靠螺旋的推料作用自行排除堵塞，如果无法自行推料排堵，应立即降低转鼓的转速或关闭转鼓驱动电动机，但千万不能关闭螺旋电动机，离心机转鼓降速后，堵塞的固渣可能逐渐松弛，可能会被螺旋排出机外
		完全堵塞	转鼓完全停止转动后，仍应该向机内注水，同时尽一切可能恢复螺旋的运行。只要螺旋能够转动，离心机就没有被真正堵死，仍有可能恢复至正常。向机内加水和恢复螺旋运行是离心机排除堵塞的首选方法
	机器振动	慢性振动：外部零部件发生磨损或脱落，轴承系统逐渐产生损坏	安排检修
		突发性振动：表示离心机内部物料堵塞，内部零部件发生重大损坏和脱落	检查出渣系统是否发生故障导致固渣堆积上升，清液管路是否发生堵塞导致液体反向漫延至离心机转鼓体等
	轴承温度高	检查轴承的油脂添加量是否过大	减少油脂加入
		存在过大的振动	消振
		轴承损伤	检修更换

环锤破碎机

<table>
<tr><th>设备名称</th><th colspan="4">环锤破碎机</th></tr>
<tr><td>结构</td><td colspan="4">环锤破碎机实物图、结构示意图

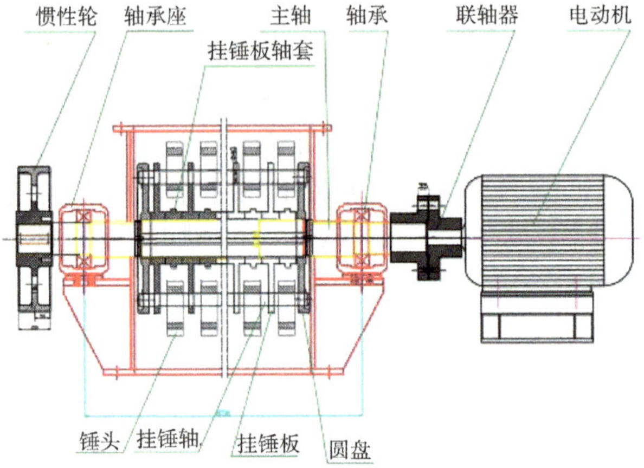

环锤破碎机的主要工作部件为带有环锤的转子。转子由环锤轴和环锤等零件组成。</td></tr>
<tr><td>原理</td><td colspan="4">电动机带动转子部在破碎腔内高速旋转，需破碎的物料自上部给料口输送到机内，受高速旋转运动环锤的打击及物料间相互碰撞、挤压、研磨作用而破碎。在转子部的下方，设有筛板，破碎了的小于筛板孔尺寸的物料通过筛板排除，大于筛板孔尺寸的物料继续受到环锤的打击，最后通过筛板排除机外。</td></tr>
<tr><td rowspan="4">性能参数</td><td>性能参数</td><td>符号</td><td>单位</td><td>定义</td></tr>
<tr><td>最大进料</td><td></td><td>mm</td><td>进料颗粒最大直径。</td></tr>
<tr><td>生产能力</td><td></td><td>kg/h</td><td>每小时的破碎的能力。</td></tr>
<tr><td>功率</td><td>N</td><td>kW</td><td>额定破损能力所需要的匹配电机功率。</td></tr>
<tr><td>用途</td><td colspan="4">将块度较大的物体破碎成尺寸较小的颗粒。</td></tr>
<tr><td>操作</td><td colspan="4">1. 生产操作前的准备工作
（1）检查轴承座内是否有适量的润滑油。
（2）检查转子与筛板之间是否有适当的空隙，特别是换上新环锤之后。
（3）检查、下机壳两侧的腰圆行压板上的螺母是否牢固可靠。
（4）检查破碎腔内有无异物，并清理破碎腔。
（5）人工盘车 2~3 转，确保无卡住现象。
2. 启动
首先按要求发出开车信号，然后启动电动机。
3. 运转
（1）破碎机空载运转 1~2min 后，如运转正常，方可给料生产。给料应持续、均匀，必须分布于转子工作部分的全长上，以防电动机负荷突增。
（2）严禁铁件和其它不能破碎的物料进入机内，以防损坏设备和造成意外事故。</td></tr>
</table>

续表

<table>
<tr><th>设备名称</th><th colspan="3">环锤破碎机</th></tr>
<tr><td>操作</td><td colspan="3">（3）破碎机运转时，工作人员不能站在转子惯性力作用线内，并严禁进行任何清理、调理、检查等工作，以免发生危险。
（4）轴承最高温升不得超过 70℃，如超过 70℃，应立即停车，查明原因，妥善处理正常后，才得按程序开车。</td></tr>
<tr><td>操作</td><td colspan="3">4. 停车
（1）首先停止给料。
（2）停止给料后，让破碎机继续运转，直到将遗留在破碎腔内的物料处理完毕。
（3）环锤式破碎机停车。
（4）待排料运输机上物料送完后，停止排料运输机。</td></tr>
<tr><td>维护保养</td><td colspan="3">1. 环锤式破碎机运转 60h 之后，应对各轴承加添润滑脂（1 号钙钠基润滑脂）一次。
2. 定期检查各紧固件是否牢固可靠。
3. 定期检查各受磨零件的磨损情况。
4. 更换环锤时，先打开活动盖板，取出反击板，取掉上机壳两侧的小盖，然后用手转动飞轮，将锤销对准上机壳两侧的小孔，取出锤销上的插销（取插销时，注意不让飞轮偏转），最后取出锤销，进行环锤的更换。环锤的安装（更换）应达到如下要求：
（1）对称排的环锤重量不超过 0.1kg；
（2）全部排的环锤重量应沿同一方向递增。
5. 更换筛板时，先打开活动盖板，取出反击板、活动板及压紧筛板的压板，然后取出筛板，进行更换。
6. 轴承内的润滑油，每隔 3~6 个月更换一次。加油量约为轴承内部空间 2/3。</td></tr>
<tr><td rowspan="11">故障排除</td><td>故障现象</td><td>故障原因</td><td>处理方法</td></tr>
<tr><td rowspan="4">振动</td><td>破碎机与电动机安装不同轴</td><td>校正和调整，使之达到安装的要求</td></tr>
<tr><td>转子不平衡</td><td>重新安装环锤，使之达到安装要求</td></tr>
<tr><td>进料块度过大</td><td>控制进料块度</td></tr>
<tr><td>轴承座与地脚螺母松动</td><td>仔细检查，及时拧紧</td></tr>
<tr><td rowspan="2">产量减少</td><td>环锤与筛子之间的间隙过大</td><td>调整间隙</td></tr>
<tr><td>环锤磨损</td><td>更换环锤</td></tr>
<tr><td rowspan="4">机内出现不正常声音</td><td>不能破碎的物料或金属进入破碎腔</td><td>清理破碎腔</td></tr>
<tr><td>内部零件松动</td><td>仔细检查，及时拧紧</td></tr>
<tr><td>内部零件断裂</td><td>仔细检查，更换断裂件</td></tr>
<tr><td>筛子与筛板碰撞</td><td>调整筛子和筛板之间的间隙</td></tr>
</table>

薄膜蒸发器

设备名称	薄膜蒸发器

结构

薄膜蒸发器的实物图、结构示意图

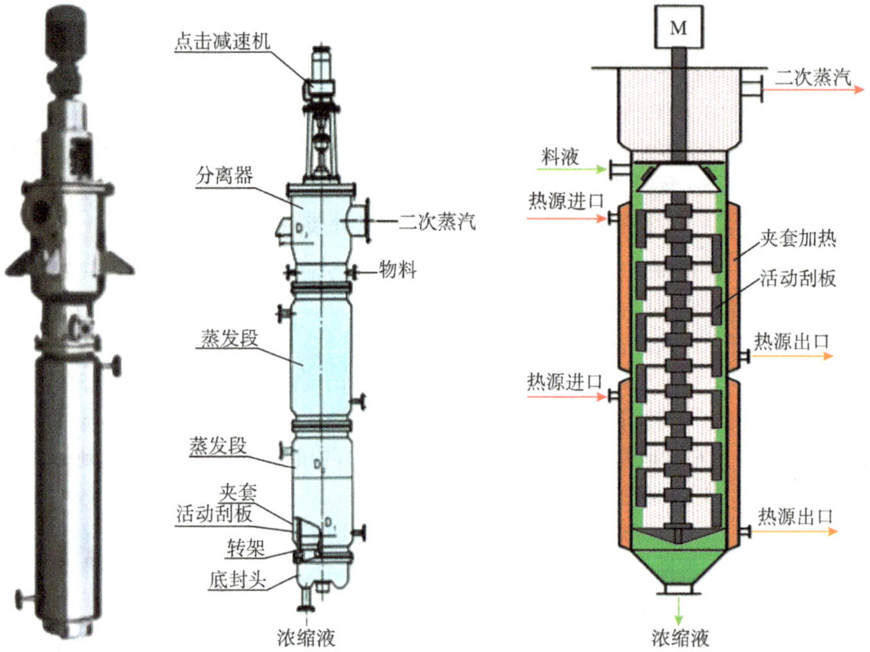

薄膜蒸发器是一种蒸发器的类型，特点是物料液体沿加热管壁呈膜状流动而进行传热和蒸发，优点是传热效率高，蒸发速度快，物料停留时间短，因此特别适合热敏性物质的蒸发。按照成膜原因及流动方向不同，可分为升膜蒸发器、降膜蒸发器、刮膜蒸发器三种类型。

原理

物料从加热区的上方径向进入蒸发器；经布料器分布到蒸发器加热壁面，然后，旋转的刮膜器将物料连续均匀地在加热面上刮成厚薄均匀的液膜，并以螺旋状向下推进。在此过程中，旋转的刮膜器保证连续和均匀的液膜产生高速湍流，并阻止液膜在加热面结焦、结垢，从而提高传热系数。轻组分被蒸发形成蒸气流上升，经气液分离器到达和蒸发器直接相连的外置冷凝器；重组分从蒸发器底部的锥体排出。

一种独特的布料器不仅仅具有将物料均匀地泼向蒸发器内壁，防止物料溅到蒸发器内部喷入蒸气流，还具有防止刚进入的物料在此处闪蒸，有利于泡沫的消除，物料只能沿着加热面蒸发。

在刮膜蒸发器的上部配有一个依据物料特性设计的离心式分离器，将上升蒸气流中的液滴分离出来并返回布料器。

性能参数

性能参数	符号	单位	定义
换热面积	A	m^2	蒸发器设计的换热面积。
转速	n	r/min	刮板每分钟的转数。
真空度	p	Pa	真空度是指处于真空状态下的气体稀薄程度。
功率	N	kW	单位时间内做功的大小。

续表

设备名称	薄膜蒸发器
用途	适用于牛奶、葡萄糖、淀粉、木糖醇等稀溶液的浓缩，应用于制药、食品、化工、生物工程、环保工程、废液回收等行业进行低温连续式蒸发浓缩，具有传热效率高，物料受热时间短等主要特点，所以特别适用于热敏性、黏滞性、发泡性等物料。
操作	1. 开车前准备 （1）产品出厂前已进行过水压试验和试运转，指标符合图纸要求。 （2）点动电动机，检查搅拌是否符合图样要求的旋转方向，俯视图顺时针转，不得反转。 （3）在机械密封处测定轴的径向摆动和轴向窜动量，是否符合图样要求。并检查机械密封上端并帽是否旋紧，并帽应处于旋紧状态。 （4）检查减速机油位情况，油位应在正常液面之内。 （5）检查机械密封冷却水是否畅通。 2. 正常开车 （1）先开启循环冷却水泵，使水力喷射冷凝器处于运行状态。打开浓缩液容器抽真空阀。 （2）打开进料阀，从高位槽中依靠真空度把料液抽进设备中。 （3）接通电源，启动旋转薄膜蒸发器的电动机，观察电动机转动方向是否正确。 （4）缓慢打开蒸汽阀，让蒸汽进入夹套，从旁通阀排除夹套内不凝性气体后，再接通疏水器。调节蒸汽压力。 （5）从底部视镜观察出料情况，严禁在设备内部充满液体情况下运转。 （6）系统稳定 5min 后，取样分析浓缩液浓度，调节进料阀开启量大小使浓缩液达到预定需要的浓度。 （7）当浓缩液容器液面将满时，按步骤切换至另一个容器。 （8）如果用户条件许可，提高蒸发器的高度，可以不用两个浓缩液容器，或者用自动调速泵直接把浓缩液抽出。 3. 正常停车 （1）先关蒸汽阀。 （2）关闭进料阀。 （3）待蒸发器中料液放净后，关闭出料阀。 （4）向蒸发器中加进 60℃左右的冲洗水，把设备冲洗干净。 （5）停电动机。 （6）停循环水泵，停进料，打开真空破坏阀，使系统处于常压状态。 4. 紧急停车 下列情况要紧急停车： （1）突然停电或突然跳闸； （2）蒸汽减压阀失灵，压力超过规定压力； （3）进料突然断料； （4）机械有异常撞击声。 紧急停车顺序： （1）立即关闭蒸汽阀和进料阀； （2）切断本系统所有电源及关闭电动机； （3）其余按正常步骤停车。

续表

<table>
<tr><th>设备名称</th><th colspan="3">薄膜蒸发器</th></tr>
<tr><td>维护保养</td><td colspan="3">（1）减速机润滑油为 40# 机油，其加油量应在指示高度内。油量过多会引起搅拌而发热，油量过少偏心体轴泵油膜破坏而发热导致温度升高。开始使用时在 1 个月之内更换 2 次润滑油，以后润滑油 3~4 个月内更换 1 次。
（2）打开低封头后，拧开转子 U 形槽底部螺栓，每 4 个月检查刮板更换刮板。
（3）每 2 个月打开底轴承，检查底轴承磨损情况，必要时更换底轴承。
（4）根据物料性质应定期用温水或溶剂浸泡、清洗内筒体。
（5）每 1 个月向机械密封腔加密封液 1 次，密封液为规定的机械油。</td></tr>
<tr><td rowspan="16">故障排除</td><td>故障现象</td><td>故障原因</td><td>处理方法</td></tr>
<tr><td rowspan="3">刮板磨损</td><td>加热温度过高</td><td>控制合适温度</td></tr>
<tr><td>刮板材质等级低</td><td>改进材质</td></tr>
<tr><td>筒壁沟槽磨损刮板</td><td>降低刮板与支撑板硬度</td></tr>
<tr><td>底轴承损坏</td><td>磨损</td><td>检修更换</td></tr>
<tr><td>筒壁刮损</td><td>刮板与支撑板硬度大</td><td>降低刮板与支撑板硬度</td></tr>
<tr><td>管道堵塞</td><td>物料聚合</td><td>控制好生产工艺参数</td></tr>
<tr><td rowspan="2">密封泄漏</td><td>密封干摩擦</td><td>检修更换，改善密封运行参数要求</td></tr>
<tr><td>主轴晃动过大</td><td>检修</td></tr>
<tr><td>壳体泄漏</td><td>腐蚀或制造质量差</td><td>检修，改善防腐环境要求</td></tr>
<tr><td>内筒泄漏</td><td>磨损或腐蚀</td><td>消除刮板与筒体摩擦，改善防腐环境要求</td></tr>
<tr><td rowspan="5">设备、主轴晃动</td><td>刮板与筒壁触碰摩擦</td><td>更换刮板，检修筒体</td></tr>
<tr><td>主轴变形</td><td>校正轴，做动平衡，或更换轴</td></tr>
<tr><td>低轴承损坏</td><td>检修、更换</td></tr>
<tr><td>物料脉动不稳定</td><td>控制工艺参数稳定</td></tr>
<tr><td>传动轴未找正</td><td>重新找正</td></tr>
</table>

犁刀混合机

<table>
<tr><th>设备名称</th><th colspan="4">犁刀混合机</th></tr>
<tr><td rowspan="4">结构</td><td colspan="4">犁刀混合机的实物图、结构示意图

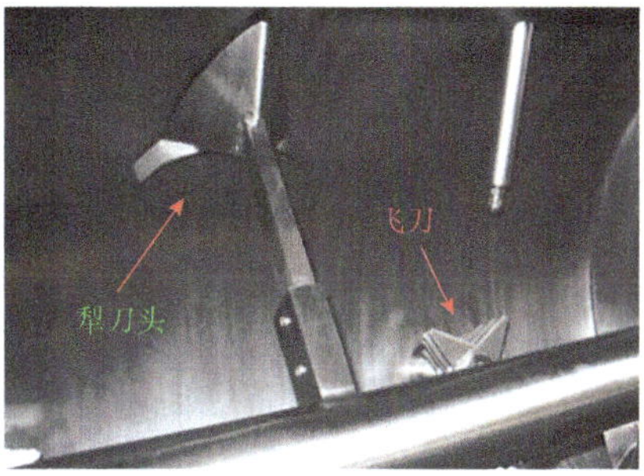

由传动部分、卧式筒筒、犁刀组轴、飞刀组、出料阀、喷液装置等部件组成。</td></tr>
<tr><td colspan="2">卧式犁刀混合机</td><td>单锥犁刀混合机</td><td>连续式犁刀混合机</td></tr>
<tr><td colspan="2"></td><td>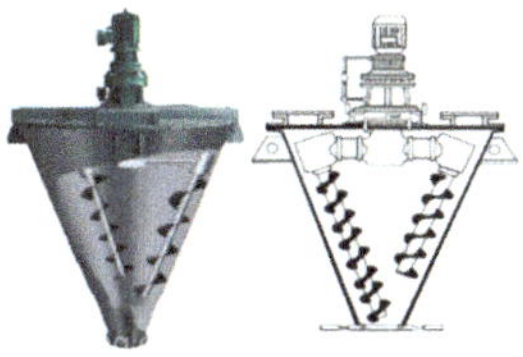</td><td></td></tr>
<tr><td colspan="4"></td></tr>
<tr><td>原理</td><td colspan="4">由主动轮减速机或变频电动机带动犁刀组轴运动，一方面将物料沿筒体圆周径向周向湍动，同时将物料沿犁刀两侧的法线方向抛出，另一方面被抛出物料经飞刀组时，被高速旋转的飞刀剪切搅拌而强烈的抛散，物料在犁刀和飞刀的复合作用下，不断更迭、扩散，块状固－固（粉体与粉体）、固－浆（粉体与胶浆液）的物料或密度差异较大的物料也能混合。</td></tr>
<tr><td rowspan="5">性能参数</td><td>性能参数</td><td>符号</td><td>单位</td><td>定义</td></tr>
<tr><td>容积</td><td>V</td><td>m^3</td><td>容器的容积。</td></tr>
<tr><td>混合量</td><td></td><td>L</td><td>容器内混合物料占有的额定设计容积量。</td></tr>
<tr><td>飞刀转速</td><td>n</td><td>r/min</td><td>飞刀转动的速度。</td></tr>
<tr><td>飞刀功率</td><td>N</td><td>kW</td><td>飞刀转动搅拌混合物料时耗用的功率。</td></tr>
<tr><td>用途</td><td colspan="4">广泛用于干粉砂浆、化工、农药、洗涤剂、颜料食品、味精、奶粉、食盐、饲料、化学品、陶瓷、塑料、橡胶添加剂等粉料的干燥与混合。</td></tr>
<tr><td>操作</td><td colspan="4">1. 机器安装后首先进行清理、去污及擦拭防锈油脂，检查各润滑点，注入润滑油（脂）。
2. 检查紧固件是否松动，电路及电气设备是否安全，一定要有接地装置，
3. 试车前将混合室清理干净，作10~15min空运转，确认机器运转正常后再投入生产。通常新机齿轮（含减速机）初期使用时噪声较大，待走合一段时间自然减小。
4. 混合机禁止反转。</td></tr>
</table>

续表

<table>
<tr><th>设备名称</th><th colspan="3">犁刀混合机</th></tr>
<tr><td>维护保养</td><td colspan="3">1. 电气控制箱要定期清理，要及时清理电气元件上的粉尘，防止接触器触点的损坏。
2. 设备初次运转 10h 后，应检查三角皮带拉紧程度，当调节拉紧丝杠时将三角带均匀拉紧后，须将电动机座板锁紧螺栓拧紧，防止松动。各润滑部位应经常注油。
3. 电气设备应进行定期检查，特别是加热器，发现损坏应及时更换。
4. 设备初次运转 10h 后，应全面检查，必要时各连接部位须紧固一次。
5. 设备各部须保持清洁。特别是混合容器内壁和排料孔内换料进口应清扫干净，若设备长时间不用应将内壁和排料部分涂抹防锈油脂。
6. 墙板密封部不应有原料泄漏现象。密封压盖松紧程度适宜，定期检查调整或压紧。
7. 运行 6 个月后进行大检查，检查易损坏，作出调整及更换。
8. 电气设备附近应设有警示牌。</td></tr>
<tr><td rowspan="20">故障排除</td><td>故障现象</td><td>故障原因</td><td>处理方法</td></tr>
<tr><td rowspan="6">烧电动机</td><td>环境温度高，电动机表面污垢多，或通风道堵塞</td><td>清洗电动机，改善环境温度，采用降温措施</td></tr>
<tr><td>电源电压过高，使铁芯发热大大增加</td><td>降低电源电压</td></tr>
<tr><td>电源电压过低，电动机又带额定负载运行，电流过大使绕组发热</td><td>提高电源电压或换粗供电导线</td></tr>
<tr><td>电动机缺相，两相运行</td><td>恢复三相运行</td></tr>
<tr><td>电动机过载或频繁启动</td><td>减载</td></tr>
<tr><td>电动机风扇故障，通风不良</td><td>检查并修复风扇，必要时更换</td></tr>
<tr><td rowspan="4">启动时困难或无法启动</td><td>电源未接入、缺相</td><td>请电工接入电源、检查线路</td></tr>
<tr><td>电压过低</td><td>避过用电高峰或确保电压正常</td></tr>
<tr><td>加重型满载且超载启动运行</td><td>减少负载，先运转后加料，非加重型不允许带负载启动</td></tr>
<tr><td>加载了第三方扭矩保护工件，如加载液力耦合器</td><td>请咨询第三方，查看耦合器内是否加满油等</td></tr>
<tr><td rowspan="2">主电动机电流过大</td><td>电动机非指示箭头方向运转</td><td>请根据箭头方向校对方向</td></tr>
<tr><td>严重过载</td><td>减载</td></tr>
<tr><td rowspan="6">主机震动及噪音异响</td><td>安装未调整好</td><td>重新安装并调整混合机水平面</td></tr>
<tr><td>轴承损坏</td><td>更换轴承</td></tr>
<tr><td>减速机摆线轮损坏</td><td>更换减速机损坏件（B 型机）</td></tr>
<tr><td>蜗杆、蜗轮损坏</td><td>更换蜗杆、蜗轮</td></tr>
<tr><td>无润滑油或润滑泵不供油</td><td>加润滑油或更换油泵或清理油泵管路阻塞物</td></tr>
<tr><td>运输过程造成的紧固件松动</td><td>找到松动处，拧紧紧固件</td></tr>
</table>

续表

设备名称	犁刀混合机		
故障排除	故障现象	故障原因	处理方法
	主机振动及噪声异响	物料中掉入异物	清除异物，察看强制部分结构有无损坏，无损坏则继续开机
		密封大尺寸松动，或者盘根被物料结块	清除盘根上结块物，上紧盘根，直到盘根出油
	筒盖上部主机漏油	润滑油加入太多	放油到油标位置
		结合面紧固螺栓未紧固	压紧螺栓
		油封老化	更换新油封或机器大修或保养
		机壳体砂孔、损坏	电焊补焊砂孔、裂纹，更换损坏配件
	筒体内有渗漏现象	黏性物料进入密封件	清洗密封件，更换毛毡垫，压紧盘根
		密封件老化或损坏	更换密封件
	公转与自转缺一运转	电动机不运转、电动机烧坏	检查线路，电路是否完好，维修或更换电动机
		转臂公转运转、螺旋部分不转	蜗杆、蜗轮损坏 更换损坏零件或更换出轴或其它配件（A 型机）
		转臂公转和短螺旋或长螺旋自转正常，短螺旋长螺旋自转不转	长或短螺旋轴的传动头内齿轮损坏或长螺旋出轴断，更换损坏的齿轮或更换出轴
	筒体内有严重的摩擦声、撞击声	电动机逆转，长螺旋反向造成长螺旋变形碰壁	电动机改向，松开传动头与转臂螺栓，将长螺旋推到中心再紧固螺钉
		物料密度过大，严重超载，长螺旋轴碰壁	减少装载量
		螺旋片脱焊	重新焊接
		大块异物或硬块物卡死	停机清除异物
		传动出轴断，长螺旋轴掉下	更换传动出轴，校直长螺旋轴或更换长螺旋轴
		螺旋法兰断裂、脱焊，长螺旋轴掉下	更换长螺旋轴或取出长螺旋调整修焊
		双螺旋均不转，电动机运转正常	分配箱内齿轮损坏或长短出轴损坏，更换齿轮或出轴
		螺带，无重力桨叶，犁刀擦桶体，桶体受外力变形	校正桶体或者打磨搅拌器

MVR 罗茨蒸汽压缩机

<table>
<tr><th>设备名称</th><th colspan="3">MVR 罗茨蒸汽压缩机</th></tr>
<tr><td rowspan="2">结构</td><td colspan="3">MVR 罗茨蒸汽压缩机实物图、结构示意图
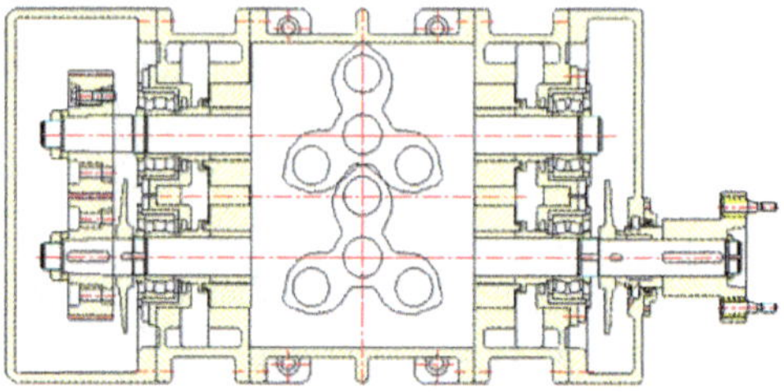</td></tr>
<tr><td colspan="3">MVR 罗茨蒸汽压缩机总体构成较为复杂，主要由压缩系统、蒸汽降温器和润滑系统三个基本单元组成。再沸器（蒸发器）内产生的蒸汽经过内嵌式微滴分离器除去蒸汽中的部分液体，然后再进入蒸汽压缩机或相应的用汽点 离心压缩机。
在工艺设计时可留有不经压缩的蒸汽旁路，以自动控制而满足生产对不同蒸汽压力和温度的要求或便于压缩机出现故障时维修。</td></tr>
<tr><td>原理</td><td colspan="3">本压缩机是一种容积式输气机械，与罗茨泵结构类似，是利用转子在机体内保持一定的间隙，作等速反向旋转而产生吸气和排气作用的。
压缩机的 2 个转子被支承在机体侧面端盖的滚动轴承中，依靠一对可靠的同步斜齿轮使第二个转子在高速旋转时始终保持着一定的相互位置。电动机的动力通过传动件传动给主动转子，再通过同步斜齿轮传递给从动转子。</td></tr>
<tr><td rowspan="5">性能参数</td><td>性能参数</td><td>单位</td><td>定义</td></tr>
<tr><td>功率</td><td>kW</td><td>单位时间内做功的大小。</td></tr>
<tr><td>压缩比</td><td></td><td>压缩机的排出压力与吸入压力的之比。</td></tr>
<tr><td>额定转速</td><td>r/min</td><td>设计规定的运行转速。</td></tr>
<tr><td>排气量</td><td>m^3/h</td><td>排气量是指在压缩机末级测得的单位时间内排出的气体，换算成第一级进气状态的压力和温度下的气体体积。压缩机的额定排气量及压缩机铭牌上的排气量是指特定进气状态下的排气量。</td></tr>
<tr><td>用途</td><td colspan="3">目前国内的蒸汽压缩机主要运用于蒸发、结晶、塔器、干燥等化工领域，以上工业过程也受到一些因素的制约。如干燥方面，干燥后出来的低温废气，里面含有一定量的空气等不凝性气体和压缩本身压缩比等因素造成其回收价值降低。
另一方面，由于可凝性气体的通性，蒸汽压缩机也可运用溶剂回收这个方面，如甲醇、乙醇等。</td></tr>
<tr><td>操作</td><td colspan="3">1. 启动前的准备工作：
（1）打开稀油站冷却水，启动稀油站，检查冷却水和稀油站油路是否畅通。
（2）吸入气体中有粉尘或颗粒时，应在吸气口前装设除尘器或过滤器。
2. 启动程序：
（1）打开冷却水，调节好水量。
（2）启动稀油站，调节好出油量和油压。
（3）启动系统内真空泵。</td></tr>
</table>

续表

<table>
<tr><th>设备名称</th><th colspan="3">MVR罗茨蒸汽压缩机</th></tr>
<tr><td>操作</td><td colspan="3">（4）系统内压力达到预设压力后，启动压缩机，如果采用自动控制装置，则启动过程可实现自动化。
3. 运转中注意事项：
（1）在正常情况下，压缩机的进气温度与出口温度差值不大于40℃，如果差值过大，压缩机也会因过热而发生故障。
（2）注意电动机负荷和压缩机的各部位温升情况，在正常情况运转下，压缩机的表面最高温度不得超过90℃。
（3）运转中不应有不规则的异常振动。
（4）如发现在运转中有电动机过载、温升过高、声音异常、振动大等情况，应立即停机检查原因，排除故障。
4. 停机程序：
（1）关闭压缩机。
（2）在压缩机停转5min再关闭稀油站。
（3）关闭稀油站冷却水进水阀。
（4）如果需要长时间停止使用，在冬天防止冻裂，需将稀油站内剩水放尽。</td></tr>
<tr><td>维护保养</td><td colspan="3">1. 每日检查：
（1）油位检查：随时观察油面高度，发现不足时随时进行补充，加入的润滑油必须是清洁、无杂质的。稀油站供油情况的检查。
（2）温度检查：用测温仪检查压缩机各部位温度。
（3）电动机负荷检查：用功率表或电流、电压表测量电动机负荷。
2. 每月检查：
（1）传动件是否损坏和松动。
（2）稀油站过滤器滤网是否堵塞。
3. 每3个月检查：
稀油站内油质是否变质。
4. 每6个月检查：
油封是否损坏。
5. 每年检查：
（1）轴承是否磨损。
（2）齿轮微量程度的磨损对转子正常运转是否产生影响，是否需要调整。
（3）机械密封的密封性能是否正常。</td></tr>
<tr><td rowspan="4">故障排除</td><td>故障现象</td><td>故障原因</td><td>处理方法</td></tr>
<tr><td rowspan="3">电动机过载</td><td>进排气压差过大</td><td>调整、控制入口压力</td></tr>
<tr><td>转子端面与端盖单面接触或转子外圆与机体接触</td><td>立即停机，分析原因</td></tr>
<tr><td>转子表面有严重的沉积物</td><td>清洗转子与机体</td></tr>
</table>

续表

设备名称	MVR 罗茨蒸汽压缩机		
故障排除	故障现象	故障原因	处理方法
	过热	稀油站供油不足	检查和调整稀油站的供油状况
		压缩机压差或压缩比过大	调整控制压差或压缩比
		转子与压缩机机体接触	立即停机，分析原因
		齿轮、轴承、机械密封润滑不良	保证供油量适当，润滑良好
	声音异常	装配不良	重装
		导向齿轮与转子位置偏移，使转子相碰	调整位置，保证间隙
		压缩比过大	调整、控制进排气口压力
		过载或润滑不良，造成对齿轮的损伤	调换齿轮
		轴承磨损	调换轴承
	轴承齿轮磨损严重机械密封漏油	润滑不良	检查稀油站供油是否正常，油质是否失效
		机械密封损坏	更换机械密封密封件

三相异步电动机

<table>
<tr><th>设备名称</th><th colspan="4">三相异步电动机</th></tr>
<tr><td>结构</td><td colspan="4">三相异步电动机实物图、结构示意图

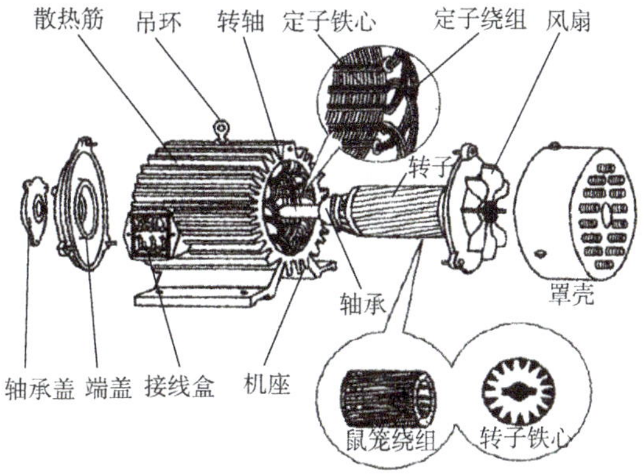

三相异步电动机由磁路部分的定子铁心、转子铁心，电路部分的定子绕组、转子绕组，机械部分的机座、端子、轴和轴承等组成。</td></tr>
<tr><td>原理</td><td colspan="4">三相绕组接通三相电源产生的磁场在空间旋转，称为旋转磁场，转速的大小由电动机极数和电源频率而定。转子在磁场中相对定子有相对运动，切割磁杨，形成感应电动势。转子铜条是短路的，有感应电流产生。转子铜条有电流，在磁场中受到力的作用，转子就会旋转起来。一要有旋转磁场，二是转子转动方向与旋转磁场方向相同，三是转子转速必须小于同步转速，否则导体不会切割磁场，无感应电流产生，无转矩，电动机就要停下来，停下后，速度减慢，由于有转速差，转子又开始转动，所以只要旋转磁场存在，转子总是落后同步转速在转动。</td></tr>
<tr><td rowspan="6">性能参数</td><td>性能参数</td><td>符号</td><td>单位</td><td>定义</td></tr>
<tr><td>额定电压</td><td>U</td><td>V</td><td>电气正常工作时的电压。</td></tr>
<tr><td>额定电流</td><td>I</td><td>A</td><td>电机正常工做时的电流。</td></tr>
<tr><td>转速</td><td>n</td><td>r/min</td><td>电机轴每分钟的转数。</td></tr>
<tr><td>功率</td><td>N_e
N</td><td>W
kW</td><td>单位时间内电机所消耗的功。</td></tr>
<tr><td>效率</td><td>η</td><td>%</td><td>有效功率和轴功率的比值。</td></tr>
<tr><td>用途</td><td colspan="4">拖动各种生产机械。</td></tr>
<tr><td>操作</td><td colspan="4">1. 了解电动机铭牌所规定的事项。
2. 检查接线是否正确，机壳是否接地良好。
3. 检查配线尺寸是否正确，接线柱是否有松动现象，有无接触不好的地方。
4. 检查电源开关、熔断器的容量、规格与继电器是否配套。
5. 转动电动机转轴是否转动灵活，添加的润滑油量和材质是否正确。
6. 集电环表面和电刷表面是否脏污，检查电刷压力、电刷握内活动情况及电刷短路装置的动作是否正常。
7. 测试绝缘电阻。
8. 检查电动机的启动方式。</td></tr>
</table>

续表

<table>
<tr><th>设备名称</th><th colspan="3">三相异步电动机</th></tr>
<tr><td>操作</td><td colspan="3">9. 确定电动机的旋转方向。
10. 检查电动机的旋转方向是否正确。
11. 在启动加速过程中，电动机有无振动和异常声响。
12. 启动电源是否正常，电压降大小是否影响周围电气设备正常工作。
13. 启动时间是否正常。
14. 负载电流是否正常，三相电压电流是否平衡。
15. 启动装置、控制系统动作是否正常。
16. 有无振动和噪声。
17. 有无臭味和冒烟现象。
18. 温度是否正常，有无局部过热。
19. 电动机运转是否稳定。
20. 三相电流和输入功率是否正常。
21. 三相电压、电流是否平衡，有无波动现象。
22. 有无其它方面的不良因素。</td></tr>
<tr><td>维护保养</td><td colspan="3">1. 清擦电动机，及时清除电动机机座外部的灰尘、油泥。
2. 检查和清擦电动机接线端子，检查接线盒接线螺丝是否松动、烧伤。
3. 检查各固定部分螺栓，包括地脚螺栓、端盖螺栓、轴承盖螺栓等，将松动的螺栓拧紧。
4. 检查传动装置、检查皮带轮或联轴器有无损坏，安装是否牢固；皮带及其连接扣是否完好。
5. 电机的启动设备，也要及时清擦外部灰尘、泥垢，擦拭触头，检查各接线部位是否有烧伤痕迹，接地线是否良好。
6. 轴承的检查与维护。轴承在使用一段时间后应该清洗，更换润滑脂或润滑油。清洗和换油的时间，应随电动机的工作情况、工作环境、清洁程度、润滑剂种类而定，一般每工作 3~6 个月，应该清洗 1 次，重新换润滑脂。油温较高时，或者环境条件差、灰尘较多的电动机要经常清洗、换油。
7. 绝缘情况的检查。绝缘材料的绝缘能力因干燥程度不同而异，所以检查电动机绕组的干燥是非常重要的。电动机工作环境潮湿、工作间有腐蚀性气体等因素存在，都会破坏电绝缘。最常见的是绕组接地故障，即绝缘损坏，使带电部分与机壳等不应带电的金属部分相碰，发生这种故障，不仅影响电动机正常工作，还会危及人身安全。所以，电动机在使用中，应经常检查绝缘电阻，还要注意查看电动机机壳接地是否可靠。
8. 除了按上述几项内容对电机进行定期维护外，运行 1 年后要大修一次。大修的目的在于，对电动机进行一次彻底、全面的检查、维护，增补电动机缺少、磨损的元件，彻底消除电动机内外的灰尘、污物，检查绝缘情况，清洗轴承并检查其磨损情况。发现问题，及时处理。</td></tr>
<tr><td rowspan="5">故障排除</td><td>故障现象</td><td>故障原因</td><td>处理方法</td></tr>
<tr><td rowspan="4">电动机不启动</td><td>电源未接通</td><td>检查开关、熔断器、各触点及电动机引线头，并修复</td></tr>
<tr><td>绕组断路、短路、接地、接线错误</td><td>用仪表检查，并进行修复</td></tr>
<tr><td>熔体烧断</td><td>查出故障后，并修复</td></tr>
<tr><td>绕线转子电动机启动时误操作</td><td>检查集电环短路装置及起动变阻器位置</td></tr>
</table>

续表

设备名称	三相异步电动机		
故障排除	故障现象	故障原因	处理方法
	电动机接入电源后熔断器被烧断或断路器跳闸	电动机断相启动	检查电源线、电机引出线、熔断器、开关各触头
		定转子绕组接地或短路	用仪表检查，进行修理
		电机负载过大或被机械部分卡住	调整负载至额定，排除机械故障
		熔体截面积过小	重新选择保护容量
		绕线转子电机所接的启动电阻太小或被短路	消除短路故障或增大启动电阻
	电机通电后，不启动并嗡嗡响	重绕的电机槽配合选择不当	重新计算绕组系数修理
		定转子绕组断路	查明断路点修复，检查绕线转子电刷与集电环接触状态，检查启动电阻是否断路或电阻过大
		绕组引出线始末端接错或绕组内部接反	检查绕组始末端接线是否正确
		电动机负载过大或被卡住	对负载进行调整，并排除机械故障
		三相电源未能全部接通	用表检查电源线是否虚接
		电源电压过低	三角形连接误接成星形连接时，电源电压过低
		润滑脂过硬，变质或轴承装配过紧	更换合格润滑脂，检查轴承装配尺寸
	电动机空载或负载时，电流表指针不稳，摆动	绕线转子电动机有一相电刷接触不良	调整刷压和改善电刷与集电环的接触面质量
		绕线转子集电环的短路装置接触不良	检查和修理集电环短路装置
		笼型转子的笼条开焊或断条	采用开口变压器或用其它方法检查，并修复
		绕线转子绕组一相断路	采用校验灯或万用表检查修复
	电动机启动困难，加额定负载后，电动机的转速比额定转速低	电源电压过低	检查电动机输入端电源电压
		电动机绕组三角形连接误接成星形连接	改为三角形连接
		绕线转子电刷或启动变阻器接触不良	检修电刷和启动变阻器的接触部位
		定、转子绕组有局部线圈接错或接反	检查出故障线圈后进行正确接线
		绕线转子一相断路	用校验灯或万用表检查

电动葫芦

<table>
<tr><th>设备名称</th><th>电动葫芦</th></tr>
<tr><td>结构</td><td>电动葫芦实物图、结构示意图
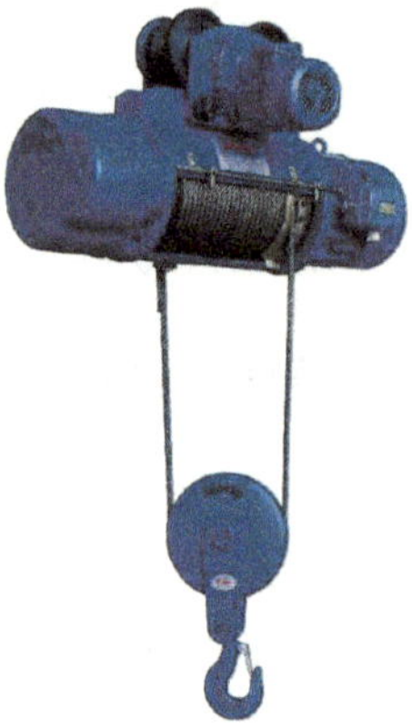

导绳螺帽

防爆按钮
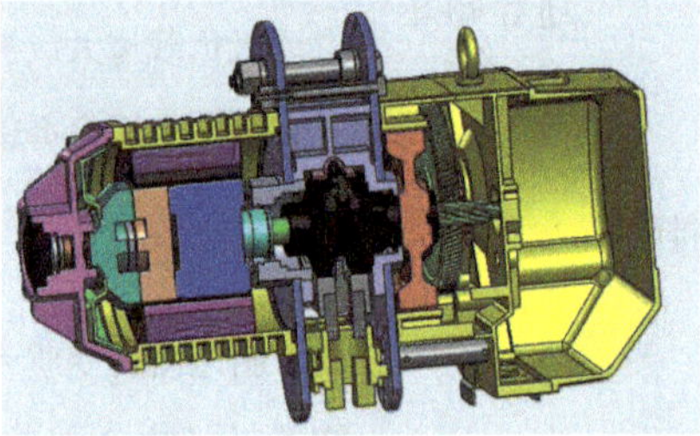
内部构造
由电动机、传动机构和卷筒或链轮组成，分为钢丝绳电动葫芦和环链电动葫芦两种。钢丝绳电动葫芦分单速提升、双速提升、微型电动葫芦、卷扬机、多功能提升机。减速器、起升电动机、运行电动机、断火器、电缆滑线、卷筒装置、吊钩装置、联轴器、软缆电流引入器等集动力与制动力于一体。</td></tr>
<tr><td>原理</td><td>电动机轴通过橡胶轮胎式弹性联轴器与减速器高速轴相连。当电动机通电旋转驱动减速器高速轴转动时，并将驱动力矩通过齿轮传递至减速器最后一级大齿轮，齿轮在通过花键与空心轴相连接，空心轴又通过花键与卷筒相连接，为此通过减速传动的力矩使卷筒旋转，再使钢丝绳缠绕或脱开卷筒而使吊钩和吊载起升或下降，来完成起升机构的功能。
移动式电动葫芦的工作原理是：先启动起升电动机，把重物起升到适当的高度，再启动运行电动机把重物运到指定的位置，运行小车在单工字钢梁的下缘行走。行走时采用一个电动机驱动运行小车两边的车轮。由于行走速度比较小，因此运行小车一般不设制动机构。运行小车在行走时，为防止重物下降，在起升机构上设置了一个电磁制动器。制动是依靠弹簧的压力把内、外盘压紧，原理与摩擦离合器相似，松开时利用电磁铁通电以后吸住外盘而使内、外盘松开。电磁制动器的电路与起升电机的电路并联，因此只要起升电机一启动，电磁制动器松开，使重物上、下升降自如；当电动机关闭时，则电磁制动器也断电，电磁吸引力消失，在弹簧的压力作用下，内外盘紧紧压住，起到制动的作用。</td></tr>
</table>

续表

<table>
<tr><th>设备名称</th><th colspan="4">电动葫芦</th></tr>
<tr><td>原理</td><td colspan="4">在起吊物品时为防止超出上升极限位置而造成事故，一般在卷筒的下部装设上升限位器。当载荷上升至极限位置时，压板与限位开关接触，关闭电源，停止重物继续上升。限位器是为防止吊钩上升超过极限位置时而用的，因此不能经常使用。</td></tr>
<tr><td rowspan="5">性能参数</td><td>性能参数</td><td>符号</td><td>单位</td><td>定义</td></tr>
<tr><td>起重量</td><td>G</td><td>kg 或 t</td><td>指被起升重物的质量。</td></tr>
<tr><td>起升高度</td><td>H</td><td>m</td><td>是指起重机运行轨道顶面（或地面）到取物装置上极限位置的垂直距离。</td></tr>
<tr><td>跨度</td><td>S</td><td>m</td><td>指桥式类型起重机运行轨道中心线之间的水平距离。</td></tr>
<tr><td>工作速度</td><td>v</td><td>m/min</td><td>指起重机工作机构在额定载荷下稳定运行的速度。</td></tr>
<tr><td>用途</td><td colspan="4">提升、牵移、装卸重物，油罐倒装焊接，如各种大中型砼、钢结构及机械设备的安装和移动，适用于建筑安装公司、厂矿的土木建筑工程及桥梁施工、电力、船舶、汽车制造、建筑、公路、桥梁、边坡隧道、井道治理防护等基础建设工程的机械设备。</td></tr>
<tr><td>操作</td><td colspan="4">1. 升降机安全管理、操作人员必须经过专业培训和考核，取得特种设备作业人员资格证后方可从事相应工作。操作人员应熟悉升降机的基本构造、性能参数；掌握操作方法和安全装置的功能。
2. 每日投入运行前，先空载试运行，认真检查各主要部件及安全装置是否完好，在确认设备运行无异常情况后，方能正式运行。
3. 升降机如安装层门联锁启动装置，应确认层门可靠关闭后方可启动。
4. 装卸货物时，必须先按下相应层站的停止开关，并确认停层保护装置已处于保护位置后，方可装卸货物，并尽可能减少进入吊笼内的时间。
5. 货物装卸应轻放轻移，尽可能的减少冲击，有车辆进入吊笼时，应采取有效措施防止车辆撞击吊笼壁和门。
6. 吊笼内的货物应放置稳妥，防止运行时发生移动。运送重量大的货物时，应将货物放置在吊笼的中间位置，防止吊笼倾斜。
7. 简易升降机限载 450kg，超过此限值升降机均无法启动，装载货物应严格控制重量。
8. 在等候装载货物时，人员不得站在吊笼门与层门之间，应站在层门外等候。
9. 升降机不允许装运易燃易爆危险品，如遇特殊情况，必须经安全管理部门同意，并采取安全保护措施。
10. 严禁任何人搭乘升降机。
11. 交接班时，操作人员之间要做好交接班工作。
12. 工作期间要集中精力，不准边操作边做其它无关的事情，不得随便离开工作岗位。
13. 爱护设备，保持设备和工作地点清洁、整齐。吊笼顶部除升降机自身设备外，不得放置其它物品。
14. 禁止一切对升降机安全开关的短接或拆除行为。
15. 出现故障时，不得随意对设备进行检修、调试、拆换电气元件和机械零件。应及时报告车间设备负责人，由设备负责人通知检修人员检修，并协助检修人员工作。
16. 升降机使用完毕后，应将其停在一楼并锁好层门。
17. 一旦发生事故，应立即启动应急救援预案，停止升降机的运行，切断电源，救助伤员，保护现场，并及时报告有关部门，等候处理。</td></tr>
</table>

续表

设备名称	电动葫芦		
维护保养	1. 新安装或经拆检后安装的电动葫芦，首先应进行空车试运转数次。但未安装完毕前，切忌通电试转。 2. 正常使用前应进行以额定负荷125%，起升离地面约100mm，10min的静负荷试验，检查是否正常。 3. 动负荷试验是以额定负荷重量，做反复升降与左右移动试验，试验后检查其机械传动部分，电气部分和连接部分是否正常可靠。 4. 在使用中，绝对禁止在不允许的环境下，及超过额定负荷和每小时额定合闸次数（120次）情况下使用。 5. 安装调试和维护时，必须严格检查限位装置是否灵活可靠，当吊钩升至上极限位置时，吊钩外壳到卷筒外壳之距离必须大于50mm（10t，16t，20t必须大于120mm）。当吊钩降至下极限位置时，应保证卷筒上钢丝绳安全圈，有效安全圈必须在2圈以上。 6. 不允许同时按下两个使电动葫芦按相反方向运动的手电门按钮。 7. 工作完毕后必须把电源的总闸拉开，切断电源。 8. 电动葫芦应由专人操纵，操纵者应充分掌握安全操作规程，严禁歪拉斜吊。 9. 在使用中必须由专门人员定期对电动葫芦进行检查，发现故障及时采取措施，并仔细加以记录。 10. 调整电动葫芦制动下滑量时，应保证额定载荷下，制动下滑量 $S \leqslant V/100$（V 为负载下1min内稳定起升的距离）。 11. 钢丝绳的报废标准：钢丝绳的检验和报废标准按GB/T 5972—2016《起重机　钢丝绳　保养、维护、检验和报废》执行。 12. 电动葫芦使用中必须保持足够的润滑油，并保持润滑油的干净，不应含有杂质和污垢。 13. 钢丝绳上油时应该使用硬毛刷或木质小片，严禁直接用手给正在工作的钢丝绳上油。 14. 电动葫芦不工作时，不允许把重物悬于空中，防止零件产生永久变形。 15. 在使用过程中，如果发现故障，应立即切断主电源。 16. 使用中应特别注意易损件情况。 17.10~20t葫芦在长时间连续运转后，可能出现自动断电现象，这属于电动机的过热保护功能，此时可以下降，过一段时间，待电动机冷却下来后即可继续工作。		
故障排除	故障现象	故障原因	处理方法
	起升电动机不运转或电动机起吊无力	电源电压过低	保证电机端电压大于额定电压的90%
		电源线太细，线压降大	按说明书选配电源电缆线
		电动机三相电压不平衡	调整用电，保证三相电压相差小于+3%
		电动机两相运转	检查保险丝、接触器及各接线头是否正常接通
		电动机后端盖与制动轮粘牢	拆下电动机风罩，撬动制动轮，使其能够分离
		定子线圈受潮	返厂修理，重新浸漆烘干

续表

设备名称	电动葫芦		
故障排除	故障现象	故障原因	处理方法
	断电后不能制动或制动后下滑距离过大	制动间隙太大	调整制动间隙，若制动环已磨损则需更换
		电动机轴端紧固螺钉松动	调整制动器间隙，拧紧紧固螺钉
	噪声超过允许值	缺少润滑油	按规定加足润滑油
	从卷筒处漏油	减速器中加油过多	将油全部放掉，按规定加量加油
	从减速器箱盖处漏油	箱体箱盖油封条损坏	更换油封条
	接线头松动接触不良	运输中受到震动	安装前进行检查、紧固
	控制按钮接触不良	控制按钮盒严重磕碰	及时检查按钮及线头
		控制电缆内部断线	更换手柄电缆，使用中禁止拗折电缆线
	起升上限位失灵	电源线接线错相	检查确认后调换二相接线
		调试中限位杆停止块未紧固，发生松动移位	重新调节并紧固停止块
	接触器触头烧坏或变压器烧坏	通电电压过低或过高	通电电压对额定电压的偏差超过 +10%
		环境温度、湿度过高	温度不超过 40℃，湿度不得大于 85%RH
	电动小车行走晃动，有一只走轮踏空	轨道不平直	检查和整修轨道
		车轮直径不一致	通知生产厂更换小车

管式加热炉

设备名称	管式加热炉
结构	管式加热炉实物图、结构示意图  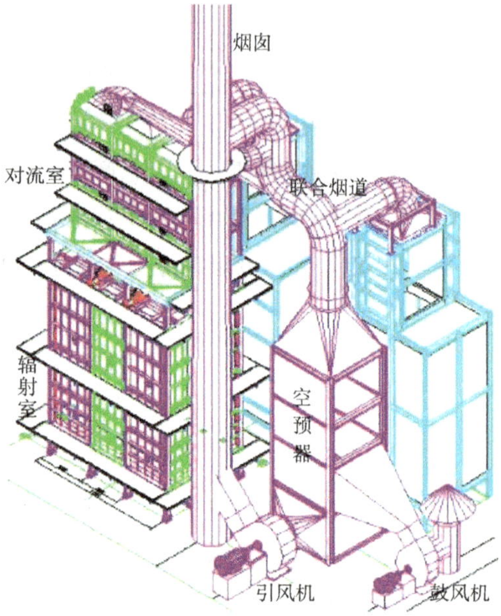 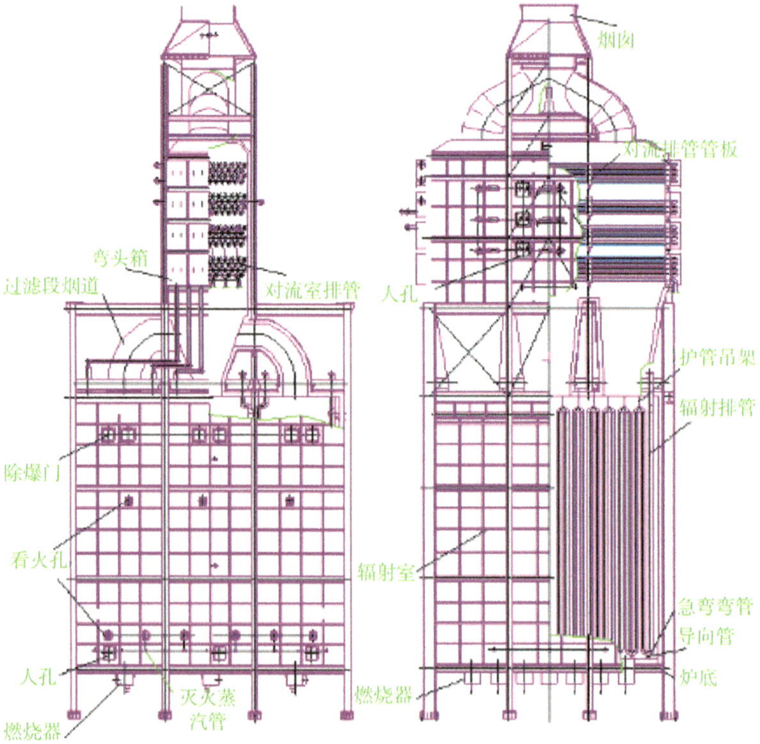

续表

<table>
<tr><th>设备名称</th><th colspan="4">管式加热炉</th></tr>
<tr><td>结构</td><td colspan="4">管式加热炉结构：一般由辐射室、对流室、余热回收系统、燃烧器以及通风系统等五部分组成。
（1）辐射室是通过火焰或高温烟气进行辐射传热的部分，是热交换的主要场所，全炉的热负荷大部分（70%~80%）是由它来担负的，温度也最高。
（2）对流室：是靠由辐射室出来的烟气进行对流换热的部分，但也有一部分辐射传热，它一般布置在辐射室之上，对流室一般担负全炉热负荷的 20%~30%。
（3）余热回收系统：是从离开对流室的烟气中进一步回收余热的部分。回收方法分两类：一类是“空气预热方式”；一种是：“废热锅炉”方式，烟气回收系统有放在对流室上部的，也有单独放在地上的。
（4）燃烧器：燃料燃烧产生热量，是炉子的重要组成部分。
（5）通风系统：是将燃烧用空气导入燃烧器，并将废烟气引出炉子的系统，它分为自然通风式和强制通风式两种。</td></tr>
<tr><td>原理</td><td colspan="4">管式加热炉是石油炼制、石油化工等行业中使用的工艺加热炉，指在一个有衬里的密闭体内设置有大量的相互连接的优质或合金无缝钢管，被加热介质在一连串的无缝钢管内以很高流速通过，燃料在密闭体内燃烧产生高温烟气，高温烟气通过辐射、对流和传热把热量传给被加热介质，把被加热介质加热到生产工艺规定的温度或达到一定的汽化率以及完成一定的化学反应深度的设备统称。</td></tr>
<tr><td rowspan="7">性能参数</td><td>性能参数</td><td>符号</td><td>单位</td><td>定义</td></tr>
<tr><td>热负荷</td><td>Q'</td><td>MW</td><td>每台管式加热炉单位时间内向管内介质传递热量的能力称为热负荷，其值代表管式加热炉的大小。介质通过炉管吸收的热量用于升温、汽化或化学反应，这些热量全部都是有效热。管式加热炉的热负荷指的是其吸收的有效热，其设计热负荷通常取计算值的 1.15~1.2 倍。</td></tr>
<tr><td>炉膛体积发热强度</td><td>g_v</td><td>kW/m^3</td><td>燃料燃烧的总发热量除以炉膛体积，称之为炉膛体积发热强度，简称为体积热强度。它表示单位体积的炉膛在单位时间里燃料燃烧所发出的热量。</td></tr>
<tr><td>辐射表面热强度</td><td>q_R</td><td>W/m^2</td><td>辐射炉管每单位表面积（一般按炉管外径计算表面积）、每单位时间内所传递的热量称为辐射热通量或热流率。它表示辐射室炉管传热强度的大小，一般指全辐射室所有炉管的平均值。</td></tr>
<tr><td>对流表面热强度</td><td>q_C</td><td>W/m^2</td><td>对流炉管每单位表面积（一般按炉管外径计算表面积）、每单位时间内所传递的热量。</td></tr>
<tr><td>热效率</td><td>η</td><td>–</td><td>热效率表示向炉子提供的能量被有效利用的程度，其定义可表达为：η =有效能量 / 供给能量
热效率越高，说明燃料的有效利用率越高，燃料耗量就越低。</td></tr>
<tr><td>管内流速</td><td>G_F</td><td>$kg/(m^2 \cdot s)$</td><td>流体在炉管内的流速越低，则边界层越厚，传热系数越小，管壁温度越高，介质在炉内的停留时间也越长。其结果，介质越易结焦，炉管越易损坏。但流速过高又增加管内压力降，增加了管路系统的动力消耗。</td></tr>
</table>

续表

设备名称	管式加热炉			
性能参数	性能参数	符号	单位	定义
	过剩空气系数	α	—	燃料不可能在化学平衡的空气量（理论空气量）下完全燃烧，总是要在有一定过剩空气量的条件下才能完全燃烧。而且由于管式炉实际运行中大多在负压下操作，总是存在一定漏风，因此实际进入炉子的空气量总是比理论空气量多，所用实际空气量与理论空气量之比叫做过剩空气系数。
用途	（1）加热型管式炉对其被加热介质进行加热，介质在管式炉内吸收足够的热量后到后续设备中传热、传质、分馏和化学反应等。这类管式炉在石油化工企业中占的数量最多。 （2）加热－反应型加热炉的管内介质在炉管内一边吸热，一边进行复杂的化学反应。在这类管式炉内，炉管不仅是传热的媒体，同时也是直接火焰加热的反应器。			
操作	1. 投运 （1）试压：新炉管安装后按照设计规定对炉管进行试压，保压检查系统所有接口。 （2）检查、吹扫：查加热炉所有零部件、附属设备，开烟道挡板，蒸汽充分吹扫炉膛，至烟囱冒汽。 （3）点火烘炉：炉管通入蒸汽暖炉，烟道挡板开 1/3，点火，调整燃烧，按照衬里要求曲线进行烘炉。 （4）升温：炉管引油置换，按照工艺要求升温，一般控制为 50℃ /h。 2. 切出 （1）降温：按照工艺要求降温，逐个熄灭火嘴。 （2）熄火：根据降温速度直到全部熄灭火嘴，全开各门、孔通风，切断瓦斯。 （3）退油吹扫：炉管降温、退油，蒸汽吹扫（视检修情况）。 （4）降温通风：全开加热炉各孔、门通风，炉膛降温，拆除各火嘴、长明灯、开人孔。 注意： （1）点火时适当控制炉膛负压、风门，点火前保证炉膛充分吹扫。 （2）加热炉点火、看火做好个人防护、防止回火伤人。			
维护保养	1. 火焰调节 （1）以多火嘴、短火焰、齐火苗原则。 （2）通过气门、风门、负压配合调节。 2. 回火 （1）增大炉膛负压。 （2）避免瓦斯带液。 （3）充分吹扫炉膛。 3. 脱火 （1）降低瓦斯压力。 （2）改进燃烧器结构，增加稳焰罩。 4. 冒黑烟 （1）增加供风。 （2）避免瓦斯带液。 （3）烧油时雾化蒸汽量不足，调节。			

续表

<table>
<tr><th>设备名称</th><th colspan="3">管式加热炉</th></tr>
<tr><td>维护保养</td><td colspan="3">注意：
（1）严禁设备运行超温超压，定期对烟、风道挡板调节测试。
（2）控制加热炉的经济运行指标，保持合适的过剩空气系数、负压、热效率、漏风量、外壁温度等。</td></tr>
<tr><td rowspan="23">故障排除</td><td>故障现象</td><td>故障原因</td><td>处理方法</td></tr>
<tr><td rowspan="6">燃烧异常</td><td>燃气带液</td><td>加强脱液</td></tr>
<tr><td>风量不足或过大</td><td>调整风门、风量</td></tr>
<tr><td>烧油火嘴的油汽配比或压力不足</td><td>调节燃料、蒸汽压力</td></tr>
<tr><td>火嘴熄火</td><td>调节负压、瓦斯压力、瓦斯脱液</td></tr>
<tr><td>燃气压力不稳，经常波动</td><td>消除燃气量供应不稳定造成的驼峰</td></tr>
<tr><td>烧嘴喷头内表面不够清洁或烧坏</td><td>清理烧嘴喷头内表面赃物或更换喷头</td></tr>
<tr><td>烟囱冒黑烟</td><td>蒸汽温度、压力不足，过剩空气不足</td><td>调节蒸汽、调节进风量</td></tr>
<tr><td>火嘴结焦</td><td>燃气带液、油火嘴结焦</td><td>拆装清理</td></tr>
<tr><td rowspan="2">泄漏</td><td>炉管泄漏</td><td>紧急停炉处理</td></tr>
<tr><td>燃气泄漏</td><td>接头、法兰紧固</td></tr>
<tr><td rowspan="12">炉膛温度达不到要求</td><td>燃气发热值低</td><td>找出发热值低的原因，提高燃气发热值</td></tr>
<tr><td>空气换热器烧坏，烟气漏入空气管道</td><td>分析换热器后空气的氧含量，如低于20%，则修理空气换热器</td></tr>
<tr><td>空气过剩系数太大</td><td>调节进风阀，如升温效果不显著，可改大喷嘴</td></tr>
<tr><td>空气过剩系数太小</td><td>调节进风阀及煤气阀</td></tr>
<tr><td>燃气烧嘴堵塞，致使燃气流量减少</td><td>用钎子捅喷嘴，清除焦油渣</td></tr>
<tr><td>燃气换热器堵塞，致使煤气压力降低</td><td>清除燃气换热器堵塞的管道</td></tr>
<tr><td>炉前管道积水，致使燃气压力降低</td><td>定期排水</td></tr>
<tr><td>炉膛出现负压力</td><td>增加烟道阻力或改变烧嘴位置和角度</td></tr>
<tr><td>烧嘴配置能力偏小</td><td>配置大能力烧嘴</td></tr>
<tr><td>炉衬损坏，致使局部热损失大</td><td>修复炉衬</td></tr>
<tr><td>燃气或空气预热温度低</td><td>检修换热器</td></tr>
</table>

续表

设备名称	管式加热炉		
故障排除	故障现象	故障原因	处理方法
	炉膛温度不均匀	烧嘴位置布置不合理	改变烧嘴位置或喷射角度
		烧嘴工作不均衡	调整烧嘴，使炉内热量均衡
		排烟口位置及尺寸不合理，排烟不均	改变排烟口位置或尺寸
		靠近炉门口处温度低	将靠近炉门口处的一个或两个烧嘴能量加大，比其它烧嘴能量稍大
	炉膛温度过大喷火	烟道板关得过小	调整板的开启度
		不完全燃烧，使燃气漏出炉外燃烧	调整烧嘴，过剩空气系数控制在1.02~1.05
		燃气流量过大	在保证炉温的情况下，适当减小燃气流量
		烟道（含预热器）堵塞	清理烟道（预热器）
	炉管氧化烧损	过剩空气系数太大	调整空气阀，保持合理的空燃配比
		炉膛负压	调整烟道闸阀或改变烧嘴位置和角度
		炉管加热时间太长（炉温偏高）	缩短高温区加热时间
		燃料硫含量高	采取脱硫措施
	燃气自动控制失灵	燃气控制阀后压力控制达不到要求	减小燃气控制阀关闭时间隙面积（即加大控制阀阀片直径）
		燃气控制阀后最大压力和最小压力参数选择不当	正确选择燃气控制阀前后压力参数
		燃气压力为最小值时，烧嘴回火	保证烧嘴的出口速度不低于着火速度
	热点偶示值失灵	热电偶感温元件保护管表面积灰	消除积灰
		接线盒内热电极和补偿导线接触不良	打开接线盒，重新接好并紧固
		补偿导线或热电极断续接地、短路或断路	找出断续接地、短路的部位，并加以排除；找出断续断路的部位，重新焊接，焊好后经校验合格方可使用
		热电偶安装不牢而发生摆动	将热电偶牢固安装
		热电偶或补偿导线受电磁场干扰	避开强磁场或将热电偶保护管、接线盒外壳接地，或将补偿导线穿铁管
		热电偶变质	更换热电偶
		热电偶安装位置不当	改变安装位置

乙烯裂解炉

<table>
<tr><th>设备名称</th><th>乙烯裂解炉</th></tr>
<tr><td>结构</td><td>
管式加热炉实物图、结构示意图

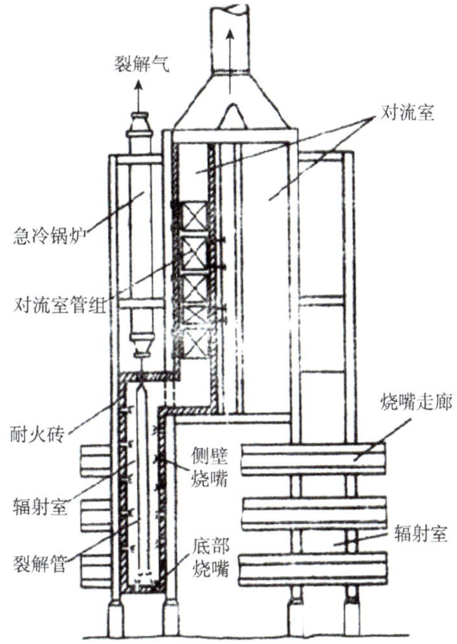

SRT管式裂解炉结构

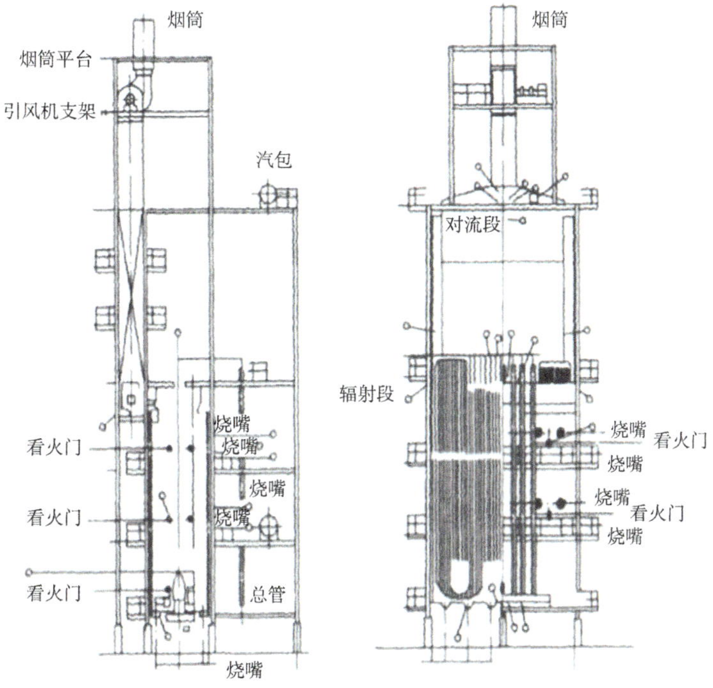

USC型裂解炉结构示意图
</td></tr>
</table>

续表

<table>
<tr><th>设备名称</th><th>乙烯裂解炉</th></tr>
<tr><td>结构</td><td>
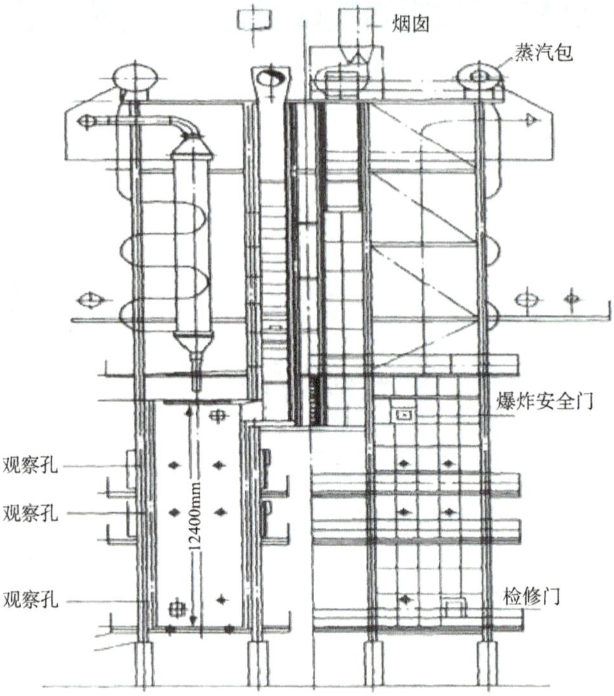

GK—I型裂解炉
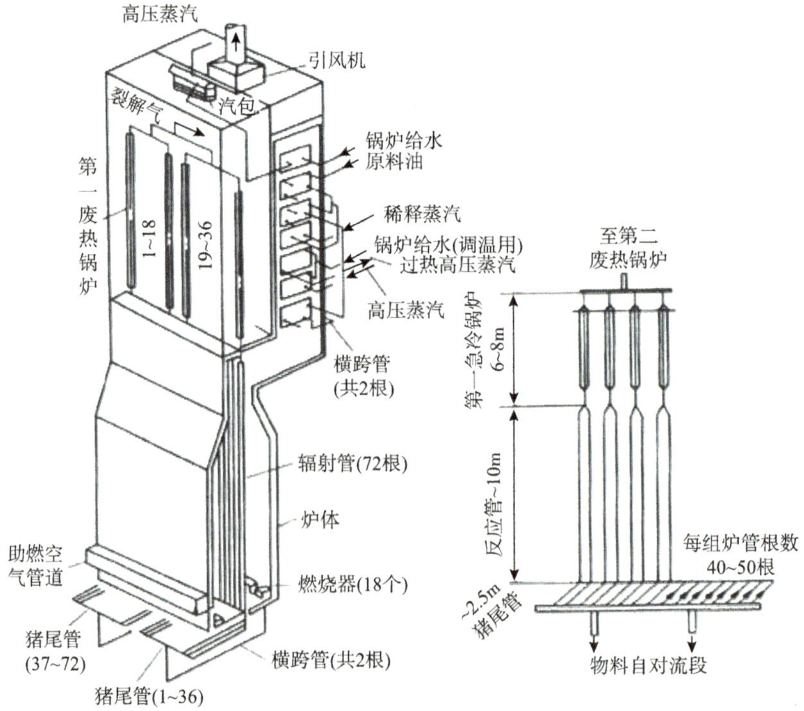

毫秒裂解炉结构示意图
</td></tr>
</table>

续表

<table>
<tr><th>设备名称</th><th colspan="4">乙烯裂解炉</th></tr>
<tr><td>结构</td><td colspan="4">乙烯加热炉由对流端、辐射端和急冷系统三部分组成。一般地说，对流段作用是回收烟气余热，用来预热并汽化原料油，并将原料油和稀释蒸汽过热至物料的横跨温度，剩余的热量用来过热超高压蒸汽和预热锅炉给水。在原料预热汽化过程中，注入稀释蒸汽以降低原料油的汽化温度，防止原料油在汽化过程中焦化。裂解炉对流段每一组盘管主要由换热炉管（光管或翅片管）通过回弯头组焊而成，端管板和中间管板支持起炉管，有些盘管的进出口通过集箱汇集到一起。每一组盘管的四周再组对上炉墙，则构成一个模块。
从炉型上可分为 CBL 裂解炉、SRT 型裂解炉、USC 型裂解炉、KTI GK 裂解炉、毫秒裂解炉、Pyrocrack 型裂解炉。
CBL 裂解炉
CBL 炉主要技术特点为：2–1 型炉管构型，采用独特的稀释蒸汽二次注入法；二级急冷。该炉具有裂解选择性高、调节灵活、运转周期长等特点。
SRT 型裂解炉
SRT 型裂解炉即短停留时间炉，对不同的裂解原料有较大的灵活性。SRT 型炉是目前世界上大型乙烯装置中应用最多的炉型。
USC 型裂解炉
超选择性裂解炉简称 USC 炉。USC 裂解技术是根据停留时间、裂解温度和烃分压条件的选择，使生成的产品中乙烷等副产品较少，乙烯收率较高而命名的。短的停留时间和低的烃分压使裂解反应具有良好的选择性。
KTI GK 裂解炉
荷兰动力技术国际（KTI）公司开发的裂解炉型，对不同的裂解原料采用不同的炉管构形，对原料的灵活性较大。新型辐射段炉管的停留时间短，热效率高。
毫秒裂解炉
即超短停留时间裂解炉简称 USRT 炉，在高裂解温度下，使物料在炉管内的停留时间缩短到 0.05~0.1s（50~100ms），因此被称为毫秒裂解炉。毫秒炉由于管径较小，所需炉管数量多，致使裂解炉结构复杂，投资相对较高。因裂解管是一程，没有弯头，阻力降小，烃分压低，因此乙烯收率比其它炉型高。
Pyrocrack 型裂解炉
该型裂解炉通常为双辐射段、单对流段结构，停留时间也短，单组炉管处理能力最小但烯烃产量高。林德公司在 20 世纪 90 年代以后设计的裂解炉，主要采用 Pyrocrack1–1 型炉管。</td></tr>
<tr><td>原理</td><td colspan="4">用热裂解技术将烃和蒸汽混合物在裂解炉中进行热裂解，形成富含乙烯和其它烯烃的复杂混合物。经过长期研究，已明确烃类热裂解反应机理属自由基链反应机理，反应分链引发、链增长（又称链传递）和链终止 3 个过程，为一连串反应。详见有关工艺技术资料。</td></tr>
<tr><td rowspan="2">性能参数</td><td>性能参数</td><td>符号</td><td>单位</td><td>定义</td></tr>
<tr><td>热负荷</td><td>Q'</td><td>MW</td><td>每台管式加热炉单位时间内向管内介质传递热量的能力称为热负荷，其值代表管式加热炉的大小。介质通过炉管吸收的热量用于升温、汽化或化学反应，这些热量全部都是有效热。管式加热炉的热负荷指的是其吸收的有效热，其设计热负荷通常取计算值的 1.15~1.2 倍。</td></tr>
</table>

续表

设备名称	乙烯裂解炉			
性能参数	性能参数	符号	单位	定义
	炉膛体积发热强度	g_v	kW/m^3	燃料燃烧的总发热量除以炉膛体积，称之为炉膛体积发热强度，简称为体积热强度。它表示单位体积的炉膛在单位时间里燃料燃烧所发出的热量。
	辐射表面热强度	q_R	W/m^2	辐射炉管每单位表面积（一般按炉管外径计算表面积）、每单位时间内所传递的热量称为辐射热通量或热流率。它表示辐射室炉管传热强度的大小，一般指全辐射室所有炉管的平均值。
	对流表面热强度	q_C	W/m^2	对流炉管每单位表面积（一般按炉管外径计算表面积）、每单位时间内所传递的热量。
	热效率	η	–	热效率表示向炉子提供的能量被有效利用的程度，其定义可表达为：η =有效能量 / 供给能量热效率越高，说明燃料的有效利用率越高，燃料耗量就越低。
	管内流速	G_F	$kg/(m^2 \cdot s)$	流体在炉管内的流速越低，则边界层越厚，传热系数越小，管壁温度越高，介质在炉内的停留时间也越长。其结果，介质越易结焦，炉管越易损坏。但流速过高又增加管内压力降，增加了管路系统的动力消耗。
	过剩空气系数	α	–	燃料不可能在化学平衡的空气量（理论空气量）下完全燃烧，总是要在有一定过剩空气量的条件下才能完全燃烧。而且由于管式炉实际运行中大多在负压下操作，总是存在一定漏风，因此实际进入炉子的空气量总是比理论空气量多，所用实际空气量与理论空气量之比叫做过剩空气系数。
用途	乙烯裂解炉用于加工裂解气，有双辐射室炉、单辐射室炉及毫秒炉。乙烯裂解炉是乙烯生产装置的核心设备，主要作用是把天然气、炼厂气、原油及石脑油等各类原材料加工成裂解气，并提供给其它乙烯装置，最终加工成乙烯、丙烯及各种副产品。乙烯裂解炉的生产能力及技术的高低，直接决定了整套乙烯装置的生产规模、产量和产品品质，因此乙烯裂解炉在乙烯生产装置乃至整套石油化工生产中都起到龙头作用。			
操作	正常停炉操作 （1）接到停炉命令后，应做好停炉的准备工作，准备好必要的工具。 （2）降温降量。根据停工过程的降温降量要求，逐步停掉油火、瓦斯火；对油气混烧的燃烧器，先停油火，并及时给汽吹扫油枪和燃料油软管，待燃料油软管与油枪中的燃料油吹净后，再熄灭瓦斯火。降温过程要缓慢，降温速度一般控制在 50℃ /h 左右，要保证火嘴燃烧正常，炉出口分支及炉膛温度分布均匀。 （3）炉温降到 300℃左右时，打开烟道挡板和快开风门，改为自然通风，停掉预热器和风机。 （4）相关岗位停用过热蒸汽后，应将过热蒸汽放空。 （5）加热炉进料泵停车前，炉子熄火。为了便于炉管扫线和退油，全部熄火后，及时停掉各火嘴吹扫蒸汽，进行闷炉操作，关闭烟道挡板和自然通风门，避免炉膛温度下降速度过快。			

续表

设备名称	乙烯裂解炉
操作	（6）炉管不烧焦时，则停止燃料油循环，联系相关单位进行燃料油扫线。 （7）扫线结束后，炉膛温度降至 150℃以下时。可全开烟道挡板和自然通风门，使炉膛通风冷却。 （8）根据需要适时对燃料气、燃料油系统进行蒸汽吹扫。注意加热炉全部熄火后严禁将燃料气吹入炉膛。 （9）炉内爆炸气体检测。停止向炉内吹汽，联系化验对炉内做爆炸气体分析，如不合格再继续吹汽，直至爆炸气分析合格为止。 （10）拆下油枪和瓦斯枪，清扫、除垢妥善保管，以备开工时安装使用。扫线、蒸罐、加盲板完毕后，炉内爆炸气分析合格，加热炉及附属系统的停工过程结束。 加热炉的开工操作 加热炉及其附属系统所有检修项目结束，炉内检修杂物清理干净，脚手架拆除，封闭人孔，加热炉就进入了开工过程。炉子开工在整个装置开工过程中占据重要的地位，它制约着整个装置的开工进度，从加热炉第一个火嘴点燃就标志着生产装置又一个新周期的开始，因此加热炉的开工操作历来都被人们所重视。 而点好、用好燃烧器是炉子开工和运转中最为重要的环节，燃烧状态直接关系着炉子操作的安全和炉子热效率的高低，炉子的日常管理实际上主要就是指对燃烧的管理。 点火前的准备工作 （1）检查燃烧器尤其是喷枪的安装位置（高度、角度），保证正确无误。 （2）检查所有烟、风道挡板的开、关和开启方向，保证与设计相符。 （3）先用空气或蒸汽将炉管和燃烧器管系清扫干净。 （4）对新建或修理过炉衬的旧炉子需先进行烘炉作业。 （5）烘炉过程中，要严格按照加热炉烘炉曲线进行，严禁升降温速度过快。 加热炉的正常操作 1. 检查内容 （1）介质总出口温度、介质炉出口温差、炉膛温度、炉膛温差、过热蒸汽温度、炉膛负压、燃料压力、蒸汽压力、各路流量等参数是否控制在工艺指标范围内或满足生产的要求。 （2）辐射室过剩空气系数是否符合要求。 （3）紧盯仪表，发现有不正常的波动或异常现象应引起高度警惕，必要时应采取相应措施进行处理。 （4）检查各燃烧器的燃烧状况，火焰形状、颜色是否符合要求，火焰是否扑炉管、打火墙。 （5）检查引风机、鼓风机、预热器等运行是否正常。 （6）检查炉管是否有弯曲、蜕皮、鼓包、发红、发暗等现象，注意检查回弯头堵头、各道焊缝、出入口阀、法兰、热偶管。 2. 确保最佳的氧含量 燃料在燃烧室燃烧时，燃料完全燃烧所需的空气量叫理论空气量。为使燃烧完全和火焰稳定，燃烧过程中实际空气量应大于理论空气量。实际空气量与理论空气量的比值称过剩空气系数。 对于燃料气燃烧室，氧含量为 2%~4%（即过剩空气系数约为 1.1~1.22）；对于重油燃烧室，氧含量为 3%~5%（即过剩空气系数约为 1.16~1.29）。如果氧含量太高，就会相应加热多余的空气而使能耗增加；反之，氧含量太低，则燃烧不完全，而且火焰不稳定，出现长焰。

续表

设备名称	乙烯裂解炉
操作	3. 加热炉压力和抽力的调节 （1）注视烟道气压力表指针的变化，调节挡板，使炉膛内的压力不高于大气压。否则，烟道气由耐火砖间隙或衬里间隙向外泄漏，以致损坏炉壁。 （2）注视烟道气压力表，炉膛负压值一般为 -20~-40Pa，勿使抽力（或炉膛负压值）过大，否则抽风量增大，氧含量增加，从而导致炉膛温度降低、烟气量增大、烟囱热损失加大和炉热效率及处理能力降低。 （3）采用离线仪器分析烟气，调节挡板以确保最佳的过剩空气系数。 4. 加热炉燃烧器火焰的调节 （1）火焰状态的调整。对于油燃烧器可由雾化蒸汽、一次空气及二次空气量进行调整；对于气燃烧器可由一次空气量及二次空气量进行调整，以使其燃烧完全，火焰稳定。油燃烧器空气量不足时，火焰长而呈暗红色，炉膛发暗；反之，如果一次空气量过大，则火焰短而发白，略带紫色，前端冒火星，炉膛完全透明，而且还会产生微弱的爆炸声甚至将火焰熄火；空气量适中，则火焰呈淡橙色，炉膛比较透明；烟气呈浅灰色，如果空气充分，雾化蒸气适当时，如仍出现长焰且烟多，或经常熄火，则属于燃烧器火嘴设计缺陷问题。气燃烧器空气量不足时，火焰长而呈暗橙色，炉膛发暗并冒黑烟。随空气量的增大，火焰变短，前瑞发蓝，炉膛透明，烟气颜色变浅。由于燃烧气较空气轻，浮力的作用使之在炉膛内上升。可采用烟囱档板调节通过烟囱的流量，即如果开启挡板，炉内压力下降，空气自然吹入炉内，使过剩空气系数增大，燃料消耗增加，热效率下降；反之，如关闭挡板，炉内压力增大，可导致火焰从炉缝隙、看火孔等处喷出。为维护炉内正常压力，保证安全生产和提高热效率，适当地调节烟囱档板的开启程度也是十分必要的。 （2）竭力避免火焰扑向耐火砖或衬里炉壁及舔管。调节炉温时，尽量将火焰调短为宜，否则，火焰扑向炉壁，将会缩短耐火砖或村里的使用寿命。火焰舔管，则出现局部过热现象，不仅会加速结焦，而且还严重损坏炉管外表面，除非迫不得已需要加热炉超负荷运行。 （3）在燃烧器的外围不得出现燃烧（或称后燃）。加热炉在实际负荷超过设计能力情况下，有时会出现此现象。如果在此工况下继续维持操作，同样会损伤耐火砖、衬里、炉管及燃烧器。 5 加热炉温度的调节 （1）用温度指示仪或记录仪经常检查炉膛温度。操作时，切勿使炉膛温度超过规定温度的上限，否则将导致耐火砖或村里的熔融、炉管及吊架氧化程度的加剧，从而使金属强度随温度上升而下降，增加维修费用。 （2）必须用测温仪作不定期检查，避免炉管局部过热而发生结焦现象。局部过热不仅使燃气分解、炉管结焦、导热系数降低，同时增大加热炉的压力降，严重时加热炉必须紧急熄火；炉管过热、结焦还会使管内流速降低，从而使处理量大大低于设计生产能力。
维护保养	1. 火焰调节 （1）以多火嘴、短火焰、齐火苗原则； （2）通过气门、风门、负压配合调节。 2. 回火 （1）增大炉膛负压； （2）避免瓦斯带液； （3）充分吹扫炉膛。

续表

<table>
<tr><th>设备名称</th><th colspan="3">乙烯裂解炉</th></tr>
<tr><td>维护保养</td><td colspan="3">3. 脱火
（1）降低瓦斯压力；
（2）改进燃烧器结构，增加稳焰罩。
4. 冒黑烟
（1）增加供风；
（2）避免瓦斯带液；
（3）烧油时雾化蒸汽量不足，调节。
注意：
（1）严禁设备运行超温超压，定期对烟、风道挡板调节测试。
（2）控制加热炉的经济运行指标，保持合适的过剩空气系数、负压、热效率、漏风量、外壁温度等。
（3）注意炉管温度，长时间超温炉管容易发生弯曲变形。
（4）注意炉管的弹簧吊架，确保能正常使用，在受较大的应力时能够以位移的形式减少对炉管的伤害。
（5）注意火嘴的燃烧，减少火嘴燃烧不好，火苗直接扑到炉管的情况。</td></tr>
<tr><td rowspan="11">故障排除</td><td>故障现象</td><td>故障原因</td><td>处理方法</td></tr>
<tr><td rowspan="7">炉管损伤、泄漏</td><td>传热恶化，表面温度过高，造成局部过热</td><td>调整炉火，保持各点温度均匀，防止火焰直接舔炉管</td></tr>
<tr><td>火焰长期舔炉管</td><td>保持一定的注水（汽）量和炉管内介质的流速，防止炉管结焦。在紧急停炉等非正常操作时，吹扫尽炉管内的物料，防止炉管结焦</td></tr>
<tr><td>管内结焦</td><td>控制好吹灰频率，防止对流结灰、烟气偏流造成腐蚀</td></tr>
<tr><td>管内介质的冲刷腐蚀以及管内、外腐蚀等</td><td>选择合适的炉管材质，减少腐蚀的影响</td></tr>
<tr><td>因仪表失灵等造成偏流、干烧</td><td>定期对加热炉的运行状况和炉管情况进行检测</td></tr>
<tr><td>炉管使用周期长、原料劣质化，造成炉管强度下降</td><td>烧穿呈小孔时，进行降温停炉</td></tr>
<tr><td>炉管选材不当、焊接质量不合格等</td><td>严重烧穿时，进行紧急停炉</td></tr>
<tr><td rowspan="2">炉墙内衬脱落</td><td>耐火砖挂钉腐蚀脱落</td><td>脱落面积小，不影响生产时，可加强监控继续运行加热炉，并有计划停炉检修</td></tr>
<tr><td>衬里进水，烘炉升温过快，炉墙龟裂脱落</td><td>脱落面积大，对安全生产造成威胁时，应进行紧急停炉</td></tr>
<tr><td colspan="3">其它：参见“管式加热炉故障现象与处理”</td></tr>
</table>

导热油锅炉

<table>
<tr><th>设备名称</th><th colspan="3">导热油锅炉</th></tr>
<tr><td rowspan="7">结构</td><td colspan="3">
导热油锅炉结构图
燃料由料斗输入炉排，燃料再炉排上进行焚烧，焚烧后的热烟气次序流经炉膛、凝渣管制、过热器、省煤器和空气预热器后，再通过除尘设备，除去其间的飞灰 ，后由引风机送往烟囱排向大气。</td></tr>
<tr><td>工业鼓风机</td><td>引风机</td><td>上煤机</td></tr>
<tr><td></td><td></td><td></td></tr>
<tr><td>鼓风机</td><td>炉排减速机</td><td>水膜除尘器</td></tr>
<tr><td></td><td></td><td></td></tr>
<tr><td>刮板式出渣机</td><td>看火门及拉灰杆</td><td>布袋除尘器</td></tr>
<tr><td></td><td></td><td></td></tr>
<tr><td>原理</td><td colspan="3">以原煤、生物质为能源，通过炉管将煤炭、生物质燃烧产生的热能，以有机热载体（导热油）作为传热介质，通过高温油泵将导热油在系统中进行强制性循环，使其被周而复始地加热，从而达到满足热用户（用热设备或用热循环）连续获得所需热能的目的；并可满足生产流程中设定的工艺温度以及高精度控温的要求。</td></tr>
</table>

续表

<table>
<tr><th>设备名称</th><th colspan="4">导热油锅炉</th></tr>
<tr><td rowspan="4">性能参数</td><td>性能参数</td><td>符号</td><td>单位</td><td>定义</td></tr>
<tr><td>额定热功率</td><td>Q</td><td>kW</td><td>有机热载体锅炉设计的热功率。</td></tr>
<tr><td>工作压力</td><td>p</td><td>MPa</td><td>有机热载体锅炉允许的使用压力。</td></tr>
<tr><td>最高工作温度</td><td>n</td><td>℃</td><td>介质允许最高使用温度。</td></tr>
<tr><td>用途</td><td colspan="4">将燃煤燃烧产生的热能以导热油为载体输送到生产车间用热设备。</td></tr>
<tr><td>操作</td><td colspan="4">1. 将煤闸板提到最高位置，在炉排前部铺 20~30mm 厚的煤，煤上铺木柴、旧绵纱等引火物，在炉排中后部铺较薄炉渣，防止冷空气大量进入。
2. 点燃引火物，缓慢转动炉排，将火送到距离煤闸板 1~1.5m 后停止炉排转动。
3. 当前拱温度逐渐升高到能点燃新煤时，调整煤层闸板，保持煤层厚度为 70~100mm，缓慢转动炉排，并调节引风机，使炉膛负压接近零，以加快燃烧。
4. 当燃烧的煤随炉排转动至第二、三、四各个风门时，适当打开该处风门，使燃烧继续。
5. 当底火铺满炉排后，适当加厚煤层，相应加大风量，维持炉膛负压 2~3mmH$_2$O。
6. 燃烧调整：链条炉排的燃烧调整主要是调整煤层厚度、炉排速度和鼓风机、引风机。
7. 煤层厚度：煤层厚度适当时，在煤闸板前 200mm 处开始着火，距离出渣机前 400mm 处燃尽，对粘结性强的烟煤应稍薄些，粘结性弱的烟煤稍厚些。
8. 炉排速度：正常的炉排速度，应保持整个炉排面上有 2/3 火床。当供热量增加时，炉排速度适当加快，可使火床延长；供热量减少时，炉排速度适当减慢，使火床缩短。
9. 通风量：正常运行时，炉排下各风室开度，应根据燃烧情况及时调整，燃用挥发份高的煤，鼓风量应集中在中间偏前处。燃用挥发份低的煤，风量要从前向后逐渐加大。减弱燃烧时，可关小送风机出口风门；强化燃烧时，则要增加送风量。鼓、引风机供风量应互相匹配，以维持炉膛前部负压 2~3mmH$_2$O。
10. 煤层厚度、炉排速度、送风量三者的调整互相关联，必须密切配合，才能保持燃烧正常。</td></tr>
<tr><td>维护保养</td><td colspan="4">1. 严格执行润滑管理制度。
2. 定期清洁设备及附属管线的卫生，确保无油污、灰尘。
3. 定时检查风压、炉膛负压、炉排、轴承温度等情况，发现问题应及时处理。
4. 定期检查风机叶轮。
5. 定期检查泵各部螺栓是否松动。</td></tr>
<tr><td rowspan="2">注意事项</td><td>项目 / 内容 / 步骤</td><td>方法</td><td>要领</td><td>判据</td></tr>
<tr><td>注油</td><td>接通电源，启动注油泵，向膨胀槽注油，直到低液位不报警，关闭注油泵，启动循环油泵</td><td>掌握各阀门的正确操作方法，及时补充膨胀槽导热油，经常开启管道放空阀门排出空气</td><td>待预算的导热油量全部进入系统后，膨胀槽低液位不报警，储油槽内液位显示为少量油液</td></tr>
</table>

续表

设备名称	导热油锅炉			
注意事项	项目 内容 步骤	方法	要领	判据
	冷油循环	循环油泵不断运转，初步排出系统内空气时间为 6~8h 时，清除过滤器内杂物 2~3 次	检查压差波动情况，经常开启系统放空阀门。检查过滤器有无阻塞。出现循环油泵吸空时，可停运 2~3min 然后再启动	压差波动转向平稳。放空阀排出的油液中无气体。系统无漏点和阻塞现象
	点火	用不带铁钉等金属的木柴，均匀铺在炉排上引燃，并控制燃料量	循环油泵保持不吸空，温升控制在 10℃ /h 且不超过 50℃	从观火门观察开始正常燃烧。
	上煤	用手工向炉内均匀铺撒干煤。逐步过渡用煤斗饲煤	煤质粒度 <40mm，但 <6mm 粉煤不超过 50%，含水控制在 8%~10%，上煤不得使用自动控制	从观火门观察开始正常燃烧。
	烘炉	按升温曲线要求进行，油温控制在 100 ℃ 以下，运转 72h 左右（或根据实际情况规定运行时间）	炉膛的烘干情况 注视压差波动情况和循环泵不吸空 逐步排除油液中的气和汽	炉墙保温层含水量 <7% 压差由波动转向平稳排气明显减少
	煮油脱水	按升温曲线要求进行。油温控制在 125~150℃连续运转 48h（或根据实际情况确定运行时间）	检查系统泄漏点和阻塞现象，以及热膨胀情况。油中水分在此间汽化，重点去除油中水分和低挥发成分	压差波动由剧烈转向平稳，经过重新紧固的法兰密封面已不产生泄漏，各部机械运转正常（热油循环泵吸空时可停运 0.5~1min）

锅炉烟气分离返料器

设备名称	锅炉烟气分离返料器

结构

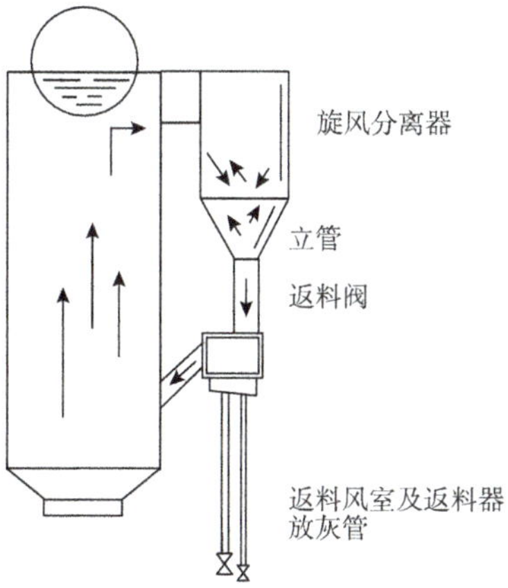

主要包括旋风分离器、立管和返料阀三部分。其作用是将烟气携带的大量物料分离下来，并返回炉膛内形成循环床燃烧。分离器返料系统是循环流化床锅炉非常重要的系统，它直接影响锅炉燃烧、传热和运行稳定。

烟气返料器返料阀正面图	分离器管道

原理

回料系统由两个主要部分组成，分离器与返料器。回料系统的工作流程是烟气从炉膛出来后切向进入旋风分离器中分离，符合分离器设计颗粒度的颗粒从桶壁面向下流动，其余颗粒则随烟气从桶中心位置向上往尾部烟道流动；物料在连接分离器与返料器的立管中堆积，其堆积高度与锅炉压力动态平衡有关；返料装置中设计成与炉膛流化床工作原理一样的小流化床，但下部风室被分成两个部分即流化风室与返料风室，然后在高压风机保证其流态化流动与克服炉膛入口高差下稳定返料。

性能参数

性能参数	符号	单位	定义
返料量	Q	m^3/h	根据负荷的大小确定。
物料浓度	Q	m^3/h	根据煤质的变化确定。
返料率	Y	%	根据返料器分离筒的体积确定。
返料流速	U	m/s	根据煤质的变化和风量的大小确定。

续表

<table>
<tr><th>设备名称</th><th colspan="3">锅炉烟气分离返料器</th></tr>
<tr><td>用途</td><td colspan="3">分离烟气中的可燃物物体</td></tr>
<tr><td>操作</td><td colspan="3">1. 开机前检查设备各仪表、阀门、放灰系统、返料风系统等处于备用状态。
2. 开启返料风机、开启返料风门、控制返料风压。
3. 根据负荷的大小调整返料浓度、返料流速，严密控制返料风压，达到物料循环正常。</td></tr>
<tr><td>维护保养</td><td colspan="3">1. 返料风室定期放灰。
2. 定期检查返料风机。
3. 定时检查返料风系统。
4. 定期检查分离器壁温。</td></tr>
<tr><td rowspan="9">故障排除</td><td>故障现象</td><td>故障原因</td><td>处理方法</td></tr>
<tr><td rowspan="4">物料循环不正常</td><td>返料风压过低</td><td>加大开启返料风</td></tr>
<tr><td>物料循环密度大</td><td>放掉一部分循环灰</td></tr>
<tr><td>物料密度偏小</td><td>调整一次风量</td></tr>
<tr><td>返料温度超温</td><td>降低物料循环，加大返料风量</td></tr>
<tr><td rowspan="2">分离器返料阀门堵灰</td><td>返料风压静止或过高</td><td>加大一次风量，放循环灰</td></tr>
<tr><td>返料器超温</td><td>降低负荷</td></tr>
<tr><td rowspan="2">返料阀出现结焦现象</td><td>返料器风帽堵塞</td><td>压火打开人孔门清理</td></tr>
<tr><td>循环物料少</td><td>降低负荷，加大返料风量</td></tr>
</table>

板式塔

<table>
<tr><th>设备名称</th><th>板式塔</th></tr>
<tr><td>结构</td><td>
板式塔实物图、结构示意图

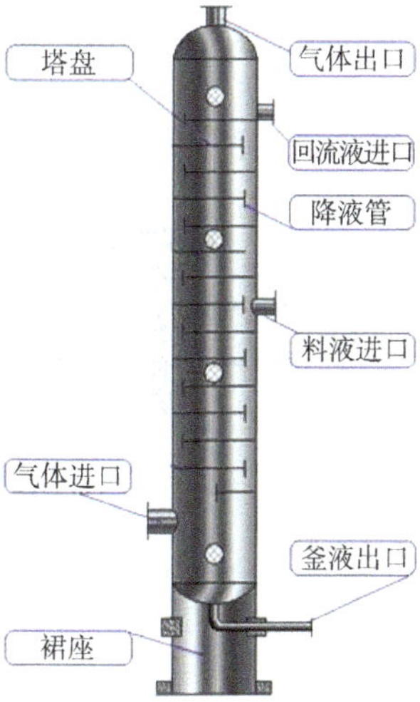

板式塔通常由塔体与裙座组成，塔体由筒体、封头、人孔、接管、塔盘及内件、除沫装置、保温圈、吊柱、扶梯、平台等组成。

板式塔是一类用于气液或液液系统的分级接触传质设备，由圆筒形塔体和按一定间距水平装置在塔内的若干塔板组成。塔板：又称塔盘，是板式塔中气液两相接触传质的部位，决定塔的操作性能，通常主要由以下三部分组成：①气体通道；②溢流堰；③降液管。

板式塔的主要内件为塔盘，塔盘通常分为泡罩塔盘、浮阀塔盘、筛板塔盘、舌形塔盘等几种。

泡罩塔盘图

泡罩塔盘的结构主要由泡罩、升气管、溢流堰、降液管及塔板等部分组成，泡罩塔的气液接触元件是泡罩，有圆形与条形两种，应用最广泛的圆形泡罩。圆形泡罩的直径有80mm、100mm、150mm 三种。

浮阀塔盘图
</td></tr>
</table>

续表

<table>
<tr><th>设备名称</th><th>板式塔</th></tr>
<tr><td>结构</td><td>
浮阀塔板的结构特点是在塔板上开有若干个阀孔，每个阀孔装有一个可上下浮动的阀片，阀片本身连有几个阀腿，插入阀孔后将阀腿底脚拨转 90°，以限制阀片升起的最大高度，并防止阀片被气体吹走。阀片周边冲出几个略向下弯的定距片，当气速很低时，由于定距片的作用，阀片与塔板呈点接触而坐落在阀孔上，在一定程度上可防止阀片与板面的黏结。浮阀的类型很多，国内常用的 F 型、ADV 型、V–4 型及 T 型等 。

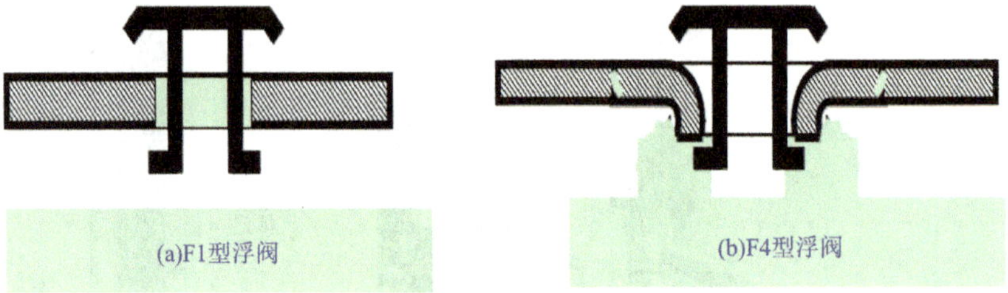

(a)F1型浮阀　(b)F4型浮阀

F 型浮阀

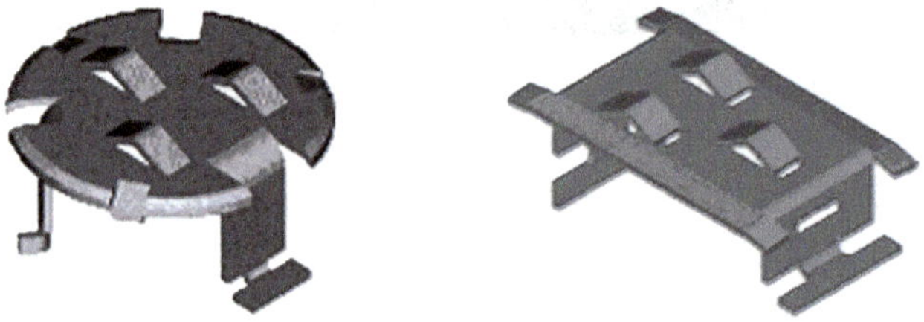

(a)圆盘型　(b)矩形(条型)

ADV 型高效浮阀

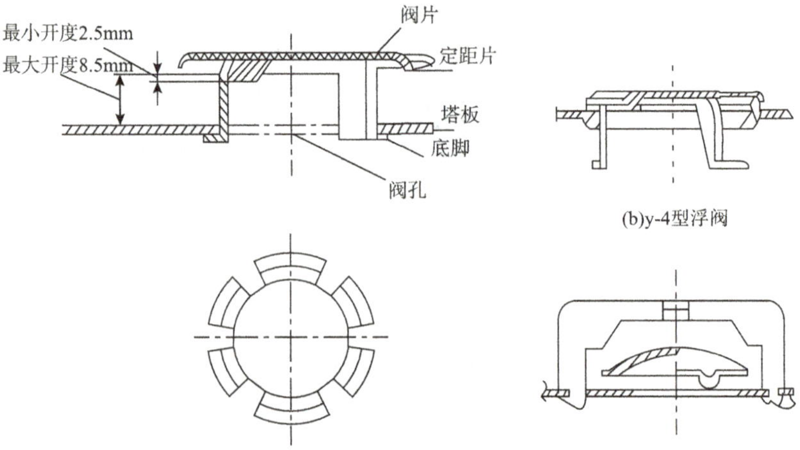

(b)y-4型浮阀

(a)P1型浮阀　(c)T型浮阀

F 型浮阀分轻阀和重阀，轻阀：25g，厚 1.5mm ；重阀：32g，厚 2mm。

筛板塔盘是一种直接在板面上开通流孔的结构形式。
</td></tr>
</table>

续表

设备名称	板式塔
结构	 筛板塔盘 舌形塔盘式一种在塔盘上冲压出固定形状斜形开孔或者开孔中安装有斜形浮阀件的塔盘。 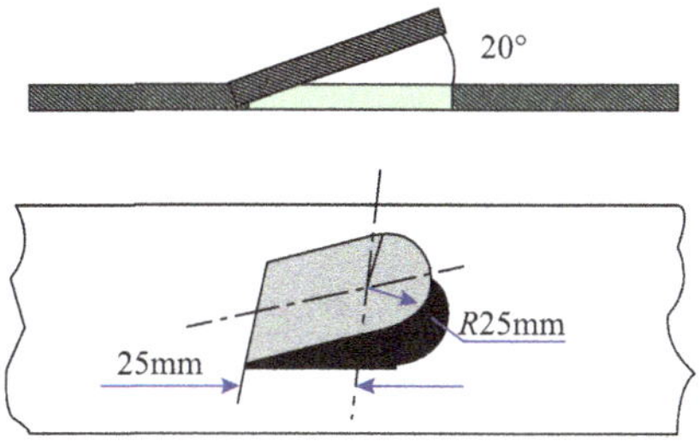 标准固舌结构 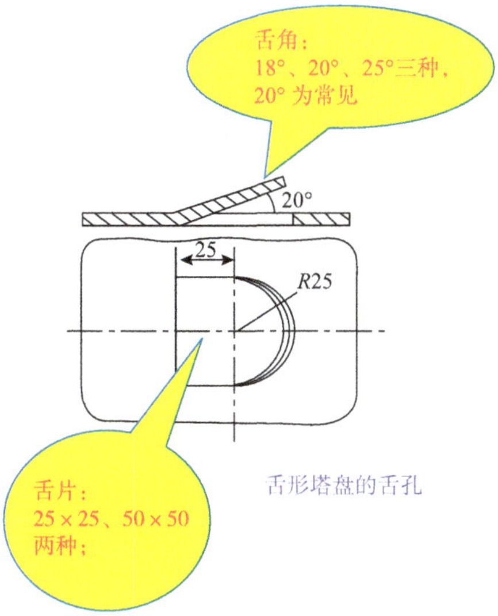 舌形塔盘的舌孔 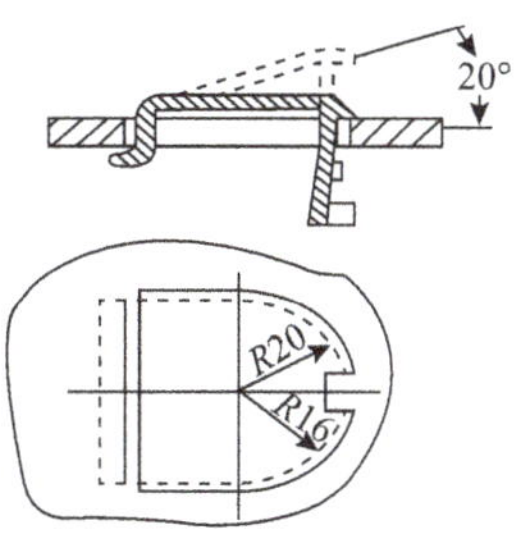 浮舌形塔盘的舌片 塔盘通常有整体式和分块式。整体式一般用于塔径较小的场合，分块式塔盘用于塔径较大的塔设备，分块式塔盘上设置有可以拆卸的版块，用于检维修时人员上下通行。

续表

<table>
<tr><th>设备名称</th><th colspan="4">板式塔</th></tr>
<tr><td>结构</td><td colspan="4">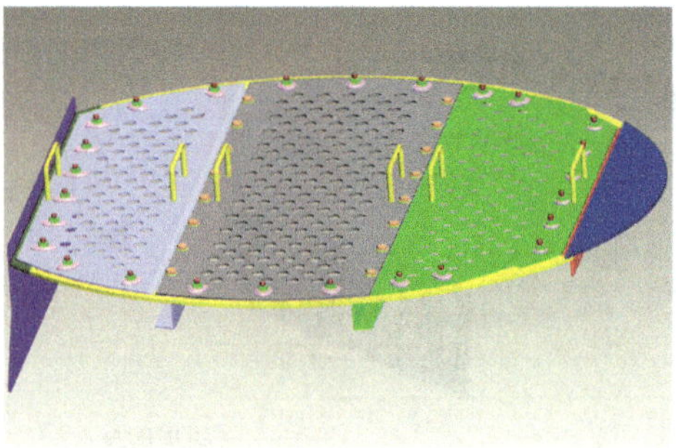
分块式塔盘</td></tr>
<tr><td>原理</td><td colspan="4">板式塔是一类用于气液或液液系统的分级接触传质设备，由圆筒形塔体和按一定间距水平装置在塔内的若干塔板组成。塔内设有一层层相隔一定距离的塔盘，液体在重力作用下，自上而下依次流过各层塔盘，至塔底排出；气体在压力差推动下，自下而上依次穿过各层塔板，至塔顶排出。</td></tr>
<tr><td rowspan="4">性能参数</td><td>性能参数</td><td>符号</td><td>单位</td><td>定义</td></tr>
<tr><td>温度</td><td>T</td><td>℃</td><td>分设计温度与工作温度，设计温度 $T_{设}$：板式塔在正常情况下，设定的金属温度；工作温度 $T_{工作}$：正常工作情况下板式塔可能达到的最高温度；$T_{设} \geq T_{工作}$，板式塔严禁超 $T_{设}$运行。</td></tr>
<tr><td>压力</td><td>p</td><td>MPa</td><td>分设计压力与工作压力，设计压力 $p_{设}$：设定板式塔的最高压力；工作压力 $p_{工作}$：正常工作情况下板式塔可能达到的最高压力；$p_{设} \geq p_{工作}$，板式塔严禁超 $p_{设}$运行。</td></tr>
<tr><td>容积</td><td>V</td><td>m^3</td><td>与塔径和塔高有关，计算得出塔的容积。</td></tr>
<tr><td>用途</td><td colspan="4">广泛应用于精馏和吸收，有些类型也用于萃取，还可作为反应器用于气液相反应过程。为气液两相提供充分的接触面积，使两相间的传热和传质过程能充分有效的进行。</td></tr>
<tr><td>操作</td><td colspan="4">1. 投运引冷油
（1）注意流程需贯通，引油过程需缓慢，待塔底累积一定液位后，塔底介质需抽出。
（2）冷油提温：缓慢投用加温介质，冷油温度逐渐上升，待回流罐建立一定液位后，建立回流，塔盘气液相进行传质传热。
（3）检查：密切关注压力温度变化，检查有无泄漏，如有异常需及时处理。
2. 停运停热源
（1）缓慢停用热源，塔内介质自然降温，直至塔盘不再进行传质传热。
（2）停冷油。
（3）降低塔底液位至理想液位，切断冷油进油流程。
3. 吹扫
塔吹扫流程通后方能吹扫，防止超压损坏设备。
注意：
（1）物料的切出、切入时要确认流程，速度要缓慢，防止人孔和接管法兰出现泄漏。
（2）蒸汽吹扫时需注意蒸汽用量，防止塔盘因超负荷出现变形和吹翻。</td></tr>
</table>

续表

<table>
<tr><th>设备名称</th><th colspan="3">板式塔</th></tr>
<tr><td>维护保养</td><td colspan="3">1. 泄漏
各接管法兰有无泄漏。
2. 参数
（1）检查塔的温度及压力（压力降）。
（2）检查各层塔盘灵敏板的温度。
（3）操作过程中流量调节要缓慢不得大起大落。
3. 其它
（1）检查塔的振动情况。
（2）劳动保护平台的完好情况。
（3）设备及接管各保温完好。
（4）有压力表、温度计的安装齐全，指示准确。
4. 交出
（1）易产生硫化亚铁的，按 HSE 要求采取防止硫化亚铁自燃措施。
（2）对奥氏体不锈钢壳体，要防连多硫酸腐蚀，采取碱洗中和或隔离。
注意：
严禁设备运行超温超压，对有升温要求设备严格控制升温速度。</td></tr>
<tr><td rowspan="10">故障排除</td><td>故障现象</td><td>故障原因</td><td>处理方法</td></tr>
<tr><td rowspan="3">各法兰处密封泄漏，振动严重</td><td>螺栓强度不足，松动或腐蚀</td><td>紧固或更换螺栓</td></tr>
<tr><td>法兰密封面有缺陷</td><td>处理缺陷或打卡子注胶</td></tr>
<tr><td>介质超温超压造成憋压</td><td>及时调整运行参数并紧固螺栓</td></tr>
<tr><td rowspan="2">塔体泄漏</td><td>因介质偏离设计操作工况较大</td><td>调整运行参数使之在正常范围内运行</td></tr>
<tr><td>外部管道振动引起的共振</td><td>加固管道，检查弹簧或固定支撑是否完好</td></tr>
<tr><td>塔压力控制不稳</td><td>塔本体接口部位、焊接接头出现砂眼和裂纹等泄漏、损伤情况</td><td>及时汇报装置技术人员，并根据实际泄漏情况进行操作调整</td></tr>
<tr><td rowspan="2">各法兰处密封泄漏</td><td>安全阀故障起跳</td><td>关闭泄漏安全阀前的手阀，注意防止设备超压</td></tr>
<tr><td>压控阀故障</td><td>联系检修压力控制阀</td></tr>
</table>

填料塔

<table>
<tr><th>设备名称</th><th>填料塔</th></tr>
<tr><td>结构</td><td>填料塔实物图、结构示意图
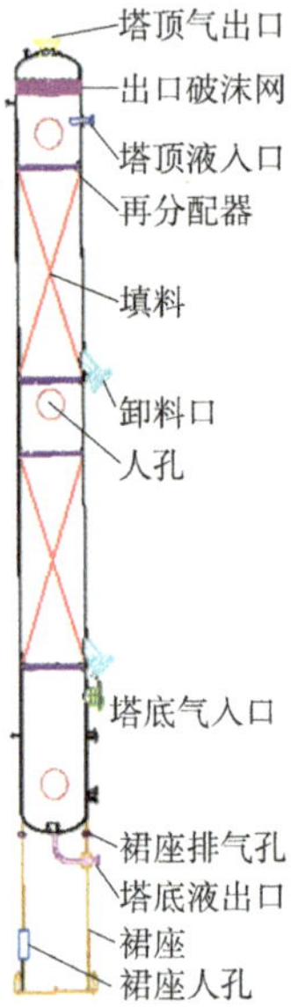

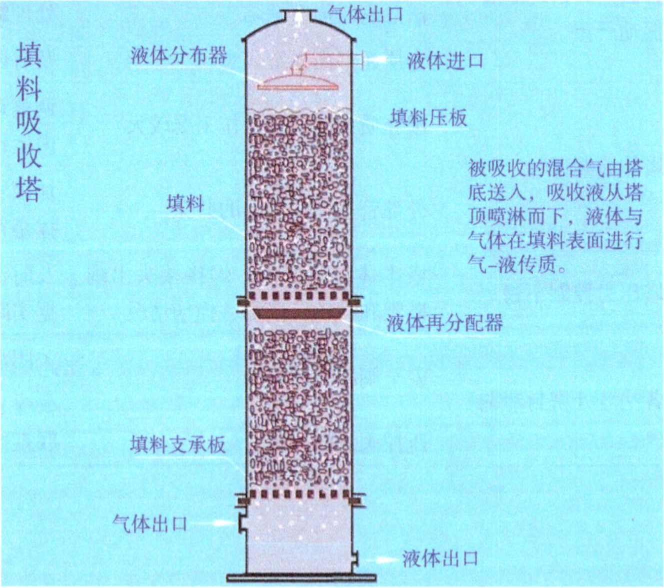

填料塔的塔身是一直立式圆筒，底部装有填料支承板，填料以乱堆或整砌的方式放置在支承板上。填料的上方安装填料压板，以防被上升气流吹动。液体从塔顶经液体分布器喷淋到填料上，并沿填料表面流下。气体从塔底送入，经气体分布装置（小直径塔一般不设气体分布装置）分布后，与液体呈逆流连续通过填料层的空隙，在填料表面上，气液两相密切接触进行传质、传热。填料塔属于连续接触式气液传质设备，两相组成沿塔高连续变化，在正常操作状态下，气相为连续相，液相为分散相。</td></tr>
</table>

续表

<table>
<tr><th>设备名称</th><th>填料塔</th></tr>
<tr><td>结构</td><td>
填料层：提供气液接触的场所。
液体分布器：均匀分布液体，以避免发生沟流现象。
液体再分布器：避免壁流现象发生。
支撑板：支撑填料层，使气体均匀分布。
除沫器：防止塔顶气体出口处夹带液体。

填料支撑板
填料支撑板主要用途是支撑塔内的填料，同时又能保证气液两相顺利通过。若设计不当，填料塔的液泛可能首先在填料支撑装置上发生。对填料支撑装置的要求：
◆对于普通填料，支撑装置的自由截面积应不低于全塔面积的 50%，并且要大于填料层的自由截面积；
◆具有足够的机械强度、刚度；
◆结构要合理，利于气液两相均匀分布，阻力小，便于拆装。
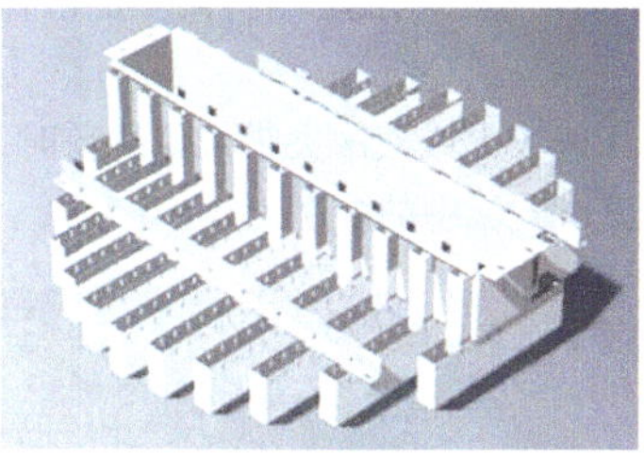
液体分配装置
液体在填料塔内均匀分布，可以增大填料的润湿表面积，以提高分离效率，因此液体的初始分布十分重要。常用的液体分布装置有：莲蓬式、盘式、齿槽式及多孔环管式分布器等。
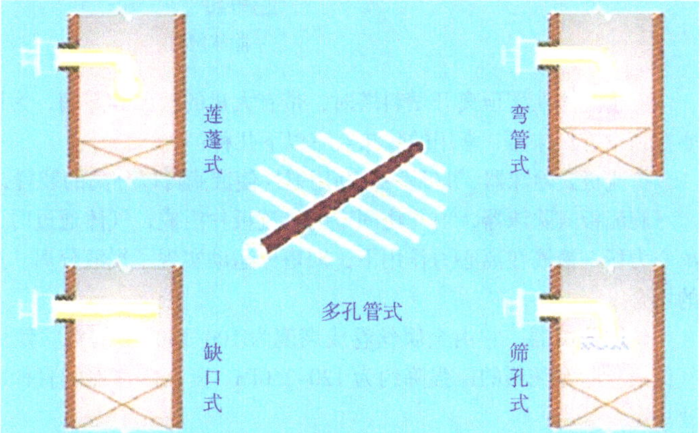

液体分布装置
</td></tr>
</table>

续表

设备名称	填料塔
结构	液体分布器的性能主要由分布器的布液点密度（即单位面积上的布液点数）、各布液点均匀性、各布液点上液相组成的均匀性决定，设计液体分布器主要是决定这些参数的结构尺寸。对液体分布器的选型和设计，一般要求：液体分布要均匀；自由截面率要大；操作弹性大；不易堵塞，不易引起雾沫夹带及起泡等；可用多种材料制作，且操作安装方便，容易调整水平。 由于在乱堆填料层内存在的液体逐渐流向塔壁的现象。在填料层内每隔一定高度设置液体再分布装置。常用的液体再分布装置有：锥体形、槽形、升气管形等。 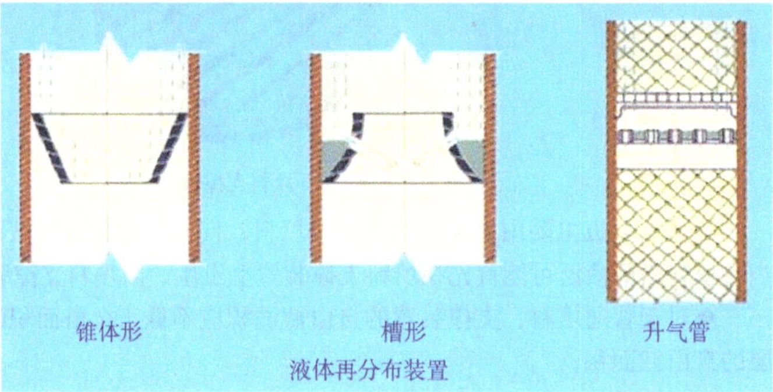 液体再分布装置 在通常情况下，一般将液体收集器与液体分布器同时使用，构成液体收集及再分布装置。液体收集器的作用是将上层填料流下的液体收集，然后送至液体分布器进行液体再分布。 当塔内操作气速较大或液沫夹带现象严重时，可在液体分布器的上方设置除沫装置，主要用途是除去出口气流中的液滴。 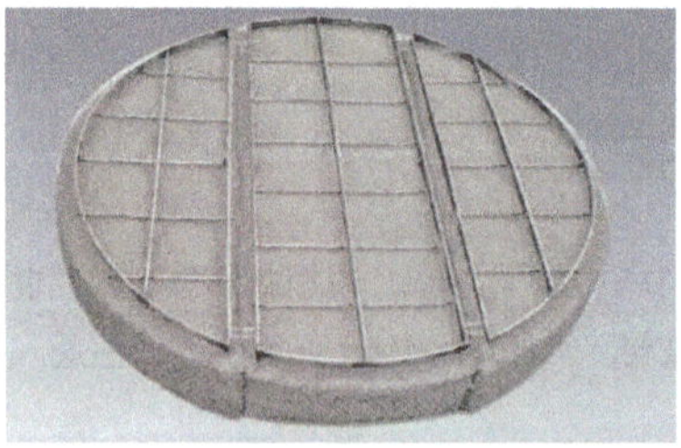 除沫网 由于气体在塔顶离开填料塔时，带有大量的液沫和雾滴，为回收这部分液相，经常需要在顶设置除沫器。常用的除沫器有以下几种： 折流板式除沫器，它是一种利用惯性使液滴得以分离的装置，一般在小塔中使用。 旋流板式除沫器，由几块固定的旋流板片组成，气体通过时产生旋转运动，造成一个离心力场，液滴在离心力作用下，向塔壁运动实现了气液分离。适用于大塔径净化要求高的场合。 丝网除沫器，它由金属丝卷成高度为100~150mm的盘状使用。安装方式多种多样，气体通过除雾沫器的压强降约为120~250Pa，丝网除沫器的直径由气体通过丝网的最大气速决定。

续表

<table>
<tr><th>设备名称</th><th>填料塔</th></tr>
<tr><td>结构</td><td>

填料压紧装置安装在填料层上端。作用是保持填料层为一高度固定的床层，从而保持均匀一致的空隙结构，使操作正常、稳定，防止在高压降、瞬时负荷波动等情况下，填料层发生松动或跳动。分为：

填料压板：自由放置于填料上端，靠自身重量将填料压紧。适用于陶瓷、石墨材质的散装填料。作用是在高气速（高压降）和负荷突然波动时，阻止填料产生相对运动，从而避免填料松动、破损。由于填料易碎，当碎屑淤积在床层填料的空隙间，使填料层的空隙率下降时，填料压板可随填料层一起下落，紧紧压住填料而不会形成填料的松动、降低填料塔的生产能力及分离效率。

床层限制板：固定在填料上端。

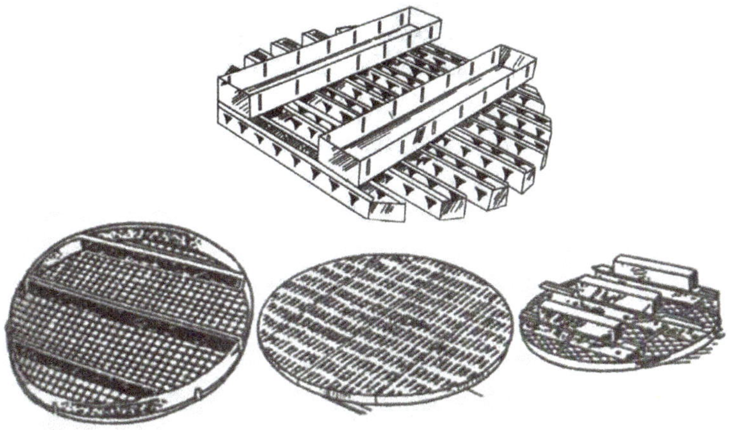

(a)填料压紧栅板　(b)填料压紧网板　(c)905型金属压板

填料压紧装置

一般情况下，填料塔内的填料分为散装填料和规整填料两大类。

- 按装填方式分类
  - 散堆填料
    - 环形
      - 拉西环
      - 鲍尔环
      - 阶梯环
    - 鞍形
      - 弧鞍（贝鞍）
      - 矩鞍（英特洛克斯）
      - 金层环矩鞍
    - 球形
  - 规整填料
    - 波纹型
      - 丝网波纹
      - 孔板波纹
    - 隔栅型
      - 格利希隔栅

散装填料

散装填料安装时以乱堆为主，也可以整砌。具有一定外形结构和颗粒，又称为颗粒填料。乱堆的缺点：填料间易产生架桥，相邻填料外表形成线接触，填料层内形成积液、液体的偏流、沟流、股流，阻力较大，通量较小。一般情况下，散装填料分为环形、鞍形、环鞍形。

</td></tr>
</table>

续表

<table>
<tr><th>设备名称</th><th>填料塔</th></tr>
<tr><td>结构</td><td>1. 环形填料
①拉西环：外形是高度与外径相等的圆柱体。由陶瓷、金属、塑料等制成。大尺寸的拉西环（100mm 以上）一般采用堆砌方式装填，小尺寸的拉西环（75mm 以下）多采用乱堆方式填充。
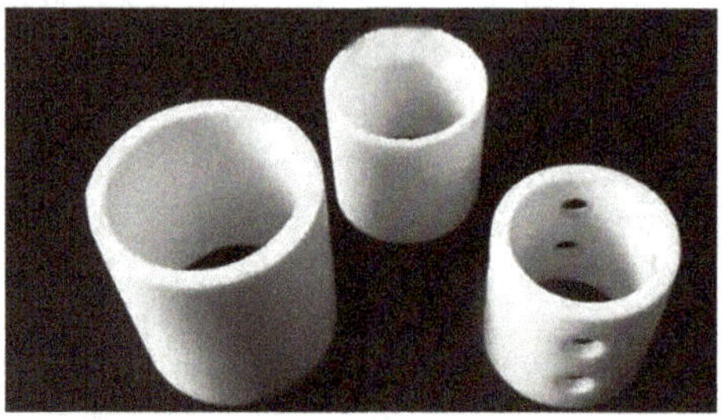
② θ 环、十字环及内螺旋填料
θ 环、十字环填料：在拉西环内分别增加一竖直隔板及十字隔板。其特点是表面积增加、分散效率提高，但是传质效率并没有提高。大尺寸的十字环填料，多采用整砌装填于填料支撑上作为散装乱堆砌填料的过渡支撑。

内螺旋环填料：在拉西环内增加螺旋形隔板。螺旋环填料尺寸较大，一般采用整砌方式装填。
2. 开孔环形填料
在环形填料的环壁上开孔，使断开窗口的孔壁形成具有一定曲率指向环中心的内弯舌片。开孔环形填料既充分利用了环形填料的表面又增加了许多窗孔，大大改善了气液两相物料通过填料层时流动状况，增加了气体通量，减少了气相的阻力，增加了填料层的湿润表面，提高了填料层的传质效率。
①鲍尔环
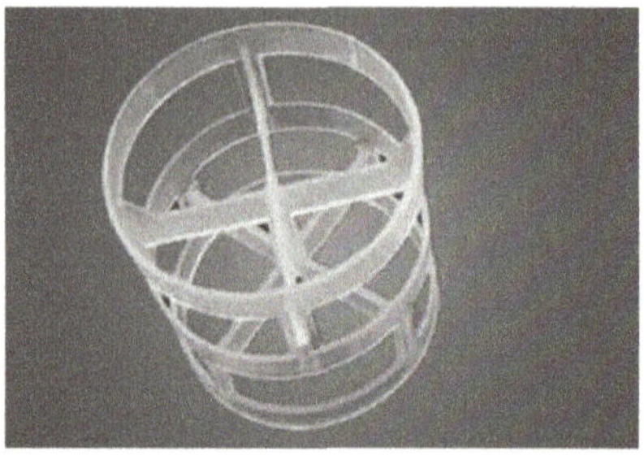</td></tr>
</table>

续表

<table>
<tr><th>设备名称</th><th>填料塔</th></tr>
<tr><td>结构</td><td>在环的侧壁上开一层或两层长方形小孔，小孔的母材并不脱离侧壁而是形成向内弯的叶片。上下两层长方形小孔位置交错。同尺寸的鲍尔环与拉西环虽有相同的比表面积和空隙率，但鲍尔环在其侧壁上的小孔可供气液流通，使环的内壁面得以充分利用。比之拉西环，鲍尔环不仅具有较大的生产能力和较低的压降，且分离效率较高，沟流现象也大大降低。鲍尔环填料的优良性能使它一直为工业所重视，应用十分广泛。可由陶瓷、金属或塑料制成。
②阶梯环填料
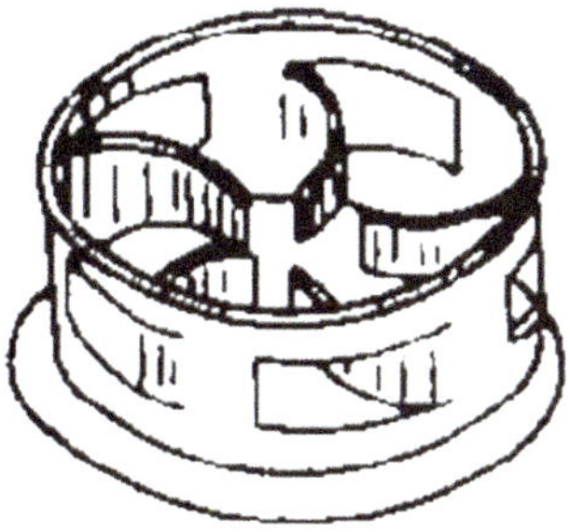
阶梯环填料的结构与鲍尔环填料相似，环壁上开有长方形小孔，环内有两层交错 45° 的十字形叶片，环的高度为直径的一半，环的一端成喇叭口形状的翻边。这样的结构使得阶梯环填料的性能在鲍尔环的基础上又有提高，其生产能力可提高约 10%，压降则可降低 25%，且由于填料间呈多点接触，床层均匀，较好地避免了沟流现象。阶梯环一般由塑料和金属制成，由于其性能优于其它侧壁上开孔的填料，因此获得广泛的应用。
3. 鞍形填料
鞍形填料类似马鞍形。它的特点是：弧形的液体通道，空隙率较环形填料连续，气体向上主要沿弧形通道流动，改善了气 - 液流动状况。
①鞍形填料
一种表面全部展开的具有马鞍形状的瓷质型填料（马鞍填料）。弧鞍填料在塔内呈相互搭接状态，形成弧形气体通道。弧鞍形填料空隙率高，气体阻力小，液体分布性能较好，填料性能优于拉西环。但是，相邻填料易相互套叠，使填料有效表面降低，从而影响传质速率。
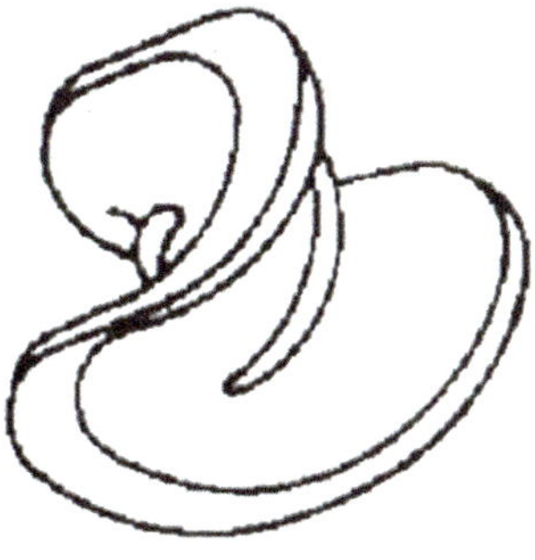
②矩鞍形填料
两端为矩形，且填料两面大小不等。克服了弧鞍填料相互重叠的缺点，填料的均匀性得到改善。液体分布均匀，气液传质速率得到提高。瓷矩鞍填料是目前采用最多的一种瓷质填料。</td></tr>
</table>

续表

设备名称	填料塔
结构	规整填料 规整填料一般由波纹状的金属网丝或多孔板重叠而成。使用时根据填料塔的结构尺寸，叠成圆筒形整块放入塔内或分块拼成圆筒形在塔内砌装。 规整填料空隙大，生产能力大，压降小，流道规则，只要液体初始分布均匀，则在全塔中分布也均匀，因此规整填料几乎无放大效应，通常具有很高的传质效率。但是，造价较高，易堵塞难清洗，因此工业上一般用于较难分离或分离要求很高的情况。  1. 波纹填料 波纹填料是由许多层波纹薄片组成，各片高度相同但长短不等，搭配组合成圆盘状，填料波纹与水平方向成 45° 倾角，相邻两片反向重叠使其波纹互相垂直。圆盘填料块水平放入塔内，相邻两圆盘的波纹薄片方向互成 90° 。 波纹填料因波纹薄片的材料与形状不同分成板波纹填料和网波纹填料。 波纹填料可由陶瓷、塑料、金属、玻璃钢等材料制成。填料的空隙率大，阻力小，流体通量大、效率高，而且制造方便、价格低，正向通用化、大型化方向发展。 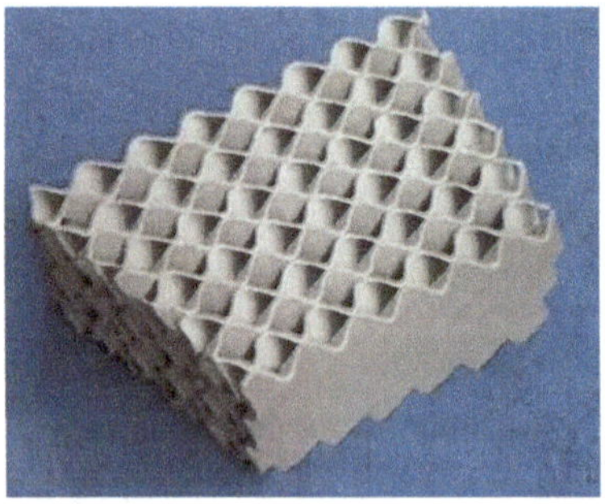 2. 格栅填料 以条状单元体经一定规则组合而成，其结构随条状单元体的形式和组合规则而变，具有多种结构形式。特点是比表面积较低，主要用于低压降、大负荷、防堵的场合。 

续表

<table>
<tr><th>设备名称</th><th colspan="4">填料塔</th></tr>
<tr><td>结构</td><td colspan="4">填料的性能
填料性能的优劣常根据效率、通量及压降三要素衡量。相同条件下，比表面积愈大，气液分布愈均匀，表面的润湿性能愈优良，传质效率愈高；空隙率愈大，则通量愈大，压降也愈低；丝网波纹填料综合性能最好，拉西环最差。</td></tr>
<tr><td>原理</td><td colspan="4">液体经塔顶经分布器淋到填料上，从上向下沿填料表面留下，汽提从塔底送入，自下而上连续流过填料的空隙，在填料层中气、液两相互相接触进行传质，两相组成沿塔高连续变化。</td></tr>
<tr><td rowspan="4">性能参数</td><td>性能参数</td><td>符号</td><td>单位</td><td>定义</td></tr>
<tr><td>温度</td><td>T</td><td>℃</td><td>分设计温度与工作温度，设计温度 $T_{设}$：换热器在正常情况下，设定的金属温度；工作温度 $T_{工作}$：正常工作情况下换热器可能达到的最高温度；$T_{设} \geq T_{工作}$，填料塔严禁超 $T_{设}$运行。</td></tr>
<tr><td>压力</td><td>p</td><td>MPa</td><td>分设计压力与工作压力，设计压力 $p_{设}$：设定换热器的最高压力；工作压力 $p_{工作}$：正常工作情况下换热器可能达到的最高压力；$p_{设} \geq p_{工作}$，填料塔严禁超 $p_{设}$运行。</td></tr>
<tr><td>容积</td><td>V</td><td>m^3</td><td>与塔径和塔高有关，计算得出塔的容积。</td></tr>
<tr><td>用途</td><td colspan="4">使气液或液液两相之间进行紧密接触，达到相际传质或传热的目的，常用于气体的吸收、蒸馏、萃取等操作。</td></tr>
<tr><td>操作</td><td colspan="4">1. 投运
（1）引塔顶液相。
（2）注意流程需贯通，引塔顶液相过程需缓慢，待塔底累积一定液位后，塔底介质需抽出。
（3）引塔底气相或液相。
（4）缓慢引入塔底介质，要注意引入介质时速度要缓慢，注意观察塔内部是否出现传质过程。
2. 检查
密切关注压力温度变化，检查有无泄漏，如有异常需及时处理。
3. 切出
（1）停塔底气相或液相。
（2）缓慢关闭塔体气相或液相入口阀门，直至全关。
（3）停塔顶液相。
（4）缓慢关闭塔顶液相，直至全关。塔釜液位拉至合适液位。
4. 吹扫
塔吹扫流程通后方能吹扫，防止超压损坏设备。
注意：
（1）物料的切出、切入时要确认流程，速度要缓慢，防止人孔和接管法兰出现泄漏。
（2）蒸汽吹扫时需注意蒸汽用量，防止设备超压。</td></tr>
</table>

续表

<table>
<tr><th>设备名称</th><th colspan="3">填料塔</th></tr>
<tr><td>维护保养</td><td colspan="3">1. 泄漏
（1）各接管法兰有无泄漏；
（2）各人孔法兰有无泄漏。
2. 参数
（1）检查塔的温度及压力（压力降）；
（2）操作过程中流量调节要缓慢不得大起大落。
3. 其它
（1）检查塔的振动情况；
（2）劳动保护平台的完好情况；
（3）设备及接管各保温完好；
（4）有压力表、温度计的安装齐全，指示准确。
4. 交出
（1）易产生硫化亚铁的，按 HSE 要求采取防止硫化亚铁自燃措施；
（2）对奥氏体不锈钢壳体，要防连多硫酸腐蚀，采取碱洗中和或隔离。
注意：
严禁设备运行超温超压，对有升温要求设备严格控制升温速度。</td></tr>
<tr><td rowspan="13">故障排除</td><td>故障现象</td><td>故障原因</td><td>处理方法</td></tr>
<tr><td rowspan="3">各法兰处密封泄漏</td><td>螺栓强度不足，松动或腐蚀</td><td>紧固或更换螺栓</td></tr>
<tr><td>法兰密封面有缺陷</td><td>处理缺陷或打卡子注胶</td></tr>
<tr><td>介质超温超压造成憋压</td><td>及时调整运行参数并紧固螺栓</td></tr>
<tr><td rowspan="2">振动严重</td><td>因介质偏离设计操作工况较大</td><td>调整运行参数使之在正常范围内运行</td></tr>
<tr><td>外部管道振动引起的共振</td><td>加固管道，检查弹簧或固定支撑是否完好</td></tr>
<tr><td>塔体泄漏</td><td>塔本体接口部位、焊接接头出现砂眼和裂纹等泄漏、损伤情况</td><td>及时汇报装置技术人员，并根据实际泄漏情况进行操作调整</td></tr>
<tr><td rowspan="2">塔压力控制不稳</td><td>安全阀故障起跳</td><td>关闭泄漏安全阀前的手阀</td></tr>
<tr><td>压控阀故障</td><td>联系检修压力控制阀</td></tr>
<tr><td rowspan="3">塔分类效率下降严重</td><td>进料喷淋堵</td><td>设法疏通喷淋</td></tr>
<tr><td>再分配器分配不匀</td><td>检修使之恢复正常</td></tr>
<tr><td>填料受堵</td><td>检修清洗，或更换</td></tr>
</table>

热壁加氢反应器

<table>
<tr><th>设备名称</th><th>热壁加氢反应器</th></tr>
<tr><td>结构</td><td>
热壁加氢反应器实物图、结构示意图

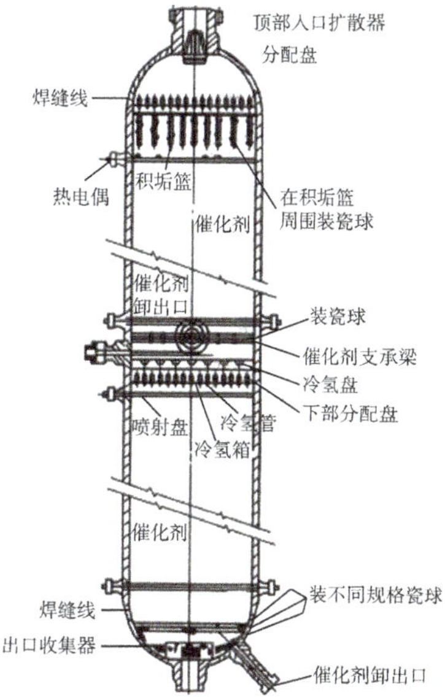

反应器由壳体和内件组成，反应器的内部结构均由以下几部分组成：（1）反应器入口扩散器（或称分散器）；（2）液体分布盘；（3）筒式滤油器（或称过滤篮筐）；（4）催化剂床层支件；（5）急冷箱和再分布板；（6）反应器出口集油器。

反应器内设置有入口扩散器、分配盘、积垢篮、催化剂支承盘、催化剂卸料管、冷氢管、冷氢箱、出口收集器、热电偶等反应器内构件。

入口扩散器：

来自反应器入口的介质首先经过入口扩散器，在上部锥形体整流后，经上下两挡板的两层孔的节流、碰撞后被扩散到整个反应器截面上。其主要作用为：一是将进入的介质扩散到反应器的整个截面上。二是消除气、液介质对顶分配盘的垂直冲击，为分配盘的稳定工作创造条件。三是通过扰动，促使气液两相混合。

分配盘：

</td></tr>
</table>

续表

<table>
<tr><th>设备名称</th><th>热壁加氢反应器</th></tr>
<tr><td>结构</td><td>
顶部分配盘由塔盘板和在该板上均布的分配器组成。顶部分配盘在催化剂床层上面，目的是为了均布反应介质，改善其流动状况，实现与催化剂的良好接触，进而达到径向和轴向的均匀分布。分配器种类比较多，我国自行设计制造的加氢反应器多采用泡帽型分配器。
为了更好的将进入下降管的液体破碎成液滴，并将液体的流动方向由垂直改变为斜向下，造成进一步的扩散，还可在泡帽下面增加破碎器。
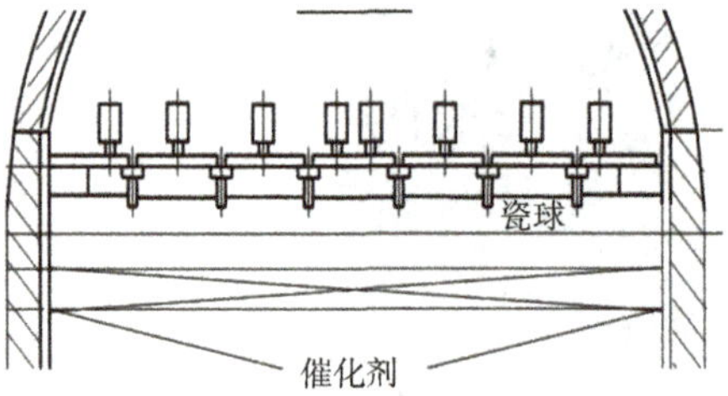

在催化剂床层上面采用分配盘是为了均布反应介质，改善其流动状况，实现与催化剂的良好接触，进而达到径向和轴向的均匀分布。
积垢篮：
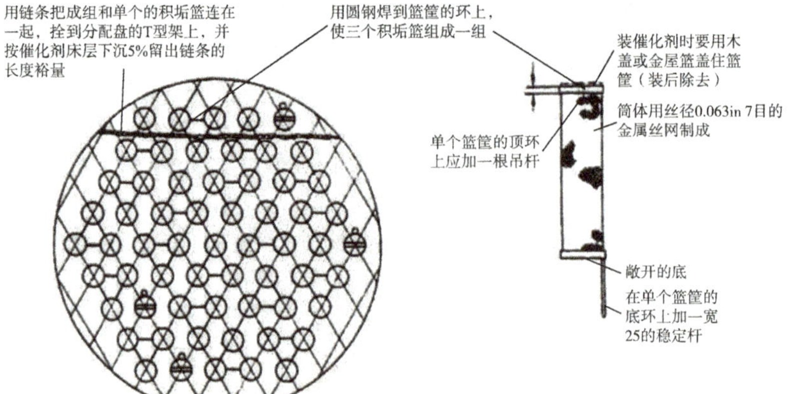

由不同规格的不锈钢金属网和骨架构成的篮框，置于反应器上部催化剂床层的顶部，可为反应物流提供更大的流通面积，在上部催化剂床层的顶部扑集更多的机械杂质的沉积物，而又不致引起反应器压力降过快地增长。积垢篮框在反应器内截面上呈等边三角形均匀排列，其内是空的（不装填催化剂或瓷球），安装好后要须用不锈钢链将其穿连在一起，并牢固地拴在其上部分配盘地支承梁上，不锈钢金属链条要有足够地长度裕量（按床层高度下沉 5% 考虑），以便能适应催化剂床层的下沉。
催化剂支承盘：

</td></tr>
</table>

续表

<table>
<tr><th>设备名称</th><th>热壁加氢反应器</th></tr>
<tr><td>结构</td><td>

催化剂支承盘由T形大梁、格栅和丝网组成。大梁的两边搭在反应器器壁的凸台上，而格栅则放在大梁和凸台上。格栅上平铺一层粗不锈钢丝网，和一层细不锈钢丝网，上面就可以装填磁球和催化剂了。催化剂支撑大梁和格栅要有足够的高温强度和刚度。即在420℃高温下弯曲变形也很小，且具有一定的抗腐蚀性能。因此，大梁、格栅和丝网的材质均为不锈钢。在设计中应考虑催化剂支撑盘上催化剂和磁球的重量、催化剂支承盘本身的重量、床层压力降和操作液重等载荷，经过计算得出支撑大梁和格栅的结构尺寸。

冷氢管：

将冷氢气引入反应器内部并加以散布的管子被称为冷氢管。

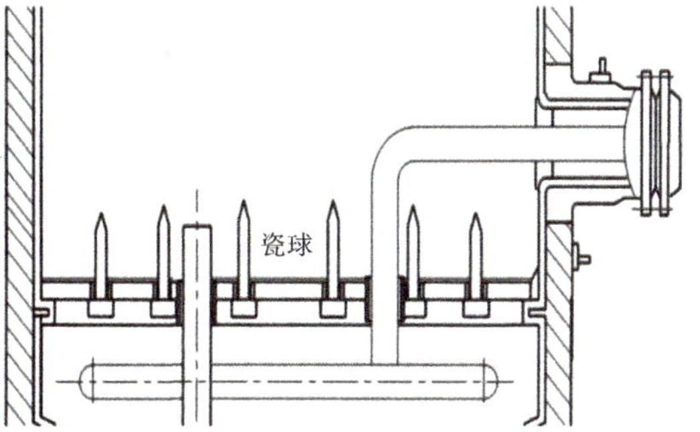

冷氢加入系统的作用和要求是：（1）均匀、稳定地供给足够的冷氢量。（2）必须使冷氢与热反应物充分混合，在进入下一床层时有一均匀的温度和物料分布。（3）冷氢管按形式分直插式、树枝状形式和环形结构。（4）对于直径较小的反应器，采用结构简单便于安装的直插式结构即可。对于直径较大的反应器，直插式冷氢管打入的冷氢与上层反应后的油气混合效果就不好，直接影响了冷氢箱的再混合效果。这时就应采用树枝状或环形结构。

冷氢箱：

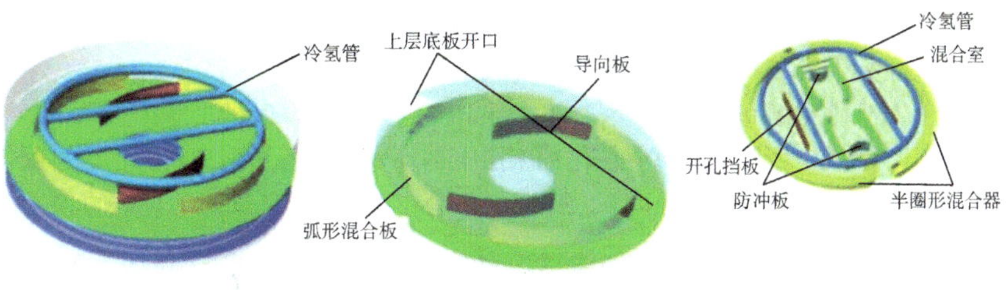

冷氢箱实为混合箱和预分配盘的组合体。它是加氢反应器内的热反应物与冷氢气进行混合及热量交换的场所。其作用是将上层流下来的反应产物与冷氢管注入的冷氢在箱内进行充分混合，以吸收反应热，降低反应物温度，满足下一催化剂床层的反应要求，避免反应器超温。

</td></tr>
</table>

续表

<table>
<tr><th>设备名称</th><th>热壁加氢反应器</th></tr>
<tr><td>结构</td><td>
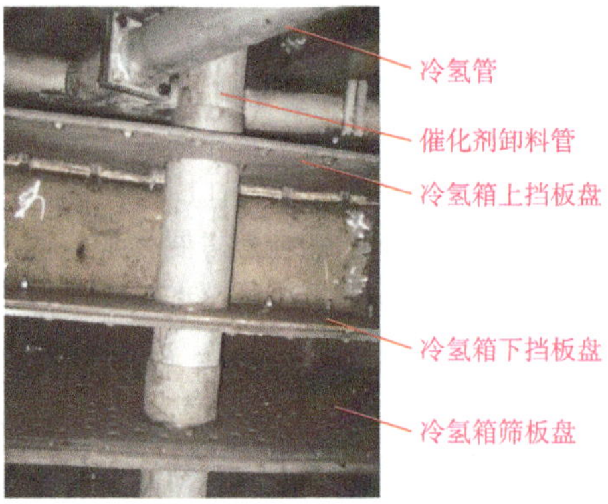

冷氢箱的第一层为挡板盘，挡板上开有节流孔。由冷氢管出来的冷氢与上一床层反应后的油气在挡板盘上先预混合，然后由节流孔进入冷氢箱。进入冷氢箱的冷氢气和上层下来的热油气经过反复折流混合，就流向冷氢箱的第二层——筛板盘，筛板盘，在筛板盘上再次折流强化混合效果，然后在作分配。筛板盘下有时还有一层泡帽分配盘对预分配后的油气再作最终的分配。

出口收集器：

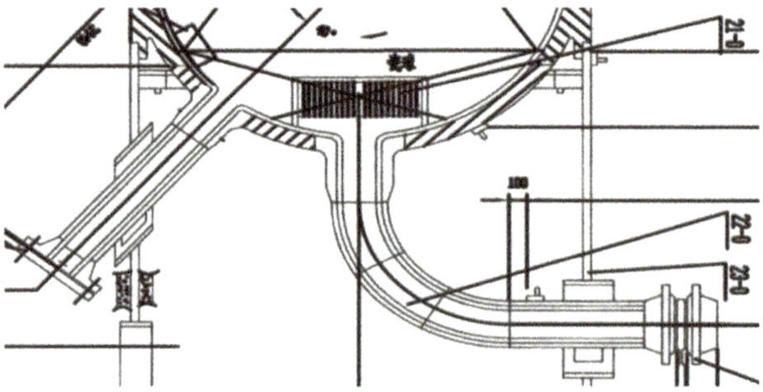

出口收集器是个帽状部件，顶部有圆孔，侧壁有长孔，覆盖不锈钢网。其作用主要是阻止反应器底部的瓷球从出口漏出，并导出流体。反应器底部的出口收集器，用于支撑下部的催化剂床层，减小床层的压降和改善反应物料的分配。出口收集器与下端封头接触的下沿开有数个缺口，供停工时排液用。

催化剂卸料管：

固定床反应器每一催化剂床层下部均安装有若干根卸料管，跨过催化剂支撑盘、物料分配盘及冷氢箱，通向下一床层，作为在反应器停工卸除催化剂的卸剂通道。

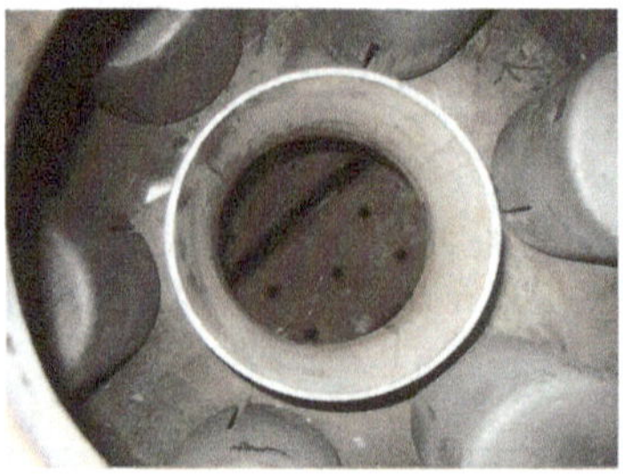
</td></tr>
</table>

续表

<table>
<tr><th>设备名称</th><th colspan="4">热壁加氢反应器</th></tr>
<tr><td>结构</td><td colspan="4">热电偶：
为监视加氢放热反应引起床层温度升高及床层截面温度分布状况而对操作温度进行监控。</td></tr>
<tr><td>原理</td><td colspan="4">轴向反应器，反应物料从顶部进入，经过分布器后，轴向通过催化剂床层，从反应器的底部出料。加氢反应器中间设有冷氢箱和再分配盘，对物料增加收集和分配。
特点：轴向反应器结构简单，内构件简单，床层压降大，催化剂颗粒大，扩散阻力大，轴向反应器的温度变化梯度大，对催化剂的要求高。</td></tr>
<tr><td rowspan="5">性能参数</td><td>性能参数</td><td>符号</td><td>单位</td><td>定义</td></tr>
<tr><td>反应温度</td><td>T</td><td>℃</td><td>温度是影响反应过程的敏感因素，必须选择适宜的操作温度，使反应过程在优化条件下进行。</td></tr>
<tr><td>反应压力</td><td>p</td><td>MPa</td><td>加压操作的反应器主要用于有气体参与的反应过程，提高操作压力有利于加速气相反应，对于总摩尔数减小的气相可逆反应，则可提高平衡转化率。提高操作压力还可增加气体在液体中的溶解度，以提高反应速率。</td></tr>
<tr><td>氢油比</td><td>H_2/H_C</td><td>—</td><td>氢气的量与反应器总进油量之比称为氢油比。氢油比有体积比和摩尔比，通常指的氢油比是摩尔比，即两者的摩尔数之比。</td></tr>
<tr><td>空速</td><td>$WHSV$</td><td>h^{-1}</td><td>表示每单位催化剂的原料流量。
$WHSV$=（反应器液体进料量，kg/h）/（催化剂总装填量，kg）</td></tr>
<tr><td>用途</td><td colspan="4">反应器是石油化工过程中主在用来完成介质的化学、物理反应的设备。
按反应器的器壁温度分为热壁反应器和冷壁反应器。
按反应器内介质流向可分为径向反应器和轴向反应器。
按反应器内催化剂床层的状态可分为，固定床反应器和流动床反应器。</td></tr>
<tr><td>操作</td><td colspan="4">1. 检修、装剂
各项检修工作已完成，检修记录齐全。催化剂装填严格按方案进行。高压部位按要求复位好。
2. 气密、置换
气密按不同压力等级进行，低压气密阶段介质为氮气，氮气气密合格后用氢气作低压气密。
3. 催化剂预处理
按规定升降温速度升降温，催化剂预处理过程中，控制好温度和反应时间，并加强对密封面的检查。
4. 反应投料
待达到反应压力和温度时按工艺要求投入物料。密切注意反应器床层温升情况。
5. 运行
在运行中严格执行操作规程，禁止超压、超温；要严格控制配料比，防止剧烈的反应。
6. 停工
反应系统按要求的速度降温、降压。切断进料后，对反应系统进行置换。</td></tr>
</table>

续表

设备名称	热壁加氢反应器		
操作	注意： 气密应分阶段进行，本阶段气密合格后才可进行下一阶段气密。 运行过程中提量应遵循先提量、后升温的原则。降量应遵循先降温、后降量的原则。		
维护保养	1. 运行 （1）反应器在运行中，严格执行工艺操作规程，禁止设备超压、超温。 （2）要严格控制配料比，防止剧烈的反应。 2. 巡检 （1）要注意反应器有无异常振动和声响。 （2）检查所有静密封点是否泄漏，发现泄漏及时处理。 （3）有压力表、温度计的要安装齐全，指示准确。 （4）定期进行夜间闭灯检查。 3. 检修 （1）反应器损坏内件进行更换，密封垫更换。 （2）对内部死区催化剂碎粒及粉尘进行清理。 （3）停工期间应尽量避免奥氏体不锈钢内件与空气接触，引起应力腐蚀开裂。 注意： 严禁设备运行超温超压，对有升温要求设备严格控制升温速度。		
故障排除	故障现象	故障原因	处理方法
	压差增大	床层堵塞	检查进料过滤器压差情况
		催化剂结焦，催化剂床层局部超温	降低进料量，优化调整操作参数、换剂
		催化剂粉碎，装填方法不对，催化剂干燥时升温太快	严格按催化剂装填方案进行
	各法兰处密封泄漏	管系柔性差，法兰应力大	检查和调整支撑，必要时重新核算管线柔性
		螺栓强度不足，松动或腐蚀	紧固或更换螺栓
		法兰密封面有缺陷	处理缺陷或带压堵漏
		介质超温超压造成憋压	及时调整运行参数，按处理规范紧固螺栓
	超温超压	进料偏离设计操作工况较大	降低进料量，调整操作参数
		冷氢注入量不足	检查冷氢阀动作是否正常
		进料紧急中断	快速恢复进料
		系统换热异常	检查原因，恢复正常换热
		加热炉急速温升	调整处理加热炉负荷
		特殊异常难以控制时，启动联锁紧急放空泄压系统	

反应釜

设备名称	反应釜
结构	反应釜结构图示 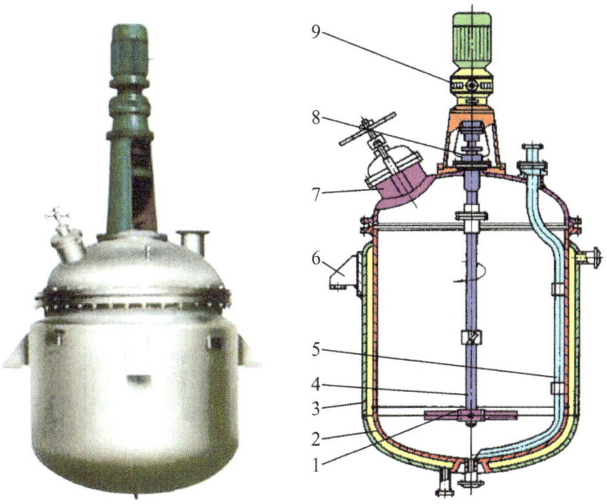 1—搅拌器；2—筒体；3—夹套；4—搅拌轴；5—压出管； 6—支座；7—人孔；8—轴封；9—传动装置 反应釜由釜体、机架、减速机、电动机、密封机构、搅拌桨（轴）、支座等组成。根据工艺需要，一些反应釜还附有加热、冷却的夹套（或）内外盘管。 反应釜常用的换热结构元件有夹套和蛇管，另外还有电感应加热、直接蒸汽加热或外部换热器加热等。这里仅讨论夹套和蛇管结构。夹套类型如下： 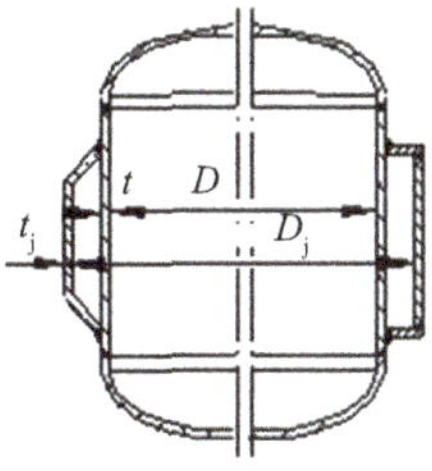 圆筒型 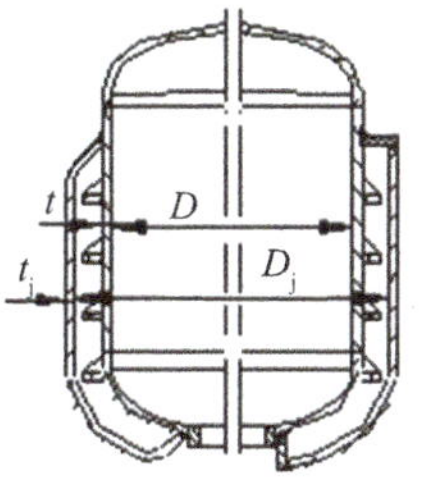 U 型 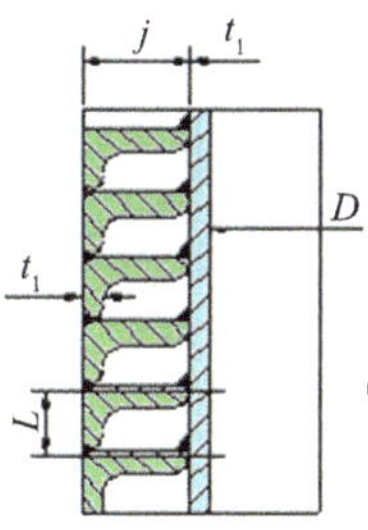 角钢互搭型 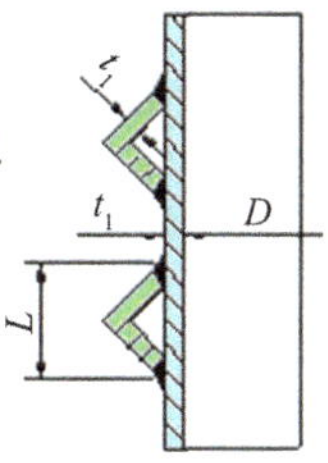 角钢螺旋型 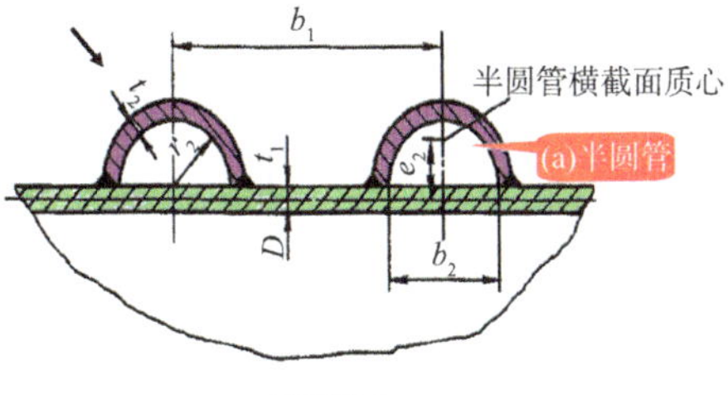 半圆管型

续表

<table>
<tr><th>设备名称</th><th>反应釜</th></tr>
<tr><td>结构</td><td>

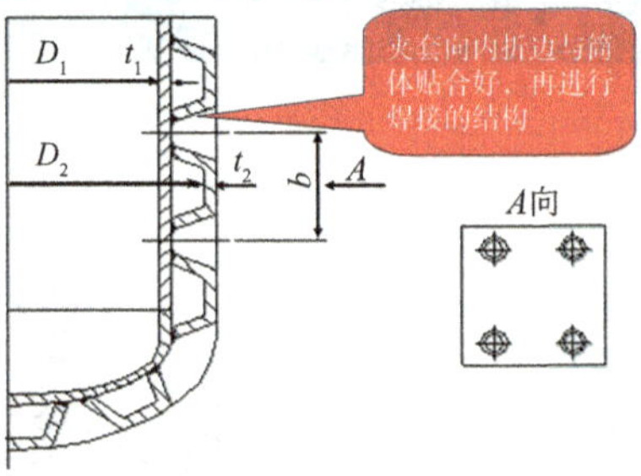

折边式蜂窝夹套

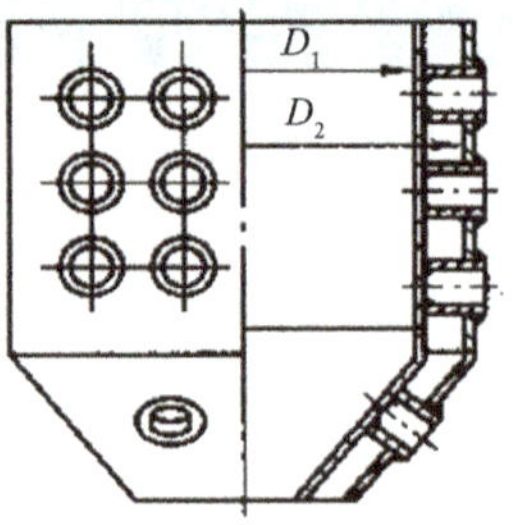

短管支承式蜂窝夹套

夹套非为可拆式和不可拆式：

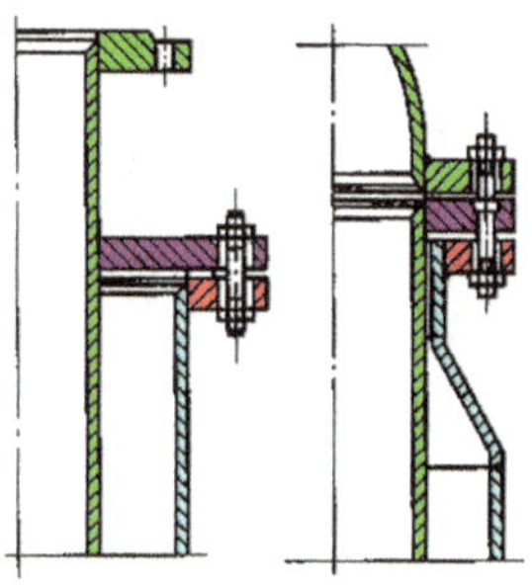

可拆式

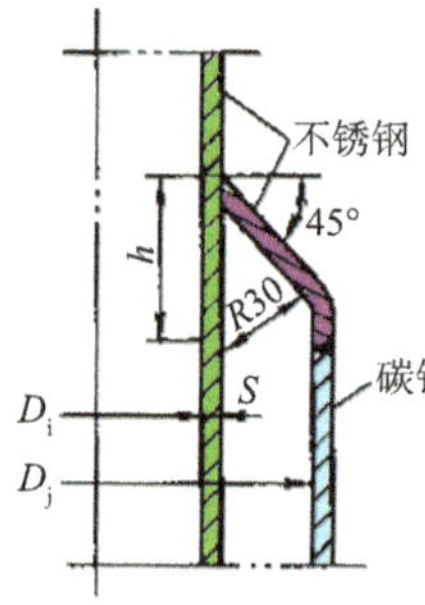

不可拆式

夹套底与封头连接结构：

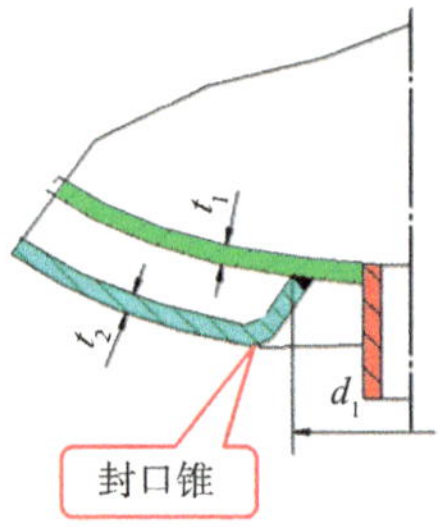

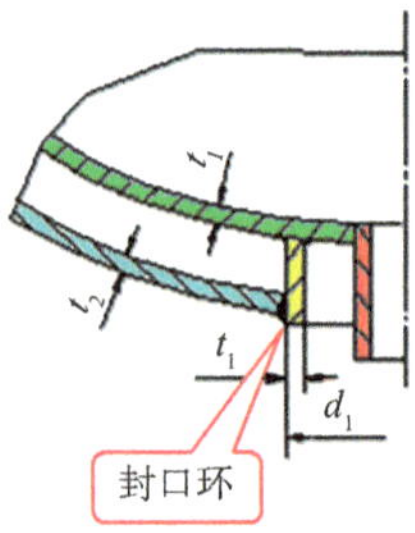

通常当反应釜所需传热面积较大，而夹套传热不能满足要求时，可增加蛇管传热。

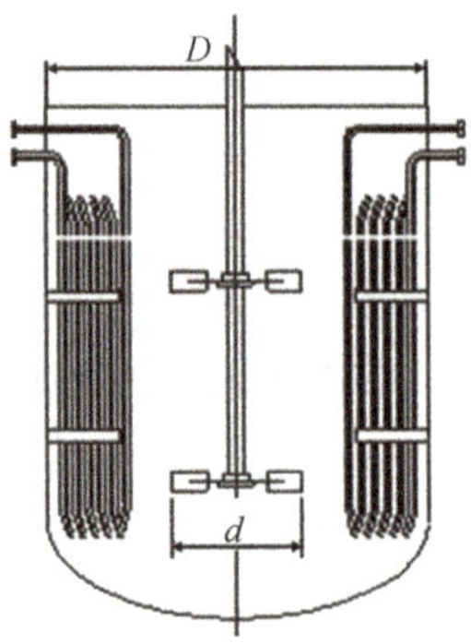

蛇管结构图

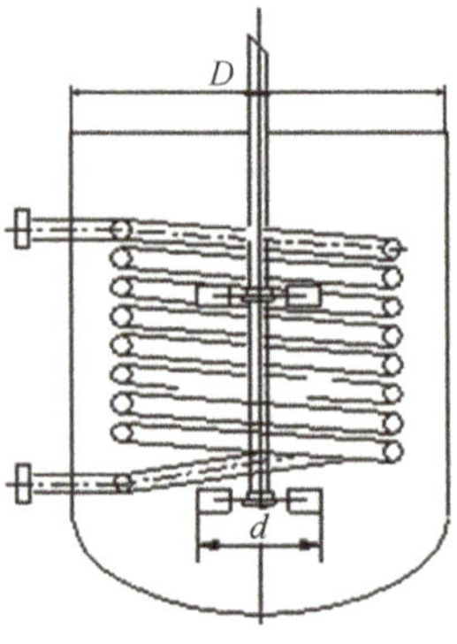

盘管结构图

</td></tr>
</table>

续表

<table>
<tr><th>设备名称</th><th>反应釜</th></tr>
<tr><td>结构</td><td>
反应釜的核心部件之一为搅拌器，由搅拌桨和搅拌轴组成。常见搅拌器结构如下：
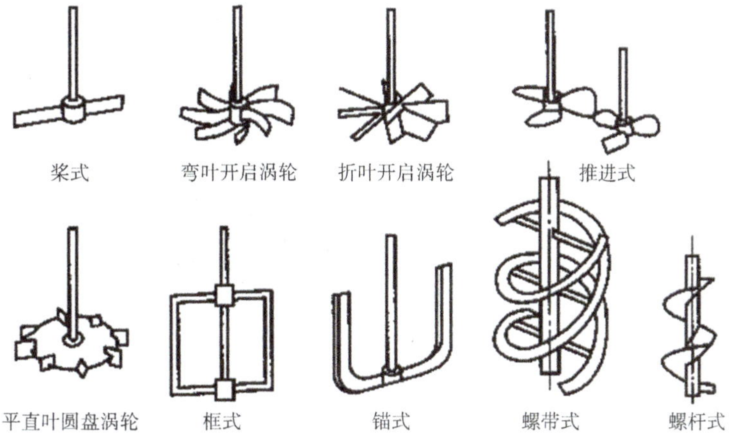

不同搅拌桨结构有不同流形，流形分径向流、切向流、混合流。
在液体黏度较低、搅拌器转速较高时，容易产生游涡或称为“柱状回转区”，使搅拌器的功率显著下降，为了改变流体在搅拌过程中的游涡现象，通常在反应器内增设挡板或导流筒以改变流体的流动状态。
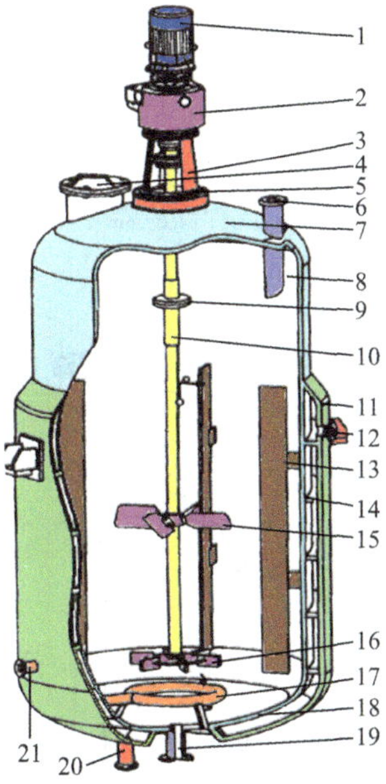

挡板结构图示
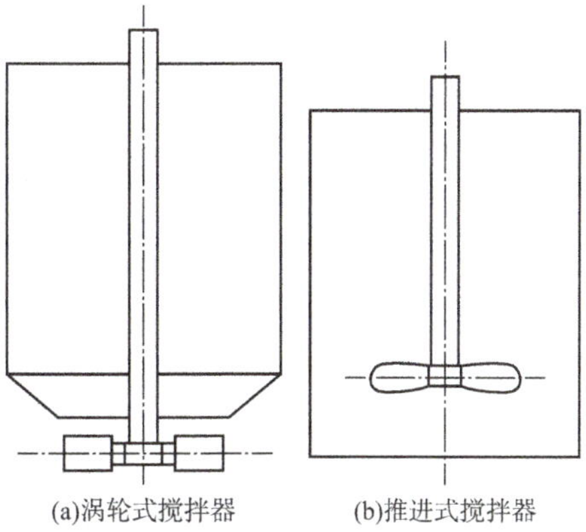

导流筒结构图示
通常导流筒上端低于静液面，筒身上开孔或槽，当液面降落后流体仍可从孔或槽进入导流筒。它可以为流体限定一个流动路线，防止短路。
反应器的转动机构由电动机、减速器、联轴节及搅拌轴等组成，如下图：
</td></tr>
</table>

续表

设备名称	反应釜
结构	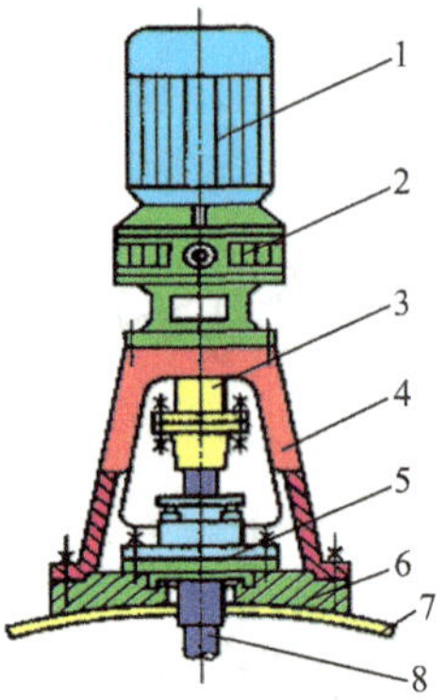 1—电动机；2—减速机；3—联轴器；4—支架； 5—搅拌轴；6—轴封装置；7—凸缘；8—上封头 传动机构根据不同速比要求，可在以下几种方式中选择：  摆线针齿行星减速机  两级齿轮减速机 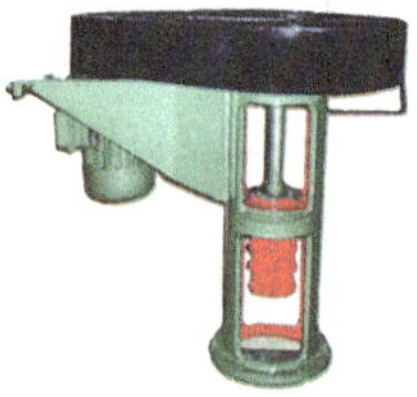 V带减速机 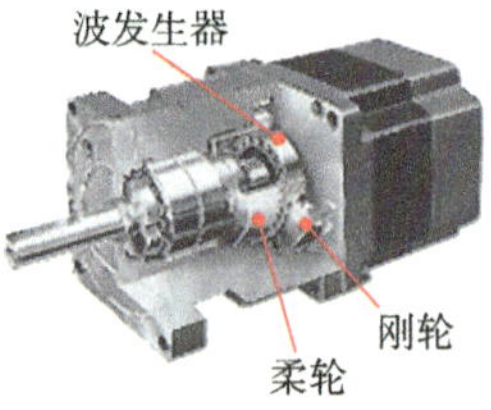 谐波减速机 反应釜中，电动机、减速机由机架支撑，其结构要考虑安装联轴器、轴封装置以及与之配套的减速器输出轴径和定位结构尺寸的需要。搅拌反应器专用机座的常用结构有单支点机架和双支点机架两种。 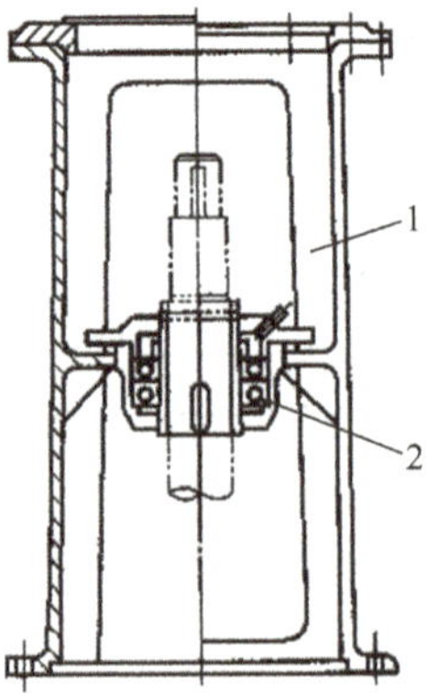 单点机架 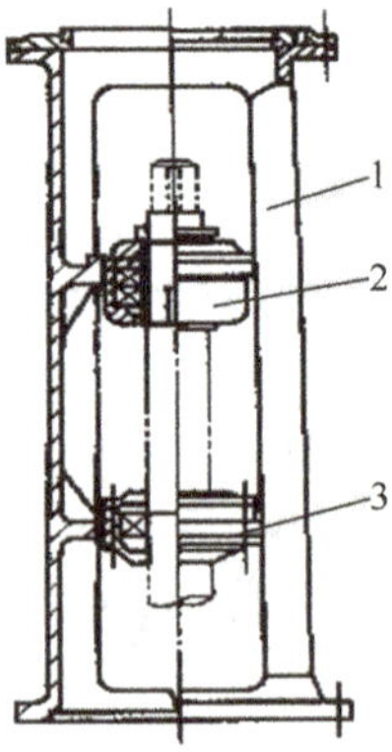 双点机架 反应釜中的联轴器结构类型较多，常见的为刚性联轴器和弹性联轴器。

续表

<table>
<tr><th>设备名称</th><th colspan="4">反应釜</th></tr>
<tr><td>结构</td><td colspan="4">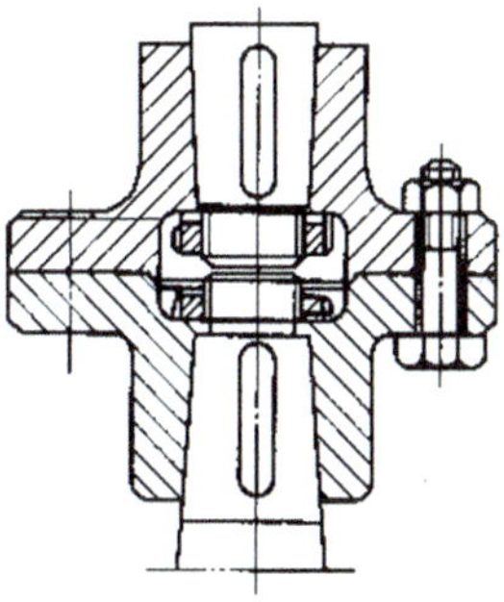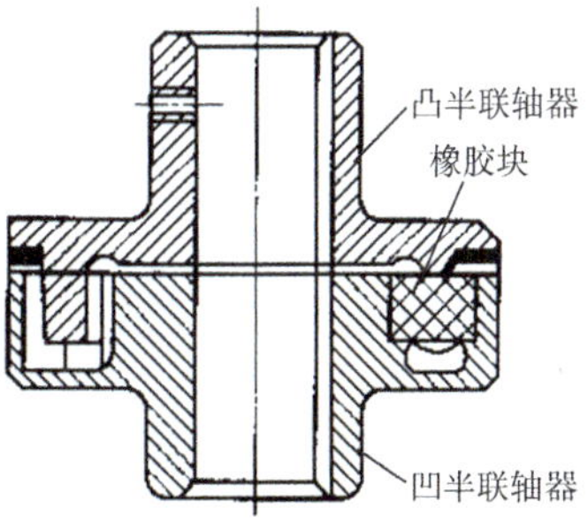刚性联轴器弹性联轴器</td></tr>
<tr><td>原理</td><td colspan="4">反应釜的广义理解即有物理或化学反应的容器，根据不同的工艺条件需求，实现工艺要求的加热、蒸发、冷却及低高速的混配反应功能。</td></tr>
<tr><td rowspan="4">性能参数</td><td>性能参数</td><td>符号</td><td>单位</td><td>定义</td></tr>
<tr><td>温度</td><td>T</td><td>℃</td><td>分设计温度与工作温度，设计温度 $T_{设}$：罐在正常情况下，设定的金属温度；工作温度 $T_{工作}$：正常工作情况下罐可能达到的最高温度；$T_{设} \geq T_{工作}$，容器严禁超 $T_{设}$运行。</td></tr>
<tr><td>压力</td><td>p</td><td>MPa</td><td>分设计压力与工作压力，设计压力 $p_{设}$：设定罐的最高压力；工作压力 $p_{工作}$：正常工作情况下罐可能达到的最高压力；$p_{设} \geq p_{工作}$，容器严禁超 $p_{设}$运行。</td></tr>
<tr><td>容积</td><td>V</td><td>m^3</td><td>与内径和高度有关，计算得出容器的容积。</td></tr>
<tr><td>用途</td><td colspan="4">反应釜广泛应用于石油、化工、橡胶、农药、染料、医药、食品工业，用来完成硫化、硝化、氢化、烃化、聚合、缩合等工艺过程的压力容器，例如反应器、反应锅、分解锅、聚合釜等。</td></tr>
<tr><td>操作</td><td colspan="4">1. 安装验收正常。
2. 润滑到位。
3. 送电、确认转向正确。
4. 加料至起运液面，启动运行。
5. 按工艺要求，投运加热或冷却。
注意：
防止超装、超速运行。</td></tr>
</table>

续表

设备名称	反应釜		
维护保养	1. 定期检查、巡检。 2. 做好设备的清洁，润滑工作。 3. 不超速超载运行，严格控制工艺指标。 4. 加热、冷却要缓和。 5. 釜内的清洗操作完毕用清洗液（使用清洗液应注意避免对主体材料产生腐蚀）清除釜体及密封面的残留物，应经常清洗并保持干净，不允许用硬物质或表面粗糙的物品进行清洗。 6. 禁止对釜体材料有严重影响的介质混入操作。		
故障排除	故障现象	故障原因	处理方法
	轴晃动严重	轴弯曲	重新矫正
			重新设计加工轴，提高刚度
		桨叶腐蚀，动不平衡	更换浆液
			重新动平衡
		转速过高	控制转速
	密封泄漏	轴晃动过大	参照轴严重晃动处理
		密封磨损	更换密封
		轴轴向窜动	找到原因，控制窜动
		密封腐蚀	更换密封
	本体泄漏	釜体腐蚀	补焊修理（评估、严格程序）
		接管密封面泄漏	更换垫片
			重新上紧螺栓
		伴热夹套泄漏、泄漏	修理或更换
	轴承发热	轴承磨损	更换
		润滑油确少	加油
		润滑油变质	更换不油
	减速器异声	减速器齿轮磨损	检修更换
		润滑油质差或缺油严重	停机清洗、更换新油

搪玻璃反应釜

<table>
<tr><th>设备名称</th><th>搪玻璃反应釜</th></tr>
<tr><td>结构</td><td>

搪玻璃反应釜结构图示

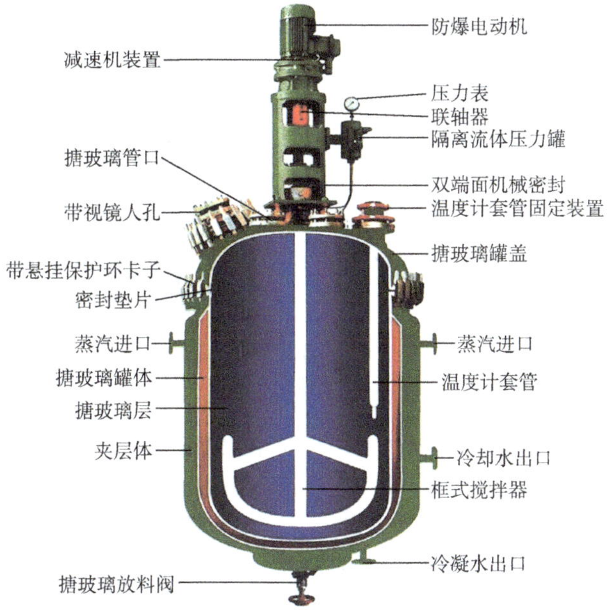

反应釜由反应容器、搅拌器及传动系统、冷却装置、安全装置、加热炉等组成。釜体、釜盖采用不锈钢加工制成，釜体通过螺纹与法兰连接，釜盖为正体平板盖，两者由周向均布的主螺栓、螺母紧固连接。釜盖上装有压力表、爆破膜安全装置、汽液相阀、温度传感器等，便于随时了解釜内的反应情况、调节釜内的介质比例，并确保安全运行。

以下介质不能使用：

（1）氢氟酸及含氟离子介质；

（2）磷酸，浓度 30% 以上，温度高于 180℃；

（3）硫酸，浓度 10%~30%，温度高于 200℃；

（4）碱液，pH≥12，温度高于 100℃。

反应釜的核心部件之一为搅拌器，由搅拌桨和搅拌轴组成。常见搅拌器结构如下：

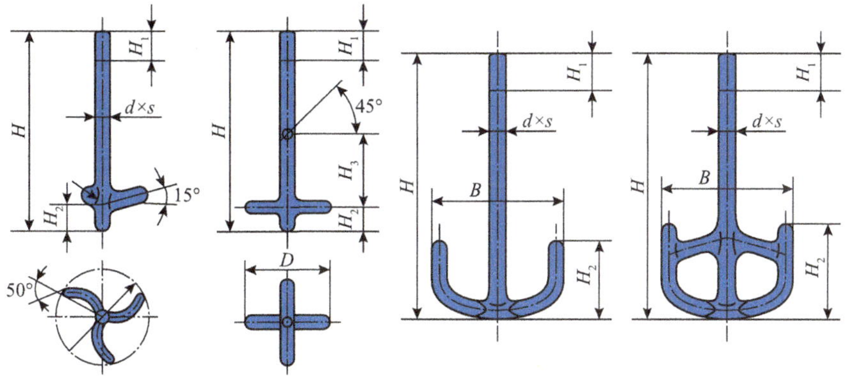

叶轮式　桨式　锚式　框式

</td></tr>
</table>

续表

<table>
<tr><th>设备名称</th><th>搪玻璃反应釜</th></tr>
<tr><td>结构</td><td>

反应器的转动机构由电动机、减速器、联轴节及搅拌轴等组成。

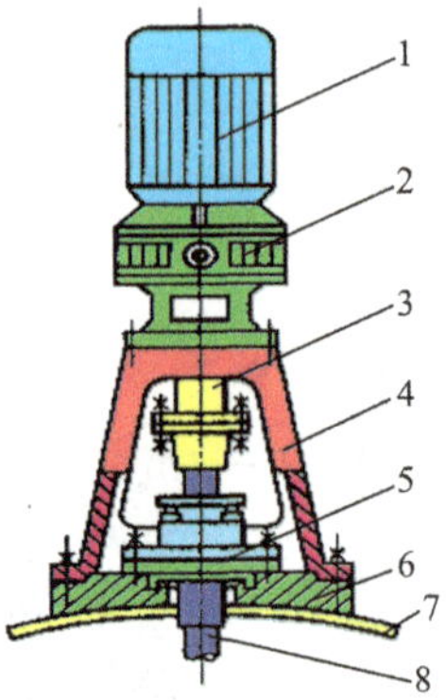

1—电动机；2—减速机；3—联轴器；4—支架；5—搅拌轴；6—轴封装置；7—凸缘；8—上封头

传动机构根据不同速比要求，可在以下几种方式中选择：

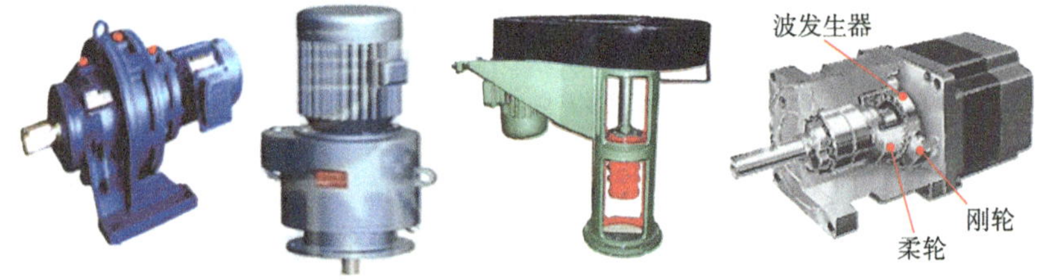

摆线针齿行星减速机　两级齿轮减速机　V带减速机　谐波减速机

反应釜中，电动机、减速机由机架支撑，其结构要考虑安装联轴器、轴封装置以及与之配套的减速器输出轴径和定位结构尺寸的需要。搅拌反应器专用机座的常用结构有单支点机架和双支点机架两种。

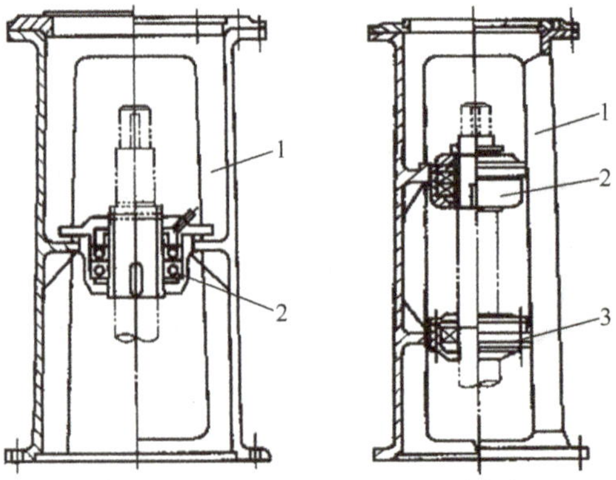

单点机架　双点机架

反应釜中的联轴器结构类型较多，常见的为刚性联轴器和弹性联轴器。

</td></tr>
</table>

续表

<table>
<tr><th>设备名称</th><th colspan="4">搪玻璃反应釜</th></tr>
<tr><td>结构</td><td colspan="4">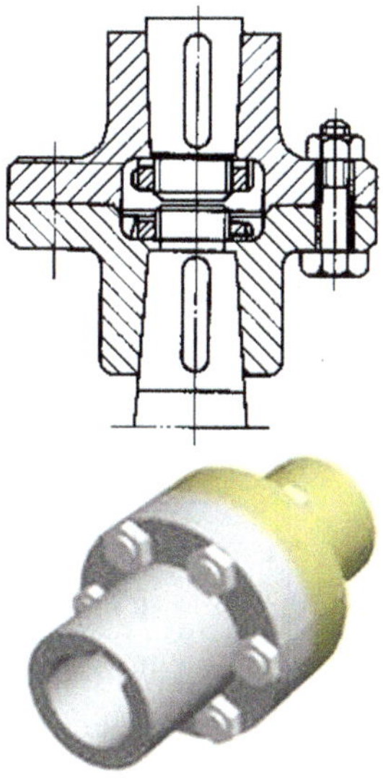
刚性联轴器
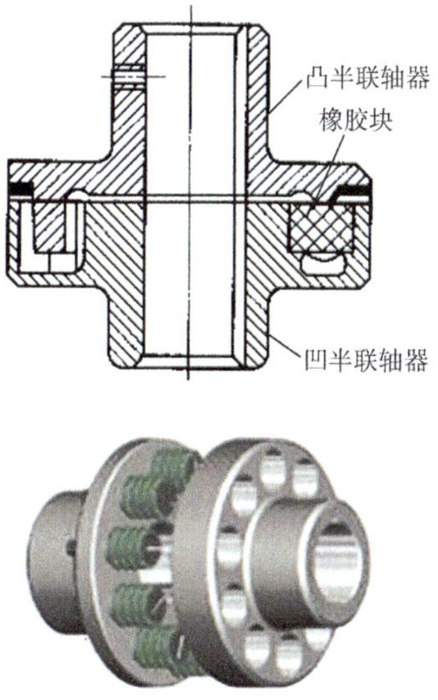

弹性联轴器</td></tr>
<tr><td>原理</td><td colspan="4">反应釜的广义理解即有物理或化学反应的容器，根据不同的工艺条件需求，实现工艺要求的加热、蒸发、冷却及低高速的混配反应功能。</td></tr>
<tr><td rowspan="6">性能参数</td><td>性能参数</td><td>符号</td><td>单位</td><td>定义</td></tr>
<tr><td>温度</td><td>T</td><td>℃</td><td>分设计温度与工作温度，设计温度 $T_{设}$：罐在正常情况下，设定的金属温度；工作温度 $T_{工作}$：正常工作情况下罐可能达到的最高温度；$T_{设} \geq T_{工作}$，容器严禁超 $T_{设}$运行。</td></tr>
<tr><td>压力</td><td>p</td><td>MPa</td><td>分设计压力与工作压力，设计压力 $p_{设}$：设定罐的最高压力；工作压力 $p_{工作}$：正常工作情况下罐可能达到的最高压力；$p_{设} \geq p_{工作}$，容器严禁超 $p_{设}$运行。</td></tr>
<tr><td>容积</td><td>V</td><td>m^3</td><td>与内径和高度有关，计算得出容器的容积。</td></tr>
<tr><td>绝缘性</td><td></td><td></td><td>玻璃层经 20kV 高压检测，不导电为合格。</td></tr>
<tr><td>耐温性</td><td></td><td></td><td>玻璃面耐温差急变性能，热冲击为120℃，冷冲击为110℃。</td></tr>
<tr><td>用途</td><td colspan="4">反应釜广泛应用于石油、化工、橡胶、农药、染料、医药、食品工业，用来完成硫化、硝化、氢化、烃化、聚合、缩合等工艺过程的压力容器，例如反应器、反应锅、分解锅、聚合釜等。</td></tr>
<tr><td>操作</td><td colspan="4">1. 安装验收正常。
2. 润滑到位。
3. 送电、确认转向正确。
4. 加料至起运液面，启动运行。
5. 按工艺要求，投运加热或冷却。
注意：
防止超装、超速运行。
防止热冲击、冷冲击。</td></tr>
</table>

续表

设备名称	搪玻璃反应釜		
维护保养	1. 严禁敲击搪玻璃面或其外壳，操作时应防止硬物掉入釜内损坏搪玻璃面。 2. 操作中尽量避免釜体外壳与酸、碱等腐蚀性液体接触，一旦有物料接触应及时用抹布擦洗干净。 3. 禁止用水冲洗设备，避免保温层损坏。 4. 最低气温≤0℃时，应在使用完毕后放尽夹套内的存水，避免设备因冰冻而损坏。 5. 对于装配有机械密封的反应釜，密封部位应保持清洁。 6. 出料时如遇釜底堵塞，不应用金属器具打，可用竹竿或塑料棒、木棒轻轻捅开。出料时如发现有搪玻璃碎屑，应立即开罐检查，修补后再用。		
故障排除	故障现象	故障原因	处理方法
	轴晃动严重	轴弯曲	重新校正
			重新设计加工轴，提高刚度
		桨叶腐蚀，动不平衡	更换浆液
			重新动平衡
		转速过高	控制转速
	密封泄漏	轴晃动过大	参照轴严重晃动处理
		密封磨损	更换密封
		轴轴向窜动	找到原因，控制窜动
		密封腐蚀	更换密封
	本体泄漏	搪玻璃及釜体腐蚀	补焊修理（评估、严格程序）
		接管密封面泄漏	更换垫片
			重新上紧螺栓
		伴热夹套泄漏、泄漏	修理或更换
	轴承发热	轴承磨损	更换
		润滑油确少	加油
		润滑油变质	更换不油
	减速器异声	减速器齿轮磨损	检修更换
		润滑油质差或缺油严重	停机清洗、更换新油
	搪玻璃层裂纹或爆磁	受冷、热应力冲击影响从而产生裂纹爆磁	严格控制升降温速度与温差
		设备使用时间超出使用寿命从而导致磨损变薄或均匀腐蚀	不符合要求的及时报废
		搅拌器送脱	停机检查，紧固螺栓
		搪玻璃搅拌器摩擦釜内附件（蛇管、温度计管等）或刮壁	停机检修找正，使搅拌器与附件有一定间距

卧式罐

<table>
<tr><th>设备名称</th><th colspan="4">卧式罐</th></tr>
<tr><td>结构</td><td colspan="4">卧式罐实物图、结构示意图
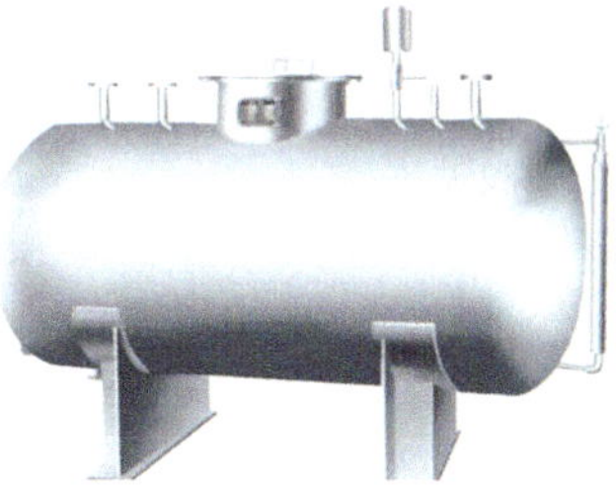
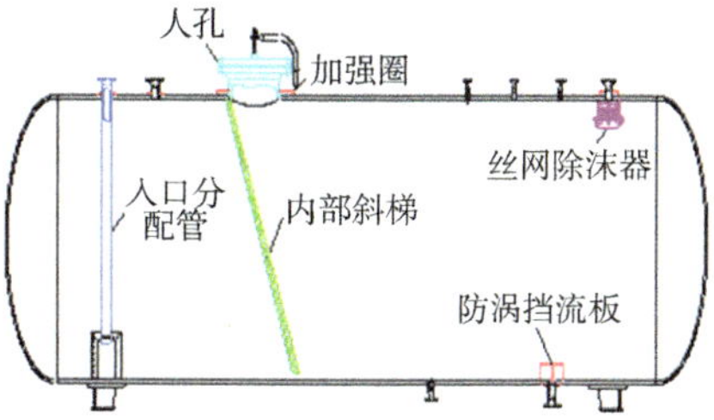

卧式罐通常由筒体、封头、人孔、接管、支座等组成。</td></tr>
<tr><td>原理</td><td colspan="4">用作流程的中间部位，主要起到缓冲和分离作用，作为气液和液液分离中间载体</td></tr>
<tr><td rowspan="4">性能参数</td><td>性能参数</td><td>符号</td><td>单位</td><td>定义</td></tr>
<tr><td>温度</td><td>T</td><td>℃</td><td>分设计温度与工作温度，设计温度 $T_{设}$：罐在正常情况下，设定的金属温度；工作温度 $T_{工作}$：正常工作情况下罐可能达到的最高温度；$T_{设} \geq T_{工作}$，容器严禁超 $T_{设}$运行。</td></tr>
<tr><td>压力</td><td>p</td><td>MPa</td><td>分设计压力与工作压力，设计压力 $p_{设}$：设定罐的最高压力；工作压力 $p_{工作}$：正常工作情况下罐可能达到的最高压力；$p_{设} \geq p_{工作}$，容器严禁超 $p_{设}$运行。</td></tr>
<tr><td>容积</td><td>V</td><td>m^3</td><td>与内径和高度有关，计算得出容器的容积。</td></tr>
<tr><td>用途</td><td colspan="4">在化工、石油、炼油、医药等行业生产中，用作贮存物料的设备，石化中间流程中用于管路内气－液相的分离和液－液相的分离缓冲作用的设备。</td></tr>
<tr><td>操作</td><td colspan="4">1. 投运
（1）流程贯通。
（2）检查系统流程，防止系统因流程不通而超压等。
（3）建立系统压力。
（4）打开压控阀建立系统压力，压力稳定后建立罐液位，待液位稳定后打通下游流程，建立循环。
2. 检查
密切关注压力温度变化，有无泄漏，如有异常需及时处理。
3. 切出
先按要求降低容器内部液位至一定液位。
4. 泄压
降低系统压力，直至压力降为目标压力。
5. 吹扫
吹扫流程通后方能吹扫，防止超压损坏设备。
注意：
物料的切出、切入时要确认流程，速度要缓慢，防止人孔和接管法兰出现泄漏。</td></tr>
</table>

续表

<table>
<tr><th>设备名称</th><th colspan="3">卧式罐</th></tr>
<tr><td>维护保养</td><td colspan="3">1. 泄漏
（1）各接管法兰有无泄漏。
（2）各人孔法兰有无泄漏。
2. 参数
（1）检查罐的温度及压力（压力降）。
（2）操作过程中流量调节要缓慢不得大起大落。
3. 其它
（1）检查容器的振动情况。
（2）劳动保护平台的完好情况。
（3）设备及接管各保温完好。
（4）有压力表、温度计的安装齐全，指示准确。
4. 交出
（1）易产生硫化亚铁的，按 HSE 要求采取防止硫化亚铁自燃措施。
（2）对奥氏体不锈钢壳体，要防连多硫酸腐蚀，采取碱洗中和或隔离。
注意：
严禁设备运行超温超压，对有升温要求设备严格控制升温速度。</td></tr>
<tr><td rowspan="10">故障排除</td><td>故障现象</td><td>故障原因</td><td>处理方法</td></tr>
<tr><td rowspan="3">各法兰处密封泄漏</td><td>螺栓强度不足、松动或腐蚀</td><td>紧固或更换螺栓</td></tr>
<tr><td>法兰密封面有缺陷</td><td>处理缺陷或打卡子注胶</td></tr>
<tr><td>介质超温超压造成憋压</td><td>及时调整运行参数并紧固螺栓</td></tr>
<tr><td rowspan="2">振动严重</td><td>因介质偏离设计操作工况较大</td><td>调整运行参数使之在正常范围内运行</td></tr>
<tr><td>外部管道振动引起的共振</td><td>加固管道，检查弹簧或固定支撑是否完好</td></tr>
<tr><td>容器泄漏</td><td>容器本体接口部位、焊接接头出现砂眼和裂纹等泄漏、损伤情况</td><td>及时汇报装置技术人员，并根据实际泄漏情况进行操作调整</td></tr>
<tr><td rowspan="2">容器压力控制不稳</td><td>安全阀故障起跳</td><td>关闭泄漏安全阀前手阀</td></tr>
<tr><td>压控阀故障</td><td>联系检修压力控制阀</td></tr>
</table>

立式罐

<table>
<tr><th>设备名称</th><th colspan="4">立式罐</th></tr>
<tr><td>结构</td><td colspan="4">立式罐实物图、结构示意图

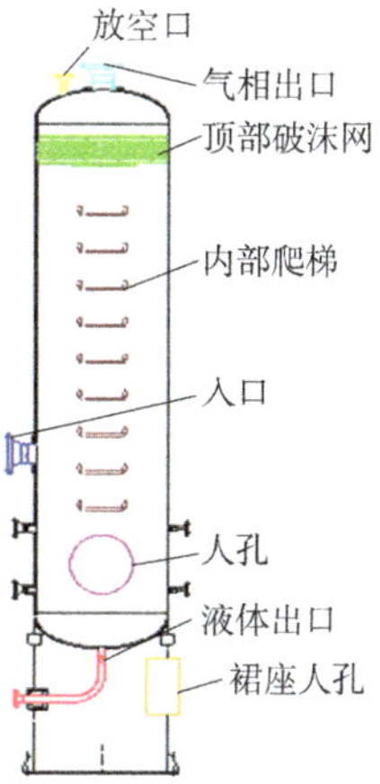

通常由壳体、封头、接管、人孔、支座（裙座）等组成</td></tr>
<tr><td>原理</td><td colspan="4">用作流程的中间部位，主要起到缓冲和分离作用，作为气液和液液分离中间载体。</td></tr>
<tr><td rowspan="4">性能参数</td><td>性能参数</td><td>符号</td><td>单位</td><td>定义</td></tr>
<tr><td>温度</td><td>T</td><td>℃</td><td>分设计温度与工作温度，设计温度 $T_{设}$：罐在正常情况下，设定的金属温度；工作温度 $T_{工作}$：正常工作情况下罐可能达到的最高温度；$T_{设} \geq T_{工作}$，容器严禁超 $T_{设}$运行。</td></tr>
<tr><td>压力</td><td>p</td><td>MPa</td><td>分设计压力与工作压力，设计压力 $p_{设}$：设定罐的最高压力；工作压力 $p_{工作}$：正常工作情况下罐可能达到的最高压力；$p_{设} \geq p_{工作}$，容器严禁超 $p_{设}$运行。</td></tr>
<tr><td>容积</td><td>V</td><td>m^3</td><td>与内径和高度有关，计算得出容器的容积</td></tr>
<tr><td>用途</td><td colspan="4">在化工、石油、炼油、医药等行业生产中，用作贮存物料的设备，石化中间流程中用于管路内气－液相的分离和液－液相的分离缓冲作用的设备。</td></tr>
<tr><td>操作</td><td colspan="4">1. 投运
（1）流程贯通。
（2）检查系统流程，防止系统因流程不通而超压等。
（3）建立系统压力。
（4）打开压控阀建立系统压力，压力稳定后建立罐液位，待液位稳定后打通下游流程，建立循环。
2. 检查
密切关注压力温度变化，有无泄漏，如有异常需及时处理。
3. 切出
（1）先按要求降低容器内部液位至一定液位。
（2）泄压。
（3）降低系统压力，直至压力降为目标压力。</td></tr>
</table>

续表

<table>
<tr><th>设备名称</th><th colspan="3">立式罐</th></tr>
<tr><td>操作</td><td colspan="3">4. 吹扫
吹扫流程通后方能吹扫，防止超压损坏设备。
注意：
物料的切出、切入时要确认流程，速度要缓慢，防止人孔和接管法兰出现泄漏。</td></tr>
<tr><td>维护保养</td><td colspan="3">1. 泄漏
（1）各接管法兰有无泄漏。
（2）各人孔法兰有无泄漏。
2. 参数
（1）检查罐的温度及压力（压力降）。
（2）操作过程中流量调节要缓慢不得大起大落。
3. 其它
（1）检查容器的振动情况。
（2）劳动保护平台的完好情况。
（3）设备及接管各保温完好。
（4）有压力表、温度计的要安装齐全，指示准确。
4. 交出
（1）易产生硫化亚铁的，按 HSE 要求采取防止硫化亚铁自燃措施；
（2）对奥氏体不锈钢壳体，要防连多硫酸腐蚀，采取碱洗中和或隔离。
注意：
严禁设备运行超温超压，对有升温要求设备严格控制升温速度。</td></tr>
<tr><td rowspan="9">故障排除</td><td>故障现象</td><td>故障原因</td><td>处理方法</td></tr>
<tr><td rowspan="3">各法兰处密封泄漏</td><td>螺栓强度不足，松动或腐蚀</td><td>紧固或更换螺栓</td></tr>
<tr><td>法兰密封面有缺陷</td><td>处理缺陷或打卡子注胶</td></tr>
<tr><td>介质超温超压造成憋压</td><td>及时调整运行参数并紧固螺栓</td></tr>
<tr><td rowspan="2">振动严重</td><td>因介质偏离设计操作工况较大</td><td>调整运行参数使之在正常范围内运行</td></tr>
<tr><td>外部管道振动引起的共振</td><td>加固管道，检查弹簧或固定支撑是否完好</td></tr>
<tr><td>容器泄漏</td><td>容器本体接口部位、焊接接头出现砂眼和裂纹等泄漏、损伤情况</td><td>及时汇报装置技术人员，并根据实际泄漏情况进行操作调整</td></tr>
<tr><td rowspan="2">容器压力控制不稳</td><td>安全阀故障起跳</td><td>关闭泄漏安全阀前的手阀</td></tr>
<tr><td>压控阀故障</td><td>联系检修压力控制阀</td></tr>
</table>

常压储罐

<table>
<tr><th>设备名称</th><th>常压储罐</th></tr>
<tr><td>结构</td><td>

常压储罐实物图、结构示意图

外浮顶罐

内浮顶罐

拱顶罐

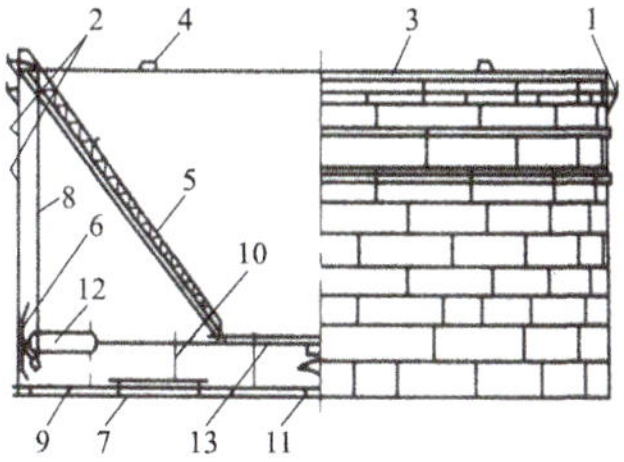

1—抗风圈；2—加强圈；
3—包边角钢；4—泡沫消防挡板；
5—转动扶梯；6—密封；
7—加热器；8—量油管；
9—底板；10—浮顶立柱；
11—排水折管；12—浮船；
13单盘板

浮顶油罐

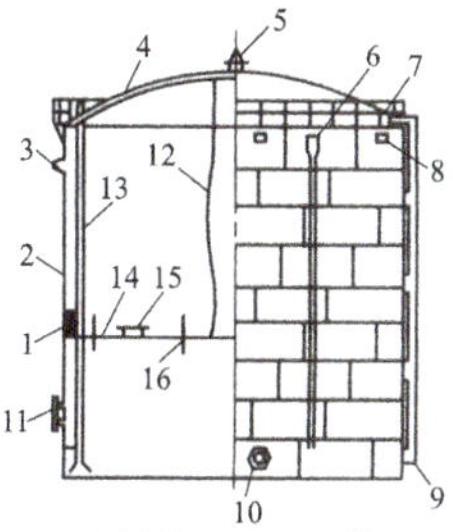

1—密封装置；　2—罐壁；
3—高液位报警器；4—固定罐顶；
5—罐顶通气孔；　6—泡沫消防装置；
7—罐顶人孔；　8—罐壁通孔
9—液位计；　10—罐壁人孔；
11—高位带芯人孔；12—静电导出线；
13—量油管；　14—浮盘；
15—浮盘人孔；　16—浮盘立柱

内浮顶油罐

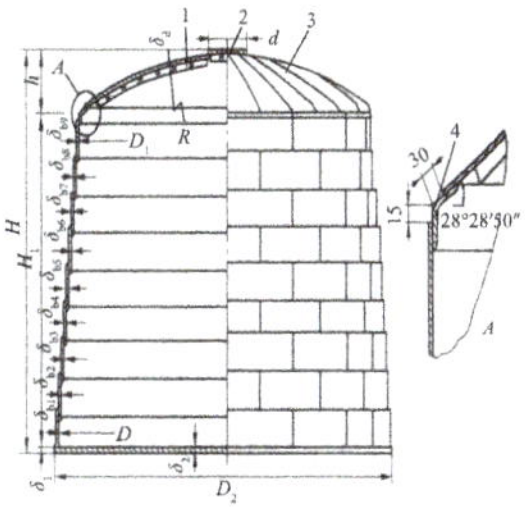

1—加强筋；
2—罐顶中心板；
3—扇形顶板；
4—角钢环
余同浮顶罐

球形拱顶油罐

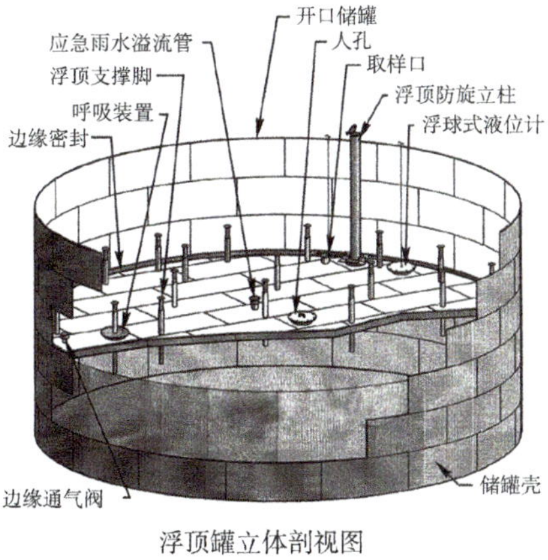

浮顶罐立体剖视图

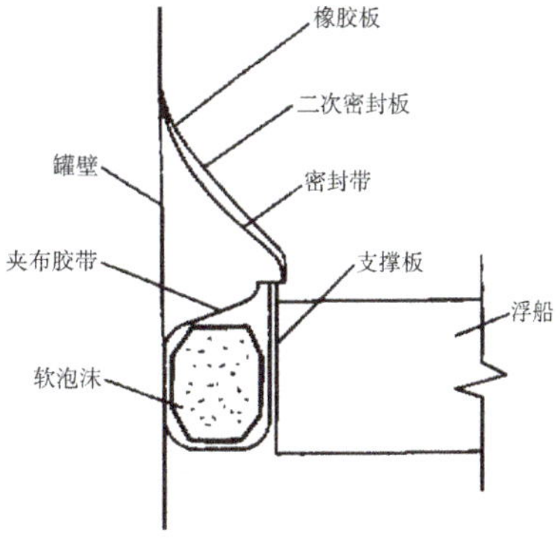

浮顶密封之泡沫填充一、二次密封装置

</td></tr>
<tr><td>原理</td><td>储罐指建造在具有足够承载能力的均质基础上，其罐底与基础紧密接触，储存液态石油及石油产品等介质，工作温度高于 -20℃，内压不大于 6000Pa，容积不小于 $100m^3$ 的立式圆筒形钢制焊接储罐，包括气柜。</td></tr>
</table>

续表

设备名称	常压储罐			
性能参数	性能参数	符号	单位	定义
	温度	T	℃	分设计温度与工作温度，设计温度 $T_{设}$：常压储罐在正常情况下，设定的金属温度；工作温度 $T_{工作}$：正常工作情况下常压储罐可能达到的最高温度；$T_{设} \geqslant T_{工作}$，常压储罐严禁超 $T_{设}$运行。
	压力	p	MPa	分设计压力与工作压力，设计压力 $p_{设}$：设常压储罐的最高 / 低压力；工作压力 $p_{工作}$：正常工作情况下常压储罐可能达到的最高 / 低压力；压力区间 $p_{工作} \leqslant p_{设}$，常压储罐严禁超 $p_{设}$运行。
	容积	V	m^3	常压储罐的最大罐内体积 V_s，最大充装量一般为 $0.9V_s$，不得超过 $0.95V_s$。
用途	主要用来储存液态石油及石油产品、溶剂等介质。			
操作	1. 投运 （1）进料：要缓慢，全开罐根部阀，微开控制阀，初始流速控制在 1m/s，液位没管口后可适当提高。 （2）补液 / 排污：精细操作，补、排液缓慢，人不离开，密切关注压力，做好硫化氢防护。 （3）运行：密切关注压力温度变化，如有异常及时开关补氮阀，及时补水并做好气防。 2. 切出 （1）退液：关闭入口阀，泵打至管口处及时停泵，就地排液。 （2）水冲洗：采用除盐水，走补液线，全开排污阀。 （3）吹扫：先氮气，后风，吹扫期间密切关注压力。分析合格后才能交出。 注意： 物料的切出、切入时要缓慢，内浮顶罐初始进油 <1m/s，顶浮起后不超 4.5m/s。			
维护保养	1. 参数 （1）检查罐顶压力表量程选用、压力指示，核对远传压力。 （2）检查呼吸阀通畅，泄压人孔正常，不呼气、不吸气。 （3）氮气自力阀 / 减压阀前后压力正常。 （4）核对液位。 2. 其它 （1）设备及接管油漆防护层完好，保温完好。 （2）静电接地完好。 （3）呼吸阀阻火器清洁。 （4）罐底部焊缝完好。 3. 检验 （1）每季度对呼吸阀，泄压人孔，自力阀进行校验，并出具校验记录。 （2）每 6 年对常压储罐进行开罐检验。 （3）定期测厚。			

续表

<table>
<tr><th>设备名称</th><th>常压储罐</th></tr>
<tr><td>维护保养</td><td>注意：
（1）常压储罐严禁超压超温运行。
（2）泄压人孔正常不应动作。
拱顶罐：
（1）出入口阀门、排污阀、人孔、清扫孔及透光孔：无泄漏，紧固可靠。
（2）扶梯：防腐、加固或更换。
（3）罐顶罐壁：是否变形，有无严重的凹陷、鼓包、减薄及渗漏穿孔。
（4）罐底板：厚度、坑蚀深度检查；罐地板焊缝应进行无损检测，焊缝检测长度不少于焊缝总长的 20%。
（5）加热器：有无腐蚀渗漏，支架有无损坏、管线有无腐蚀。
（6）机械式呼吸阀：清除阀盘上的水珠、灰尘，螺栓上加油，必要时调换阀壳衬垫；每 3 个月一次，冰冻季节应加强检查，每年应进行一次标定。
（7）液压安全阀：每 1 个月检查一次封油高度，若封油被吹掉应及时加入，清洁阀壳内部并更换封油。
（8）阻火器：每年检查一次防火网是否清洁，垫片是否严密，有无腐蚀、冰冻。
（9）高低液位报警器：防腐蚀或更换钢丝绳，滑轮转动部分加润滑脂，调整滑块，高低位限制器应调整紧固清理触点。
（10）消防泡沫室：更换已损坏的划十字玻璃，螺栓加油防锈。
浮顶罐：
（1）中央排水管：检查排水情况，是否排水顺畅，是否带油，做好清污分流；接头转动是否灵活；中央排水管单向阀的腐蚀程度，关闭是否严密；检查紧急排水管内水封。
（2）导向管滚轮：滚轮有无脱落，转动是否灵活，转动部位加润滑油。
（3）转动浮梯：踏板防腐、加固，转动部位加润滑油。
（4）密封装置：破损密封带修补或更换。
（5）外加电流阴极保护系统：日常巡检、维护，检查保护电位、电流情况。
（6）浮顶上表面、罐外壁、盘梯、转动扶梯等：局部防腐。
（7）静电导出线：检查、更换。
（8）浮顶卫生：清理，尤其是积水坑内部及滤网。
（9）浮舱、单盘：漏点检查、临时封堵。
（10）检查自动通气阀：密封是否严密性，检查活动是否灵活。
（11）检查浮顶上呼吸阀阀盘及阻火网。
（12）一、二次密封：检查是否严密。
（13）罐底板边缘板：周围防水破损部分修补。
（14）罐壁搅拌器：检查、保养。
（15）浮顶防转装置：检查是否正常。
（16）储罐附属仪表：检查、校验。
（17）泡沫发生器：检查是否正常。
（18）其它同拱顶罐。
内浮顶罐：
（1）导向管滚轮：滚轮有无脱落，转动是否灵活，与管子外壁接触是否良好。</td></tr>
</table>

续表

设备名称	常压储罐		
维护保养	（2）浮盘自动通气阀：更换损坏密封垫片。 （3）铝浮盘导向钢丝绳：有无腐蚀、松紧程度，是否断股。 （4）带芯人孔：漏油或漏气部位更换垫片。 （5）密封装置：破损密封带检修更换。 （6）罐壁通气孔：金属网清除灰尘、污垢，或更换破裂金属网。 （7）其它同拱顶罐。		
故障排除（浮顶罐）	故障现象	故障原因	处理方法
	罐体泄漏	罐体腐蚀泄漏	做好油漆、保温防腐，定期测厚，及时检修
		罐底部腐蚀泄漏	做好防腐，按要求做好定期开罐检验，安排检修
		接管法兰密封面缺陷泄漏	检查螺栓、垫片、法兰及紧力，处理缺陷
		底部超压	严格控制操作压力
	密封泄漏	密封圈磨损严重	更换密封
		罐体不圆度严重	检修罐体
	中央排水罐泄漏	疲劳或腐蚀破损	定期检查，更换
	自动通气阀失灵	腐蚀	检修更换
	转动扶梯卡住	滑轮、导轨、转动固定销生锈严重	加强滑轮、导轨、转动固定销润滑
		浮顶偏转	调整浮顶导向柱或浮顶偏转位置
	浮顶倾翻	浮顶密封圈与罐体摩擦力严重不均匀	按检修规范施工，保证罐体圆形度和内壁平整度
		浮仓局部漏进油，使浮顶浮力不均	定期检修，检查浮仓泄漏进油情况；加强检查，提高预见
		进油量太大，油面波动大	按规范稳定进油
故障排除（内浮顶罐）	溢油	超装	严格控制充装液位量
	罐体泄漏	底板泄漏	清罐查漏不漏
		罐体泄漏	检修补焊
		边缘板焊缝泄漏（最大应力部位）	检修补焊

续表

设备名称	常压储罐		
故障排除（内浮顶罐）	故障现象	故障原因	处理方法
	浮顶倾翻	浮顶密封圈与罐体摩擦力严重不均匀	按检修规范施工，保证罐体圆形度和内壁平整度
		浮仓局部漏进油，使浮顶浮力不均	定期检修，检查浮仓泄漏进油情况；加强检查，提高预见
		进油量太大，油面波动大	按规范稳定进油
	浮顶积油	进油量太快，有面波动严重	按规范稳定进油
		温度偏高，介质汽化	严格按操作指标控制
		浮顶腐蚀	加强防腐
		浮顶密封损坏严重	检修更换密封
	接管法兰密封面缺陷泄漏	检查螺栓、垫片、法兰及紧力，处理缺陷	接管法兰密封面缺陷泄漏
	罐体（顶）腐蚀	内表面介质有腐蚀性，含水汽	降低含水量
		外表面酸雨腐蚀	加强施工防腐
	平台、栏杆、梯子腐蚀	外表面酸雨腐蚀	加强施工防腐
	静电导线断裂	通常腐蚀因素引起	强化连接，加强防腐
故障排除（拱顶罐）	抽瘪	抽油量大，太快	严格按规范操作
		突遇急降温	做好预见和预防工作，有保温的罐体通常要做好保温管理
		定部呼吸阀不畅	定期检查，保持呼吸阀正常工作
	罐体（顶）腐蚀	内表面介质有腐蚀性，含水汽	降低含水量
		外表面酸雨腐蚀	加强施工防腐
	平台、栏杆、梯子腐蚀	外表面酸雨腐蚀	加强施工防腐
	罐体泄漏	底板泄漏	清罐查漏不漏
		罐体泄漏	检修补焊
		边缘板焊缝泄漏（最大应力部位）	检修补焊
		底板泄漏	清罐查漏不漏

球罐

设备名称	球罐

结构

球罐实物图

球罐通常由壳体、支座、人孔、扶梯、操作平台、消防喷淋设施等组成。

球罐结构示意图

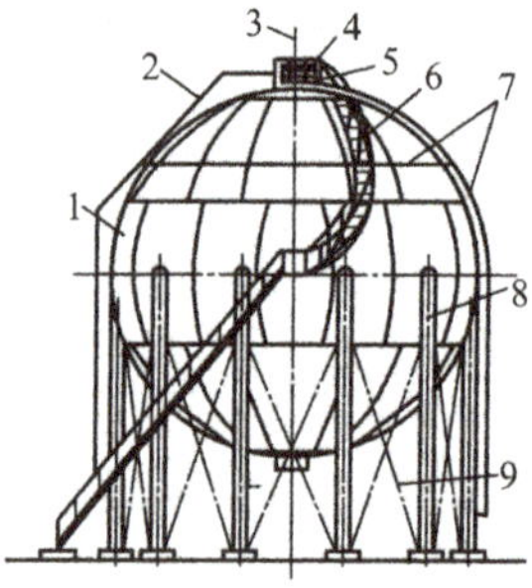

1—球壳；2—液位计导管；
3—避雷针；4—安全泄放阀；
5—操作平台；6—盘梯；
7—喷淋水管；8—支柱；
9—拉杆

纯桔瓣式罐体

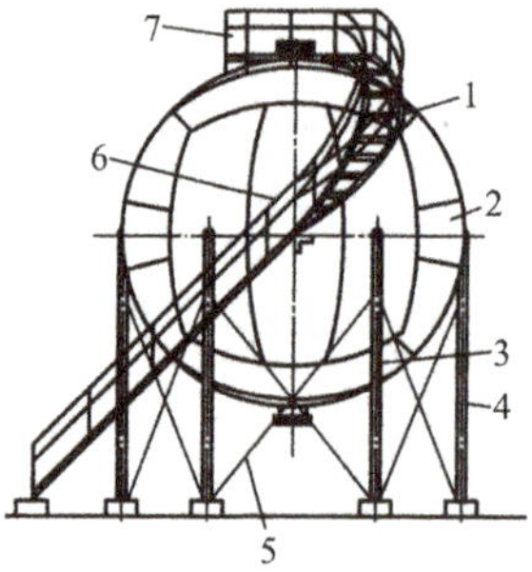

1—顶部极板；2—赤道板；
3—底部极板；4—支柱；
5—拉杆；6—扶梯；
7—顶部操作平台

足球瓣式罐体

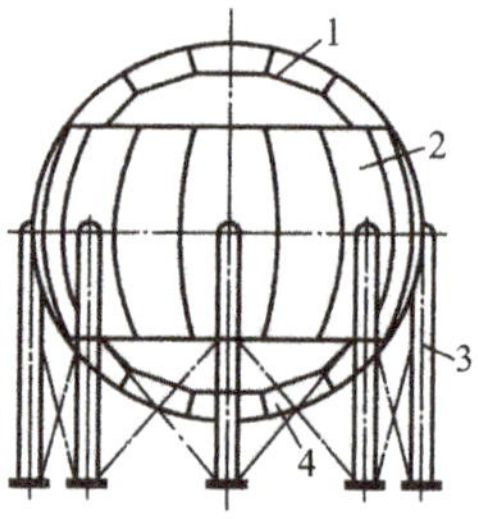

混合式罐体

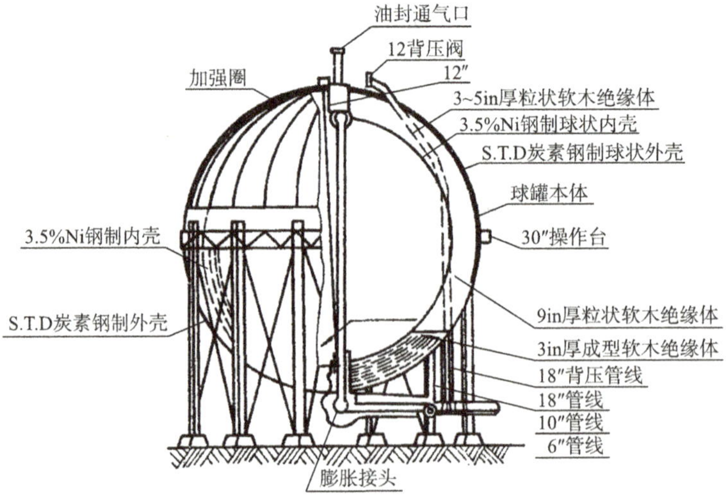

双重球形储罐

续表

<table>
<tr><th>设备名称</th><th colspan="4">球罐</th></tr>
<tr><td>原理</td><td colspan="4">与同等容量的圆筒形容器相比，球形容器的表面积最小；球形容器受力均匀，且在相同直径和工作压力下，其薄膜应力仅为圆筒容器的环向应力的二分之一，故板厚仅需圆筒容器的 1/2，壳体受力均匀；对风载荷来说，球形容器比圆筒型形容器安全得多；适宜存储高压常温、中压低温、低压深冷工艺介质。</td></tr>
<tr><td rowspan="4">性能参数</td><td>性能参数</td><td>符号</td><td>单位</td><td>定义</td></tr>
<tr><td>温度</td><td>T</td><td>℃</td><td>分设计温度与工作温度，设计温度 $T_{设}$：罐在正常情况下，设定的金属温度；工作温度 $T_{工作}$：正常工作情况下罐可能达到的最高温度；$T_{设} \geq T_{工作}$，容器严禁超 $T_{设}$运行。</td></tr>
<tr><td>压力</td><td>p</td><td>MPa</td><td>分设计压力与工作压力，设计压力 $p_{设}$：设定罐的最高压力；工作压力 $p_{工作}$：正常工作情况下罐可能达到的最高压力；$p_{设} \geq p_{工作}$，容器严禁超 $p_{设}$运行。</td></tr>
<tr><td>容积</td><td>V</td><td>m^3</td><td>与内径有关，计算得出容器的容积。</td></tr>
<tr><td>用途</td><td colspan="4">主要用来储存高压常温中液化石油气、氨、氧等介质储存（2.0~4MPa）；中压低温中乙烯等液化气介质储存（1.8~2.0MPa，-100~-20℃）；低压深冷中 T<-100℃的液化气介质储存，以及低压常温下碳四、碳五等石化介质产品。</td></tr>
<tr><td>操作</td><td colspan="4">1. 投运
（1）进料：要缓慢，全开罐根部阀，微开控制阀，初始流速控制在 1m/s，建立罐体正常压力后可适当提高。
（2）脱水 / 排污：精细操作，脱水排液要缓慢，人不离开，做好防中毒、窒息、冻伤防护。液体有分层界面的密切关注脱水（污）包分层界面变化。
（3）运行：密切关注压力、温度、液位变化，如有异常及时开关进出口管路阀，按应急处理程序处置。
2. 切出
（1）退液：关闭入口阀，泵抽液至管口处及时停泵，按规范排残液。
（2）进水冲洗：采用除盐水，走补液线，全开排污阀。
（3）吹扫：先氮气，后风，吹扫期间密切关注压力。分析合格后才能交出。
注意：
物料的切出、切入时要缓慢，初始进油 <1m/s，正常管道流介质速不宜超 4.5m/s。</td></tr>
<tr><td>维护保养</td><td colspan="4">1. 参数
（1）检查罐顶压力表量程选用、压力指示，核对远传压力。
（2）检查安全阀工作情况是否正常。安全发入口线切断阀是否全开并上有铅封。
（3）检查液位显示是否变化正常。核对液位。
2. 其它
（1）设备及接管油漆防护层完好，保温完好。
（2）静电接地完好。
（3）基础是否有沉降。
（4）罐体焊缝完好、罐体有无泄漏。</td></tr>
</table>

续表

<table>
<tr><th>设备名称</th><th colspan="3">球罐</th></tr>
<tr><td>维护保养</td><td colspan="3">（5）通常应防止带有对材质有应力腐蚀影响的不合格物料进罐，禁止长时间储存带有对材质有应力腐蚀影响的不合格物料。有对壳体材质有腐蚀影响的介质储存，应做好历史记录，并缩短离最近检验开罐的时间。
（6）消防喷淋系统定期检查，疏通堵塞喷嘴。
3. 检验
（1）对安全阀进行定期校验，并出具校验记录。
（2）按检验周期对球罐进行开罐检验。
（3）定期测厚。
注意：
（1）常压储罐严禁超压超温运行。
（2）泄压人孔正常不应动作。</td></tr>
<tr><td rowspan="7">故障排除</td><td>故障现象</td><td>故障原因</td><td>处理方法</td></tr>
<tr><td rowspan="3">超压</td><td>超充装</td><td>严格控制充装量</td></tr>
<tr><td>进错物料</td><td>检查并纠正，必要时退料清罐</td></tr>
<tr><td>进料速度过快，气温变化过大</td><td>进、退料及气温变化时关注罐压</td></tr>
<tr><td rowspan="2">泄漏</td><td>罐体、焊缝腐蚀泄漏</td><td>退料检修、检验</td></tr>
<tr><td>罐根法兰、管路法兰泄漏</td><td>小微泄漏严控风险下紧螺栓，有风险的应退料泄压换垫处理</td></tr>
<tr><td>液位失灵</td><td>测量仪表故障失准</td><td>检修、校验仪表件或 DCS 信号传输部件</td></tr>
</table>

U 形管换热器

<table>
<tr><th>设备名称</th><th>U 形管换热器</th></tr>
<tr><td>结构</td><td>

U 形管换热器实物图、结构示意图

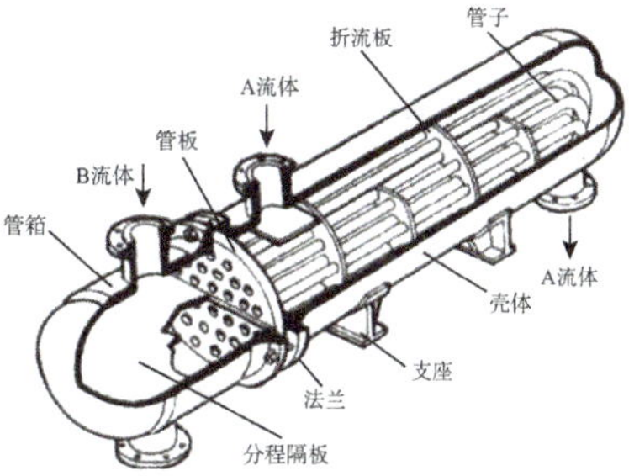

U 形管换热器通常由壳体、管箱、接管、U 形管束、支座等组成。

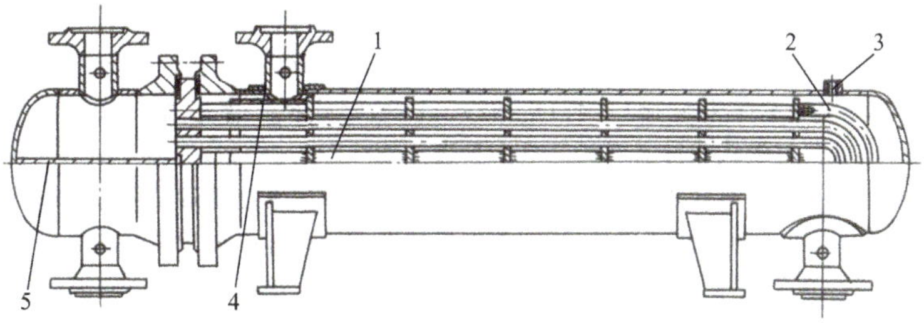

1—中间挡板；2—U 形换热管；3—排气口；4—防冲板；5—分程隔板

换热管与管板连接形成管束，管板和管子的连接方式有胀接和焊接，对于高温高压下常采用胀、焊并用的方式。换热管在管板上的排列形式有正三角形、转角正三角形、正方形和转角正方形等

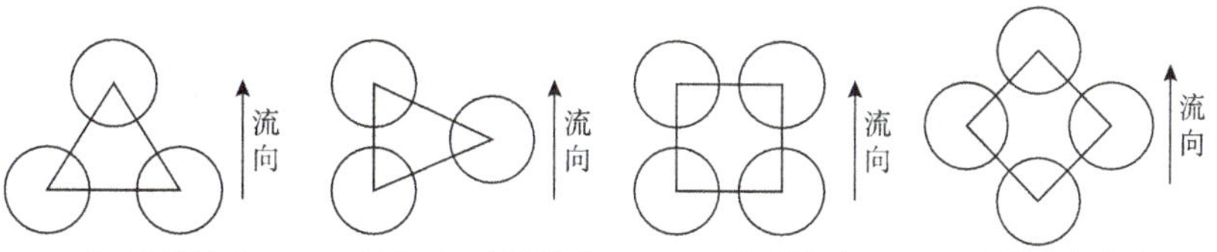

(a)正三角形排列　(b)转角正三角形排列　(c)正方形排列　(d)转角正方形排列

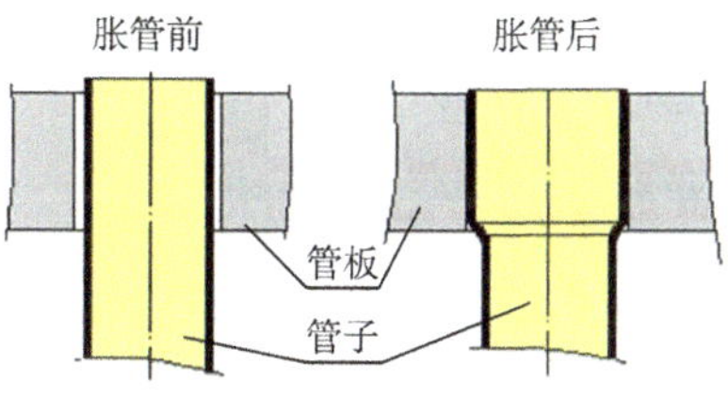

胀接图

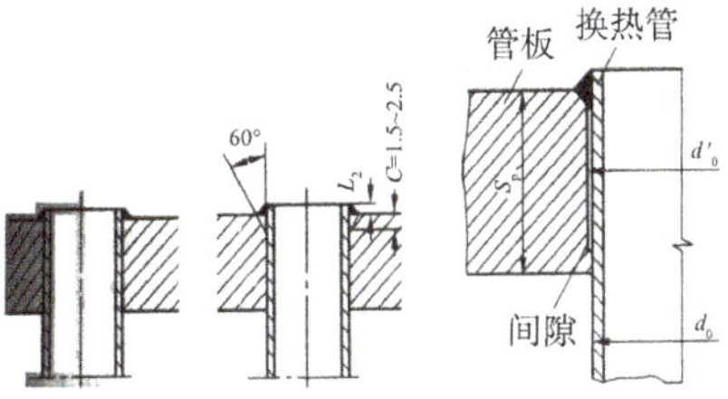

焊接图

管箱位于壳体两端，其作用是控制及分配管程流体。

</td></tr>
</table>

续表

设备名称	U 形管换热器
结构	见下

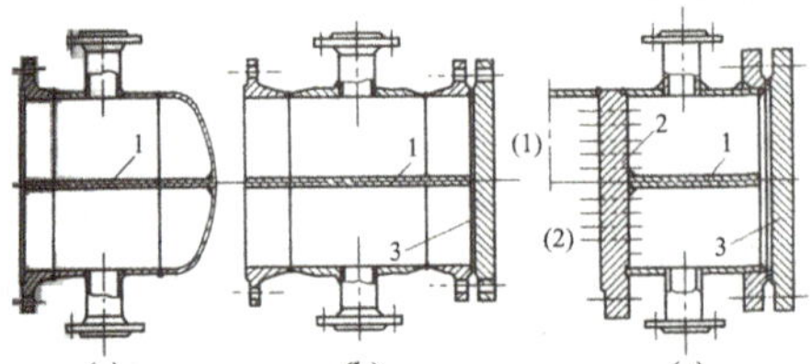

(a) (b) (c)

管箱结构形式

1—隔板；2—管板；3—箱盖

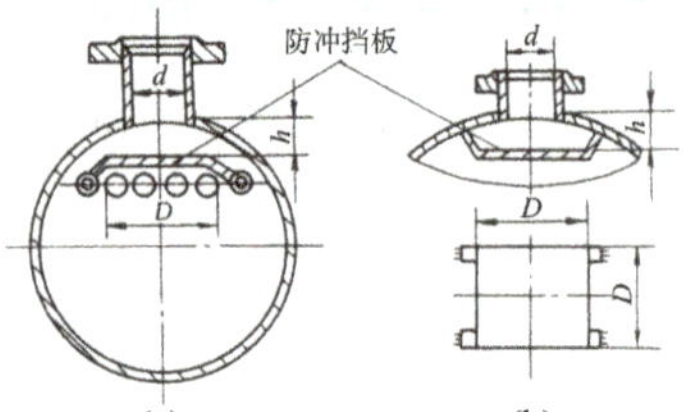

(a) (b)

防冲挡板图示

在壳程进口接管处常装有防冲挡板或称缓冲板。

折流板：引导壳程流体反复地改变方向作错流流动或其它形式的流动，并可调节折流板间距以获得适宜流速，提高传热效率。另外，折流板还可起到支撑管束的作用。常用折流板有弓形和圆盘－圆环形两种，弓形的有单弓形、双弓形及三弓形，单弓形和双弓形应用最多。

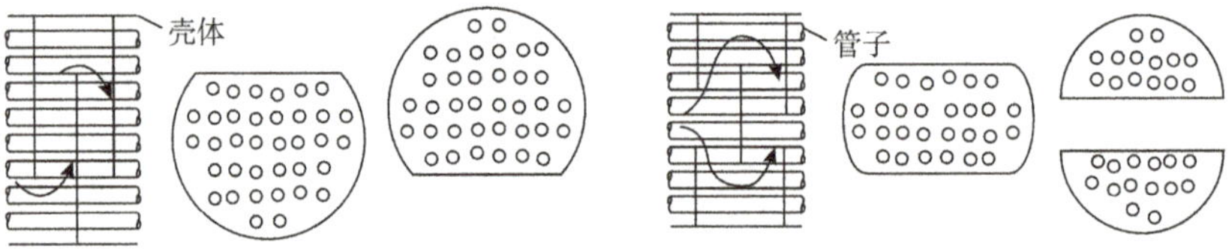

(a)单弓形 (b)双弓形

弓形折流板图

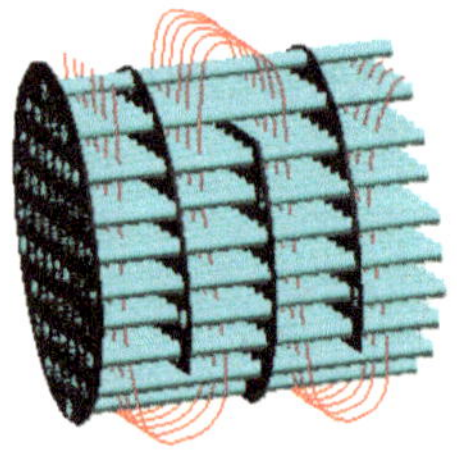

流体在折流板之间流动图示

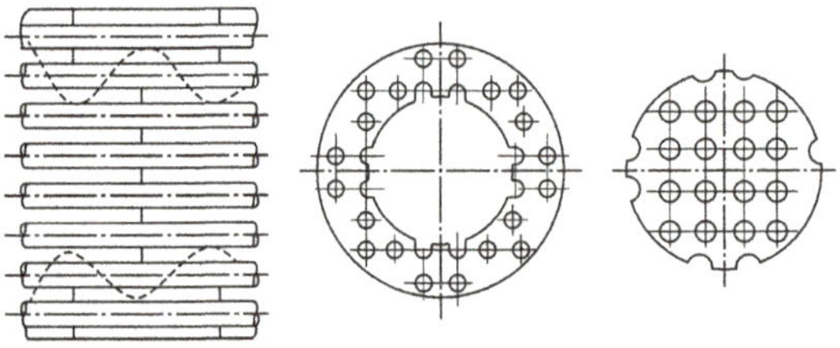

圆盘－圆环形折流板图

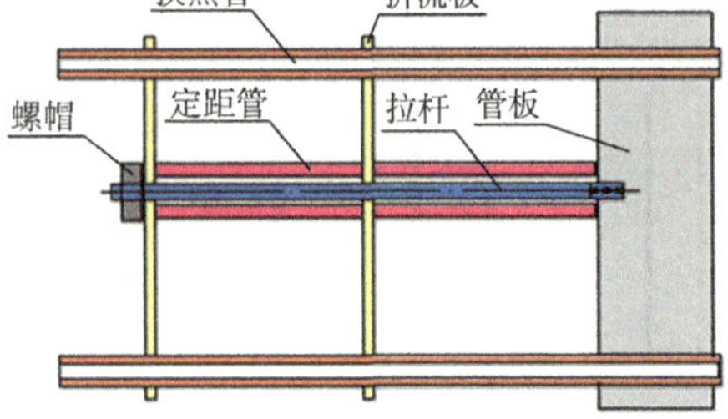

折流板的固定方法图

续表

<table>
<tr><th>设备名称</th><th colspan="4">U 形管换热器</th></tr>
<tr><td>结构</td><td colspan="4">折流板的固定是通过拉杆和定距管来实现。
换热器流体的流程 ：一种流体走管内、称为管程，另一种流体走管外、称为壳程。管内流体从换热管一端流向另一端一次，称为一程；对 U 形管换热器，管内流体从换热管一端经过 U 形弯曲段流向另一端一次，称为两程。
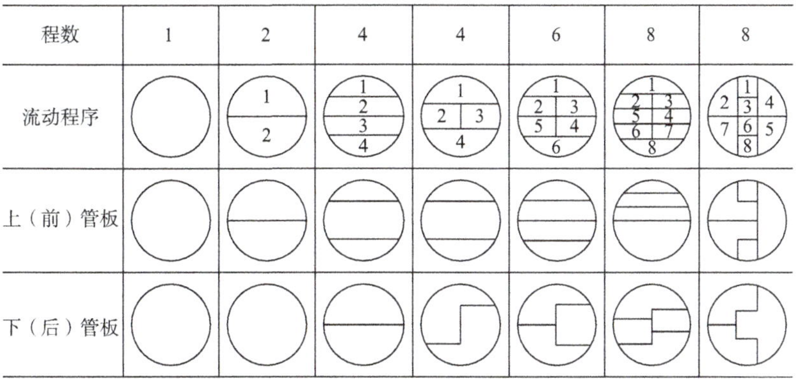
流程数与上下管板结构图</td></tr>
<tr><td>原理</td><td colspan="4">1. 将一温度高的热流体的热量传给另一温度低的冷流体。
2. 两种温度不同的流体通过热交换，使一种流体降温而另一种流体升温，以满足生产工艺要求。主要是以传导和对流两种方式进行换热。</td></tr>
<tr><td rowspan="5">性能参数</td><td>性能参数</td><td>符号</td><td>单位</td><td>定义</td></tr>
<tr><td>温度</td><td>T</td><td>℃</td><td>分设计温度与工作温度，设计温度 $T_{设}$：换热器在正常情况下，设定的金属温度；工作温度 $T_{工作}$：正常工作情况下换热器可能达到的最高温度；$T_{设} \geqslant T_{工作}$，换热器严禁超 $T_{设}$运行。</td></tr>
<tr><td>压力</td><td>p</td><td>MPa</td><td>分设计压力与工作压力，设计压力 $p_{设}$：设定换热器的最高压力；工作压力 $p_{工作}$：正常工作情况下换热器可能达到的最高压力；$p_{设} \geqslant p_{工作}$，换热器严禁超 $p_{设}$运行。</td></tr>
<tr><td>换热面积</td><td>A</td><td>m^2</td><td>以换热管外径为基准，计算出换热管外表面积。</td></tr>
<tr><td>热端温差</td><td>ΔT</td><td>℃</td><td>热侧物料入口与冷侧物料出口温度之差；在工艺条件不变情况下，换热面积越大，理论上热端温差越小；随着换热器运行管壁结垢，热端温差逐步变大，需要检修进行清洗。</td></tr>
<tr><td>用途</td><td colspan="4">将热流体的部分热量传递给冷流体。管子可以自由膨胀。多用于温度波动、温差大、管壳程压差大的场合，与浮头式换热器相比，查漏方便一些，也少了小浮头的泄漏点，使用更加可靠。但管程不易清洗，一般要求管程为洁净而不易结垢的流体。</td></tr>
</table>

续表

<table>
<tr><th>设备名称</th><th colspan="3">U 形管换热器</th></tr>
<tr><td>操作</td><td colspan="3">1. 投运
（1）引冷油：要缓慢，微开放空阀，全开出口阀，慢开入口阀，放空阀见油后关闭。
（2）引热油：更要缓慢，微开放空阀，全开出口阀，慢开入口阀，放空阀见油后关闭。
2. 检查
密切关注压力温度变化，有无泄漏，如有异常需改走副线并及时处理。
3. 切出
（1）停热油：先开副线阀，后关入口阀、出口阀，若涉及停泵，必须全关入口阀后停泵。
（2）停冷油：先开副线阀，后关入口阀、出口阀，若涉及停泵，必须全关入口阀后停泵。
4. 吹扫
管壳程吹扫流程通后方能吹扫，防止超压损坏设备，吹扫单程时，另一侧放空阀必须全开。
注意：
（1）物料的切出、切入时要缓慢，防止单边受热，或受热不均造成换热器泄漏或变形。
（2）确实要对带涂层换热器蒸汽吹扫，要严格控制温度不超过200℃，避免涂层破坏。</td></tr>
<tr><td>保养</td><td colspan="3">1. 泄漏
（1）各接管法兰有无泄漏。
（2）管箱、管箱侧垫片有无泄漏。
（3）通过产品采样分析判断换热器是否存在内漏。
2. 参数
（1）检查管程介质的温度及压力（压力降）。
（2）检查壳程介质的运行温度及压力（压力降）。
（3）操作过程中流量调节要缓慢不得大起大落。
3. 其它
（1）换热器振动情况，检查弹簧及固定支撑完好。
（2）设备及接管各保温完好。
（3）有压力表、温度计的要安装齐全，指示准确。
4. 交出
（1）易产生硫化亚铁的，按 HSE 要求采取防止硫化亚铁自燃措施。
（2）对奥氏体不锈钢壳体或管束，要防连多硫酸腐蚀，采取碱洗中和或隔离。
注意：
（1）严禁设备运行超温超压，对有升温要求设备严格控制升温速度。
（2）按压差设计的换热器运行中不得超规定的压差。</td></tr>
<tr><td rowspan="3">故障排除</td><td>故障现象</td><td>故障原因</td><td>处理方法</td></tr>
<tr><td rowspan="2">内漏（两种介质互串）</td><td>换热管腐蚀穿孔、开裂</td><td>检修更换或堵死泄漏管子</td></tr>
<tr><td>换热管与管板焊口处裂开</td><td>检修重新补焊或堵死管子</td></tr>
</table>

续表

设备名称	U 形管换热器		
故障排除	故障现象	故障原因	处理方法
	各法兰处密封泄漏	螺栓强度不足、松动或腐蚀	紧固或更换螺栓
		法兰密封面有缺陷	处理缺陷或打卡子注胶
		介质超温超压造成憋压	及时调整运行参数并紧固螺栓
	传热效果差，阻力降大	换热管、壳体结垢严重	检修清洗管束及壳体
	振动严重	因介质偏离设计操作工况较大	调整运行参数使之在正常范围内运行
		外部管道振动引起的共振	加固管道，检查弹簧或固定支撑是否完好

浮头式换热器

<table>
<tr><th>设备名称</th><th colspan="4">浮头式换热器</th></tr>
<tr><td>结构</td><td colspan="4">浮头式换热器实物图、结构示意图
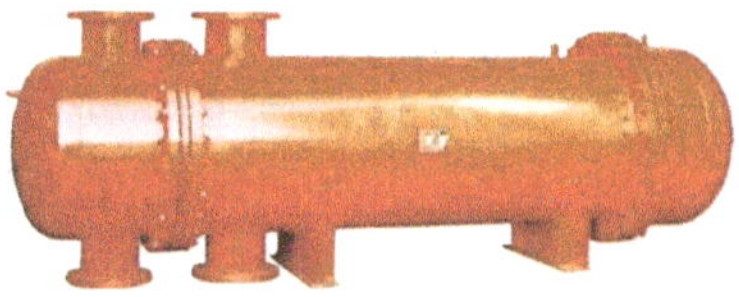
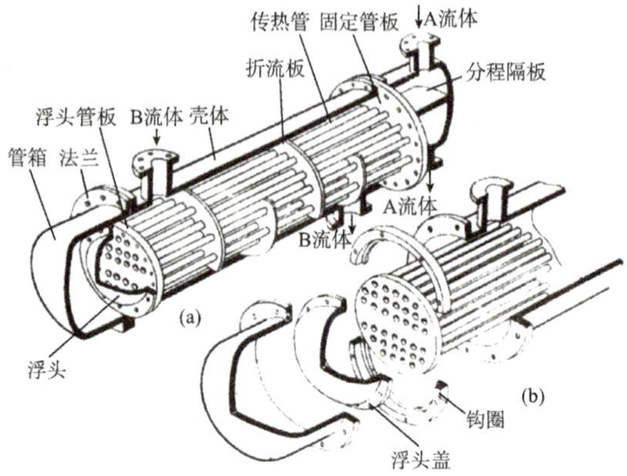

通常由壳体、管箱、接管、支座、封头、小浮头、管束等组成。
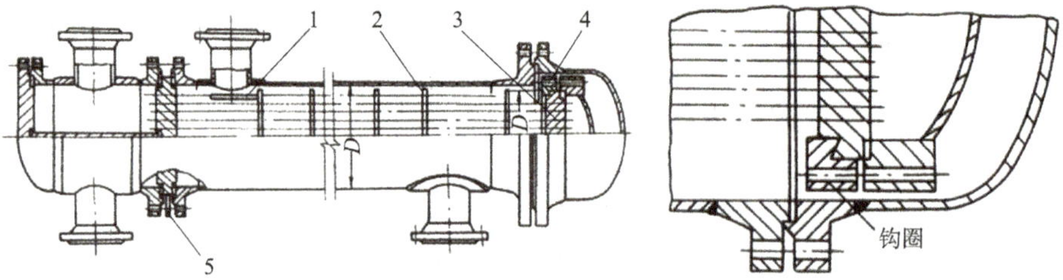

1—防冲挡板；2—折流板；3—浮头管板；4—钩圈；5—支耳
其它部件见前述 U 形管换热器。</td></tr>
<tr><td>原理</td><td colspan="4">1. 将一温度高的热流体的热量传给另一温度低的冷流体。
2. 两种温度不同的流体通过热交换，使一种流体降温而另一种流体升温，以满足生产工艺要求。主要是以传导和对流两种方式进行换热。</td></tr>
<tr><td rowspan="5">性能参数</td><td>性能参数</td><td>符号</td><td>单位</td><td>定义</td></tr>
<tr><td>温度</td><td>T</td><td>℃</td><td>分设计温度与工作温度，设计温度 $T_{设}$：换热器在正常情况下，设定的金属温度；工作温度 $T_{工作}$：正常工作情况下换热器可能达到的最高温度；$T_{设} \geq T_{工作}$，换热器严禁超 $T_{设}$运行。</td></tr>
<tr><td>压力</td><td>p</td><td>MPa</td><td>分设计压力与工作压力，设计压力 $p_{设}$：设定换热器的最高压力；工作压力 $p_{工作}$：正常工作情况下换热器可能达到的最高压力；$p_{设} \geq p_{工作}$，换热器严禁超 $p_{设}$运行。</td></tr>
<tr><td>换热面积</td><td>A</td><td>m^2</td><td>以换热管外径为基准，计算出换热管外表面积。</td></tr>
<tr><td>热端温差</td><td>ΔT</td><td>℃</td><td>热侧物料入口与冷侧物料出口温度之差；在工艺条件不变情况下，换热面积越大，理论上热端温差越小；随着换热器运行管壁结垢，热端温差逐步变大，需要检修进行清洗。</td></tr>
</table>

续表

设备名称	浮头式换热器
用途	将热流体的部分热量传递给冷流体。浮头可在壳体内自由移动，多用于温度波动和温差大、管壳程压差不大的场合，且检修时容易抽出管束，管内管外清洗方便。
操作	1. 投运 （1）引冷油：要缓慢，微开放空阀，全开出口阀，慢开入口阀，放空阀见油后关闭 。 （2）引热油：更要缓慢，微开放空阀，全开出口阀，慢开入口阀，放空阀见油后关闭。 （3）检查：密切关注压力温度变化，有无泄漏，如有异常需改走副线并及时处理 2. 切出 （1）停热油：先开副线阀，后关入口阀、出口阀，若涉及停泵，必须全关入口阀后停泵。 （2）停冷油：先开副线阀，后关入口阀、出口阀，若涉及停泵，必须全关入口阀后停泵。 3. 吹扫 （1）管壳程吹扫流程通后方能吹扫，防止超压损坏设备，吹扫单程时，另一侧放空阀必须全开。 注意： （1）物料的切出、切入时要缓慢，防止单边受热，或受热不均造成换热器泄漏或变形。 （2）确实要对带涂层换热器蒸汽吹扫，要严格控制温度不超过200℃，避免涂层破坏。
维护保养	1. 泄漏 （1）各接管法兰有无泄漏。 （2）管箱、管箱侧垫片有无泄漏。 （3）通过产品采样分析判断换热器是否存在内漏。 2. 参数 （1）检查管程介质的温度及压力（压力降）。 （2）检查壳程介质的运行温度及压力（压力降）。 （3）操作过程中流量调节要缓慢不得大起大落。 3. 其它 （1）换热器振动情况，检查弹簧及固定支撑完好。 （2）设备及接管各保温完好。 （3）有压力表、温度计的安装齐全，指示准确。 4. 交出 （1）易产生硫化亚铁的，按 HSE 要求采取防止硫化亚铁自燃措施； （2）对奥氏体不锈钢壳体或管束，要防连多硫酸腐蚀，采取碱洗中和或隔离。 注意： （1）严禁设备运行超温超压，对有升温要求设备严格控制升温速度。 （2）按压差设计的换热器运行中不得超规定的压差。

续表

设备名称	浮头式换热器		
故障排除	故障现象	故障原因	处理方法
	内漏（两种介质互串）	换热管腐蚀穿孔、开裂	检修更换或堵死泄漏管子
		换热管与管板焊口处裂开	检修重新补焊或堵死管子
		浮头垫片漏	检修紧螺栓、换垫
	各法兰处密封泄漏	螺栓强度不足，松动或腐蚀	紧固或更换螺栓
		法兰密封面有缺陷	处理缺陷或打卡子注胶
		介质超温超压造成憋压	及时调整运行参数并紧固螺栓
	传热效果差，阻力降大	换热管、壳体结垢严重	检修清洗管束及壳体
	振动严重	因介质偏离设计操作工况较大	调整运行参数使之在正常范围内运行
		外部管道振动引起的共振	加固管道，检查弹簧或固定支撑是否完好

固定管板式换热器

<table>
<tr><th>设备名称</th><th colspan="4">固定管板式换热器</th></tr>
<tr><td>结构</td><td colspan="4">
固定管板式换热器实物图、结构示意图

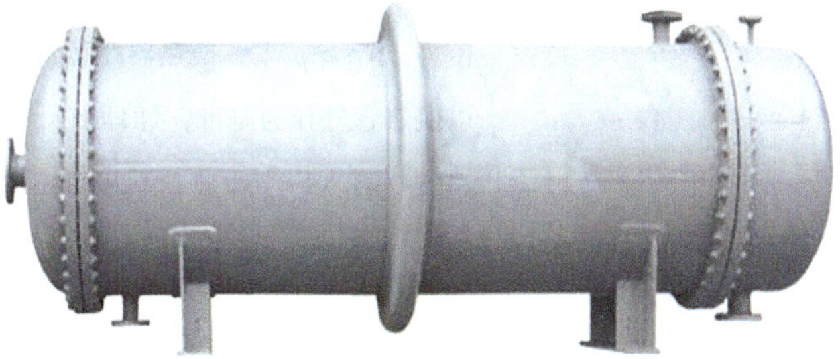

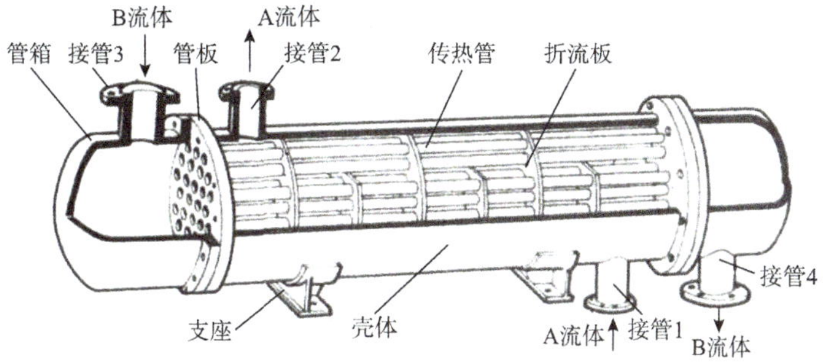

通常由壳体、封头、管束、接管、膨胀节、支座等组成。

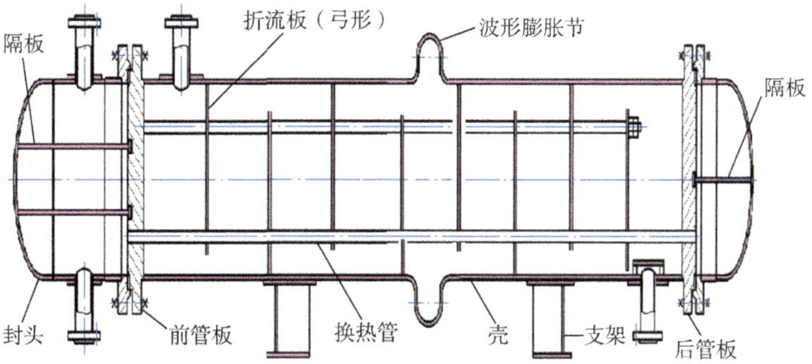

膨胀节的作用：由于两块管板都与壳体固定，当壳体、换热管受热、受压都会发生变形，加入膨胀节减少热应力来吸收热膨胀差。

其它部件说明见前述 U 形管换热器。
</td></tr>
<tr><td>原理</td><td colspan="4">1. 将一温度高的热流体的热量传给另一温度低的冷流体。
2. 两种温度不同的流体通过热交换，使一种流体降温而另一种流体升温，以满足生产工艺要求。主要是以传导和对流两种方式进行换热。</td></tr>
<tr><td rowspan="2">性能参数</td><td>性能参数</td><td>符号</td><td>单位</td><td>定义</td></tr>
<tr><td>温度</td><td>T</td><td>℃</td><td>分设计温度与工作温度，设计温度 $T_{设}$：换热器在正常情况下，设定的金属温度；工作温度 $T_{工作}$：正常工作情况下换热器可能达到的最高温度；$T_{设} \geq T_{工作}$，换热器严禁超 $T_{设}$运行。</td></tr>
</table>

续表

<table>
<tr><th>设备名称</th><th colspan="4">固定管板式换热器</th></tr>
<tr><td rowspan="4">性能参数</td><td>性能参数</td><td>符号</td><td>单位</td><td>定义</td></tr>
<tr><td>压力</td><td>p</td><td>MPa</td><td>分设计压力与工作压力，设计压力$p_{设}$：设定换热器的最高压力；工作压力$p_{工作}$：正常工作情况下换热器可能达到的最高压力；$p_{设} \geqslant p_{工作}$，换热器严禁超$p_{设}$运行。</td></tr>
<tr><td>换热面积</td><td>A</td><td>m^2</td><td>以换热管外径为基准，计算出换热管外表面积。</td></tr>
<tr><td>热端温差</td><td>ΔT</td><td>℃</td><td>热侧物料入口与冷侧物料出口温度之差；在工艺条件不变情况下，换热面积越大，理论上热端温差越小；随着换热器运行管壁结垢，热端温差逐步变大，需要检修进行清洗。</td></tr>
<tr><td>用途</td><td colspan="4">将热流体的部分热量传递给冷流体。结构比较简单、紧凑、造价便宜，密封件少，试压查漏也较简单，但壳程清洗困难，有温差应力存在，为此，适用于壳程介质清洁不易腐蚀结垢，两种介质温差不大或温差较大壳程压力不高的场合。</td></tr>
<tr><td>操作</td><td colspan="4">1. 投运
（1）引冷油：要缓慢，微开放空阀，全开出口阀，慢开入口阀，放空阀见油后关闭。
（2）引热油：更要缓慢，微开放空阀，全开出口阀，慢开入口阀，放空阀见油后关闭。
（3）检查：密切关注压力温度变化，有无泄漏，如有异常需改走副线并及时处理
2. 切出
（1）停热油：先开副线阀，后关入口阀、出口阀，若涉及停泵，必须全关入口阀后停泵。
（2）停冷油：先开副线阀，后关入口阀、出口阀，若涉及停泵，必须全关入口阀后停泵。
3. 吹扫
（1）管壳程吹扫流程通后方能吹扫，防止超压损坏设备，吹扫单程时，另一侧放空阀必须全开。
注意：
（1）物料的切出、切入时要缓慢，防止单边受热，或受热不均造成换热器泄漏或变形。
（2）确实要对带涂层换热器蒸汽吹扫，要严格控制温度不超过200℃，避免涂层破坏。</td></tr>
<tr><td>维护保养</td><td colspan="4">1. 泄漏
（1）各接管法兰有无泄漏。
（2）管板垫片有无泄漏。
（3）通过产品采样分析判断换热器是否存在内漏。
2. 参数
（1）检查管程介质的温度及压力（压力降）。
（2）检查壳程介质的运行温度及压力（压力降）。
（3）操作过程中流量调节要缓慢不得大起大落。
3. 其它
（1）换热器振动情况，检查弹簧及固定支撑完好。
（2）设备及接管各保温完好。</td></tr>
</table>

续表

<table>
<tr><th>设备名称</th><th colspan="3">固定管板式换热器</th></tr>
<tr><td>维护保养</td><td colspan="3">（3）有压力表、温度计的安装齐全，指示准确。
4. 交出
（1）易产生硫化亚铁的，按 HSE 要求采取防止硫化亚铁自燃措施。
（2）对奥氏体不锈钢壳体或管束，要防连多硫酸腐蚀，采取碱洗中和或隔离。
注意：
（1）严禁设备运行超温超压，对有升温要求设备严格控制升温速度。
（2）按压差设计的换热器运行中不得超规定的压差。</td></tr>
<tr><td rowspan="9">故障排除</td><td>故障现象</td><td>故障原因</td><td>处理方法</td></tr>
<tr><td rowspan="2">内漏（两种介质互串）</td><td>换热管腐蚀穿孔、开裂</td><td>检修更换或堵死泄漏管子</td></tr>
<tr><td>换热管与管板焊口处裂开</td><td>检修重新补焊或堵死管子</td></tr>
<tr><td rowspan="3">各法兰处密封泄漏</td><td>螺栓强度不足，松动或腐蚀</td><td>紧固或更换螺栓</td></tr>
<tr><td>法兰密封面有缺陷</td><td>处理缺陷或打卡子注胶</td></tr>
<tr><td>介质超温超压造成憋压</td><td>及时调整运行参数并紧固螺栓</td></tr>
<tr><td>传热效果差，阻力降大</td><td>换热管、壳体结垢严重</td><td>检修清洗管束及壳体</td></tr>
<tr><td rowspan="2">振动严重</td><td>因介质偏离设计操作工况较大</td><td>调整运行参数使之在正常范围内运行</td></tr>
<tr><td>外部管道振动引起的共振</td><td>加固管道，检查弹簧或固定支承是否完好</td></tr>
</table>

高压采样换热器

<table>
<tr><th>设备名称</th><th colspan="4">高压采样换热器</th></tr>
<tr><td>结构</td><td colspan="4">高压采样换热器实物图、结构示意图
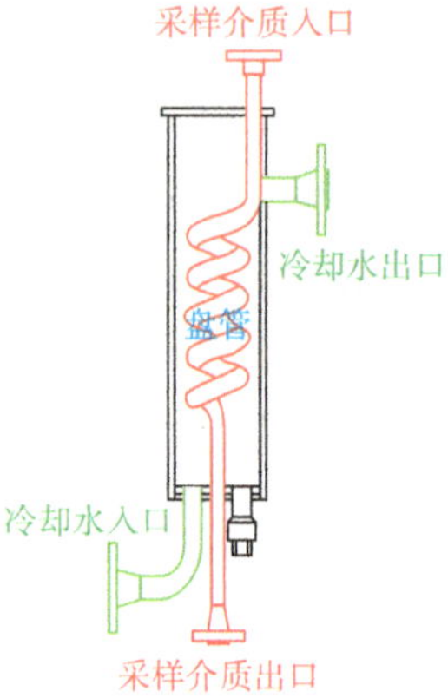

通常由壳体、接管、螺旋冷却管组成。</td></tr>
<tr><td>原理</td><td colspan="4">冷却水从进水口进入壳体内部，吸收盘管内的热介质放出的余热，降低工作介质的温度，使工作介质保持额定的工作温度。</td></tr>
<tr><td rowspan="5">性能参数</td><td>性能参数</td><td>符号</td><td>单位</td><td>定义</td></tr>
<tr><td>温度</td><td>T</td><td>℃</td><td>分设计温度与工作温度，设计温度 $T_{设}$：在正常情况下设定的金属温度；工作温度 $T_{工作}$：正常工作情况下换热器可能达到的最高温度；$T_{设} \geqslant T_{工作}$，严禁超 $T_{设}$运行。</td></tr>
<tr><td>压力</td><td>p</td><td>MPa</td><td>分设计压力与工作压力，设计压力 $p_{设}$：设定换热器的最高压力；工作压力 $p_{工作}$：正常工作情况下换热器可能达到的最高压力；$p_{设} \geqslant p_{工作}$，严禁超 $p_{设}$运行。</td></tr>
<tr><td>换热面积</td><td>A</td><td>m^2</td><td>以换热管外径为基准，计算出换热管外表面积。</td></tr>
<tr><td>热端温差</td><td>ΔT</td><td>℃</td><td>热侧物料入口与冷侧物料出口温度之差；在工艺条件不变情况下，换热面积越大，理论上热端温差越小；随着换热器运行管壁结垢，热端温差逐步变大，需要检修进行清洗。</td></tr>
<tr><td>用途</td><td colspan="4">对高温介质进行冷却，提供合适温度的采样介质。</td></tr>
<tr><td>操作</td><td colspan="4">1. 投运
（1）引冷却水：要缓慢，微开放空阀，全开出口阀，慢开入口阀，放空阀见水后关闭。
（2）引热油：更要缓慢，微开放空阀，全开出口阀，慢开入口阀，放空阀见油后关闭。
2. 检查
密切关注压力温度变化，有无泄漏，如有异常需改走副线并及时处理。
3. 切出
（1）停热油：缓慢关入口阀，待入口阀全关后再关闭出口阀，让热介质在盘管内自然冷却</td></tr>
</table>

续表

<table>
<tr><th>设备名称</th><th colspan="3">高压采样换热器</th></tr>
<tr><td>操作</td><td colspan="3">（2）停冷却水：待盘管内介质已冷却到合适温度后，可以关冷却水出入口阀门
4. 吹扫
盘管侧吹扫流程通后方能吹扫。
注意：
物料的切出、切入时要缓慢，防止单边受热，或受热不均造成换热器泄漏或变形。</td></tr>
<tr><td>维护保养</td><td colspan="3">1. 泄漏
（1）各接管法兰有无泄漏。
（2）打开冷却水阀门观察盘管是否存在泄漏，防止高压串低压。
2. 参数
检查盘管内介质的冷后温度是否已达到合适温度。
3. 其它
（1）换热器振动情况，检查弹簧及固定支撑完好。
（2）设备及接管各保温完好。
注意：
（1）严禁设备运行超温超压，对有升温要求设备严格控制升温速度。
（2）按压差设计的换热器运行中不得超规定的压差。</td></tr>
<tr><td rowspan="9">故障排除</td><td>故障现象</td><td>故障原因</td><td>处理方法</td></tr>
<tr><td>内漏（两种介质互串）
各法兰处密封泄漏</td><td>盘管腐蚀穿孔、开裂</td><td>检修更换盘管</td></tr>
<tr><td rowspan="3">传热效果差，阻力降大</td><td>螺栓强度不足，松动或腐蚀</td><td>紧固或更换螺栓</td></tr>
<tr><td>法兰密封面有缺陷</td><td>处理缺陷或打卡子注胶</td></tr>
<tr><td>介质超温超压造成憋压</td><td>及时调整运行参数并紧固螺栓</td></tr>
<tr><td rowspan="3">振动严重</td><td>换热管、壳体结垢严重</td><td>检修清洗管束及壳体</td></tr>
<tr><td>因介质偏离设计操作工况较大</td><td>调整运行参数使之在正常范围内运行</td></tr>
<tr><td>外部管道振动引起的共振</td><td>加固管道，检查弹簧或固定支撑是否完好</td></tr>
</table>

缠绕管式换热器

<table>
<tr><th>设备名称</th><th colspan="4">缠绕管式换热器</th></tr>
<tr><td>结构</td><td colspan="4">

缠绕管式换热器实物图、结构示意图

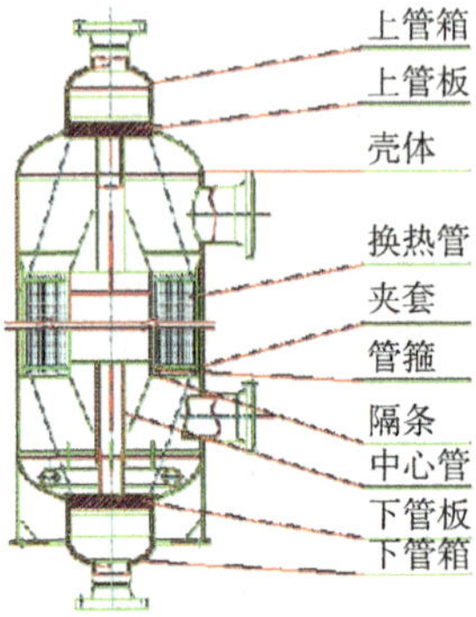

缠绕管式换热器由绕管芯体和壳体两部分组成。绕管芯体由中心筒、换热管、垫条及管卡等组成。换热管紧密地绕在中心筒上，用平垫条及异形垫条分隔，保证管子之间的横向和纵向间距。缠绕管可以采用单根绕制，也可采用两根或多根组焊后一起绕制。管内可以通过一种，称单通道型缠绕管式换热器，也可分别通过几种不同的介质，而每种介质所通过的传热管均汇集在各自的管板上，构成多通道型缠绕管式换热器。</td></tr>
<tr><td>原理</td><td colspan="4">单位容积超大的换热面积，使缠绕管式换热器具备结构紧凑、传热高效率、实现多股流换热与良好热补偿能力。</td></tr>
<tr><td rowspan="5">性能参数</td><td>性能参数</td><td>符号</td><td>单位</td><td>定义</td></tr>
<tr><td>温度</td><td>T</td><td>℃</td><td>分设计温度与工作温度，设计温度 $T_{设}$：换热器在正常情况下，设定的金属温度；工作温度 $T_{工作}$：正常工作情况下换热器可能达到的最高温度；$T_{设} \geq T_{工作}$，换热器严禁超 $T_{设}$运行。</td></tr>
<tr><td>压力</td><td>p</td><td>MPa</td><td>分设计压力与工作压力，设计压力 $p_{设}$：设定换热器的最高压力；工作压力 $p_{工作}$：正常工作情况下换热器可能达到的最高压力；$p_{设} \geq p_{工作}$，换热器严禁超 $p_{设}$运行。</td></tr>
<tr><td>换热面积</td><td>A</td><td>m^2</td><td>以换热管外径为基准，计算出换热管外表面积。</td></tr>
<tr><td>热端温差</td><td>ΔT</td><td>℃</td><td>热侧物料入口与冷侧物料出口温度之差；在工艺条件不变情况下，换热面积越大，理论上热端温差越小；随着换热器运行管壁结垢，热端温差逐步变大，需要检修进行清洗。</td></tr>
<tr><td>用途</td><td colspan="4">适合深冷系统的换热、大型化工工艺过程的高压设备换热，适合要求结构紧凑、管内介质操作压力高、管程密封可靠的换热场合。</td></tr>
</table>

续表

设备名称	缠绕管式换热器		
操作	1. 开工 （1）系统清理：换热器内部清理，管路清理干净。 （2）投料开工：升温、升压，放尽换热器底部存油至污油线，升温速率小于等于55℃/h。 2. 检查 密切关注压力温度变化、热端温差，有无泄漏，如有异常装置停工检修处理。 3. 停运 （1）恒温解氢：时间为24~48h。 （2）先降压后降温。 （3）关注换热器各部位温度、压力及热端温差情况。 4. 吹扫 反应系统氮气置换，包含相关管线，化验分析合格。 注意： （1）日常操作过程中，密切注意热端温差、管壳程压降。 （2）投用时和普通换热器类似，先投冷料、再投热料。		
维护保养	1. 泄漏 （1）各接管法兰有无泄漏，临氢系统闭灯检查要到位。 （2）通过产品采样分析判断换热器是否存在内漏。 2. 参数 （1）检查管程介质的温度及压力（压力降）。 （2）检查壳程介质的运行温度及压力（压力降）。 （3）操作过程中提降量（温）幅度要小。 3. 其它 （1）换热器振动情况，检查弹簧及固定支撑完好。 （2）设备及接管各保温完好。 （3）有压力表、温度计的安装齐全，指示准确。 4. 交出 （1）易产生硫化亚铁的，按HSE要求采取防止硫化亚铁自燃措施。 （2）对奥氏体不锈钢壳体或管束，要防连多硫酸腐蚀。 注意： （1）严禁设备运行超温超压，对有升温要求设备严格控制升温速度。 （2）按压差设计的换热器运行中不得超规定的压差。		
故障排除	故障现象	故障原因	处理方法
	内漏（两种介质互串）	换热管腐蚀穿孔、开裂	停工检修
		换热管与管板焊口处裂开	停工检修
	各法兰处密封泄漏	螺栓强度不足，松动或腐蚀	紧固或更换螺栓
		法兰密封面有缺陷	停工处理缺陷
		介质超温超压造成憋压	及时调整运行参数并紧固螺栓
故障排除	传热效果差，阻力降大	换热管、壳体结垢严重	检修清洗管束及壳体
	振动严重	因介质偏离设计操作工况较大	调整运行参数使之在正常范围内运行
		外部管道振动引起的共振	加固管道，检查弹簧或固定支承是否完好

干式水平式空冷器

<table>
<tr><th>设备名称</th><th colspan="4">干式水平式空冷器</th></tr>
<tr><td>结构</td><td colspan="4">干式水平式空冷器实物图、结构示意图

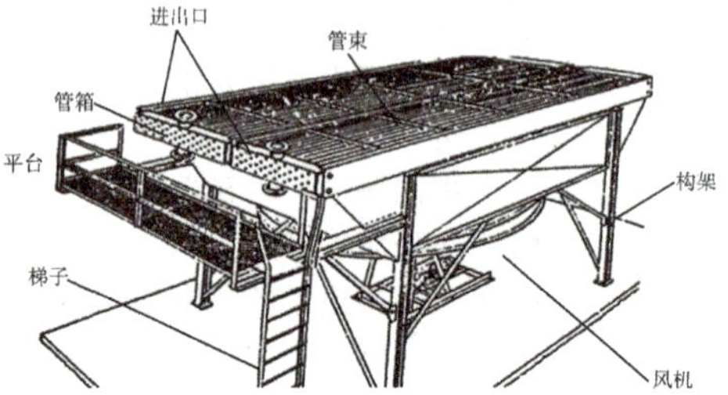

空冷器一般是由管束、管箱、风机、百叶窗和构架等主要部分组成 。管束钢管设有翅片，翅片与换热管采用整体热浸锌工艺，使管片接触更紧密，接触热阻小，传热效率高，防腐能力强。翅片为整体波纹状多孔铝片或钢片。</td></tr>
<tr><td>原理</td><td colspan="4">水平式空气冷却器是以环境空气作为冷却介质，横掠翅片管外，使管内高温工艺流体得到冷却或冷凝的设备，空冷器管束外壁一般设置翅片，既可增大传热面积，又可增加气体的湍动程度，减少气体侧的热阻，提高传热效率。</td></tr>
<tr><td rowspan="5">性能参数</td><td>性能参数</td><td>符号</td><td>单位</td><td>定义</td></tr>
<tr><td>热阻</td><td>R_{ca}</td><td>℃ /W</td><td>反映阻止热量传递的能力的综合参量，即物体持续传热功率为 1W 时，导热路径两端的温差。</td></tr>
<tr><td>对流传热系数</td><td>h</td><td>W/（m^2·℃）</td><td>流体与固体表面之间的换热能力，物体表面与附近空气温差 1℃，单位时间单位面积上通过对流与附近空气交换的热量（牛顿冷却公式中的比例系数）。</td></tr>
<tr><td>传热系数</td><td>K</td><td>W/（m^2·℃）</td><td>单位面积、单位温差时的传热量。</td></tr>
<tr><td>翅化比</td><td>β</td><td></td><td>钢管加翅片后面积扩大的倍数。</td></tr>
<tr><td>用途</td><td colspan="4">空冷式换热器（简称空冷器）是用空气进行冷却的工业热交换装置。与水冷比较，具有冷源充足并免费获取，避免了水资源的浪费，减少环境污染且维护费用较低。</td></tr>
<tr><td>操作</td><td colspan="4">1. 投运
（1）投介质要缓慢，流程确认打通，防止超压或憋压。
（2）调整控制冷后温度，调整变频开度或百叶窗开度，使冷后温度达到工艺要求。
2. 检查
关注压力温度变化，有无泄漏，如有异常需及时处理。
3. 切出
（1）停风机：缓慢关闭出入口阀门，或切断介质源。
（2）疏水：根据介质物性，直接泄压或冷却后泄压。
4. 盘车
根据需求置换合格后交付检修或备用。
注意：
（1）空冷器投用时，严防封闭憋压，超温，超压。
（2）空冷器投用时，对称开停，防止偏流。</td></tr>
</table>

续表

<table>
<tr><th>设备名称</th><th colspan="3">干式水平式空冷器</th></tr>
<tr><td>维护保养</td><td colspan="3">1. 泄漏：
（1）各接管法兰有无泄漏。
（2）检查换热管是否存在外漏。
2. 参数：
（1）检查温度和压降。
（2）保持平稳操作。
3. 堵塞
（1）翅片结垢会降低传热系数并增加阻力降，增加腐蚀的可能。
（2）翅片结垢会造成翅片的腐蚀。
4. 其它
（1）设备及接管各保温完好。
（2）压力表、温度计的安装齐全，指示准确。
注意：
（1）严禁设备运行超温超压，对有升温要求设备严格控制升温速度。
（2）空冷器运行中不得超规定的压差。</td></tr>
<tr><td rowspan="8">故障排除</td><td>故障现象</td><td>故障原因</td><td>处理方法</td></tr>
<tr><td rowspan="2">外漏</td><td>翅片管基管腐蚀穿孔</td><td>切出堵漏或更换翅片管</td></tr>
<tr><td>丝堵或管箱处未紧牢 / 垫片有缺陷</td><td>紧固或切出换垫</td></tr>
<tr><td rowspan="3">传热效果差，阻力降大</td><td>翅片管结垢</td><td>化学清洗或更换翅片管</td></tr>
<tr><td>翅片管翅片腐蚀</td><td>更换换热管</td></tr>
<tr><td>流道堵塞</td><td>检查清理</td></tr>
<tr><td rowspan="2">各法兰处密封泄漏</td><td>螺栓强度不足，松动或腐蚀</td><td>紧固或更换螺栓</td></tr>
<tr><td>法兰密封面有缺陷</td><td>处理缺陷或打卡子注胶</td></tr>
</table>

凝汽式空冷器

<table>
<tr><th>设备名称</th><th colspan="4">凝汽式空冷器</th></tr>
<tr><td>结构</td><td colspan="4">凝汽式空冷器、结构示意图

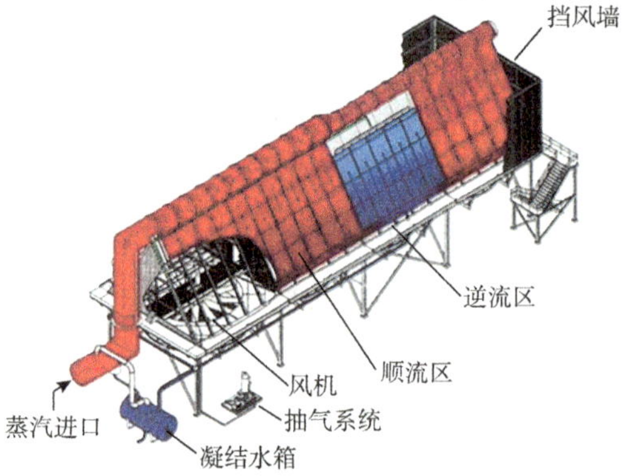

结构类似干式水平式空冷器，凝汽式空冷器的定时倾斜的，倾斜角通常为 60° 。</td></tr>
<tr><td>原理</td><td colspan="4">斜顶式空冷器管束倾斜呈人字形放置，夹角一般为 60° ，以环境空气作为冷却介质，使管内蒸汽获得冷凝，以达到工艺需求。</td></tr>
<tr><td rowspan="5">性能参数</td><td>参数</td><td>符号</td><td>单位</td><td>定义</td></tr>
<tr><td>热阻</td><td>R_{ca}</td><td>℃ /W</td><td>反映阻止热量传递的能力的综合参量，即物体持续传热功率为 1W 时，导热路径两端的温差。</td></tr>
<tr><td>对流传热系数</td><td>h</td><td>W/（m^2 · ℃）</td><td>流体与固体表面之间的换热能力，物体表面与附近空气温差 1℃，单位时间单位面积上通过对流与附近空气交换的热量（牛顿冷却公式中的比例系数）。</td></tr>
<tr><td>传热系数</td><td>K</td><td>W/（m^2 · ℃）</td><td>单位面积、单位温差时的传热量。</td></tr>
<tr><td>翅化比</td><td>β</td><td></td><td>钢管加翅片后面积扩大的倍数。</td></tr>
<tr><td>用途</td><td colspan="4">通常用于 60~150℃介质通风冷却或加强散热场合。</td></tr>
</table>

续表

<table>
<tr><th>设备名称</th><th colspan="3">凝汽式空冷器</th></tr>
<tr><td>操作</td><td colspan="3">1. 投运
开机：启动电动机，检查电动机和风机是否运行正常。
调整：调整变频开度，使冷后温度或负压达到工艺要求。
检查：关注负压温度变化，有无泄漏，如有异常需及时处理。
2. 切出
停机：关出入口阀，开阀泄压。
疏水：打开疏水阀疏水。
注意：
（1）空冷器投用时，严防封闭憋压、超温、超压，同时防止热风再循环。
（2）凝气空冷器冬季做好防冻工作。</td></tr>
<tr><td>维护保养</td><td colspan="3">1. 泄漏
（1）各接管法兰有无泄漏。
（2）检查换热管是否存在外漏。
（3）做好负压查漏工作。
2. 参数
（1）检查温度和压降。
（2）保持合理稳定的负压操作。
3. 堵塞
（1）翅片结垢会降低传热系数并增加阻力降，增加腐蚀的可能。
（2）翅片结垢会造成翅片的腐蚀。
4. 其它
（1）防冻设施完好。
（2）检查风机运行工况，管束无泄漏点。
注意：
（1）严禁设备运行超温超压，对有升温要求设备严格控制升温速度。
（2）空冷器运行中不得超规定的压差。</td></tr>
<tr><td rowspan="7">故障排除</td><td>故障现象</td><td>故障原因</td><td>处理方法</td></tr>
<tr><td>外漏</td><td>翅片管基管腐蚀穿孔</td><td>切出堵漏或更换翅片管</td></tr>
<tr><td rowspan="3">传热效果差，阻力降大</td><td>翅片管结垢</td><td>化学清洗或更换翅片管</td></tr>
<tr><td>翅片管翅片腐蚀</td><td>更换换热管</td></tr>
<tr><td>流道堵塞</td><td>检查清理</td></tr>
<tr><td rowspan="2">负压不稳定</td><td>存在泄漏点</td><td>负压查漏</td></tr>
<tr><td>超负荷运行</td><td>合理调整工况</td></tr>
</table>

蒸发冷凝器

<table>
<tr><th>设备名称</th><th colspan="4">蒸发冷凝器</th></tr>
<tr><td>结构</td><td colspan="4">蒸发冷凝器实物图、结构原理示意图

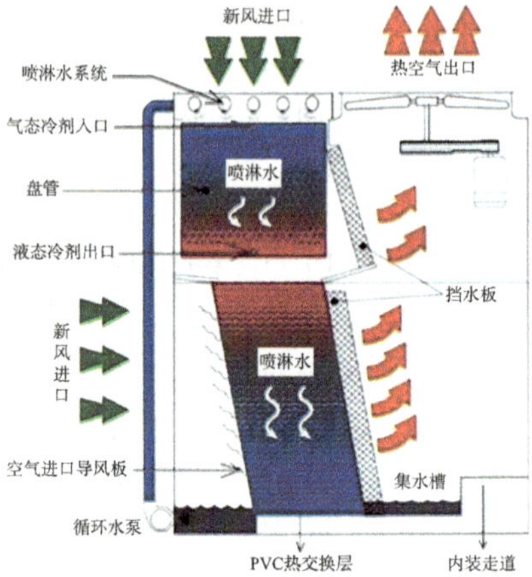

蒸发式冷凝器是用于冷库降温的一种换热装置，由风机、冷凝盘管、换热片、箱体等部件组合而成。制冷蒸发式冷凝器是由专用轴流风机、喷淋嘴、电子水除垢仪、集气囊、PVC 换热片、高效脱水器、冷却管组、填料集水槽、水泵、集水器、箱体等部件组成。</td></tr>
<tr><td>原理</td><td colspan="4">1. 高温气态制冷剂与盘管外经水泵增压后的喷淋水和空气进行热交换，由气态逐渐被冷凝为液态，从下部制冷剂出口流出。
2. 喷淋水和空气吸收热量后温度升高，部分水由液态变成气态，由蒸发潜热带走大量的热量，其余的水经过 PVC 热交换层回落到下部集水槽中，再由循环水泵送入喷淋系统中循环使用。</td></tr>
<tr><td rowspan="3">性能参数</td><td>性能参数</td><td>符号</td><td>单位</td><td>定义</td></tr>
<tr><td>热阻</td><td>R_{ca}</td><td>℃ /W</td><td>反映阻止热量传递的能力的综合参量，即物体持续传热功率为 1W 时，导热路径两端的温差。</td></tr>
<tr><td>传热系数</td><td>K</td><td>W/（m^2·℃）</td><td>单位面积、单位温差时的传热量。</td></tr>
<tr><td>用途</td><td colspan="4">蒸发冷是利用水的潜热也就是水在常温下的蒸发吸收热量达到冷却的目的，在带走同样热量时蒸发冷比水冷式冷凝器用水量低得多，这也就是蒸发冷之所以节电节水根本原因。在炼油化工行业制冷剂气体冷凝工段广泛应用。</td></tr>
<tr><td>操作</td><td colspan="4">1. 投运
（1）启动风机：风机运行正常，皮带无磨损松弛，叶片无刮擦 。
（2）投喷淋水：启动水泵电动机，逐步开大泵出口阀，喷淋系统运行正常无外漏。
（3）投用氨冷流程：先微开出口阀，盘管进行查漏，后全开出口阀，再逐步开入口阀，幅度要慢，最后全开入口阀。
2. 切出
（1）切出氨冷流程：逐步关入口阀，幅度要慢，最后全关入口阀，再关出口阀。
（2）停喷淋水：关泵出口阀，停运水泵。</td></tr>
</table>

续表

<table>
<tr><th>设备名称</th><th colspan="3">蒸发冷凝器</th></tr>
<tr><td>操作</td><td colspan="3">（3）停运风机：依次停运风机。
注意：
氨冷流程的切出、切入时要缓慢，之前必须风机系统、喷淋水系统先投用正常。</td></tr>
<tr><td>维护保养</td><td colspan="3">1. 泄漏
（1）各接管法兰有无泄漏。
（2）检查换热盘管是否存在外漏。
（3）检查水箱密封情况，确保喷淋水无外漏。
2. 参数
（1）检查温度和压降。
（2）保持合理稳定的温度操作。
3. 其它
（1）检查水池水位是否正常，补水浮球是否完好。
（2）及时清理水箱内的杂物。
（3）检查风机、水泵机械运行工况。
注意：
（1）确保水池水位 2/3 位置，泵入口滤网干净，防止泵抽空。
（2）如没特殊需求，闷热天气风机也需运行，防止风机电动机接线受潮下次不能启动。</td></tr>
<tr><td rowspan="14">故障排除</td><td>故障现象</td><td>故障原因</td><td>处理方法</td></tr>
<tr><td rowspan="2">外漏</td><td>管束基管腐蚀穿孔</td><td>切出堵漏或换管束</td></tr>
<tr><td>喷淋水外漏</td><td>做好水箱的密封工作</td></tr>
<tr><td rowspan="2">传热效果差</td><td>换热管结垢</td><td>清洗管束</td></tr>
<tr><td>喷淋水效果差</td><td>更换喷嘴</td></tr>
<tr><td rowspan="3">液氨温度高</td><td>风机电动机故障</td><td>重新接线</td></tr>
<tr><td>风机皮带脱落，风机叶片断裂</td><td>更换皮带或风机检修</td></tr>
<tr><td>水泵出口压力低</td><td>检查水泵、调整水量</td></tr>
<tr><td rowspan="3">水泵流量不足</td><td>管道、流道堵塞</td><td>检查清理</td></tr>
<tr><td>叶轮磨损</td><td>检查更换叶轮</td></tr>
<tr><td>水池液位低</td><td>检查补水浮球并加大补水</td></tr>
<tr><td rowspan="3">风机振动大</td><td>叶片角度偏大</td><td>调整叶片</td></tr>
<tr><td>叶片不平衡</td><td>调整叶片动平衡</td></tr>
<tr><td>风筒基础薄弱</td><td>加固</td></tr>
</table>

全焊式板式换热器

设备名称	全焊式板式换热器
结构	全焊式板式换热器实物图、结构示意图  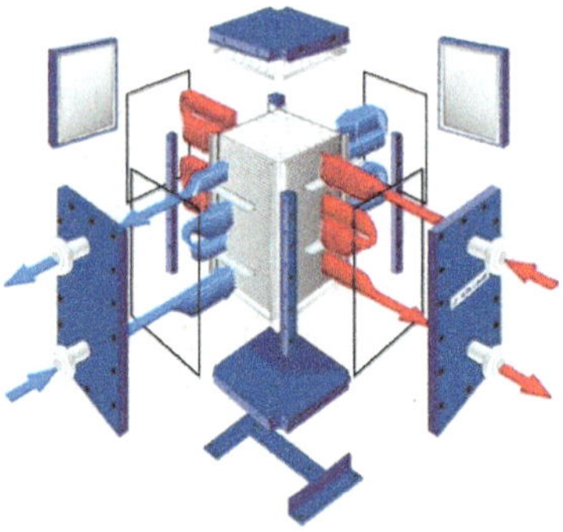   换热板片 全焊式板式换热器的换热板片，是由特种不锈钢，以特制模具压制而成。表面光滑不易结垢。其独特的波纹设计使流体在较低的流速下也能产生湍流，传热效率高，整个板片束全部采用本体材料由氩弧焊焊接而成。不采用任何非金属密封材料，因而有较高的耐温、耐压性能。特别是用于气－气换热的全焊接板式热交换器，是目前最为先进的高效节能型气－气预热器，具有传热效率高、密封性能好、压降低、结构紧凑、耐腐蚀、寿命长、不易积灰、易清洗等优点。  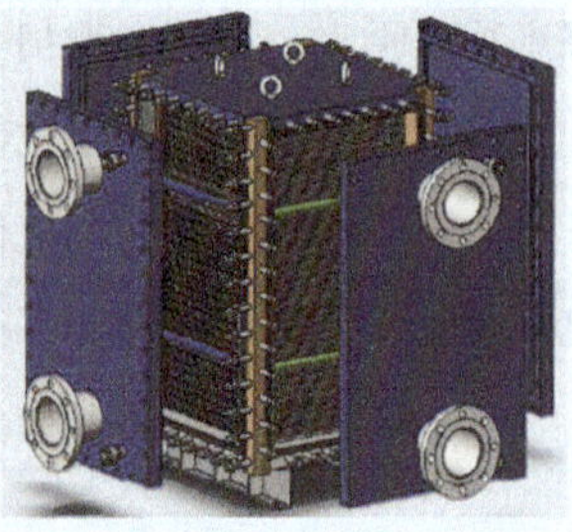 实物图示

续表

设备名称	全焊式板式换热器

结构

➢ THT全焊式板式换热器板片间由于采用了焊接结构，消除了高温及特殊介质工况对密封垫片的影响和腐蚀，提高了使用温度、压力及适应介质的能力。

➢ 板片间的焊接方式采用激光焊和氩弧焊双重焊接，焊接变形小，焊接质量高，实现板束零泄漏的质量目标。

➢ 采用多流程时设置中间隔板，隔板与板片及侧向夹紧板之间采用嵌入式结构，有效防止漏流的产生。

➢ 侧向夹紧板、盖板及连接螺栓采用ASME标准进行强度核算，满足强度要求，同时各方形密封面的结构采用密封性能极佳的凹凸面密封结构，确保了主密封面密封性能。

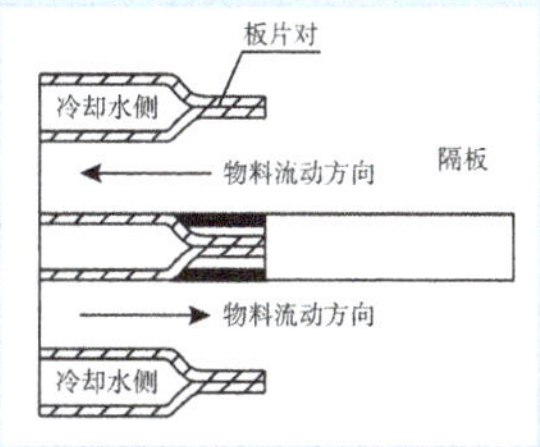

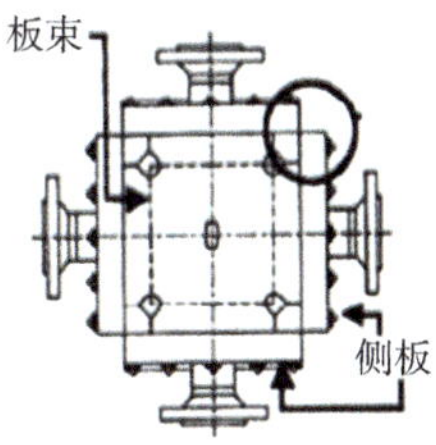

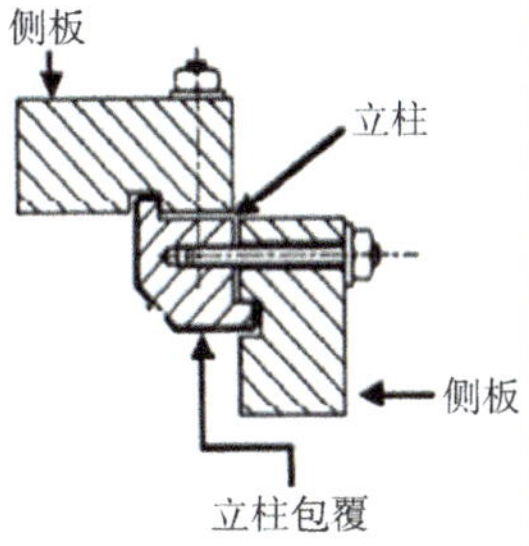

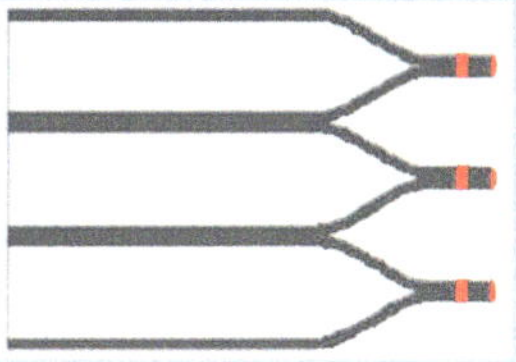

构造图解

原理

1. 由加工成凹凸状等金属板片，表面光滑不易结垢。其独特的波纹设计使流体在较低的流速下也能产生湍流，传热效率高，整个板片束边缘 90° 翻边激光焊接，每一枚传热板片作为一个传热单元，对焊的板片间形成了流体的流道，同时板片又合理的将冷热流体分开，使其分别在每块板片两侧的流道中流动，通过板片进行热交换。

2. 通过四个角上的立柱来固定四面的端板，并用螺栓紧固。

性能参数

性能参数	符号	单位	定义
单板计算换热面积	a	m^2	参与换热部分的板片展开面积，为板片投影面积与展开系数之积。
板间距	b	m	板式换热器相邻两板片间的平均距离。
换热面积	A	m^2	经圆整后的整台板式换热器中有效换热板片数（板片总数减 2）与单板计算换热面积之积。
流道	N/n		板式换热器内相邻板片组成的介质流动通道，以 N 表示热流体侧的流道数，以 n 表示冷流体侧的流道数。

用途

板片式换热器适用与多种介质换热，板片间形成一系列的平行通道，每种流体相间进入板片间的适当通道，通常为逆流方式（卧式安装的全焊式板换内为错流方式）；板换清洗方便，主要应用于液 – 液换热，以及冷凝或蒸发，在炼油、石化、海洋平台中应用广泛，多用作原油、天然气净化处理和化工进出料换热器、冷凝器、再沸器，以及区域供热、热电厂等。

续表

<table>
<tr><th>设备名称</th><th colspan="3">全焊式板式换热器</th></tr>
<tr><td>操作</td><td colspan="3">1. 投运
（1）引冷介质要缓慢，打开放气阀，全开出口阀，慢开入口阀，放空阀见介质后关闭。
（2）引热介质更要缓慢，微开放气阀，全开出口阀，慢开入口阀，气排尽后关放气阀。
2. 检查
密切关注压力温度变化，有无泄漏，如有异常需及时处理。
3. 切出
（1）停热介质后关入口阀、出口阀，若涉及停泵，必须全关入口阀后停泵。
（2）停冷介质后关入口阀、出口阀，若涉及停泵，必须全关入口阀后停泵。
4. 吹扫
吹扫流程通后方能吹扫，防止超压损坏设备，吹扫单程时，另一侧放空阀必须全开。
注意：
（1）物料的切出、切入时要缓慢，压力升高 / 降低速度不得超过 ±1MPa/min，温度升高 / 降低速度不得超过 ±25℃ /h。
（2）开车投料时做好排气工作，防止换热器憋压泄漏。</td></tr>
<tr><td>维护保养</td><td colspan="3">1. 泄漏
（1）各接管法兰有无泄漏。
（2）垫片密封面有无泄漏。
（3）通过分析判断换热器密封面是否存在内漏。
2. 参数
（1）检查温度和压降，压降增大或温度降低表示板片结垢。
（2）要避免突然冷却，冷却时应同时降低压力。
（3）流量调节缓慢。
3. 堵塞
（1）板片间的气体会降低传热系数并增加阻力降。
（2）会造成结垢的杂质（或污垢）会恶化传热，增加压降，增加垢下腐蚀的可能。
4. 其它
（1）换热器振动情况，检查弹簧及固定支撑完好。
（2）设备及接管各保温完好。
（3）有压力表、温度计的安装齐全，指示准确。
注意：
（1）严禁设备运行超温超压，对有升温要求设备严格控制升温速度。
（2）按压差设计的换热器运行中不得超规定的压差。</td></tr>
<tr><td rowspan="2">故障排除</td><td>故障现象</td><td>故障原因</td><td>处理方法</td></tr>
<tr><td>内漏（两种介质互串）</td><td>板片上有泄漏孔造成两种流体相混</td><td>单侧试压找出泄漏板片、封通道</td></tr>
</table>

续表

设备名称	全焊式板式换热器		
故障排除	故障现象	故障原因	处理方法
	可见泄漏（板片间泄漏）	换热器超压运行	检查压力，恢复正常压力运行
		板片结垢	判断板片结垢情况，选择化学清洗或机械清洗
		密封垫失效	压紧面板，清洁密封面，更换垫片
	各法兰处密封泄漏	螺栓强度不足，松动或腐蚀	紧固或更换螺栓
		法兰密封面有缺陷	处理缺陷或打卡子注胶
		介质超温超压造成憋压	及时调整运行参数并紧固螺栓
	传热效果差，阻力降大	板片间结垢严重	打开进行机械清洗，换垫

金属丝网过滤器

<table>
<tr><th>设备名称</th><th colspan="4">金属丝网过滤器</th></tr>
<tr><td>结构</td><td colspan="4">金属丝网过滤器实物图、结构示意图

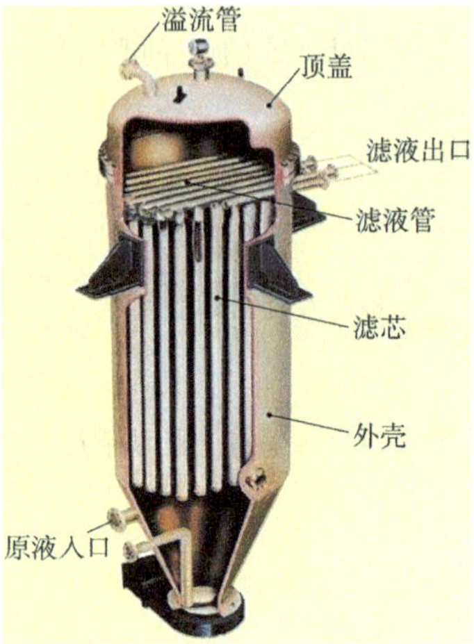
</td></tr>
<tr><td>原理</td><td colspan="4">1. 含有杂质的介质由入口进入过滤器，介质中的杂质沉积在滤芯外表面，干净的介质由出口流出。
2. 金属丝网的过滤过程主要包含 4 个阶段：a）过滤起始阶段，杂质颗粒随流体经过丝网时沉积于洁净丝网表面，此时主要靠拦截和扩散机理。b）过滤中间阶段，逐渐形成连续的过滤层，即滤饼。c）过滤稳定阶段，此阶段主要靠滤饼的过滤筛分作用，丝网起着形成滤饼和支撑加强作用。d）过滤反吹阶段，随滤饼的不断增厚，需要进行在线清洗，实现过滤器的循环再生。</td></tr>
<tr><td rowspan="5">性能参数</td><td>性能参数</td><td>符号</td><td>单位</td><td>定义</td></tr>
<tr><td>温度</td><td>T</td><td>℃</td><td>分设计温度与工作温度，设计温度 $T_{设}$：过滤器在正常情况下，设定的金属温度；工作温度 $T_{工作}$：正常工作情况下过滤器可能达到的最高温度；$T_{设} \geqslant T_{工作}$，严禁超 $T_{设}$运行。</td></tr>
<tr><td>压力</td><td>p</td><td>MPa</td><td>分设计压力与工作压力，设计压力 $p_{设}$：设定过滤器的最高压力；工作压力 $p_{工作}$：正常工作情况下过滤器可能达到的最高压力；$p_{设} \geqslant p_{工作}$，严禁超 $p_{设}$运行。</td></tr>
<tr><td>压差</td><td>Δp</td><td>MPa</td><td>在流体流通条件下被测试过滤器上游、下游压力的压差值。</td></tr>
<tr><td>过滤精度</td><td>χ</td><td>μm</td><td>过滤器能有效捕获（过滤比≥100 时）的最小颗粒尺寸 χ，用 μm 表示。</td></tr>
<tr><td>用途</td><td colspan="4">将介质中的杂质过滤下来，得到干净的介质，广泛应用于石油、化工、化纤等行业，可作为腐蚀、高温液体的过滤。</td></tr>
<tr><td>操作</td><td colspan="4">1. 切换操作：
（1）备用过滤器充压：要缓慢，微开备用过滤器出口阀，待过滤器压力与系统平衡后全开过滤器出口阀（有冲压小线的可利用冲压小线冲压）。</td></tr>
</table>

续表

<table>
<tr><th>设备名称</th><th colspan="4">自动反冲洗过滤器</th></tr>
<tr><td>原理</td><td colspan="4">（2）第一排的流体转向器从它的固定位置移向 1 # 滤筒。
（3）第一排的排污阀打开。a）反冲洗液体从过滤器顶部穿过 1 # 滤筒经排污阀流出。b）反冲洗液逆向穿过滤芯，杂质被冲到排污管。c）污油量大约为 136L，3 倍的滤筒体积。反冲洗时间大约为 6s，滤芯得到清洗再生。d）滤芯得到清洗再生。
（4）排污阀关闭。
（5）转向器移到 2 # 滤筒。
（6）重复步骤（3）~（4）。
（7）同样，完成第一排其余滤筒的反冲洗。
（8）流体转向器回到它的固定位置。
（9）第二、第三排过滤器依次分别进行反冲洗。</td></tr>
<tr><td rowspan="4">性能参数</td><td>性能参数</td><td>符号</td><td>单位</td><td>定义</td></tr>
<tr><td>流量</td><td>Q</td><td>m^3/h</td><td>每小时能通过过滤器的介质的体积。</td></tr>
<tr><td>压差</td><td>Δp</td><td>MPa</td><td>流体流通状态下过滤器出入口的压力差值，代表了过滤器滤芯的堵塞情况。</td></tr>
<tr><td>过滤精度</td><td>χ</td><td>μm</td><td>过滤器能有效捕获（过滤比≥ 98 时）的最小颗粒尺寸 χ，用 μm 表示。</td></tr>
<tr><td>用途</td><td colspan="4">将原料油中的杂质过滤下来，得到干净的介质，防止杂质进入反应系统，污染催化剂或造成反应器床层压差上升。</td></tr>
<tr><td>操作</td><td colspan="4">1. 自动反冲洗（六芯过滤器为例）
（1）通过控制面板设置自动反冲洗方式：按压差或者时间作为控制值。
（2）将三组过滤器 PLC#1 控制面板按钮置于“RUN”位置。
（3）将三组过滤器PLC#2控制面板按钮一台置于“MASTER”其余两台置于“SLAVE”。
（4）过滤器压差或时间到达系统设定值时，三组过滤器将自动进行反冲洗。
2. 手动反冲洗
（1）将三组过滤器 PLC#1 控制面板按钮置于“RUN”位置。
（2）将三组过滤器 PLC#2 控制面板按钮一台置于“MASTER”，其余两台置于“SLAVE”。
（3）将三组过滤器PLC#2控制面板按钮一台置于“MASTER”其余两台置于“SLAVE”。
（4）手动反冲洗位于“MASTER”状态的过滤器（拧动 PLC#1 面板“MANUAL CLEAN”按钮）。
3. 停运切出
（1）将 PLC#1 控制面板按钮置于“STOP”位置（若系统正处于反冲洗状态，请待反冲洗结束后切出）。
（2）关闭出入口阀门（需关闭手动阀门）。
（3）切断风源和电源。
（4）待介质冷却后泄压并排净介质。
4. 投用
（1）检查过滤器管路流程，确定出入口阀门关闭，防止污油回流入过滤器。</td></tr>
</table>

续表

设备名称	自动反冲洗过滤器		
操作	（2）打开出口阀，启动控制系统，选择一组过滤器将其PLC#2控制面板按钮置于“MASTER”。 （3）打开入口阀，控制入口流量为设计流量的25%左右，保持该流量2h，期间手动反冲洗3次。 重复上诉步骤，每次提量25%，逐步提高流量至全流量运行。 注意： （1）请勿同时将两组过滤器置于“MASTER”状态！ （2）若要反冲洗单组过滤器，请将其余两组过滤器置于“BYPASS”状态！		
维护保养	1. 控制系统检查： （1）控制面板控制按钮是否处于正常的工作位置，正常工作状态各组过滤器应为“ONSTREAM”指示灯长亮。 （2）检查风源压力是否正常。 （3）检查控制面板是否有错误信息。 2. 密封： （1）检查密封背冷蒸汽和冷却水是否正常投用。 （2）检查密封是否泄漏。 3. 故障代码消除 （1）检查控制面板屏幕是否存在故障代码。 （2）将PLC#1控制面板置于“STOP”状态、PLC#2控制面板置于“BYPASS”状态，故障代码清除后回复“RUN”状态。 注意： 过滤器处于“STOP”状态，并非过滤器切出，仅指不接受控制信号！		
故障排除	故障现象	故障原因	处理方法
	反冲洗频繁	自动反冲洗时间设置过短	重新设置
		自动反冲洗压差设置过小	重新设置
		原料脏	改善原料
		反冲洗不彻底	检查是否冲洗液脏、
		流量超设计值过多	改善工艺进料
	密封泄漏	机械密封失效	联系检修
	过滤器转向阀无法动作	风压不足或风线有漏点	提高风压或消除漏点
		电磁阀故障	联系仪表处理
		执行机构故障	联系仪表处理
		机封卡涩	联系钳工检修
		换向阀故障	拆检过滤器换向阀，更换配件
		执行机构定位错误	联系仪表重新定位

旋流分离器

<table>
<tr><th>设备名称</th><th colspan="4">旋流分离器</th></tr>
<tr><td rowspan="2">结构</td><td colspan="4">旋流分离器实物图、结构示意图
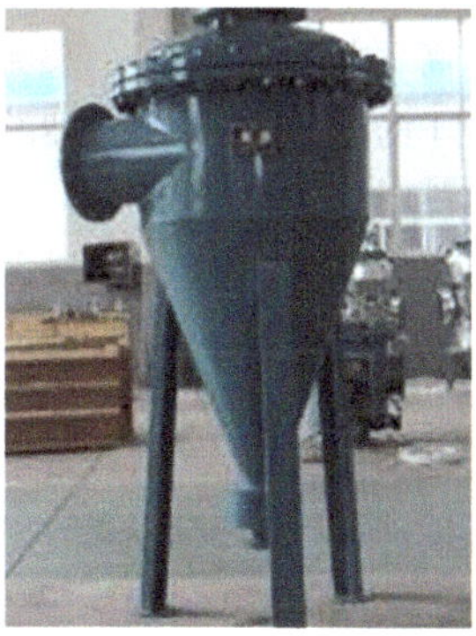

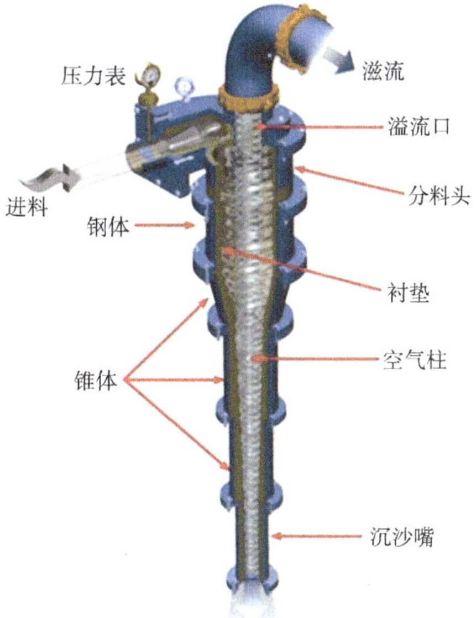

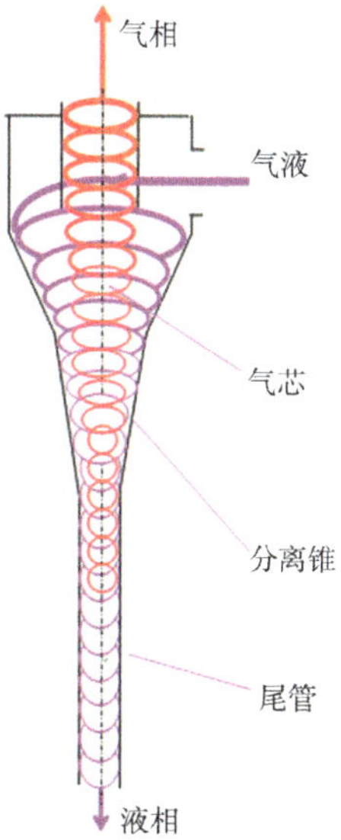
</td></tr>
<tr><td colspan="4">旋流器主体结构一般由入口段、圆柱段旋流腔、锥段、尾管段和出口管组成。锥段还可分为单锥和双锥，一般对于固-液、气-液和气-固旋流器为单锥，且通常无尾管；液-液旋流器通常为双锥结构，带尾管。</td></tr>
<tr><td>原理</td><td colspan="4">含液气体在一定的压力作用下从旋流管进口沿切线方向进入旋流管的内部进行高速旋转，经分离锥后因流道截面的改变，使液流增速并形成螺旋流态，当气体进入尾锥后因流道截面的进一步缩小，旋流速度继续增加，在分离器的内部形成了一个稳定的离心力场，气体在锥管的中心区聚结成气芯，从溢流口排出，从而完成液体和气体的分离。</td></tr>
<tr><td rowspan="2">性能参数</td><td>性能参数</td><td>符号</td><td>单位</td><td>定义</td></tr>
<tr><td>温度</td><td>T</td><td>℃</td><td>分设计温度与工作温度，设计温度 $T_{设}$：旋流分离器在正常情况下，设定的金属温度；工作温度 $T_{工作}$：正常工作情况下旋流分离器可能达到的最高温度；$T_{设} \geq T_{工作}$，旋流分离器严禁超 $T_{设}$运行。</td></tr>
</table>

续表

<table>
<tr><th>设备名称</th><th colspan="7">旋流分离器</th></tr>
<tr><td rowspan="3">性能参数</td><td>性能参数</td><td>符号</td><td colspan="2">单位</td><td colspan="3">定义</td></tr>
<tr><td>压力</td><td>p</td><td colspan="2">MPa</td><td colspan="3">分设计压力与工作压力，设计压力 $p_{设}$：设定旋流分离器的最高压力；工作压力 $p_{工作}$：正常工作情况下旋流分离器可能达到的最高压力；$p_{设} \geq p_{工作}$，旋流分离器严禁超 $p_{设}$运行。</td></tr>
<tr><td>额定流量</td><td>Q</td><td colspan="2">m^3/h</td><td colspan="3">额定工况下的流量，旋流分离器的实际流量与该值越接近，分离效果越好。</td></tr>
<tr><td>用途</td><td colspan="7">通过旋流分离实现油水分离或气液分离，应用于液相密度差相差较大或需气液分离的场合。</td></tr>
<tr><td>维护操作</td><td colspan="7">1. 投用
将旋流器的进口、水相出口、油相出口阀门全部打开，待旋流器的进口腔、水相腔、油相腔全部充满液体后，缓慢关闭旋流除油器的水相出口阀门和油相出口阀门。
2. 调节
调节阀门控制旋流器的水相出口、油相出口压力在合适的范围即可。
3. 分析
旋流分离器投用后，对旋流分离器出口介质进行取样检验，分析合格即可开始使用，若分析不合格，应查明原因，排出故障后再投用。
注意：
若旋流分离器实际流量小于旋流管组的最低工作流量，需要切出，堵塞旋流管。堵塞根数由计算确定。</td></tr>
<tr><td>保养</td><td colspan="7">1. 泄漏
（1）各接管法兰有无泄漏。
（2）头盖法兰有无泄漏。
2. 参数
（1）检查旋流器操作温度及压力，不允许有超温超压现象。
（2）经常检查压力表和流量计的状况。
3. 维护
（1）经常检查设备是否有振动、噪声等异常情况。
（2）定期排污，避免油污堆积旋流器内部堵塞旋流管进口。
4. 其它
（1）若设备实际流量小于旋流管组的最低工作流量，需要根据重新核算结果堵塞部分旋流管。
（2）分离效率降低或流量减小时，应切出检查。
注意：
（1）严禁设备运行超温超压，对有升温要求设备严格控制升温速度。
（2）旋流分离器检修时注意旋流管不要折断。</td></tr>
<tr><td rowspan="6">故障排除</td><td colspan="3">故障现象</td><td colspan="3">故障原因</td><td>处理方法</td></tr>
<tr><td colspan="3" rowspan="3">各法兰处密封泄漏</td><td colspan="3">螺栓强度不足，松动或腐蚀</td><td>紧固或更换螺栓</td></tr>
<tr><td colspan="3">法兰密封面有缺陷</td><td>处理缺陷或打卡子注胶</td></tr>
<tr><td colspan="3">介质超温超压造成憋压</td><td>及时调整运行参数并紧固螺栓</td></tr>
<tr><td colspan="3">分离效率降低</td><td colspan="3">旋流管堵塞 / 处理量偏离设计工况</td><td>切出检查清理 / 重新核算</td></tr>
<tr><td colspan="3">流量减小</td><td colspan="3">旋流管堵塞</td><td>切出检查清理</td></tr>
</table>

旋流式污水分离器

<table>
<tr><th>设备名称</th><th colspan="4">旋流式污水分离器</th></tr>
<tr><td>结构</td><td colspan="4">旋流式污水分离器实物图、结构示意图

含油污水首先通过一套特殊制作的旋波分离器，液体在一定的压力加速度下进入分离筒中，产生高速旋转，利用油与水的不同密度差产生不同的高压力场，并通过离心力对含油污水进行油水分离，共分离速率与常用的静置分离快几十倍以上。
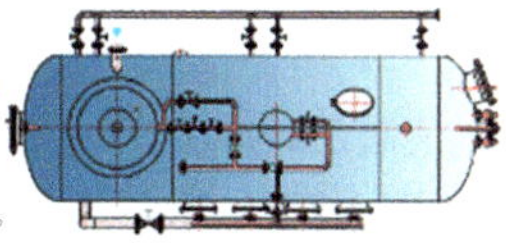
然后再流入采用不锈钢板特殊制作的波纹板聚合器中，含油污水在此聚合器中经过曲折的流道后，使液体在均匀布水的同时，可将大部分浮油聚合分离。
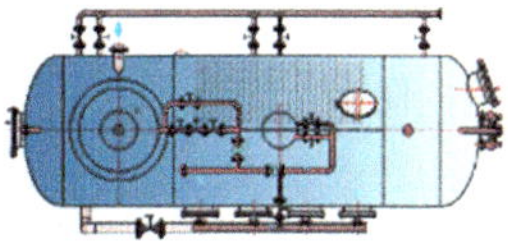
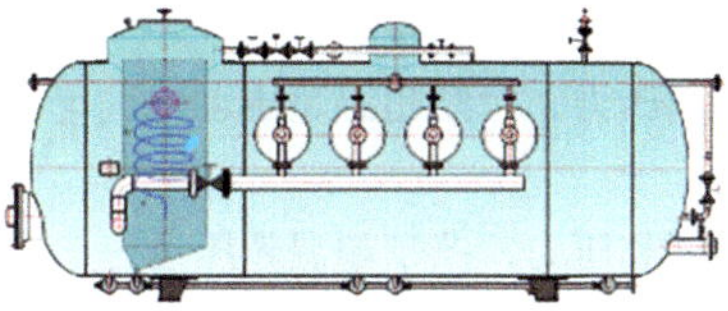
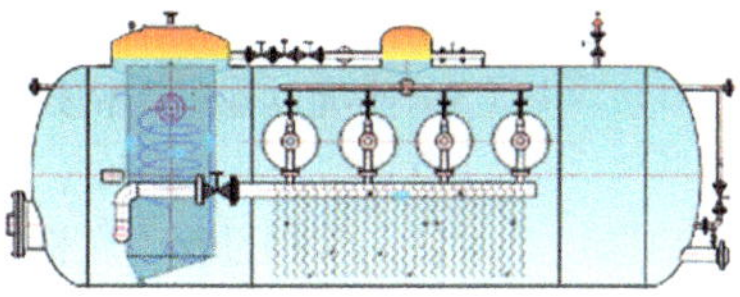</td></tr>
<tr><td>原理</td><td colspan="4">污水旋流除油器内部件主要为特殊制造组合完成的旋液分离腔室，液体在旋液分离器中依靠液力流动产生高速旋转，由于油与水有不同密度差而产生的离心力场不同，利用该离心力对含油污水进行预分离处理。</td></tr>
<tr><td rowspan="5">性能参数</td><td>性能参数</td><td>符号</td><td>单位</td><td>定义</td></tr>
<tr><td>温度</td><td>T</td><td>℃</td><td>分设计温度和操作温度，设计温度为指容器在正常情况下，设定元件的金属温度（沿元件金属截面的温度平均值）。操作温度指正常操作条件下能达到的最高温度。</td></tr>
<tr><td>压力</td><td>p</td><td>MPa</td><td>分设计压力与工作压力，设计压力是指设定的容器顶部的最高压力；工作压力：正常工作情况下容器顶部可能达到的最高压力。旋流式污水分离器严禁超压运行。</td></tr>
<tr><td>处理量</td><td>—</td><td>m^3/h</td><td>指能达到最低分离要求的最大进含油污水量。</td></tr>
<tr><td>油含量</td><td>—</td><td>mg/L</td><td>指进出含油污水中单位体积污水中的油含量。</td></tr>
<tr><td>用途</td><td colspan="4">利用离心力对含油污水进行预分离处理，粗分离出油和水。</td></tr>
<tr><td>操作</td><td colspan="4">1. 投用前准备
检查水泵运行，确认排污阀和吹扫蒸汽阀门关闭，压力表、安全阀等投用正常。
2. 投用
打开手动排水阀及排油阀，打开清水补水阀，排油视镜见水后，关闭手动排油、排水阀。
3. 运行
打通自动排油、排水流程，打开进污油阀门，启动射流泵。检查各部位压力及排水排油情况和分离效果。</td></tr>
</table>

续表

<table>
<tr><th>设备名称</th><th colspan="3">旋流式污水分离器</th></tr>
<tr><td>操作</td><td colspan="3">4. 切出
关闭进污油阀门，打开补清水阀门进行冲洗，干净后关闭补水阀，停射流泵、关自动排水阀，视检修需要打开排污阀。
注意：
（1）补水及进料时，应特别关注分离器压力，及时调整，严禁超压运行。
（2）严格控制处理量，及时对排油和排水检查，避免分离效果差</td></tr>
<tr><td>维护保养</td><td colspan="3">1. 运行：
（1）检查设备进口压力与出口压力的差压。
（2）每班进行手动排油操作。
（3）定期开启设备上设置的蒸汽吹扫清洗喷嘴冲洗油粒聚结器。
（4）定期检查清洗泵吸口管道上过滤器和打开排污阀排污。
2. 检修：
（1）设备进出口压力差大于设定值需及时冲洗。
（2）粗粒化滤芯腔的上半部排油阀门打开，水量调节阀适当关小，蒸汽阀门打开，完成后恢复。
（3）冲洗过程中严格控制容器温度和压力，严禁超温超压运行。
注意：
冲洗、吹扫过程中严格控制容器温度和压力，严禁超温超压运行</td></tr>
<tr><td rowspan="9">故障排除</td><td>故障现象</td><td>故障原因</td><td>处理方法</td></tr>
<tr><td rowspan="3">超压</td><td>排水不畅</td><td>检查排水阀门是否卡涩，及时处理</td></tr>
<tr><td>后路压力高</td><td>联系调整后路压力</td></tr>
<tr><td>进污油量或冲洗时水量过大</td><td>调整处理量和冲洗补水阀</td></tr>
<tr><td rowspan="2">压降增大</td><td>管路阻塞</td><td>及时清理管路过滤器</td></tr>
<tr><td>粗粒化滤芯腔滤网堵塞</td><td>及时安排冲洗</td></tr>
<tr><td rowspan="3">分离效果差</td><td>未及时排油、排污</td><td>按要求进行排油和排污操作</td></tr>
<tr><td>喷嘴颗粒堵塞</td><td>定期进行吹扫</td></tr>
<tr><td>处理量过大，污油量过大</td><td>控制处理量，及时调整</td></tr>
</table>

PGH 型微孔过滤机

<table>
<tr><th>设备名称</th><th colspan="4">PGH 型微孔过滤机</th></tr>
<tr><td>结构</td><td colspan="4">PGH 型微孔过滤机实物图、示意图

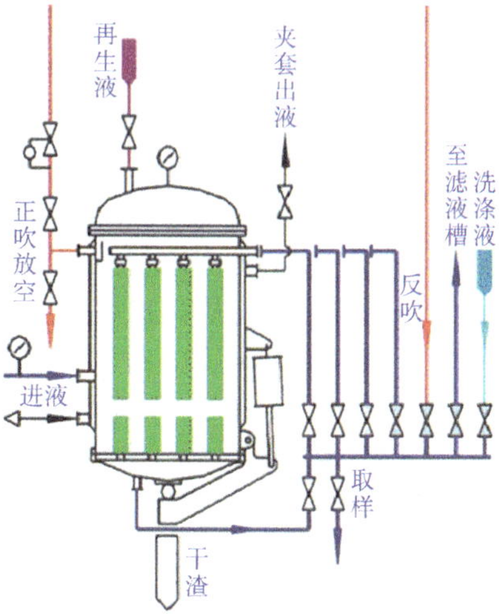

在立式密闭机体内悬挂微滤管为主过滤区，并设备底部的气动排渣底盖上设有带过滤管的辅助过滤区或在两者中间在加一组过滤面积的结构。</td></tr>
<tr><td>原理</td><td colspan="4">过滤液从进料口进滤器壳体内，在压力（0.1MPa 以上）作用下，滤料从滤芯外，渗透过滤膜，集中在滤芯中心，从出料口流出，完成过滤作用</td></tr>
<tr><td rowspan="4">性能参数</td><td>性能参数</td><td>符号</td><td>单位</td><td>定义</td></tr>
<tr><td>过滤面积</td><td>S</td><td>m^2</td><td>滤网的面积。</td></tr>
<tr><td>压力</td><td>p</td><td>MPa</td><td>过滤机工作时所需压力。</td></tr>
<tr><td>温度</td><td>t</td><td>℃</td><td>滤液的温度。</td></tr>
<tr><td>用途</td><td colspan="4">适合于大型水处理、及化工生产、制药、食品等行业的液体过滤。</td></tr>
<tr><td>操作</td><td colspan="4">1. 准备
将已清洗的微孔过滤机关闭好底盖；打开原液进料阀、进料液回流阀、滤液出口阀、滤液回流阀及过滤机上部的放空阀；关闭底盖下的滤液出口阀；关闭再生用的反洗自来水的进口阀与反吹空气进口阀（注意：夹套需通热水保温）。
2. 启动
开加料泵，使原液从加料罐压入 PGH 型微孔精密过滤机内，当放空管有液体流出，说明微孔过滤机内料液已加满，立即关闭放空阀。
3. 过滤
调节进料回流阀来控制过滤压力，过滤的起动压差不应超过 0.01MPa，小于 $10m^2$ 的 PGH 型微孔过滤机，启动压差应维持 5~10min 左右，大于 $10m^2$ 的 PGH 型微孔过滤机，启动压差的时间不应小于 5min（启动期间，要进行一定时间的滤液回流循环过滤，以确保滤液的澄明度）。然后再缓慢地将过滤压差升高至正常过滤压差（0.1~0.2MPa，通过泵出口回流阀、过滤器出料阀的开度来控制），切忌将压差突然升高，否则微孔管滤芯易被堵塞，滤液澄明度也难以保证。</td></tr>
</table>

续表

设备名称	PGH 型微孔过滤机
操作	4. 上部气压过滤，下部气压过滤 经一定时间过滤，微孔管外壁的滤饼厚度增加到一定厚度值，滤液流量降至一定值或过滤压差高（一般为 0.25~0.3MPa），停止加料泵。停泵后，将压缩空气通过正吹阀（在放空阀管路上）进入微孔过滤机（空气压力不超过 0.1MPa），利用压缩空气继续进行上部压滤（此时机内液面逐渐下降），当流出的滤液中发现气泡（表明微孔管外的滤饼已有开裂）或者滤速已非常慢，先立即打开底盖上滤液出口阀，然后关上部滤液出口阀（不完全关死，约需 20% 通道，让每一路都有一些空气流动），使过滤机内剩余的料液转为下部过滤（对下部过滤也应进行一些滤液回流操作），直到全部滤完。 5. 洗涤（包括洗涤以后上下气压过滤） 洗涤操作同（2）与（3）的过滤操作完全一样（如有的洗涤，原过滤物料不必先全部滤完，就可直接通入洗涤水，进行洗涤过滤）。为了提高洗涤效率，所有的滤饼能均匀被洗涤，节约洗涤水，对洗涤过滤应进行较长时间的循环，一批循环洗涤过滤结束，再进行第二批循环洗涤过滤。 6. 滤渣吹干 洗涤结束，利用压缩空气先进行上部正压脱水，经过一定时间（当出水速度很慢时）再进行下部正压脱水。在脱水后期，可利用滤液出口阀短时间关闭，突然打开，又关闭，又突然打开这样脉冲式的正吹方式，以提高滤饼干度。 7. 反吹排渣 打开微孔过滤机上的放空阀，将过滤机内的压力降到零，通过气缸打开快开底盖（切切注意：必须使机内压力降为零，方可打开底盖），然后逐路打开上部滤液出口阀，将 0.6MPa 的压缩空气快速反吹进微孔管内，将微孔过滤管外的滤饼快速吹落，再对底盖上的微孔过滤管进行快速反吹，使滤饼也脱落（如底盖上的微孔管过多，间距较小，落渣困难时，可用微孔管间的活动推渣板，将渣松动推下）。 8. 气 – 水反吹再生 将过滤机下面的滤渣运走后，利用气 – 水混合流体，对上部与下部微孔滤管进行反吹再生。其操作方法是：打开上部与下部的滤液出口管道上的自来水进口阀，将少量自来水流进微孔管内，使之充满微孔管的毛细管，然后如同（6）的操作，将 0.6MPa 的压缩空气进行反吹再生。此操作需重复 4~6 次（如工艺上不能用水也可用滤液或洗涤液代替）。 9. 清洗 将微孔过滤机外部及密封圈等进行清洗，然后关上底盖进行下一批操作。每一次底盖关闭后要确认支臂与钩头锁紧，闭合后再上好保险栓；支臂和钩头自锁斜面必须保持洁净，不得有油污与锈迹。
维护保养	1. 如果过滤器停止使用 1d 以上，过滤器内部必须充满水，每周换水 1 次。 2. 对于底部有气缸的过滤器，所有的转轴与下部十字轴处等的转动接触面应经常加润滑剂，一般为 3~4d 加一次。 3. 气缸应该定期拆洗，更换润滑剂，一般为半年 1 次；如果发现内壁有锈迹应用金相砂纸除锈，切忌用粗砂纸与细砂纸。

续表

<table>
<tr><th>设备名称</th><th colspan="3">PGH 型微孔过滤机</th></tr>
<tr><td>维护保养</td><td colspan="3">4. 过滤器内的微孔管，虽然用“水 – 气共吹”再生过滤介质，但经过相当时间，堵塞程度仍会逐渐积累，待滤液流量下降到一定值，需要进行化学再生，化学再生液可以是酸、碱或其它液体，小面积的过滤器可采用微孔管卸下再生，大面试的过滤器采用再生液打循环动态再生，化学再生的时间应不少于 24h。
5. 气缸的气源压力一般为 0.5~0.6MPa，锁紧钩到位后要将二位四通阀置于中间位置且要关闭气缸进气阀，以防锁紧钩脱开。
6. 若过滤的滤液在一定温度下结晶，当过滤结束排除滤饼后，必须用热水或者其它液体反洗，如果生产上无热水，也可以用冷水进行较长时间的反洗，使毛细管内残留的滤液挤出来，防止温度下降时发生结晶使过滤介质内的毛细孔隙胀破。
7. 底部有快开装置的过滤器在重新关闭底盖进行下一次过滤前，必须将底盖的密封圈（C 形或 O 形密封圈）清理干净，尤其是 C 形密封圈。
8. 带夹套的防腐系列过滤机，夹套内严禁通蒸汽（或者温度 100℃以上的其它液体或者气体）。
9. 过滤器最高工作压力为 0.25MPa，过滤器的底盖快开部分的锁紧机构以活接螺栓为主，气缸和钩头起辅助开关底盖的作用，在过滤前必须将活接螺栓锁紧后，才可以开始操作。</td></tr>
<tr><td rowspan="14">故障排除</td><td>故障现象</td><td>故障原因</td><td>处理方法</td></tr>
<tr><td rowspan="6">开机后离心泵不出液</td><td>泵进水管路漏水</td><td>堵修漏水处</td></tr>
<tr><td>泵进水管阻塞或阻力过大</td><td>清洗泵及进水管道，缩短引水管的长度</td></tr>
<tr><td>泵吸水高度过高</td><td>降低引水高度</td></tr>
<tr><td>泵引水不足</td><td>重新引水，引水前必须注意引水管底阀不漏水（最好装引水箱）</td></tr>
<tr><td>泵密封处漏水</td><td>更换密封圈</td></tr>
<tr><td>泵叶轮转向不对</td><td>马达重新接线，使转向更正</td></tr>
<tr><td rowspan="4">过滤初始滤液的澄清度不符合要求</td><td>料液中固体微粒粒度太细，微孔管的毛细孔径太大</td><td>微孔管的孔径更换成毛细孔径小的型号</td></tr>
<tr><td>初始过滤压力过高</td><td>启动时压力降至 0.005~0.01MPa，滤液要回流，循环时间维持 10~30min</td></tr>
<tr><td>微孔管壁厚太薄</td><td>微孔管的壁厚换成大的型号</td></tr>
<tr><td>滤液黏度太大</td><td>料液中加一定絮凝剂，使细颗粒絮成大的颗粒</td></tr>
<tr><td rowspan="2">流量很快降低，过滤周期较短</td><td>初始过滤压力过高</td><td>微孔管先进行彻底再生后，调整过滤压力，使启动压力尽量低，启动型号要长，然后慢慢升高</td></tr>
<tr><td>微孔管毛细孔径太小</td><td>更换成毛细孔径较大的微孔管型号</td></tr>
</table>

续表

设备名称	PGH 型微孔过滤机		
故障排除	故障现象	故障原因	处理方法
	过滤管再生效果不明显	气体反吹排渣与气－水混合流反吹再生方法不对	微孔管先进行彻底再生，重新按操作规程进行操作，严格按操作规程进行反吹排渣与再生
		空气或水中固体杂质太多	在管道中安装小型的水过滤器与空气过滤器，使反吹用的水与空气比较干净
		过滤压力过高	初始压力不超过 0.01MPa
		泵流量过大	泵出口需装回流或改用流量较小的泵
	气缸打不开底盖	开气缸的空气压力太低	提高空气压力
		气缸内壁生锈	用铁锤轻轻敲小挂钩，使之慢慢松开
		气缸内密封圈损坏	所有销轴接触面及挂钩接触面加牛油
		小钩与支臂的接触面生锈，摩擦力太大	拆下气缸，换密封圈
		所有销轴接触面生锈	气缸内壁用金相砂纸去锈，加牛油

微孔过滤器

<table>
<tr><th>设备名称</th><th>微孔过滤器</th></tr>
<tr><td>结构</td><td>
不锈钢微孔过滤器由 SUS316L 或 SUS304 全不锈钢制成，以折叠式滤芯为过滤元件，可以过滤液体、气体、0.1μm 以上的微粒和细菌，过滤精度高、过滤速度快、吸附少，无介质脱落，不泄漏、耐酸碱、耐腐蚀，清洗方便，可带反冲功能等优点，是生物医药、啤酒饮料、化工、水处理等行业的理想过滤设备。</td></tr>
<tr><td>原理</td><td>液体在一定的压力下由进口流入过滤器，杂质被过滤器内的过滤介质截留，过滤后的液体由出口流出。当过滤到一定阶段时，进出口压差增大，滤芯需要进行反冲洗，这时将反冲洗阀门打开，液压由反冲洗进水口自下而上流入冲洗，过滤器恢复过滤功能。滤芯是可更换元件，当过滤器运行一定时期后，将滤芯拆下，更换新的滤芯，以确保过滤的精度和效率。</td></tr>
<tr><td>性能参数</td><td>1. 过滤精度高，滤芯孔径均匀。
2. 过滤阻力小、通量大、截污能力强、使用寿命长。
3. 滤芯材料洁净度高，对过滤介质无污染。
4. 耐酸、碱等化学溶剂。
5. 强度大、耐高温，滤芯不易变形。
6. 壳体材料采用进口 316L 或 304，内表面经抛光处理，表面粗糙度 R_a0.2μm。
7. 进出口采用卡箍式，以方便拆洗。</td></tr>
<tr><td>用途</td><td>它具有过滤精度高、过渡速度快、吸附少、无介质脱落、耐酸碱腐蚀、操作方便等优点。现已是医药、化工、电子、饮料、果酒、生化水处理、环保等工业的必需设备。</td></tr>
<tr><td>操作</td><td>使用前必须检查配件和密封圈是否安全，有无损坏，然后按要求把它装好。 新的微孔过滤器必须用清洁剂洗干净（请不要用酸类清洗）洗净后用高温蒸汽杀菌、消毒，洗净的过滤器进出口要包封好，避免污染。微孔过滤器安装时进出口不要接反，一般原则外进内出（滤芯）。新的微孔过滤器滤芯是生产厂家在洁净的生产厂房内用塑料袋封装的，未使用切勿撕破塑料包装。使用要求较高的滤芯，应先测气泡点检查滤芯完整性，安装好后要经过高温蒸汽杀菌消毒。滤芯插入时，一定要垂直，插入时先用无菌水或经过过滤的滤液湿润一下密封圈，以减少插入时的摩擦阻力。222 滤芯插入口后，再用压板扣住尖端翅片，拧紧螺丝不动即可。226 接口的滤芯插入后，应旋 90° 卡紧。当过滤的液体进入微孔过滤器时，应打开过滤器上面的放气阀，让液体充满滤器内。微孔过滤器筒体的压力表是显示过滤器内液体的压力，如果是二级过滤，第一道过滤器压力表指数稍小一些是正常现象，随着使用时间的增长，他们的压差会增大，流速减少，这说明滤芯孔隙大多已被堵塞，就要清洗或更换滤芯。在过滤时，使用的压力一般在 0.2MPa 左右，能满足生产需要就可以了。</td></tr>
</table>

续表

设备名称	微孔过滤器		
维护保养	随着时间与流量的增加，滤芯微孔被堵塞，压力将会增加，一般不要超过0.3MPa，反冲洗滤芯，一定要用无菌水，否则会污染滤芯，反冲洗方法。原出口变进口，把无菌水反方向打进（要注意关闭原液过滤管道），打开排污口，操作人员看到滤液明显好转为宜。		
故障排除	故障现象	故障原因	处理方法
	压差大	过滤器堵塞	清洗过滤芯，或更换过滤芯

反渗透膜

<table>
<tr><th>设备名称</th><th colspan="4">反渗透膜</th></tr>
<tr><td>结构</td><td colspan="4">反渗透膜实物图、结构示意图
 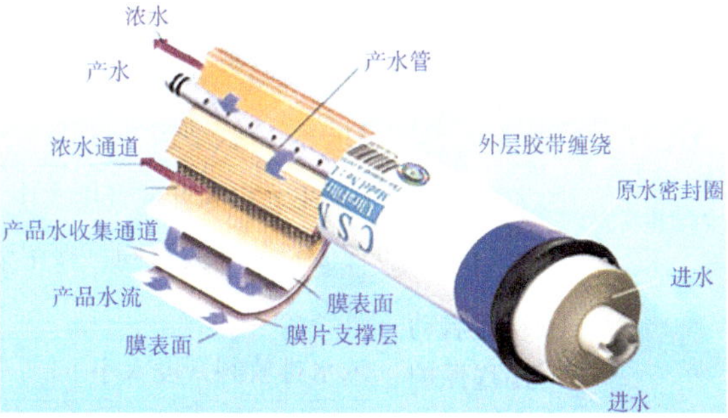
</td></tr>
<tr><td>原理</td><td colspan="4">反渗透系统是采用膜分离手段来除去水中的离子、有机物、金属氧化物，以达到脱盐纯化的目的，原理是水与溶液以渗透膜相隔，水则向溶液渗透，两相之间有渗透压，若在溶液相上加压大于渗透压，则溶液相中的水就会向水相反方向渗透过去，是渗透的反作用原理，称为反渗透。</td></tr>
<tr><td rowspan="5">性能参数</td><td>性能参数</td><td>符号</td><td>单位</td><td>定义</td></tr>
<tr><td>产水量</td><td>Q</td><td>m^3/h</td><td>通过反渗透膜的纯水流量。</td></tr>
<tr><td>浓水水量</td><td>Q</td><td>m^3/h</td><td>通过反渗透膜分离出的浓水流量。</td></tr>
<tr><td>回收率</td><td>Y</td><td>%</td><td>反渗透春水量占总进水量的百分数。</td></tr>
<tr><td>脱盐率</td><td>R</td><td>%</td><td>产水含盐量占总进水含盐量的百分数。</td></tr>
<tr><td>用途</td><td colspan="4">脱除原水中的离子、有机物、金属氧化物。</td></tr>
<tr><td>操作</td><td colspan="4">1. 开机前检查设备各仪表、阀门、加药设备、高压泵等处于备用状态。
2. 过滤器正洗完成后，打开反渗透进水阀、浓排阀、产排阀。
3. 低压冲洗 5min 后，关闭进水阀、浓排阀，启动高压泵同时关闭过滤器正排阀。
4. 待产水电导率合格后关闭产水排放阀。
5. 检查各压力表、流量表、计量表是否正常。
6. 检查加药泵上药是否正常。</td></tr>
<tr><td>维护保养</td><td colspan="4">1. 定期低压冲洗，停运时用产水反冲洗 5~10min。
2. 定期清洁设备及附属管线的卫生，确保无油污、灰尘。
3. 定时检查出口压力、流量、电导率、端盖密封泄漏等情况，发现问题应及时处理。
4. 定期检查附属管线是否畅通。
5. 定期检查各阀门开关情况。</td></tr>
<tr><td rowspan="5">故障排除</td><td>故障现象</td><td colspan="2">故障原因</td><td>处理方法</td></tr>
<tr><td rowspan="4">产水不合格</td><td colspan="2">过滤器出水不合格</td><td>反洗过滤器，出水水质合格</td></tr>
<tr><td colspan="2">浓水排放阀开度小，回收率大</td><td>调整浓排开度</td></tr>
<tr><td colspan="2">膜污染或破损</td><td>检修</td></tr>
<tr><td colspan="2">进水量过高或过低</td><td>调整进水量</td></tr>
</table>

续表

设备名称	反渗透膜		
故障排除	故障现象	故障原因	处理方法
	产水量下降	进水温度低	提高进水温度
		进水压力低	提高进水压力
		进水含盐量太大	及时化验进水含盐量
		有污染或膜结构	清洗膜元件
	反渗透启动时出现保护现象	RO 出入口未开或开度太小	开 RO 出入口阀
		保安过滤器入口阀、高压泵出口阀开度太小	开保安过滤器入口阀及高压泵出口阀
		浓水排放阀开度太小	开大浓排阀，控制回收率
		电源故障	联系检修人员
		微机线路故障	联系检修人员
		低压、高压保护	联系检修人员

汽包

<table>
<tr><th>设备名称</th><th colspan="4">汽包</th></tr>
<tr><td>结构</td><td colspan="4">汽包实物图、结构示意图

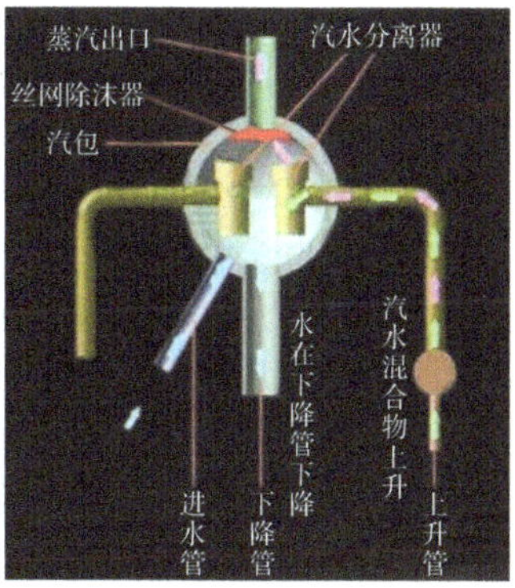

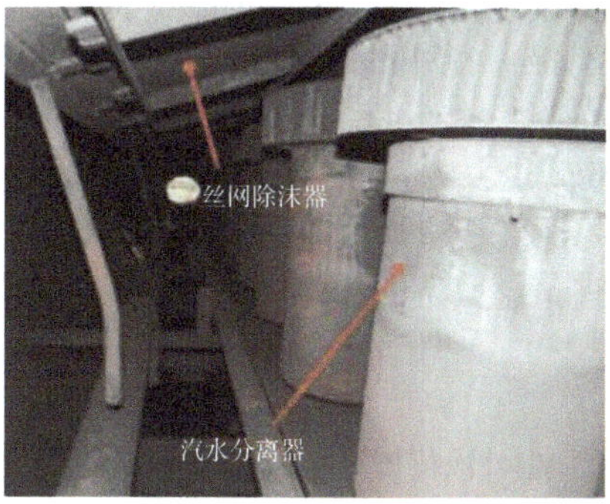

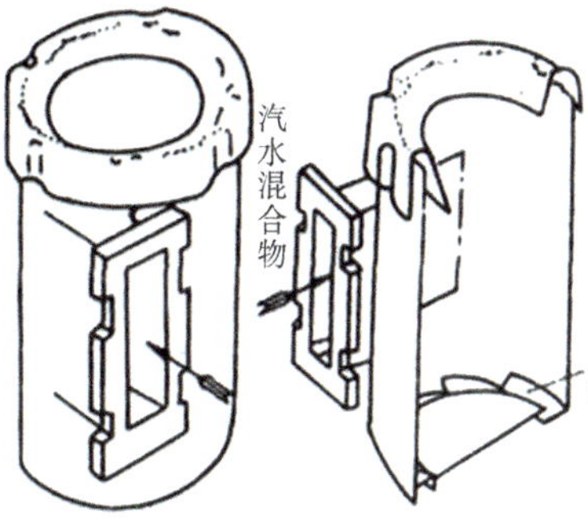
</td></tr>
<tr><td>原理</td><td colspan="4">1. 经过省煤器预热的热水从进水管进入，通过下降管循环，进一步加热后进入上升管，再进入多个汽水分离器进行一次分离，出来后的蒸汽经过顶部丝网除沫器进行二次分离，产生的蒸汽从顶部出去，再根据需求及设置或直接使用，或经过过热后再并入管网。
2. 汽水混合物切向进入旋风分离器，产生旋转运动，水靠离心力被甩在分离器壁上，靠重力向下流动，从分离器底部周围的导叶平稳导入水空间，分离器中心的蒸汽，则由顶部引出。</td></tr>
<tr><td rowspan="5">性能参数</td><td>性能参数</td><td>符号</td><td>单位</td><td>定义</td></tr>
<tr><td>温度</td><td>T</td><td>℃</td><td>分设计温度与工作温度，设计温度 $T_{设}$：汽包在正常情况下，设定的金属温度；工作温度 $T_{工作}$：正常工作情况下汽包可能达到的最高温度；$T_{设} \geq T_{工作}$，汽包严禁超 $T_{设}$运行。</td></tr>
<tr><td>压力</td><td>p</td><td>MPa</td><td>分设计压力与工作压力，设计压力 $p_{设}$：设定汽包的最高压力；工作压力 $p_{工作}$：正常工作情况下汽包可能达到的最高压力；$p_{设} \geq p_{工作}$，汽包严禁超 $p_{设}$运行。</td></tr>
<tr><td>水位</td><td>—</td><td>%</td><td>指汽包在额定参数（压力、温度）工况下工作时，通过现场及远传测量所得的水位高度。</td></tr>
<tr><td>额定发汽量</td><td>—</td><td>t/h</td><td>设计确定的额定产蒸汽量，过大或者过小都会影响蒸汽的品质。</td></tr>
</table>

续表

<table>
<tr><th>设备名称</th><th colspan="3">汽包</th></tr>
<tr><td>用途</td><td colspan="3">通过与其它附属设备（省煤器、循环器、过热器等）的配合，同时通过加药、排污等手段，产生品质合格的蒸汽。</td></tr>
<tr><td>操作</td><td colspan="3">1. 投运
（1）水冲洗：引除盐水，各排污口排污，建立液位至 70%。建立水循环，拉低液位，排污至干净。
（2）煮炉：配合整个蒸汽发生系统加药煮炉、排污。汽包逐渐升温，投用各测量仪器。
2. 检查
密切关注压力温度变化，有无泄漏，有无振动或者异常声音，正常后投用安全阀。
3. 切出
（1）泄压放水：随产汽系统一起降温泄压，注意整个过程的均匀，防止突变。
（2）水冲洗：系统降温、泄压后，注入除盐水冲洗置换，再次冲洗汽包，排干净置换水。
注意：
（1）投用过程一定要密切控制压力稳定，防止安全阀起跳、液位波动。
（2）升温过程要严加注意各泄漏点，特别是人孔的情况，要及时热紧。</td></tr>
<tr><td>维护保养</td><td colspan="3">1. 泄漏
（1）各接管法兰、人孔有无泄漏。
（2）安全阀有无起跳泄漏。
（3）玻璃板液位计有无泄漏。
（4）本体焊缝有无泄漏等。
2. 压力液位
检查液位和压力是否符合要求。内外液位核对，内外压力要对应等。操作时压力要保持平稳，否则容易造成液位波动。
3. 加药排污
定期、定量加药，并分析。控制连续排污量，定期进行间隔性排污，保持系统干净。
4. 其它
检查内部有无异响，设备本体或者附属件有无较大的振动。检查设备保温是否完好等。
注意：
（1）加药标定一定要准确，分析及时，连排、间排要经常检查。
（2）各类紧急放空要投用，系统超压时可及时泄压。</td></tr>
<tr><td rowspan="9">故障排除</td><td>故障现象</td><td>故障原因</td><td>处理方法</td></tr>
<tr><td rowspan="3">泄漏</td><td>接管法兰等静密封失效而泄漏</td><td>检修换垫或带压堵漏</td></tr>
<tr><td>设备本体腐蚀</td><td>带压堵漏，防腐，保温完好</td></tr>
<tr><td>安全阀起跳泄漏或者密封面失效</td><td>重新定压</td></tr>
<tr><td rowspan="3">压力波动</td><td>除氧水液控阀故或者蒸汽压控阀故障</td><td>检查处理控制阀</td></tr>
<tr><td>后路系统管网影响</td><td>及时联系总调调整，调整防空及排水</td></tr>
<tr><td>瓦斯波动量大</td><td>调整加热炉操作</td></tr>
<tr><td rowspan="2">振动或异响</td><td>内构件损坏松动造成异响或振动</td><td>停工时内构件检修</td></tr>
<tr><td>处理量超过额定出力</td><td>调整处理量至允许工况</td></tr>
</table>

除氧器

<table>
<tr><th>设备名称</th><th colspan="4">除氧器</th></tr>
<tr><td>结构</td><td colspan="4">除氧器实物图、结构示意图

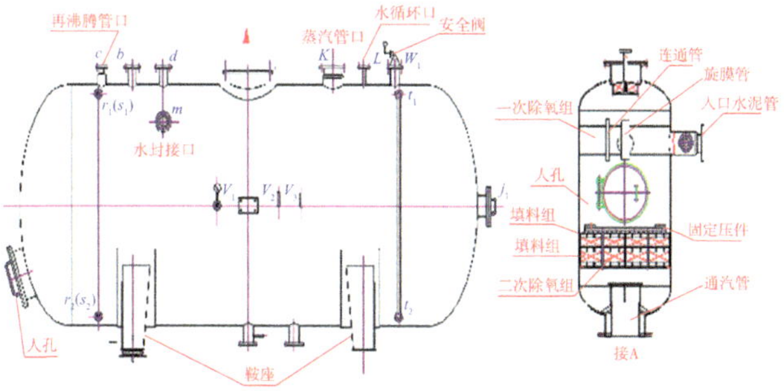

除氧器的结构形式是由除氧头及除氧水箱组成。除氧头是除氧器的关键部件，由外壳、起膜器、淋水蓖子、液汽网等组成。</td></tr>
<tr><td>原理</td><td colspan="4">1. 除氧器由除氧塔（顶部）和水箱两大部件组成，90%~95% 的氧主要靠除氧塔去除。
2. 除氧塔分一次和二次除氧组，一次除氧组通过旋膜管把除盐水变成旋转水膜，被上升的蒸汽充分加热至沸点，去除溶解氧；除盐水流经二次除氧组的篦组和填料，使汽水更加充分接触，可将水中溶解氧最大限度地高析出来。
3. 除氧器的加热蒸汽由水箱内上部蒸汽导管接入除氧塔下部通汽管喷射进除氧塔底部，并将水箱内水位上部汽体一并带入除氧塔中，各路给水经混合管混合后送入水室，进入旋膜管供除氧用，水和蒸汽相向流动完成传热传质。</td></tr>
<tr><td rowspan="5">性能参数</td><td>性能参数</td><td>符号</td><td>单位</td><td>定义</td></tr>
<tr><td>温度</td><td>T</td><td>℃</td><td>分设计温度与工作温度，设计温度 $T_{设}$：除氧器在正常情况下，设定的金属温度；工作温度 $T_{工作}$：正常工作情况下除氧器可能达到的最高温度；$T_{设} \geq T_{工作}$，除氧器严禁超 $T_{设}$运行。</td></tr>
<tr><td>压力</td><td>p</td><td>MPa</td><td>分设计压力与工作压力，设计压力 $p_{设}$：设定除氧器的最高压力；工作压力 $p_{工作}$：正常工作情况下除氧器可能达到的最高压力；$p_{设} \geq p_{工作}$，除氧器严禁超 $p_{设}$运行。</td></tr>
<tr><td>额定出力</td><td>—</td><td>t/h</td><td>指除氧器在额定参数（压力、温度）和保证一定效率下的最大连续出力，即：除氧器最大连续供除氧水量。</td></tr>
<tr><td>除氧器出水含氧量</td><td>—</td><td>μg/L</td><td>除盐水经除氧器除氧后的每升除氧水中的氧含量（质量）。</td></tr>
<tr><td>用途</td><td colspan="4">除去溶解在锅炉给水中的溶解氧及其它气体，防止热力设备及其管道腐蚀。</td></tr>
<tr><td>操作</td><td colspan="4">1. 投运
（1）引除盐水：引除盐水，各排污口排污，建立液位至 70%。开循环水泵循环，排污至正常。
（2）引汽：引蒸汽，投用各控制阀，控制压力在 0.02MPa，稍开顶部放空，并建立水封补水。
2. 检查
密切关注压力温度变化，有无泄漏，有无振动或者异常声音，正常后投用安全阀。</td></tr>
</table>

续表

<table>
<tr><th>设备名称</th><th colspan="3">除氧器</th></tr>
<tr><td>操作</td><td colspan="3">3. 切出
（1）停蒸汽：先停蒸汽，系统降温，循环水泵继续循环降温。
（2）停水排空：系统降温后，停泵停补水，系统泄压排空，停水封补水。
注意：
（1）物料的切出、切入时要缓慢，防止单边受热，或受热不均造成容器泄漏或变形。
（2）排污时注意水温，防止烫伤。除氧器液位、压力要控制稳定，防止泵抽空。</td></tr>
<tr><td>维护保养</td><td colspan="3">1. 泄漏
（1）各接管法兰、人孔有无泄漏。
（2）安全阀有无起跳泄漏。
（3）玻璃板液位计有无泄漏。
（4）本体焊缝有无泄漏等。
2. 压力液位
检查液位和压力是否符合要求。内外液位核对，内外压力要对应等。
3. 其它
检查内部有无异响，设备本体或者附属件有无较大的振动。检查设备保温是否完好等。
注意：
（1）加严禁设备运行超温超压，对有升温要求设备严格控制升温速度。
（2）严格按照处理能力运行，否则易造成振动或者冲刷等。</td></tr>
<tr><td rowspan="11">故障排除</td><td>故障现象</td><td>故障原因</td><td>处理方法</td></tr>
<tr><td rowspan="3">泄漏</td><td>接管法兰等静密封失效而泄漏</td><td>检修换垫或带压堵漏</td></tr>
<tr><td>设备本体腐蚀</td><td>带压堵漏，防腐，保温完好</td></tr>
<tr><td>压力波动造成水封破坏</td><td>稳定压力后重新建立水封</td></tr>
<tr><td rowspan="3">压力波动</td><td>除盐水流控阀故或者蒸汽压控阀故障</td><td>检查处理控制阀</td></tr>
<tr><td>顶部放空量不合适</td><td>调整放空量</td></tr>
<tr><td>水封破坏造成压力波动</td><td>调整水封，控制稳定压力</td></tr>
<tr><td rowspan="2">振动或异响</td><td>内构件损坏松动造成异响或振动</td><td>停工时内构件检修</td></tr>
<tr><td>处理量超过额定出力</td><td>调整处理量至允许工况</td></tr>
<tr><td>水位异常</td><td>进、出水失去平衡和除氧器内部压力突增</td><td>找出主要因素并针对处理，不可盲目调节，防止除氧器满水</td></tr>
</table>

聚结器

<table>
<tr><th>设备名称</th><th colspan="4">聚结器</th></tr>
<tr><td>结构</td><td colspan="4">聚结器实物图、结构示意图
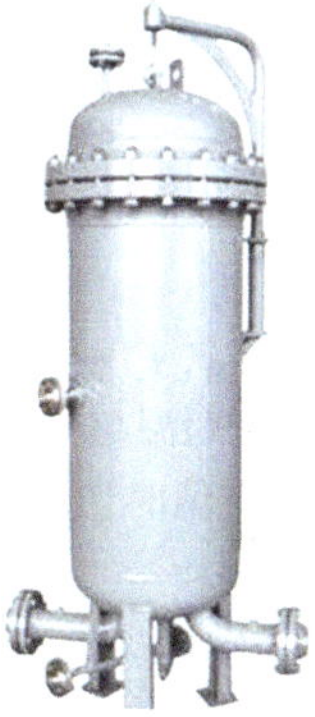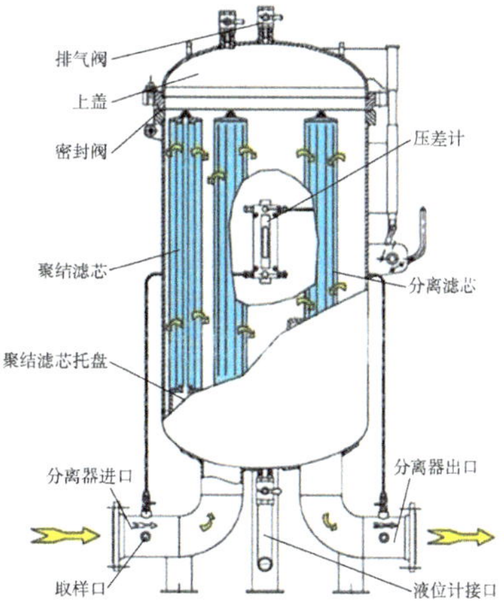

密闭容器内设置聚结滤芯和分类滤芯，进入口连聚结滤芯，出口接分类滤芯，原料进入聚滤芯由里向外，第一步滤除固质，第二步通过破乳层将油水分离，第三步通过结聚层将微小水滴聚结成大水滴，然后未来得及聚结的水滴靠分离滤芯的斥水作用下进一步分离，沉降于罐底。</td></tr>
<tr><td>原理</td><td colspan="4">聚结器内装有聚结和分离两种滤芯，物料在聚结器内经过滤、聚结、沉降、分离四个过程，从而滤除杂质、脱掉水分、碱液及溶于水的有机酸盐等。</td></tr>
<tr><td rowspan="5">性能参数</td><td>性能参数</td><td>符号</td><td>单位</td><td>定义</td></tr>
<tr><td>温度</td><td>T</td><td>℃</td><td>分设计温度与工作温度，设计温度 $T_{设}$：聚结器在正常情况下，设定的金属温度；工作温度 $T_{工作}$：正常工作情况下聚结器可能达到的最高温度；$T_{设} \geq T_{工作}$，聚结器严禁超 $T_{设}$运行。</td></tr>
<tr><td>压力</td><td>p</td><td>MPa</td><td>分设计压力与工作压力，设计压力 $p_{设}$：设定聚结器的最高压力；工作压力 $p_{工作}$：正常工作情况下聚结器可能达到的最高压力；$p_{设} \geq p_{工作}$，聚结器严禁超 $p_{设}$运行。</td></tr>
<tr><td>压差</td><td>Δp</td><td>MPa</td><td>在流体流通条件下被测试聚结器上游、下游压力的压差值。</td></tr>
<tr><td>过滤精度</td><td>χ</td><td>μm</td><td>过滤滤芯能有效捕获（过滤比≥ 100 时）的最小颗粒尺寸 χ，用 μm 表示。</td></tr>
<tr><td>用途</td><td colspan="4">滤除介质中的杂质，分离并脱除介质中的水分、碱液及溶于水的有机酸盐等，以得到满足工艺设备需求的介质或产品。</td></tr>
<tr><td>操作</td><td colspan="4">1. 投运
（1）排气：要缓慢，关闭出口阀，打开放气阀，微开进口阀，缓慢地向壳体内注油，待排净空气，有少量介质从放气阀口排出时，关闭放气阀。
（2）投用：要缓慢，注油、放气完毕后，打开出口阀，全开进口阀，整个过程内外操要加强联系，尽量平稳缓慢。</td></tr>
</table>

续表

<table>
<tr><th>设备名称</th><th colspan="3">聚结器</th></tr>
<tr><td>操作</td><td colspan="3">2. 分析
聚结器投用后，对聚结器出口介质进行取样检验，分析合格即可开始使用，若分析不合格，应查明原因，排出故障后再投用。
注意：
聚结器投用排气阶段，不可以完全打开进口阀，以免损坏滤芯，并防止油蒸汽从放气阀高速放出引起静电积聚，导致爆炸。</td></tr>
<tr><td>维护保养</td><td colspan="3">1. 泄漏
（1）各接管法兰有无泄漏。
（2）头盖法兰是否有泄漏。
2. 参数
（1）检查过滤器操作温度及压力，不允许有超温超压现象。
（2 检查过滤器差压，当差压达到或超过规定值时切出更换滤芯。
3. 分析
（1）聚结器出口介质采样分析不合格，应及时查明原因，排出故障。
（2）连续采样分析水含量超标时更换分离滤芯时。
4. 其它
（1）定期检查弹簧及固定支撑是否完好。
（2）定期检查压力表、温度计的指示是否准确。
（3）更换滤芯时，做好隔离和置换工作。
注意：
（1）严禁设备运行超温超压，对有升温要求设备严格控制升温速度。
（2）聚结器差压运行中不得超规定的差压。</td></tr>
<tr><td rowspan="7">故障排除</td><td>故障现象</td><td>故障原因</td><td>处理方法</td></tr>
<tr><td rowspan="3">各法兰处密封泄漏</td><td>螺栓强度不足，松动或腐蚀</td><td>紧固或更换螺栓</td></tr>
<tr><td>法兰密封面有缺陷</td><td>处理缺陷或打卡子注胶</td></tr>
<tr><td>介质超温超压造成憋压</td><td>及时调整运行参数并紧固螺栓</td></tr>
<tr><td>压差高</td><td>滤芯堵塞</td><td>切出更换滤芯</td></tr>
<tr><td>压差较低且一直没有变化</td><td>滤芯破损</td><td>更换滤芯</td></tr>
<tr><td>分析</td><td>连续采样分析水含量超标</td><td>更换分离滤芯</td></tr>
</table>

旋转浓缩器

<table>
<tr><th>设备名称</th><th colspan="4">旋转浓缩器</th></tr>
<tr><td>结构</td><td colspan="4">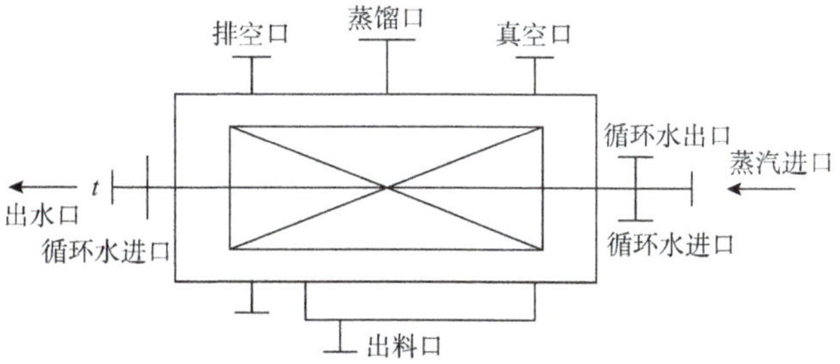

内部结构图</td></tr>
<tr><td>原理</td><td colspan="4">根据混合物中两种不同沸点物质的分离，与普通蒸馏最大的不同就是通过旋转，增大溶剂的蒸发面积，使蒸发更加顺畅。可以进行减压蒸馏，通过减压，还可以补充蒸发的液体而不需要停止蒸馏操作。旋转蒸发器主要通过两个手段加速液体蒸发，一是抽真空，降低液体沸点。二是旋转蒸汽转鼓（通过电动机带动），使蒸发器壁产生很薄的液膜，加速蒸发（液膜比液体本体要容易蒸发）。</td></tr>
<tr><td rowspan="4">性能参数</td><td>性能参数</td><td>符号</td><td>单位</td><td>定义</td></tr>
<tr><td>蒸发面积</td><td>A</td><td>m^2</td><td>旋转浓缩器工作时的换热总面积。</td></tr>
<tr><td>蒸发工作压力</td><td>p</td><td>MPa</td><td>旋膜浓缩器工作时的工作压力。</td></tr>
<tr><td>蒸发量</td><td>S</td><td>m^3/h</td><td>旋转浓缩器工作时的气体挥发量。</td></tr>
<tr><td>用途</td><td colspan="4">旋转薄膜蒸发器因为操作性强，效率高，被广泛应用于医药、农药、油脂化工、石油化工、精细化工、日用化工、生物化工等领域，主要用于热敏性、易氧化性物料的蒸发浓缩、脱溶、汽提、反应、脱气、除气味等。</td></tr>
<tr><td>操作</td><td colspan="4">1. 开启 Y 形密封圈循环水阀门，进行循环水冷却，开启疏水阀门。
2. 开启进料口阀门，同时开启蒸汽进口阀门，待料液进至1/3~1/2时关闭进料口阀门，停止进料。
3. 启动电动机减速机，开启真空泵待设备真空度和温度达到工艺要求时物料开始蒸馏。
4. 待物料蒸馏完毕后，关闭电动机减速机，关闭蒸汽进口阀门，排真空。
5. 开启放料阀门，排除浓缩后的残夜后，关闭放料阀门完成一个操作周期。
6. 如连续操作，则从第 2 步开始到第 5 步进行循环操作。
7. 如停车，关闭循环水阀门、疏水阀门，再次开车时，则从第 1 步开始到第 6 步结束进行循环操作。</td></tr>
</table>

续表

<table>
<tr><th>设备名称</th><th colspan="3">旋转浓缩器</th></tr>
<tr><td>维护保养</td><td colspan="3">1. 电动机运转过程中如发现不正常的响声应立即停车进行检查，故障未检查出及消除前切勿再次启动。
2. 为了保证电动机的正常运行以及防止故障发生，电机必须定期检修，每两个月维修一次，每年则大修一次。
3. 减速机必须在填充润滑油后使用，润滑油采用 50# 机械油。
4. 减速机第一次使用时，当运转 200h 后，须更换新油，并将机体内腔油污及杂质反复吹洗干净。在正常情况下，对于每天 10h 以上连续运转的减速机，3 个月一次更换油，对于每天工作不超过 10h 的减速机，6 个月更换一次油。
5. 减速机工作过程中当发现油位低于油标规定的位置时必须补充润滑油。
6. 前后轴承应 3 个月为周期从注油口注润滑脂，润滑脂采用 0# 极压锂基脂。
7. 保证链条良好润滑及合适松紧度。
8. 旋转浓缩器运转一阶段时间后，如果发现密封处有泄漏应及时停车泄压（或排真空），旋转法兰螺栓，每次只能旋转 90°，待对称把一周后，在进行第二次旋紧，切不可操之过急，直到不漏为止。
9. 设备检修装配过程中，应对设备内及时清理，避免异物遗留在设备内。</td></tr>
<tr><td rowspan="14">故障排除</td><td>故障现象</td><td>故障原因</td><td>处理方法</td></tr>
<tr><td rowspan="4">分离效果慢</td><td>蒸汽开度太小</td><td>开大蒸汽阀门</td></tr>
<tr><td>蒸汽压力不够</td><td>检查蒸汽总管压力</td></tr>
<tr><td>疏水阀堵塞</td><td>更换新的疏水阀</td></tr>
<tr><td>真空度低</td><td>检查真空系统</td></tr>
<tr><td rowspan="4">轴承过热</td><td>缺油</td><td>加油</td></tr>
<tr><td>油变质</td><td>换油</td></tr>
<tr><td>轴承磨损</td><td>检修更换</td></tr>
<tr><td>轴承跑外圈</td><td>检修</td></tr>
<tr><td>轴承异声</td><td>轴承磨损</td><td>检修更换</td></tr>
<tr><td rowspan="3">设备泄漏</td><td>腐蚀</td><td>检修修补</td></tr>
<tr><td>垫片材质不对</td><td>更换合适材质</td></tr>
<tr><td>垫片压偏</td><td>重新调整</td></tr>
</table>